한국정원식물 A-Z

A-Z Korean Garden Plants

저자: 송기훈, 권용진, 김종근, 원창오, 이정관

감수: 김용식, 그림작가: 김어진

designpost

한국정원식물 A-Z
A-Z Korean Garden Plants

1판 1쇄 발행 | 2018년 6월 20일
1판 3쇄 발행 | 2023년 10월 30일

저자: 송기훈, 권용진, 김종근, 원창오, 이정관
감수: 김용식
그림: 김어진
편집디자인: 김은경, 황윤정, 최미순, 박선하
도움주신분: 박성혁, 박진선, 유승봉, 김규성, 김시연, 신해선

펴낸이: 김광규, 김은경
펴낸곳: 디자인포스트
출판등록번호: 406-3012-000028
주소: 경기도 고양시 덕양구 삼원로83 1033호 (광양프런티어밸리6)
전화: 031-916-9516
E-mail: post0036@naver.com

ISBN 978-89-968648-6-8
정가: 70,000원

이 도서의 국립중앙도서관 출판예정도서목록(CIP)은 서지정보유통지원시스템 홈페이지(http://seoji.nl.go.kr)와
국가자료공동목록시스템(http://www.nl.go.kr/kolisnet)에서 이용하실 수 있습니다.(CIP제어번호: CIP2018016697)

A-Z Korean Garden Plants
Published by **DESIGNPOST**
TEL | 82-31-916-9516, E-mail | post0036@ naver.com

06480

9 788996 864868
ISBN 978-89-968648-6-8

일러두기

1. 본 도감은 국내에서 이용되고 있거나 향후 이용 가치가 높은 식물들 중에서 내한성이 약한 온실 또는 실내용 식물들을 제외하고 우리나라에서 월동이 가능한 정원용 식물들을 선발하여 수록하였다.

2. 전체적인 배열은 학명의 A–Z 순으로 하였으며, 학명은 영국왕립원예협회 RHS Plant Finder, The Plant List와 국가표준재배식물목록(KGPNI)을 함께 참조하였다. 한국명의 표기는 국립수목원의 국가표준식물목록(KPNI)과 국가표준재배식물목록(KGPNI)을 참조하였으나 목록에 없거나 문제가 있다고 판단되는 경우 속, 종명은 라틴어 발음, 재배품종명은 육종된 국가의 언어를 기준으로 기재하였다(예: *Iris* 'Regal Surprise' 이리스 '리갈 서프라이즈').

3. 새로운 속(Genus)이 나올 때마다 그 속에 대한 설명을 수록하였으며, 학명과 함께 국명을 기재하였다. 식물의 높이와 폭은 각각 ↕, ↔ 으로 나타내었다.

4. 식물설명은 전문가 뿐만 아니라 일반인들이 쉽게 이해할 수 있는 주요특징을 중심으로 간략하게 기재하였으며, 영국왕립원예협회(RHS)에서 정원용으로 가치가 높은 식물들을 대상으로 선정된 AGM(Award of Garden Merit) Plants도 표시하였다(567종류).

5. 사진은 저자들이 1990년부터 2018년까지 약 28년간에 걸쳐 국내외 주요 식물원, 수목원 및 농장 등에서 직접 촬영한 것들로 식물의 주요 특징이 나타나는 전체모습, 꽃, 잎, 열매, 수피 등을 수록하였다.

6. 내한성은 미농무성 USDA Hardiness Zones and Average Annual Minimum Temperature Range를 기준으로 하였으며, 각종 문헌자료 및 저자들의 국내 재배경험을 바탕으로 하여 섭씨온도(℃)로 나타내었다.

7. 이 책에 수록된 식물은 491속 2,864종류이며 사진은 총 3,083컷이다. 1,835종류는 사진과 함께 설명을 기재하였으며, 1,029종류는 특징이 나타나는 사진만 수록하였다.

AGM(Award of Garden Merit)은

영국왕립원예협회(RHS)에서 정원에 가치 높은 식물에게 부여되는
상으로써 가드너들이 가장 좋은 식물을 고를 수 있도록 도움을 준다.

식물이름에 위의 로고가 붙어있는 것은 AGM Plants 라는 의미이다.
즉, 정원에 신뢰할 만한 가치가 있는 식물 인증표시이다.

이 상은 일반적으로 영국왕립원예협회 위슬리가든의 시험묘포장에서
일정기간동안 재배되어지면서 협회의 분야별 최고전문가포럼에 의해서
판정되어지며, 이외에도 영국왕립원예협회의 정원 중 한군데에서 시험
재배를 할 수 없는 특성을 가진 식물들에 대해서는 별도의 원예전문가
토론회에서 평가되어진다.

AGM은 무엇인가?

매년 발간되는 영국왕립원예협회의 RHS Plant Finder, The Plant List
에서 이용가능한 식물은 무려 75,000종류 이상이다. 그러나 일반인들의
경우 어떤 식물이 전반적으로 정원에 가치가 있는 최고의 식물인지
알기란 쉽지 않다. 그래서 AGM은 정원에 좋은 식물을 고르는데 도움을
주기 위해 마련되었다.

따라서 상을 받은 식물은 아래와 같은 조건들을 충족하여야 한다.

• 일반적인 환경조건에서 이용할 수 있어야 한다(내한성 등).
• 시중에서 구입 가능하여야 한다.
• 관상 및 유용가치가 높고 좋은 형질이어야 한다.
• 모양과 색깔은 반드시 안정적이어야 한다.
• 병충해 저항력이 강해야 한다.

AGM 수여

이 상은 특별한 시험을 평가하기 위한 협회에 의해 선출된
영국왕립원예협회 포럼의 전문가들의 평가 후에만 부여된다. 각 포럼은
그들만의 전문지식 영역을 가지고 있고 너서리맨, 스페셜리스트
재배가들과 잘 알려진 원예 전문가들의 광범위한 다양성의 경험에
의지한다. 또한, 이 평가는 관련 전문 식물 위원회에 의해 승인되어야
한다. 시험과 평가들은 보통 4개의 영국왕립원예협회 정원 중 한
군데에서 행해지지만 내셔널트러스트가든 또는 상업 너서리와 같은
협회의 파트너 가든에서 행해지기도 한다.

어떤 종류의 식물들이 AGM을 수여받는가?

과일과 야채 등을 포함한 모든 식물들이 AGM에 고려되어 질 수 있다.
그 목록은 현재 약 7,500종류 이상 포함되어 있지만 매년 새로운
AGM 식물들이 선정되어 계속 업데이트 되고 있다.

AGM 심사

영국왕립원예협회에서 식물 상을 받은 AGM과는 달리 모든 식물이
아직까지 목록에 위치할 수 있는 매력을 가지고 있다는 부분을 확실하게
하기 위해 정기적인 심의를 한다. 2002년 첫 번째 심의에서 900종류의
식물들이 목록에 추가되는 동안 1,300종류가 넘는 식물들이 AGM 인증을
상실하였다. 2012년 두 번째 심의에서는 1,900종류가 넘는 식물들이
제외되었고, 1,600종류의 식물들이 추가로 등재되었다. 2013년 이후
심의는 각 전문 식물위원회에 의해 규칙적인 절차를 거쳐 실시되고 있다.

AGM 로고

AGM 로고는 카탈로그, 책과 잡지 뿐 만 아니라 너서리, 가든센터, 온라인
식물/씨앗 공급회사 등 원예 전반적인 유통에 걸쳐 두루 사용되고 있다.

한국정원식물 A-Z

A-Z Korean Garden Plants

CONTENTS

A

Abelia 'Edward Goucher' 꽃댕강나무 '에드워드 가우처' 🌑

Abelia × *grandiflora* 'Conti' 꽃댕강나무 '콘티'

Abelia 댕강나무속

Caprifoliaceae 인동과

동아시아, 멕시코 등지에 약 30종이 분포하며 낙엽 · 상록, 관목으로 자란다. 광택이 있는 마주나는 잎, 향기나면서 종 모양으로 생긴 꽃, 다섯 개로 갈라진 꽃받침이 특징이다.

Abelia 'Edward Goucher'
꽃댕강나무 '에드워드 가우처' 🌑
낙엽활엽관목. 자그마한 종 모양의 분홍색 꽃이 오랫동안 많이 피고 전정에 강해 생울타리용으로 우수하며 −23℃까지 월동한다. ↕ ↔ 1.8m

Abelia × *grandiflora* 꽃댕강나무
낙엽활엽관목. 길쭉한 종 모양의 흰색 꽃이 오랫동안 많이 피고 전정에 강해 생울타리용으로 우수하며 −23℃까지 월동한다. ↕ ↔ 1.8m

Abelia × *grandiflora* 'Conti' 꽃댕강나무 '콘티'
낙엽활엽관목. 수형이 단정하고 잎가장자리에 흰 무늬가 발달하며 −15℃까지 월동한다. ↕ ↔ 50cm

Abelia × *grandiflora* 'Conti' 꽃댕강나무 '콘티'

Abelia mosanensis 댕강나무
낙엽활엽관목. 줄기에 6개의 줄이 패여 있고 새로 나오는 가지가 붉은색을 띠는 것이 특징이다. 잎이 넓고 꽃의 향기가 좋으며 −29℃까지 월동한다.
↕ 2m ↔ 1.5m

Abelia mosanensis 댕강나무

Abeliophyllum 미선나무속

Oleaceae 물푸레나무과

한국에 1종이 분포하며 낙엽, 관목으로 자란다. 이른 봄에 피는 하얀색의 향기나는 꽃, 부채처럼 생긴 납작한 열매가 특징이다.

Abeliophyllum distichum 미선나무
낙엽활엽관목. 전 세계에 1속 1종 밖에 없는 한국 특산종으로 이른 봄에 개나리 모양의 하얀색 꽃을 피우며 −23℃까지 월동한다. ↕ 1.5m ↔ 1.2m

Abelia × *grandiflora* 꽃댕강나무

Abeliophyllum distichum 미선나무

Abeliophyllum distichum 미선나무(수형, 열매)

Abies koreana 구상나무 🌶

Abies 전나무속

Pinaceae 소나무과

북부 및 중부 아메리카, 유럽, 아시아, 북아프리카 등지에 약 56종이 분포하며 상록, 침엽으로 자란다. 키가 크게 자라며 짧은 바늘잎, 잎 뒷면의 파란색 두 줄, 독특한 모양의 솔방울 열매가 특징이다.

Abies koreana 'Silberlocke' 구상나무 '실버록크' 🌶

Abies holophylla 전나무
상록침엽교목, 늘 푸른 뾰족한 바늘잎과 웅장하고 크게 자라는 것이 특징이며 −29℃까지 월동한다.
↕30m

Abies koreana 구상나무 🌶
상록침엽교목, 높은 산에 자라는 한국 특산종으로 수형이 빽빽하고 단정하여 암석원용 소재로 좋으며 −29℃까지 월동한다. ↕18m

**Abies koreana 'Green Carpet'
구상나무 '그린 카펫'**
상록침엽관목, 방석처럼 옆으로 퍼지면서 수형이 둥글게 자라고 가지가 촘촘하며 −29℃까지 월동한다. ↕60cm ↔ 1.8m

**Abies koreana 'Silberlocke'
구상나무 '실버록크' 🌶**
상록침엽교목, 잎이 꼬이듯 말리면서 은빛의 아랫면이 드러나 은청색으로 보이며 −29℃까지 월동한다.
↕9m ↔ 6m

Abies holophylla 전나무

Abies koreana 구상나무 🌶

Abies koreana 'Green Carpet' 구상나무 '그린 카펫'

Acanthus mollis 아칸투스 몰리스 🏆

Acanthus 아칸투스속

Acanthaceae 쥐꼬리망초과

열대아프리카, 아시아, 유럽 지중해 등지에 약 30종이
분포하며 다년초 · 관목으로 자란다. 깊게 갈라진
뾰족한 잎, 곧게 하늘을 향해 길쭉하게 자라는 꽃대가
특징이다.

Acanthus mollis 아칸투스 몰리스 🏆
낙엽다년초, 자주색 꽃이 곧추 자라며 넓은 잎의
가장자리에 날카로운 가시가 발달하는 것이 특징이며
−23℃까지 월동한다. ↕ 1.2m ↔ 90cm

Acanthus spinosus 아칸투스 스피노수스
낙엽다년초, 직립하는 꽃대에 자주색의 작은 꽃들이
빽빽하게 달린다. 깊게 갈라진 잎의 가장자리에
가시가 발달하며 −23℃까지 월동한다.
↕ 1.2m ↔ 90cm

Acanthus spinosus 아칸투스 스피노수스

Acer 단풍나무속

Aceraceae 단풍나무과

북부 및 중부 아메리카, 유럽, 북아프리카, 아시아
등지에 약 150종이 분포하며 낙엽 · 상록, 관목 · 교목
으로 자란다. 대부분 갈라지는 잎과 두 개의 날개를
가지고 있는 열매가 특징이다.

Acer buergerianum 'Hanachiru Sato'
중국단풍 '하나치루 사토'
낙엽활엽소교목, 이른 봄 어린잎이 하얀색으로
나와서 마치 꽃을 피운 듯 아름다운 모습을 연출한다.
봄철 시원한 곳에 심으면 효과가 좋으며 −18℃까지
월동한다. ↕ ↔ 5m

Acer buergerianum 'Goshiki-kaede' 중국단풍 '고시키카에데'

Acer buergerianum 'Hanachiru Sato' 중국단풍 '하나치루 사토'

Acer buergerianum 'Hanachiru Sato' 중국단풍 '하나치루 사토'

Acer buergerianum 'Pendula'
중국단풍 '펜둘라'
낙엽활엽교목, 가지가 아래로 처지는 것이 특징으로
가을철 붉게 물드는 단풍도 아름다우며 −29℃까지 월
동한다. ↕ ↔ 8m

Acer campestre 'Carnival'
유럽들단풍 '카니발' 🏆
낙엽활엽소교목, 잎의 가장자리에 흰색 무늬가
발달하는 것이 특징으로 −23℃까지 월동한다.
↕ ↔ 5m

Acer buergerianum 'Pendula' 중국단풍 '펜둘라'

Acer campestre 'Carnival' 유럽들단풍 '카니발' 🏆

Acer campestre 'Pulverulentum' 유럽들단풍 '풀베룰렌툼'

Acer cappadocicum 'Aureum' 서아시아고로쇠 '아우레움' 🏆

Acer × *conspicuum* 'Phoenix' 우미사피단풍 '피닉스'

Acer griseum 중국복자기 🏆

Acer davidii 데이비드사피단풍

낙엽활엽교목. 여러 개로 깊게 갈라지지 않는 잎이
특징으로 가을철 노랗게 단풍이 든다. 부드러운
녹색의 수피는 겨울정원에 잘 어울리며 −23℃까지
월동한다. ↕ 15m ↔ 6m

Acer griseum 중국복자기 🏆

낙엽활엽교목. 세 장씩 붙는 잎은 가을철 붉게 물들고
종잇장처럼 얇게 벗겨지는 적갈색 수피가 아름다워
겨울정원에 많이 이용하며 −23℃까지 월동한다.
↕ 9m ↔ 8m

Acer coriaceifolium 'Esk Flamingo' 생달잎단풍 '에스크 플라밍고'

Acer crataegifolium 'Veitchii' 산사잎사피단풍 '베이트키'

Acer davidii 데이비드사피단풍

Acer japonicum 'Aconitifolium' 일본당단풍 '아코니티폴리움' 🏆

Acer japonicum 'Aconitifolium'
일본당단풍 '아코니티폴리움' 🏆
낙엽활엽소교목, 깊고 가늘게 갈라지는 잎 모양이
투구꽃의 잎을 닮은 것이 특징으로 −23℃까지
월동한다. ↕4m ↔ 3m

Acer japonicum 'Green Cascade'
일본당단풍 '그린 캐스케이드' 🏆
낙엽활엽소교목, 수형이 수평으로 넓게 펼쳐지고
잎은 가늘고 깊게 갈라지는 것이 특징으로 −23℃
까지 월동한다. ↕↔ 1.8m

Acer japonicum 'Green Cascade' 일본당단풍 '그린 캐스케이드' 🏆
(수형, 잎)

Acer mandshuricum 복장나무

Acer mandshuricum 복장나무
낙엽활엽교목, 세 장씩 모여 나는 잎의 가장자리에
톱니가 균일하고 가을철 붉은 단풍이 매력적이며
−29℃까지 월동한다. ↕30m

Acer negundo 'Elegans' 네군도단풍 '엘레간스'
낙엽활엽교목, 잎의 가장자리에 연노란색 무늬가
발달하는 것이 특징으로 −29℃까지 월동한다.
↕15m ↔ 10m

Acer negundo 'Elegans' 네군도단풍 '엘레간스'

Acer negundo 'Flamingo' 네군도단풍 '플라밍고'(잎, 수형)

Acer negundo 'Flamingo'
네군도단풍 '플라밍고'
낙엽활엽교목, 이른 봄 나오는 어린잎의 가장자리에
연한 분홍색 무늬가 발달하는 것이 특징으로 −29℃
까지 월동한다. ↕7m ↔ 4m

Acer negundo 'Kelly's Gold'
네군도단풍 '켈리스 골드'
낙엽활엽교목, 햇빛을 받는 바깥쪽 잎이 황금색을
띠는 것이 특징으로 −29℃까지 월동한다.
↕8m ↔ 5m

Acer negundo 'Kelly's Gold' 네군도단풍 '켈리스 골드'

Acer negundo 'Variegatum' 네군도단풍 '바리에가툼'(잎, 수형)

Acer negundo 'Variegatum'
네군도단풍 '바리에가툼'
낙엽활엽교목, 잎의 가장자리에 하얀색 무늬가
발달하는 것이 특징으로 −29℃까지 월동한다.
↕ 7m ↔ 4m

Acer palmatum 단풍나무
낙엽활엽교목, 주변에서 가장 흔하게 보는 일반종으로
가을철 노란색에서 붉은색까지 다양하게 물드는
단풍이 아름다우며 −29℃까지 월동한다. ↕ ↔ 8m

Acer palmatum 'Aka-shigitatsu-sawa' 단풍나무 '아카시기타추사와'

Acer palmatum 'Amagi-shigure' 단풍나무 '아마기시구레'

Acer palmatum 'Ao-shichigosan' 단풍나무 '아오시치고산'

Acer palmatum 단풍나무

Acer palmatum 'Bloodgood' 단풍나무 '블러드굿' ♥

Acer palmatum 'Bloodgood'
단풍나무 '블러드굿' ♥
낙엽활엽교목, 검붉은 피의 색깔을 연상시킬 만큼
진한 자주색의 잎이 봄부터 가을까지 지속되며
−21℃까지 월동한다. ↕ ↔ 4m

Acer palmatum var. dessectum
'Dissectum Nigrum' 공작단풍 '디섹툼 니그룸'
낙엽활엽소교목, 봄철 자주색으로 얇게 갈라지는
잎과 마치 공작이 날개를 펼치듯이 둥글게 아래로
처지는 수형이 아름다우며 −23℃까지 월동한다.
↕ 3m ↔ 4m

Acer palmatum 'Butterfly' 단풍나무 '버터플라이'

Acer palmatum var. dessectum 'Dissectum Nigrum'
공작단풍 '디섹툼 니그룸'

Acer palmatum var. *dissectum* 'Beni-shidare' 공작단풍 '베니시다레'

Acer palmatum var. *dissectum* Dissectum Atropurpureum Group
홍공작단풍

Acer palmatum var. *dissectum* Dissectum Viride Group
청공작단풍

Acer palmatum var. *dissectum* 'Inaba-shidare' 공작단풍 '이나바시다레'

Acer palmatum var. *dissectum* 'Seiryu' 공작단풍 '세이류'

Acer palmatum 'Eddisbury' 단풍나무 '에디스버리' 🏆 (가지, 수형)

Acer palmatum 'Eddisbury'
단풍나무 '에디스버리' 🏆

낙엽활엽교목, 가을철 노란색에서 주황색으로 물드는
단풍과 겨울철 새빨갛게 드러나는 가지의 색깔이
아름다워 겨울정원에 좋으며 −23℃까지 월동한다.
↕5m ↔ 4m

Acer palmatum 'Geisha' 단풍나무 '게이샤'

Acer palmatum 'Higasayama' 단풍나무 '히가사야마'

Acer palmatum 'Ibo-Nishiki' 단풍나무 '이보니시키'(수피, 잎)

Acer palmatum 'Ibo-Nishiki'
단풍나무 '이보니시키'

낙엽활엽교목, 수령이 오래될수록 수피가 울퉁불퉁
두껍게 갈라지는 점이 특징이고 가을철 주황색으로
물드는 단풍이 아름다우며 −23℃까지 월동한다.
↕ ↔ 5m

Acer palmatum 'Katsura' 단풍나무 '카추라' 🏆
낙엽활엽교목, 이른 봄 구릿빛 색깔의 잎이 점차
노란색으로 변하며 −23℃까지 월동한다. ↕ ↔ 4m

Acer palmatum 'Katsura' 단풍나무 '카추라' 🏆

Acer palmatum 'Katsura' 단풍나무 '카추라' ❢

Acer pictum subsp. *mono* 고로쇠나무

Acer palmatum 'Pungkil' 단풍나무 '풍길'

Acer palmatum 'Koseigen' 단풍나무 '코세이겐'

Acer palmatum 'Murasaki-kiyohime' 단풍나무 '무라사키키요히메'

Acer palmatum 'Kotohime' 단풍나무 '코토히메'

Acer palmatum 'Okushimo' 단풍나무 '오쿠시모'

Acer palmatum 'Ribesifolium' 단풍나무 '리베시폴리움'

Acer pictum var. *mono* 고로쇠나무

낙엽활엽교목, 가을철 노랗게 물드는 단풍이
아름다우며 이른 봄철 수액을 채취해 식용으로도
이용하며 −29℃까지 월동한다. ↕ ↔ 15m

Acer palmatum 'Sango-Kaku'
단풍나무 '상고가쿠' ❢

낙엽활엽교목, 겨울철 밝은 홍색의 수피와 가을철
노란색으로 물드는 단풍이 아름다우며 −23℃까지
월동한다. ↕ 8m ↔ 5m

Acer palmatum 'Orange Dream' 단풍나무 '오렌지 드림' ❢

Acer pictum subsp. *mono* 고로쇠나무

Acer palmatum 'Oshio-beni' 단풍나무 '오시오베니'

Acer palmatum 'Sango-Kaku' 단풍나무 '상고가쿠' ❢

Acer palmatum 'Shigitatsu-sawa' 단풍나무 '시기타추사와'

Acer palmatum 'Shishi-gashira' 단풍나무 '시시가시라' ❂
(잎, 수형)

Acer palmatum 'Takao' 단풍나무 '타카오'

Acer palmatum 'Tokyo Seigai' 단풍나무 '도쿄 세이가이'

Acer palmatum 'Trompenburg' 단풍나무 '트롬펜버그'

Acer palmatum 'Tsuma-beni' 단풍나무 '츠마베니'

Acer palmatum 'Ukon' 단풍나무 '우콘'

Acer palmatum 'Shin-deshojo' 단풍나무 '신데쇼죠' ❂ (잎, 수형)

Acer palmatum 'Sode no Uchi' 단풍나무 '소데노우치'

Acer palmatum 'Villa Taranto' 단풍나무 '빌라 타란토' ❤

Acer pensylvanicum 'Erythrocladum'
펜실베니아산겨룹나무 '에리트로클라둠'

Acer pictum 'Naguri-nishik' 털고로쇠나무 '나구리니시키'

Acer platanoides 노르웨이단풍(꽃, 잎)

Acer platanoides 노르웨이단풍
낙엽활엽교목, 플라타너스를 닮은 넓은 잎이 가을철 노랗게 물들며 −23℃까지 월동한다.
↕ 15m ↔ 12m

Acer platanoides 'Crimson King' 노르웨이단풍 '크림슨 킹' ❤
낙엽활엽교목, 자주색을 띠는 넓은 잎이 매력적이며 −23℃까지 월동한다. ↕ 15m ↔ 9m

Acer platanoides 'Crimson King' 노르웨이단풍 '크림슨 킹' ❤

Acer platanoides 'Faassen's Black' 노르웨이단풍 '파센스 블랙'

Acer platanoides 'Prigo' 노르웨이단풍 '프리고' ❤

Acer pseudoplatanus 'Brilliantissimum'
플라타너스단풍 '브릴리안티시뭄' ❤ (잎, 수형)

Acer rubrum 참꽃단풍(잎, 꽃, 수형)

Acer rubrum 참꽃단풍
낙엽활엽교목, 이른 봄에 붉은색 작은 실 모양의 꽃을
피우고 가을철 진붉은 단풍이 매력적이며 −23℃까지
월동한다. ↕30m

Acer rubrum 'Columnare' 참꽃단풍 '콜룸나레'

Acer rubrum 'Franksred' 참꽃단풍 '프랭크스 레드' 🌼

Acer rufinerve 일본홍시닥나무(수피)

Acer rufinerve 일본홍시닥나무(수형)

Acer rufinerve 일본홍시닥나무
낙엽활엽교목, 가을철 오렌지빛으로 물드는 단풍과
겨울철 드러나는 미끈한 녹색 수피가 아름다우며
−23℃까지 월동한다. ↕20m

Acer rufinerve 'Hatsuyuki'
일본홍시닥나무 '하추유키'
낙엽활엽교목, 넓은 잎의 전면에 흰 눈이 내린 듯
불규칙하거나 가장자리에 얇게 흰색 무늬가 발달하는
것이 매력이며 −23℃까지 월동한다. ↕9m

Acer rufinerve 'Hatsuyuki' 일본홍시닥나무 '하추유키'

Acer shirasawanum 'Aureum' 시라사와당단풍 '아우레움' 🌼

Acer takesimense 섬단풍나무

Acer ukurunduense 부게꽃나무

Acer takesimense 섬단풍나무

낙엽활엽교목, 울릉도에 자생하고 당단풍나무보다
잎이 많이 갈라지는 것이 특징이며 −29℃까지
월동한다. ↕8m ↔6m

Acer tegmentosum 산겨릅나무 ☻

낙엽활엽교목, 세 갈래로 얕게 갈라진 잎이 가을철
노랗게 물들고 매끈한 녹색의 수피가 아름다워
겨울정원에 많이 이용하며 −29℃까지 월동한다.
↕10m ↔8m

Acer triflorum 복자기 ☻

낙엽활엽교목, 세 장씩 모여 나는 잎의 가장자리에
톱니가 불규칙하게 발달하는 것이 특징이다. 수피는
얇게 벗겨지고 가을철 단풍이 붉게 물들며 −23℃
까지 월동한다. ↕↔9m

Acer ukurunduense 부게꽃나무

낙엽활엽교목, 손바닥 모양으로 얕게 세 갈래로
갈라지는 잎과 하늘을 향해 꼬리 모양으로 피는
노란색 꽃이 특징으로 −29℃까지 월동한다.
↕9m ↔8m

Acer tegmentosum 산겨릅나무 ☻ (잎, 수피)

Acer triflorum 복자기 ☻

Achillea millefolium 서양톱풀

Achillea 톱풀속

Asteraceae 국화과

유럽, 온대 아시아, 북아메리카 등지에 약 85종이
분포하며 다년초로 자란다. 톱 모양을 닮은 잎과
우산 모양으로 피는 꽃이 특징이다.

Achillea millefolium 서양톱풀
낙엽다년초, 잎이 아주 잔잔하고 길쭉하게 갈라지고
흰 꽃은 여름철 평평한 우산 모양으로 피며 −34℃
까지 월동한다. ↕ 1m

Achillea millefolium 'White Beauty' 서양톱풀 '화이트 뷰티'

Achillea millefolium 'Red Velvet' 서양톱풀 '레드 벨벳' 🌱

Achillea millefolium 'Red Velvet'
서양톱풀 '레드 벨벳' 🌱
낙엽다년초, 꽃은 진한 붉은색으로 아름답고 화단에
잘 어울리며 −34℃까지 월동한다. ↕ 1m

Achillea millefolium 'White Beauty'
서양톱풀 '화이트 뷰티'
낙엽다년초, 꽃은 하얀색의 우산 모양으로 피며
−34℃까지 월동한다. ↕ 1m

Aconitum 투구꽃속

Ranunculaceae 미나리아재비과

북반구 등지에 약 100종이 분포하며 다년초로
자란다. 손바닥 모양으로 넓고 깊게 갈라진 잎과
투구 모양을 닮은 꽃이 특징이다.

Aconitum japonicum subsp. *napiforme* 한라돌쩌귀

Aconitum jaluense 투구꽃
낙엽다년초, 꽃은 보라색으로 피고 잎은 단풍잎처럼
여러 갈래로 깊게 갈라지며 −40℃까지 월동한다. ↕ 1m

Aconitum japonicum subsp. *napiforme*
한라돌쩌귀
낙엽다년초, 한라산에 자생하고 넓게 세 갈래로
갈라지는 잎과 청자색으로 피는 꽃이 아름다우며
−40℃까지 월동한다. ↕ 1m

Acorus 창포속

Araceae 천남성과

북반구, 동아시아 등지에 2종이 분포하며 반상록 · 상록.
다년초로 자란다. 축축한 곳이나 물가에서 잘 자라며
잎을 으깨면 독특한 냄새가 나는 것이 특징이다.

Aconitum jaluense 투구꽃

Acorus calamus 창포(전초, 꽃)

Acorus calamus 창포
낙엽다년초, 연못 가장자리에 잘 어울리는 수생식물로 잎은 붓꽃 잎을 닮았으며 −46℃까지 월동한다.
↕70cm

Acorus calamus 'Argenteostriatus'
창포 '아르겐테오스트리아투스'
낙엽다년초, 잎의 한쪽 가장자리에 크림색의 무늬가 발달하고 물가나 습기가 있는 곳에서 잘 자라며 −46℃까지 월동한다. ↕90cm

Acorus calamus 'Argenteostriatus' 창포 '아르겐테오스트리아투스'

Acorus gramineus 석창포

Acorus gramineus 'Ogon' 석창포 '오곤'

Acorus gramineus 'Variegatus' 석창포 '바리에가투스'

Acorus gramineus 석창포
반상록다년초, 사초처럼 생긴 가는 잎을 으깨면 향기가 나고 흐르는 물 가장자리의 돌틈에 심으면 잘 자라며 −21℃까지 월동한다. ↕30cm

Acorus gramineus 'Ogon' 석창포 '오곤'
반상록다년초, 잎의 가장자리에 황금색 무늬가 발달하며 돌틈 식재에 적당하며 −21℃까지 월동한다. ↕↔30cm

Acorus gramineus 'Variegatus'
석창포 '바리에가투스'
반상록다년초, 잎의 가장자리에 발달하는 흰색 무늬가 아름다우며 −21℃까지 월동한다. ↕↔30cm

Actaea spicata 검은노루삼

Actaea asiatica 노루삼(열매, 전초)

Actaea 노루삼속

Ranunculaceae 미나리아재비과

북반구, 동아시아 등지에 약 8종이 분포하며 다년초로 자란다. 길쭉하게 꼬리 모양처럼 발달하는 꽃과 모여 달리는 둥글고 윤택이 있는 작은 열매가 특징이다.

Actaea asiatica 노루삼
낙엽다년초, 촛대 모양의 하얀색으로 피는 꽃과 검정빛을 띠는 열매가 매력적이며 −40℃까지 월동한다. ↕60cm

Actaea spicata 검은노루삼
낙엽다년초, 부드럽게 올라오는 하얀색 꽃과 잎의 질감이 좋다. 그늘진 야생 느낌의 정원에 잘 어울리며 −40℃까지 월동한다. ↕70cm

Actinidia kolomikta 쥐다래 🌀

Actinidia 다래나무속

Actinidiaceae 다래나무과

동아시아 지역에 약 40종이 분포하며 낙엽, 덩굴식물로 자란다. 잎은 어긋나기하고 잎자루가 길며 잎 가장자리에 뾰족한 톱니가 발달하는 것이 특징이다.

Actinidia kolomikta 쥐다래 🌀
낙엽활엽덩굴. 잎 끝부분에 발달하는 분홍색 무늬가 아름답고 벽면 장식용으로 훌륭하며 −34℃까지 월동한다. ↕ 5m

Actinidia polygama 개다래
낙엽활엽덩굴. 잎 끝부분에 발달하는 흰색무늬가 아름답고 담장이나 건축물 벽면에 이용하면 좋으며 −34℃까지 월동한다. ↕ 6m

Actinidia polygama 개다래

Actinodaphne lancifolia 육박나무(잎, 수피)

Actinodaphne 육박나무속

Lauraceae 녹나무과

아시아에 약 140종이 분포하며 상록, 관목·교목으로 자란다. 비늘 모양으로 얇게 벗겨지는 부드러운 수피가 특징이다.

Actinodaphne lancifolia 육박나무
상록활엽교목. 줄기가 비늘 모양으로 벗겨지고 따뜻한 남쪽 해안가 정원수로 좋으며 −12℃까지 월동한다. ↕ 15m

Adenophora 잔대속

Campanulaceae 초롱꽃과

한국, 일본, 유라시아 등지에 약 40종이 분포하며 다년초로 자란다. 종 모양을 닮은 꽃의 끝부분이 다섯 개로 갈라지며 아래로 처지는 것이 특징이다.

Adenophora remotiflora 모시대
낙엽다년초. 곧게 올라오는 꽃대에 하늘색 종 모양을 닮은 작은 꽃들이 달리며 −40℃까지 월동한다. ↕ 1m

Adenophora remotiflora 모시대

Adenophora taquetii 섬잔대

Adenophora taquetii 섬잔대
낙엽다년초. 꽃은 윤기나는 보라색 종 모양으로 빽빽하게 달리며 −40℃까지 월동한다. ↕ 20cm

Adiantum 공작고사리속

Pteridaceae 봉의꼬리과

유럽 북서부 온대, 아시아, 호주, 뉴질랜드, 북아메리카 등지에 약 250종이 분포하며 상록·반상록·낙엽, 양치류로 자란다. 공작새의 꼬리 깃털을 펼친 모습과 닮았다.

Adiantum pedatum 공작고사리

Adonis amurensis 복수초

Adiantum pedatum 공작고사리
낙엽다년초, 잎은 공작새의 펼쳐진 깃털 모양으로
여러개가 모여 나고 습기가 촉촉한 그늘 정원에 잘
어울리며 −21℃까지 월동한다. ↕↔30cm

Adonis 복수초속

Ranunculaceae 미나리아재비과

유럽, 아시아 등지에 약 20종이 분포하며 일년초 ·
다년초로 자란다. 일찍 피는 꽃과 광택이 있는 꽃잎,
아주 얇고 가늘게 갈라지는 잎이 특징이다.

Adonis amurensis 복수초
낙엽다년초, 꽃은 이른 봄 윤기가 흐르는 노란색으로
피고 낙엽수 그늘 아래의 비옥한 땅에 심으면 잘
자라며 −40℃까지 월동한다. ↕30cm

Aeginetia indica 야고

Aesculus x *carnea* 'Briotii' 붉은꽃칠엽수 '브리오티'

Aeginetia 야고속

Orobanchaceae 열당과

동아시아 지역에 3종이 분포하며 다년초로 자란다.
단자엽식물 중 특히 벼과식물의 뿌리에 기생하며
자라고 잎이 없이 꽃만 피는 것이 특징이다.

Aeginetia indica 야고
낙엽다년초, 억새류의 뿌리에 기생하는 식물로
말의 머리를 닮은 자주색 꽃이 피며 −29℃까지
월동한다. ↕20cm

Aesculus 칠엽수속

Hippocastanaceae 칠엽수과

유럽 남동부, 히말라야, 동아시아, 북아메리카
등지에 약 15종이 분포하며 낙엽, 관목 · 교목으로
자란다. 손바닥 모양으로 넓게 갈라지는 잎, 원추형 꽃,
밤을 닮은 열매가 특징이다.

Aesculus x *carnea* 'Briotii'
붉은꽃칠엽수 '브리오티'
낙엽활엽교목, 가시칠엽수와 붉은칠엽수의 교잡
(A.hippocastanum × A. pavia)을 통해 육종 된
품종으로 밝고 진한 분홍색의 꽃이 아름다우며
−21℃까지 월동한다. ↕22m

Aesculus hippocastanum 가시칠엽수
낙엽활엽교목, 넓고 시원한 잎과 가시가 있는 열매가
특징으로 유럽의 공원, 가로수, 대규모 정원에 널리
이용되고 있으며 −29℃까지 월동한다. ↕30m

Aesculus hippocastanum 가시칠엽수(꽃, 열매, 수형)

Aesculus x *neglecta* 'Erythroblastos' 연노랑칠엽수 '에리트로블라스토스' ❶

Aesculus parviflora 병솔칠엽수 ❶

**Aesculus x neglecta 'Erythroblastos'
연노랑칠엽수 '에리트로블라스토스' ❶**
낙엽활엽교목, 이른 봄 밝은 진붉은색으로 나오는
잎이 매우 아름다우며 −24℃까지 월동한다.
↕10m

Aesculus parviflora 병솔칠엽수 ❶
낙엽활엽교목, 하얀색으로 피는 원추 모양의 화서가
매력적이고 수형은 단정하며 −15℃까지 월동한다.
↕4m ↔5m

Aesculus pavia 붉은칠엽수
낙엽활엽교목, 진홍색으로 피는 원추 모양의
화서가 매력적이고 수형은 단정하며 −21℃까지
월동한다. ↕↔5m

Aesculus pavia 붉은칠엽수

Aesculus turbinata 칠엽수

Aesculus turbinata 칠엽수
낙엽활엽교목, 분홍색과 노란색 무늬가 있는 하얀색
작은 꽃들이 모여 원추화서를 이루는 것이 매력적이다.
가을철 갈색 열매껍질을 벗고 드러나는 밤나무 열매를
닮은 씨앗이 특징이며 −29℃까지 월동한다. ↕30m

Agapanthus 아가판서스속

Liliaceae 백합과

남아프리카에 약 10종이 분포하며 다년초로 자란다.
잎은 길고 꽃은 긴 나팔 모양으로 꽃줄기 끝에서
모여 핀다.

Agapanthus inapertus 숙은아가판서스
상록다년초, 어두운 보라색의 꽃이 아래를 보며
처진 듯 피고 꽃잎은 크게 벌어지지 않으며 −15℃
까지 월동한다. ↕1m

Agapanthus inapertus 숙은아가판서스

Agapanthus nutans 누탄스아가판서스

Agapanthus nutans 누탄스아가판서스
상록다년초, 보라색의 꽃은 긴 나팔 모양으로 끝이
벌어지고 안쪽의 진한 보라색 무늬가 아름다우며
−12℃까지 월동한다. ↕1m

Agastache 배초향속

Lamiaceae 꿀풀과

중국, 일본, 미국, 멕시코 등지에 약 30종이 분포하며
다년초로 자란다. 잎은 대생하고 꽃은 여름에서
가을에 피며 식물체에서 향기로운 냄새가 난다.

Agastache rugosa 배초향
낙엽다년초, 꽃은 보라색으로 길쭉하게 직립하는
꽃대에 모여핀다. 가을철 벌과 나비가 많이 모이며
−34℃까지 월동한다. ↕1.2m

**Agastache rugosa 'Golden Jubilee'
배초향 '골든 주빌리'**
낙엽다년초, 밝은 황금색의 잎과 보라색의 꽃이
매력적이며 −29℃까지 월동한다. ↕90cm

Agastache rugosa 배초향

Agastache rugosa 'Golden Jubilee' 배초향 '골든 주빌리'

Ajania pacifica 갯국

Ajuga reptans 'Multicolor' 아주가 '멀티컬러'

Akebia quinata 'Alba' 으름덩굴 '알바'

Ajania 솔인진속

Asteraceae 국화과

중앙아시아, 동아시아 등지에 약 30종이 분포하며
다년초·소관목·관목으로 자란다. 바닥에 납작하게
붙어 자라는 생육형과 빽빽하게 모여서 피는 꽃이
특징이다.

Ajania pacifica 갯국
낙엽다년초, 평평한 우산 모양으로 모여피는 노란색
꽃이 매력적으로 흰빛을 띠는 잎의 가장자리는 질감이
부드러우며 −29℃까지 월동한다. ↕30cm

Ajuga 조개나물속

Lamiaceae 꿀풀과

유럽과 아시아에 약 40종이 분포하며 상록·반상록,
일년초·다년초로 자란다. 꽃은 곧추 자라며 작은
잎의 겨드랑이에서 핀다.

Ajuga pyramidalis 'Metallica Crispa' 피라미드아주가 '메탈리카 크리스파'
상록다년초, 잎은 어두운 보라색으로 윤기가 나고
주름이 발달하며 −40℃까지 월동한다. ↕15cm

Ajuga reptans 'Multicolor' 아주가 '멀티컬러'
상록다년초, 잎에 붉은색과 크림색 무늬가 화려하고
방석처럼 사방으로 퍼지면서 자란다. 그늘 혹은
반그늘에서 잘 자라며 −40℃까지 월동한다.
↕15cm

Akebia 으름덩굴속

Lardizabalaceae 으름덩굴과

동아시아 등지에 약 5종이 분포하며 낙엽·반상록,
덩굴식물로 자란다. 둥글게 여러 개로 갈라진 잎,
둥근 모양의 열매가 특징이다.

Akebia quinata 으름덩굴
낙엽활엽덩굴, 잎이 다섯 장으로 둥글게 갈라지고
꽃은 자주색으로 핀다. 길쭉한 타원 모양의 맛있는
열매가 달리고 덩굴시렁에 잘 어울리며 −29℃까지
월동한다. ↕↔6m

Akebia quinata 'Alba' 으름덩굴 '알바'
낙엽활엽덩굴, 꽃이 흰색으로 피는 것이 특징으로
−29℃까지 월동한다. ↕↔6m

Akebia trifoliata 삼엽으름덩굴
낙엽활엽덩굴, 잎이 세 장으로 갈라지고 꽃은
자주색으로 핀다. 으름덩굴 열매보다 큰 타원형의
보라색 열매가 달리고 덩굴 터널에 잘 어울리며
−29℃까지 월동한다. ↕↔10m

Akebia trifoliata 삼엽으름덩굴(열매, 수형)

Ajuga pyramidalis 'Metallica Crispa' 피라미드아주가 '메탈리카 크리스파'

Akebia quinata 으름덩굴

Alangium platanifolium var. *trilobum* 박쥐나무

Alangium 박쥐나무속

Alangiaceae 박쥐나무과

열대 아프리카, 한국, 중국, 동호주 등지에 약 17종이 분포하며 관목·교목·덩굴식물로 자란다. 잎은 어긋나 기하고 꽃은 잎겨드랑이에 모여 붙으며 꽃잎은 4∼10 장으로 가늘게 말리는 것이 특징이다.

Alangium platanifolium var. *trilobum* 박쥐나무

낙엽활엽관목, 넓은 잎이 불규칙하게 갈라지고 꽃은 아래로 달리며 크림색의 꽃잎은 뒤로 말리는 것이 특징으로 −29℃까지 월동한다. ↕4m

Alangium platanifolium var. *trilobum* 박쥐나무

Albizia julibrissin 자귀나무

Albizia julibrissin 'Summer Chocolate' 자귀나무 '서머 초콜릿' 🍷

Albizia 자귀나무속

Fabaceae 콩과

아프리카, 아시아, 호주 등지에 약 150종이 분포하며 낙엽, 관목·교목·덩굴식물로 자란다. 둥근 모양의 부드러운 꽃, 잠자리 날개 모양으로 잘게 갈라진 잎이 특징이다.

Albizia julibrissin 자귀나무

낙엽활엽교목, 부드러운 실과 같은 느낌의 분홍색 둥근 꽃이 매력적으로 잎은 잠자리 날개 같은 작은 잎들이 모여 자란다. 건조하고 척박한 곳에서도 잘 자라며 −21℃까지 월동한다. ↕↔6m

Albizia julibrissin 'Summer Chocolate' 자귀나무 '서머 초콜릿' 🍷

낙엽활엽교목, 초콜릿처럼 진한 자주색의 잎이 매력적이고 −21℃까지 월동한다. ↕5m

Albizia kalkora 왕자귀나무

낙엽활엽교목, 자귀나무보다 잎이 넓고 크다. 꽃은 흰색으로 실같은 꽃들이 모여 둥근 모양으로 피며 −17℃까지 월동한다. ↕8m

Albizia kalkora 왕자귀나무

Alchemilla mollis 알케밀라 몰리스 🍷

Alchemilla 알케밀라속

Rosaceae 장미과

아프리카, 인도, 스리랑카, 인도네시아, 호주, 뉴질랜드 등지에 약 250종이 분포하며 다년초로 자란다. 둥근 모양의 회녹색 잎은 여러 갈래로 갈라진다. 잎에는 아주 부드러운 털이 발달하며 꽃은 황녹색의 아주 작은 꽃들이 모여 피는 것이 특징이다.

Alchemilla mollis 알케밀라 몰리스 🍷

낙엽다년초, 꽃은 연두색으로 잔잔하게 피며 잎은 손바닥 모양처럼 넓게 갈라진다. 화단 가장자리 식재에 잘 어울리며 −40℃까지 월동한다.

↕50cm ↔75cm

Alisma 택사속

Alismataceae 택사과

북반구 온대, 호주 등지에 약 9종이 분포하며 수생, 다년초로 자란다. 잎자루가 길고 잎몸은 피침상 타원 모양으로 잎가장자리는 밋밋하며 작은 꽃자루는 한 줄로 돌려나는 점이 특징이다.

Alisma orientale 질경이택사

낙엽다년초, 잎이 아주 넓으며 물속에 뿌리를 내리고 자란다. 수변공간을 장식하는데 적당하며 −29℃까지 월동한다. ↕75cm ↔45cm

Alisma orientale 질경이택사

Allium 부추속

Liliaceae 백합과

북반구에 약 700종이 분포하며 구근류로 자란다.
별 모양의 작은 꽃들이 모여 둥글게 피는 것과 가늘고
긴 잎을 으깨면 진한 향기가 나는 것이 특징이다.

Allium flavum 알리움 플라붐 ⚇
낙엽다년초. 꽃은 노란색의 둥근 꽃송이로 피고
허브정원에 식재하기 적합하며 −29℃까지 월동한다.
↕50cm

Allium giganteum 알리움 기간테움
낙엽다년초. 길쭉한 꽃대가 올라와서 자주색의
큼지막한 공 모양으로 피며 −21℃까지 월동한다.
↕2m

Allium flavum 알리움 플라붐 ⚇

Allium 'Gladiator' 알리움 '글래디에이터' ⚇

Allium giganteum 알리움 기간테움(꽃, 전초)

Allium karataviense 'Ivory Queen' 알리움 카라타비엔세 '아이보리 퀸'

Allium schoenoprasum 차이브

Allium schoenoprasum 'Silver Chimes' 차이브 '실버 차임스'

Allium schoenoprasum 차이브
낙엽다년초. 보라색의 둥근 모양 꽃과 진녹색 잎이
빽빽하게 달린다. 모아 심어도 단정하고 허브정원에
잘 어울리며 −29℃까지 월동한다.
↕30cm ↔20cm

Allium senescens 두메부추 ⚇
낙엽다년초. 연한 보라색의 둥근 꽃이 매력적이며
벌, 나비들이 좋아한다. 부추보다 잎이 넓고 식용
가능하며 −34℃까지 월동한다. ↕30cm

Allium senescens 두메부추 ⚇

27

Allium taquetii 한라부추

Allium taquetii 한라부추
낙엽다년초, 습한곳에서 잘 자라며 꽃은 진한 자주색
으로 피고 잎은 가늘고 도톰하며 −40℃까지
월동한다. ↕30cm

Allium thunbergii 산부추 🏆
낙엽다년초, 공 모양을 닮은 연자주색 꽃이
매력적으로 약간 그늘진 숲속에 잘 자라며 −29℃
까지 월동한다. ↕60cm

Allium victorialis var. platyphyllum 산마늘
낙엽다년초, 꽃은 흰색이고 꽃대가 높게 자란다.
잎은 둥근형으로 넓게 자라고 식용으로 많이 이용되며
−29℃까지 월동한다. ↕90cm

Allium victorialis var. *platyphyllum* 산마늘

Althaea 접시꽃속

Malvaceae 아욱과

중앙아시아에 약 12종이 분포하며 일년초 · 다년초 ·
관목으로 자란다. 전체에 털이 발달하며 잎 가장자리
가 갈라지는 점이 특징이다.

Althaea cannabina 삼잎접시꽃
낙엽다년초, 꽃은 연한 자주색으로 피고 잎이 세 장
으로 갈라지는 점이 특징이다. 줄기는 곧게서며
−34℃까지 월동한다. ↕2m

Althaea officinalis 머쉬멜로우
낙엽다년초, 꽃은 줄기 끝부분의 잎겨드랑에서 피고
잎은 불규칙하게 갈라지며 −21℃까지 월동한다.
↕2m ↔ 30cm

Althaea cannabina 삼잎접시꽃

Althaea officinalis 머쉬멜로우

Alyssum wulfenianum 고산알리섬

Alyssum 꽃냉이속

Brassicaceae 배추과

유럽 중남부, 북아프리카, 동남아시아, 중앙아시아 등
지에 약 150종이 분포하며 낙엽 · 상록, 일년초 ·
다년초 · 반관목으로 자란다. 잔잔한 십자 모양의
작은 꽃이 특징이다.

Alyssum wulfenianum 고산알리섬
낙엽다년초, 꽃은 노란색으로 잔잔하게 모여 피고
암석원 돌틈에 잘 어울리며 −29℃까지 월동한다.
↕20cm ↔ 30cm

Amelanchier 채진목속

Rosaceae 장미과

유럽, 아시아, 북아메리카 등지에 약 25종이 분포하며
낙엽, 관목 · 교목으로 자란다. 다섯 장으로 길고 가늘
게 갈라진 흰색 꽃이 특징이다.

Amelanchier asiatica 채진목

Amelanchier asiatica 채진목

Amelanchier asiatica 채진목

낙엽활엽소교목, 가늘고 하얗게 피는 꽃이 아름답고
수형은 둥글게 형성되며 −35℃까지 월동한다.
↕ 10m

Amsonia 정향풀속

Apocynaceae 협죽도과

유럽, 일본, 미국 등지에 약 20종이 분포하며 다년초로
자란다. 잎은 마주나고 잎과 줄기에 상처가 나면 흰
액체가 나온다.

Amsonia hubrichtii 솔정향풀
낙엽다년초, 연한 푸른색의 꽃은 별 모양으로 가지
끝에 모여 핀다. 잎이 매우 가늘고 가을에 주황색
단풍이 아름다우며 −29℃까지 월동한다.   ↕ 90cm

Amsonia tabernaemontana 별정향풀
낙엽다년초, 푸른색 별 모양의 꽃이 무리지어
아름답게 핀다. 강건하여 정원에서 잘 자라고 단풍이
아름다우며 −34℃까지 월동한다.   ↕ 90cm

Amsonia hubrichtii 솔정향풀(꽃, 전초)

Amsonia tabernaemontana 별정향풀

Anemone 바람꽃속

Ranunculaceae 미나리아재비과

전 세계에 약 120종이 분포하며 다년초로 자란다.
별이 총총한 모양 또는 우묵한 그릇 모양의 예쁜 꽃과
단풍잎처럼 갈라진 잎이 특징이다.

Anemone hupehensis 'Hadspen Abundance'
호북대상화 '하스펜 어번던스' ❀
낙엽다년초, 진한 분홍색과 분홍색이 함께 섞여서
피는 꽃잎이 아름답다. 비옥한 곳에서 잘 자라고
번식이 빠르며 −34℃까지 월동한다.
↕ 90cm ↔ 60cm

Anemone hupehensis 'Praecox'
호북대상화 '프라이콕스'
낙엽다년초, 크기가 다른 다섯 장의 연한 분홍색
꽃잎이 매력으로 −29℃까지 월동한다.
↕ 75cm ↔ 45cm

Anemone hupehensis 'Hadspen Abundance'
호북대상화 '하스펜 어번던스' ❀

Anemone hupehensis 'Praecox' 호북대상화 '프라이콕스'

Anemone hupehensis var. *japonica* 'Pamina' 대상화 '파미나'

Anemone narcissiflora 바람꽃

Anemone hupehensis var. *japonica* 'Pamina'
대상화 '파미나'
낙엽다년초, 겹으로 피는 진분홍색 꽃이 특징으로
−29℃까지 월동한다.   ↕ 90cm ↔ 60cm

Anemone narcissiflora 바람꽃
낙엽다년초, 꽃은 줄기 끝에서 다시 여러 개의 작은
줄기로 갈라져서 흰색의 꽃이 모여 달린다. 시원하고
배수가 잘되는 곳에서 잘 자라며 −40℃까지 월동한다.
↕ 45cm ↔ 30cm

Anemone nemorosa 아네모네 네모로사 ❀
낙엽다년초, 흰색의 꽃은 아래쪽이 연한 분홍색을
띤다. 낮게 포복하며 자라고 −29℃까지 월동한다.
↕ 25cm

Anemone nemorosa 아네모네 네모로사 ❀

Angelica gigas 참당귀

Angelica 당귀속

Apiaceae 산형과

북반구에 약 50종이 분포하며 이년초·다년초로 자란다. 우산 모양으로 모여 피는 꽃과 여러 개로 깊게 갈라지는 잎이 특징이다.

Angelica gigas 참당귀
낙엽다년초, 꽃은 자주색의 공 모양을 닮았고 줄기는 흑자색을 띤다. 잎에서 냄새가 나며 −29℃까지 월동한다. ↕2m

Antennaria 백두산떡쑥속

Asteraceae 국화과

북반구, 아시아, 아메리카 등지에 약 45종이 분포하며 낙엽, 다년초로 자란다. 바닥에 방석처럼 촘촘하게 자라고 은색 빛깔을 띠는 잎이 특징이다.

Antennaria dioica 백두산떡쑥

Anthemis tinctoria 다이어스캐모마일

Antennaria dioica 백두산떡쑥
낙엽다년초, 꽃은 하늘을 보며 곧추 자라며 연한 분홍색으로 핀다. 잎은 은백색으로 바닥에 낮게 퍼져 암석원에 어울리며 −32℃까지 월동한다.
↕10cm ↔ 60cm

Anthemis 길뚝개꽃속

Asteraceae 국화과

아프리카 북부, 터키, 코카서스, 이란 등지에 약 100종이 분포하며 초본, 관목으로 자란다. 얇고 부드럽게 갈라진 향기나는 잎이 특징이다.

Anthemis tinctoria 다이어스캐모마일
낙엽다년초, 꽃은 노란색으로 빽빽하게 핀다. 잎은 많이 갈라지며 부드러운 느낌으로 −34℃까지 월동한다. ↕↔ 60cm

Aquilegia 매발톱꽃속

Ranunculaceae 미나리아재비과

북반구에 약 70종이 분포하며 다년초로 자란다. 매발톱 모양처럼 생긴 꽃의 거와 부드럽게 갈라진 넓은 잎이 특징이다.

Aquilegia buergeriana var. *oxysepala* 매발톱

Aquilegia chrysantha 'Yellow Star' 노랑매발톱꽃 '옐로 스타'

Aquilegia buergeriana var. *oxysepala* 매발톱
낙엽다년초, 매발톱을 닮은 꽃은 아래를 향해 자주색으로 피고 잎은 매우 부드러우며 −40℃까지 월동한다. ↕60cm ↔ 45cm

Aquilegia chrysantha 'Yellow Star' 노랑매발톱꽃 '옐로 스타'
낙엽다년초, 노란색의 별 모양을 닮은 꽃이 매력적이며 −40℃까지 월동한다.
↕60cm ↔ 45cm

Aquilegia japonica 하늘매발톱
낙엽다년초, 꽃의 안쪽은 흰색이지만 전체적으로는 하늘색을 띤다. 키가 작으며 −34℃까지 월동한다.
↕20cm

Aralia 두릅나무속

Araliaceae 두릅나무과

동남아시아, 말레이시아, 북아메리카, 남아메리카 등지에 약 40종이 분포하며 낙엽·상록, 다년초·관목·교목으로 자란다. 가시가 발달하는 줄기, 많이 갈라지는 잎, 둥글게 모여달리는 크림색 꽃이 특징이다.

Aquilegia japonica 하늘매발톱

Aralia cordata var. *continentalis* 독활

Aralia cordata 'Sun King' 땅두릅 '선 킹'

Aralia cordata var. *continentalis* 독활
낙엽다년초, 잎은 넓고 시원하게 깃털 모양으로
펼쳐지고 꽃은 작은 공 모양으로 하얗게 모여 피며
−34℃까지 월동한다. ↕ 1.5m

Aralia cordata 'Sun King' 땅두릅 '선 킹'
낙엽다년초, 깃털 모양의 잎은 넓고 밝은 노란색으로
매우 화려하며 −40℃까지 월동한다. ↕ ↔ 90cm

Aralia elata 두릅나무
낙엽활엽소교목, 전체에 가시가 발달하며 어린순은
식용한다. 키친가든 소재로 훌륭하며 −34℃까지
월동한다. ↕ 6m ↔ 4m

Aralia elata 두릅나무

Aralia elata 'Silver Umbrella' 두릅나무 '실버 엄브렐라'

Aralia elata 'Silver Umbrella' 두릅나무 '실버 엄브렐라'
낙엽활엽소교목, 잎의 가장자리에 하얀색 무늬가
발달하여 주변을 환하게 밝혀주는 연출이 가능하며
−29℃까지 월동한다. ↕ ↔ 3m

Ardisia 자금우속

Myrsinaceae 자금우과

아시아, 호주, 북아메리카, 남아메리카의 열대 및 난대
등지에 약 250종이 분포하며 상록, 다년초·소교목
으로 자란다. 별 모양을 닮은 작은 꽃과 붉은색 열매가
특징이다.

Ardisia crenata 백량금

Ardisia japonica 자금우

Ardisia crenata 백량금
상록활엽관목, 잎은 부드럽고 광택이 있으며 열매는
빨간색으로 풍성하게 달린다. 따뜻한 남쪽 해안가 또는
제주도 등지에 잘 자라며 −12℃까지 월동한다. ↕ 1m

Ardisia japonica 자금우
상록활엽소관목, 빨간색 열매가 매력적이고 그늘진
숲속의 지피식재용으로 좋으며 −12℃까지 월동한다.
↕ 20cm

Arisaema 천남성속

Araceae 천남성과

히말라야, 중국, 일본, 북아메리카 등지에 약 150
종이 분포하며 구근류로 자란다. 여러 개로 갈라진
잎, 뾰족하게 하늘을 향해 자라는 꽃, 붉은색 열매가
특징이다.

Arisaema amurense f. *serratum* 천남성
낙엽다년초, 꽃은 연한 녹색의 길쭉한 코브라 모양
으로 핀다. 원시적인 느낌이 필요한 그늘진 숲속
정원에 좋으며 −29℃까지 월동한다. ↕ 30cm

Arisaema amurense f. *serratum* 천남성

Arisaema heterophyllum 두루미천남성

Arisaema ringens 큰천남성

Aristolochia contorta 쥐방울덩굴

Arisaema heterophyllum 두루미천남성
낙엽다년초, 꽃은 꽃부리가 무척 길고 뾰족하다.
잎은 마치 두루미가 날개를 펼친 듯 넓게 돌려나며
−29℃까지 월동한다.   ↕1m

Arisaema peninsulae 점박이천남성
낙엽다년초, 잎이 넓고 줄기에는 얼룩 무늬가 있고
열매는 붉은색의 짧은 옥수수 모양이며 −29℃까지
월동한다.   ↕80cm

Arisaema ringens 큰천남성
낙엽다년초, 잎은 세 장으로 갈라지며 넓고 윤택이
있다. 꽃은 녹색바탕에 자주색을 띠는데 윗부분이
말리는 듯 두껍고 오리의 부리 모양으로 피며
−23℃까지 월동한다.   ↕80cm ↔ 50cm

Arisaema takesimense 섬남성
낙엽다년초, 여러 갈래로 갈라지는 각각의 잎 중간
부분에 하얀색 무늬가 발달하며 −23℃까지
월동한다.   ↕80cm

Aristolochia 쥐방울덩굴속

Aristolochiaceae 쥐방울덩굴과

열대, 온대, 호주 등지에 약 300종이 분포하며
낙엽·상록, 다년초·관목·덩굴식물로 자란다.
하트 모양의 잎과 관 모양의 독특한 꽃이 특징이다.

Aristolochia contorta 쥐방울덩굴
낙엽활엽덩굴, 하트 모양의 잎은 질감이 부드럽고
줄기는 덩굴지며 −23℃까지 월동한다.   ↕1.5m

Arisaema peninsulae 점박이천남성

Arisaema takesimense 섬남성

Aristolochia manshuriensis 등칡

Aristolochia manshuriensis 등칡

Artemisia schmidtiana 'Nana' 은쑥 '나나' ⊙

Arundo donax 물대

Aristolochia manshuriensis 등칡
낙엽활엽덩굴. 크고 넓은 하트 모양의 잎과 색소폰 모양을 닮은 꽃이 특징이고 퍼걸러와 같은 구조물에 잘 어울리며 −18℃까지 월동한다. ↕10m

Armeria 너도부추속

Plumbaginaceae 갯질경이과

유럽, 터키, 북아프리카, 북아메리카, 남아메리카 등지에 약 80종이 분포하며 낙엽·상록, 다년초·반관목으로 자란다. 얇고 길쭉한 잎과 공 모양으로 모여 달리는 작은 꽃이 특징이다.

Armeria elongata 아르메리아 엘롱가타
낙엽다년초. 꽃은 가늘게 올라온 줄기에 연분홍색 공 모양으로 피고 암석원의 바위틈에 잘 어울리며 −34℃까지 월동한다. ↕↔30cm

Artemisia 쑥속

Asteraceae 국화과

북반구와 남아프리카, 아메리카 등지에 약 300종이 분포하며 낙엽·상록, 일년초·다년초·관목으로 자란다. 잎은 대생하고 식물체에서 향긋한 냄새가 나며 꽃은 총상화서로 핀다.

Artemisia schmidtiana 'Nana' 은쑥 '나나' ⊙
낙엽다년초. 잎은 은청색으로 가늘고 풍성해서 질감이 부드럽다. 둥그런 수형이 아름다우며 −34℃까지 월동한다. ↕30cm ↔40cm

Aruncus 눈개승마속

Rosaceae 장미과

북반구 등지에 약 3종이 분포하며 다년초로 자란다. 여러 장으로 갈라진 잎과 길쭉하고 얇게 갈라진 꽃이 특징이다.

Aruncus aethusifolius 한라개승마 ⊙
낙엽다년초. 잎은 낮게 펼쳐지면서 붉은빛을 띠는 꽃자루에 흰색의 작은 꽃들이 모여 핀다. 암석원의 돌틈에 좋은 소재로 −40℃까지 월동한다. ↕↔30cm

Aruncus dioicus var. *kamtschaticus* 눈개승마
낙엽다년초. 꽃은 다소 늘어지는 듯한 느낌으로 하얗게 피고 양지 뿐 아니라 그늘진 곳에서도 잘 자라며 −34℃까지 월동한다. ↔1.2m

Arundo 왕갈대속

Poaceae 벼과

북반구의 따뜻한 지역에 2∼3종이 분포하며 낙엽·상록, 다년초로 자란다. 잎은 호생하고 선형으로 평평하다. 굵은 갈대와 같은 줄기를 가지고 있으며 줄기 끝에서 깃털 같은 꽃이 덩어리져 핀다.

Arundo donax 물대
낙엽다년초. 줄기는 굵고 튼튼하며 아치형으로 자란다. 청색이 도는 녹색의 잎은 60cm 정도로 길다. 가을에 원추형의 꽃이 가지 끝에서 풍성하게 달리며 −18℃까지 월동한다. ↕5m

Arundo donax var. *versicolor* 무늬물대
낙엽다년초. 길고 넓은 잎에 크림색 무늬가 발달해서 밝고 화사하다. 비옥한 곳에서 근경이 발달하며 대나무처럼 잘 자라고 −18℃까지 월동한다. ↕2.5m

Aruncus aethusifolius 한라개승마 ⊙

Armeria elongata 아르메리아 엘롱가타

Aruncus dioicus var. *kamtschaticus* 눈개승마

Arundo donax var. *versicolor* 무늬물대

Asarum maculatum 개족도리풀

Asarum sieboldii 족도리풀

Asarum 족도리풀속

Aristolochiaceae 쥐방울덩굴과

유럽, 동아시아, 북아메리카 등지에 약 70종이
분포하며 낙엽·상록, 다년초로 자란다. 하트 모양
잎과 족두리 모양 꽃이 특징이다.

Asarum maculatum 개족도리풀

낙엽다년초, 잎은 넓은 하트모양으로 흰색 점무늬가
발달하며 −34℃까지 월동한다. ↕ 15cm

Asarum sieboldii 족도리풀

낙엽다년초, 자주색 족두리 모양의 꽃이 피고 넓은
하트 모양의 잎이 발달한다. 야생느낌이 필요한
그늘진 숲속 정원에 잘 어울리며 −34℃까지
월동한다. ↕ 20cm

Asclepias 금관화속

Asclepiadaceae 박주가리과

남아프리카, 북아메리카 온대, 열대, 남아메리카 열대
등지에 약 110종이 분포하며 낙엽·상록, 다년초로
자란다. 얇고 길쭉한 잎과 뒤로 젖혀진 다섯 장의
작은 꽃잎이 특징이다.

Asclepias syriaca 시리아관백미꽃

Asclepias syriaca 시리아관백미꽃

낙엽다년초, 꽃은 잎 겨드랑이에 조밀하게 분홍색의
공 모양으로 모여 피며 −40℃까지 월동한다. ↕ 1.5m

Asplenium 꼬리고사리속

Aspleniaceae 꼬리고사리과

전 세계에 약 700종이 분포하며 상록·반상록, 양치류로
자란다. 깃털처럼 얇게 갈라지거나 길쭉하고 두툼한
잎이 특징이다.

Asplenium antiquum 파초일엽

상록다년초, 길쭉한 모양의 늘푸른 잎은 셔틀콕처럼
넓게 펼쳐지고 따뜻한 남쪽지방의 그늘진 야생정원
분위기에 잘 어울리며 −4℃까지 월동한다. ↕ ↔ 1m

Asplenium scolopendrium 골고사리 🌱

상록다년초, 잎은 반원 모양으로 펼쳐지면서 길쭉하게
자라며 −29℃까지 월동한다. ↕ ↔ 50cm

Asplenium antiquum 파초일엽

Asplenium scolopendrium 골고사리 🌱

Aster 참취속

Asteraceae 국화과

북아메리카, 아시아 등지에 약 250종이 분포하며
일년초·이년초·다년초·소관목으로 자란다. 늦여름
또는 가을철에 피는 납작한 둥근 모양의 꽃이 특징이다.

Aster ageratoides 까실쑥부쟁이

낙엽다년초, 꽃은 보라색으로 모여 피고 그늘지고
촉촉한 곳에서 잘 자라며 −40℃까지 월동한다. ↕ 1m

Aster alpinus 고산아스터 🌱

낙엽다년초, 전체적으로 작게 자라면서 꽃은
보라색으로 낮게 핀다. 배수가 잘되고 서늘한
암석원용으로 적합하며 −40℃까지 월동한다.
↕ ↔ 25cm

Aster ageratoides 까실쑥부쟁이

Aster alpinus 고산아스터 🌱

Aster alpinus 'Trimix' 고산아스터 '트리믹스'

Aster koraiensis 벌개미취(전경, 꽃)

Aster alpinus 'Trimix' 고산아스터 '트리믹스'
낙엽다년초, 흰색, 분홍색, 보라색 등 다양한 색의
꽃이 피고 키가 작으며 −40℃까지 월동한다.
↕30cm

Aster koraiensis 벌개미취
낙엽다년초, 꽃은 연한 보라색으로 빽빽하게 피고
대단위 군락으로 심으면 좋으며 −40℃까지 월동한다.
↕60cm

Aster scaber 참취
낙엽다년초, 꽃은 높은 꽃대에 하얀색으로 모여 피고
이른 봄 어린 뿌리 잎은 식용이 가능하며 −40℃까지
월동한다. ↕1.5m

Aster scaber 참취

Aster spathulifolius 해국

Aster tataricus 개미취

Aster spathulifolius 해국
낙엽다년초, 수형은 낮고 단정하게 자란다. 꽃은
연보라색으로 피며 두툼한 잎을 가지는 점이 특징
이다. 염분에 강해서 바닷가 바위틈에 잘 자라며
−40℃까지 월동한다. ↕60cm

Aster tataricus 개미취
낙엽다년초, 지표면 부분의 잎은 넓고 까칠까칠하고
연보라색 꽃이 높은 꽃대에 달리며 −40℃까지
월동한다. ↕2m

Aster yomena 쑥부쟁이

Aster tataricus 'Jindai' 개미취 '진다이'
낙엽다년초, 개미취보다 꽃대가 조밀하게 직립하고
연보라색 꽃도 훨씬 풍성하게 모여 달린다. 화단 가장
자리 장식에 적합하며 −40℃까지 월동한다.
↕1.5m.

Aster yomena 쑥부쟁이
낙엽다년초, 꽃은 부드러운 느낌의 연보라색으로
피고 잎은 아주 잔잔하며 −40℃까지 월동한다. ↕1m

Aster tataricus 'Jindai' 개미취 '진다이'

Astilbe 노루오줌속

Saxifragaceae 범의귀과

아시아, 북아메리카 등지에 약 12종이 분포하며 다년초로 자란다. 원추형으로 안개가 퍼지듯 피는 꽃과 여러 장으로 갈라지는 잎이 특징이다.

Astilbe 'Brautschleier'
아스틸베 '브라우트슐라이어' 🏆
낙엽다년초. 꽃은 하얀색 깃털 모양으로 −40℃까지 월동한다. ↕75cm

Astilbe 'Bressingham Beauty'
아스틸베 '브레싱함 뷰티'
낙엽다년초. 꽃송이는 하늘을 향해 분홍색으로 곧추 피며 −40℃까지 월동한다. ↕1m

Astilbe 'Bressingham Beauty' 아스틸베 '브레싱함 뷰티' 🏆

Astilbe 'Bumalda' 아스틸베 '부말다'

Astilbe chinensis 'Diamonds and Pearls' 중국노루오줌 '다이아몬즈 앤드 펄스'

Astilbe 'Avalanche' 아스틸베 '애벌랜치'

Astilbe 'Bremen' 아스틸베 '브레멘'

Astilbe chinensis var. *taquetii* 'Superba' 한라노루오줌 '수페르바' 🏆

Astilbe 'Brautschleier' 아스틸베 '브라우트슐라이어' 🏆

Astilbe chinensis 'Visions' 중국노루오줌 '비전스'

Astilbe 'Diamant' 아스틸베 '디아망'

Astilbe 'Ellie' 아스틸베 '엘리'

Astilbe chinensis 'Visions In Pink' 중국노루오줌 '비전스 인 핑크'

Astilbe 'Dusseldorf' 아스틸베 '뒤셀도르프'

Astilbe 'Etna' 아스틸베 '에트나'

Astilbe 'Deutschland' 아스틸베 '도이칠란트' 🌐

Astilbe 'Europa' 아스틸베 '유로파'

Astilbe 'Feuer' 아스틸베 '포이어'

Astilbe 'Europa' 아스틸베 '유로파'
낙엽다년초, 연한 분홍색으로 촘촘하게 피는
꽃송이가 매력적이며 −40℃까지 월동한다.
↕50cm

Astilbe 'Fanal' 아스틸베 '파날' 🏆
낙엽다년초, 꽃은 진한 빨간색으로 촘촘하게 피며
−40℃까지 월동한다. ↕60cm

Astilbe 'Flamingo' 아스틸베 '플라밍고'
낙엽다년초, 홍학을 연상시키는 홍색의 꽃송이가
매력적이며 −40℃까지 월동한다.
↕65cm

Astilbe 'Federsee' 아스틸베 '페데르제'

Astilbe 'Flamingo' 아스틸베 '플라밍고'

Astilbe 'Fanal' 아스틸베 '파날' 🏆

Astilbe 'Gloria Purpurea' 아스틸베 '글로리아 푸르푸레아'

Astilbe 'Heart and Soul' 아스틸베 '하트 앤드 소울'

Astilbe 'Inshriach Pink' 아스틸베 '인쉬리아크 핑크'

Astilbe 'Moerheimii' 아스틸베 '모이르헤이미'

Astilbe 'Hennie Graafland' 아스틸베 '헤니 그라프란트'

Astilbe koreana 숙은노루오줌

낙엽다년초. 꽃은 아래로 다소 늘어지면서 하얗게
피고 그늘진 야생정원에 잘 어울리며 −40℃까지
월동한다. ↕60cm

Astilbe 'Mainz' 아스틸베 '마인츠'

Astilbe 'Montgomery' 아스틸베 '몽고메리' 🔆

Astilbe 'Hyazinth' 아스틸베 '히아진트'

Astilbe koreana 숙은노루오줌

Astilbe 'Opal' 아스틸베 '오팔'

Astilbe 'Opal' 아스틸베 '오팔'
낙엽다년초. 꽃은 연보라색으로 풍성하고 큼지막하게 피며 −40℃까지 월동한다. ↕60cm

Astilbe 'Queen of Holland' 아스틸베 '퀸 오브 홀랜드'

Astilbe 'Rheinland' 아스틸베 '라인란트' 🏆
낙엽다년초. 분홍색 꽃이 빽빽하게 피며 −40℃까지 월동한다. ↕60cm

Astilbe simplicifolia 'Darwin's Snow Sprite'
외잎승마 '다윈스 스노우 스프라이트'

Astilbe 'Paul Gaarder' 아스틸베 '폴 가아더'

Astilbe 'Rheinland' 아스틸베 '라인란트' 🏆

Astilbe simplicifolia 'William Buchanan' 외잎승마 '윌리엄 뷰캐넌'

Astilbe 'Peaches and Cream' 아스틸베 '피치스 앤드 크림'

Astilbe 'Red Sentinel' 아스틸베 '레드 센티넬'

Astilbe 'Snowdrift' 아스틸베 '스노우드리프트'

Astilbe 'Solferino' 아스틸베 '솔페리노'

Astilbe 'Straussenfeder' 아스틸베 '스트라우센페더' ❓

Astilbe 'Vesta' 아스틸베 '베스터'

Astilbe 'Spinell' 아스틸베 '스피넬'

Astilbe rubra 노루오줌

낙엽다년초. 꽃은 연한 분홍색으로 피고 약간
그늘지고 습기가 촉촉한 곳에 잘 자라며 −40℃까지
월동한다. ↕ 70cm

Astilbe rubra 노루오줌

Astilbe 'Vesuvius' 아스틸베 '베수비어스'

Astilbe 'Stand and Deliver' 아스틸베 '스탠드 앤드 딜리버'

Astilbe 'Touch of Pink' 아스틸베 '터치 오브 핑크'

Astilbe 'W. E. Gladstone' 아스틸베 '더블유 이 글래드스턴'

41

Astilbe 'Washington' 아스틸베 '워싱턴'

Astilbe 'Weisse Gloria' 아스틸베 '바이세 글로리아'

Astilbe 'Zuster Theresa' 아스틸베 '쥐스터르 테레사'

Astilboides tabularis 개병풍

Astilboides 개병풍속

Saxifragaceae 범의귀과

한국, 중국 등지에 1종이 분포하며 다년초로 자란다.
뿌리 주변 잎은 둥글고 크며 가장자리가 갈라지면서
잔톱니가 발달하는 것이 특징이다.

Astilboides tabularis 개병풍
낙엽다년초, 잎은 넓고 둥근 모양이고 꽃송이는
하얀색으로 처지면서 피며 −34℃까지 월동한다.
↕ 1.2m ↔ 90cm

Athyrium niponicum var. *pictum* 은청개고사리 🌱

Athyrium 개고사리속

Aspleniaceae 꼬리고사리과

전 세계에 약 180종이 분포하며 낙엽, 양치류로
자란다. 깃털처럼 얇게 갈라지는 잎이 특징이다.

Athyrium niponicum 개고사리
낙엽다년초, 잎의 끝부분은 꼬리 모양처럼 갑자기
좁아진다. 그늘진 축축한 곳에서 잘 자라며 −37℃
까지 월동한다. ↕ ↔ 40cm

Athyrium niponicum var. *pictum*
은청개고사리 🌱
낙엽다년초, 잎에 은청색 무늬가 발달하는 것이
특징이다. 숲속 정원에 포인트를 주기 위한 요소로
좋으며 −37℃까지 월동한다. ↕ ↔ 30cm

Athyrium niponicum 개고사리

Athyrium yokoscense 뱀고사리

Athyrium yokoscense 뱀고사리
낙엽다년초, 잎은 단정하고 촘촘하게 자라고
개고사리와 달리 끝부분이 서서히 좁아지며
−37℃까지 월동한다. ↕ ↔ 40cm

Aucuba japonica 식나무

Aubrieta 아우브리에타속

Brassicaceae 배추과

유럽, 중앙아시아 등지에 약 12종이 분포하며 상록,
다년초로 자란다. 빽빽하게 피는 십자 모양의 작은
꽃과 낮게 자라는 생육형이 특징이다.

**Aubrieta canescens
아우브리에타 카네스켄스**
낙엽다년초, 잔잔한 보라색 꽃이 매력적으로 고산
정원의 바위틈이나 담장정원에 늘어뜨리면서
자라게 하면 좋으며 −34℃까지 월동한다. ↕ 25cm

Aucuba 식나무속

Cornaceae 층층나무과

한국, 일본, 동아시아, 히말라야 동부 등지에 약 4종이
분포하며 낙엽·상록, 관목·소교목으로 자란다.
그늘에서 잘 자라고 광택이 있는 잎과 타원 모양의
빨간색 열매가 특징이다.

Aucuba japonica 식나무
상록활엽관목, 광택이 있는 넓은 잎과 빨간색 열매가
매력적이고 따뜻한 남부지방의 그늘진 장소에
잘 어울리며 −15℃까지 월동한다. ↕ ↔ 3m

**Aucuba japonica 'Crotonifolia'
식나무 '크로토니폴리아' ⚘**
상록활엽관목, 잎은 넓은 피침 모양으로 녹색 바탕에
노란색 반점이 발달하는 점이 특징이다. 열매는
가을에 붉은색으로 달리며 −18℃까지 월동한다.
↕ ↔ 2m

Aubrieta canescens 아우브리에타 카네스켄스

Aucuba japonica 'Crotonifolia'
식나무 '크로토니폴리아' ⚘ (열매수형)

B

B

Belamcanda chinensis(Iris chinensis) 범부채

Berberis amurensis 매발톱나무(꽃, 열매)

Baptisia 밥티시아속

Fabaceae 콩과

미국 동부, 남부 등지에 약 20종이 분포하며 다년초로
자란다. 잎은 토끼풀처럼 세 장씩 갈라지고 꽃은 완두
콩을 닮은 꽃이 핀다.

Baptisia australis 밥티시아 아우스트랄리스 ♥
낙엽다년초, 꽃은 청색으로 피며 세 장으로 갈라지는
잎이 매력적이다. 생육이 왕성하여 척박하고 양지바른
곳에서도 잘 자라며 −40℃까지 월동한다.
↕ 1.2m ↔ 40cm

Belamcanda(Iris) 범부채속

Iridaceae 붓꽃과

인도, 중국, 러시아, 일본 등지에 약 2종이 분포하며
다년초로 자란다. 부채처럼 납작하고 길쭉하게 붙은
잎이 특징이다.

Belamcanda chinensis 'Hello Yellow' (Iris chinensis 'Hello Yellow')
범부채 '헬로 옐로'

Belamcanda chinensis(Iris chinensis) 범부채
낙엽다년초, 6장의 주황색 꽃잎에 붉은색 점무늬가
발달하고 넓게 부채모양처럼 펼쳐지는 잎이
매력적이며 −29℃까지 월동한다. ↕ 1m

Belamcanda chinensis 'Hello Yellow'
(*Iris chinensis* 'Hello Yellow')
범부채 '헬로 옐로'
낙엽다년초, 키가 작게 자라서 쓰러짐이 없다.
노란색으로 밝게 피는 꽃이 특징이며 −29℃까지
월동한다. ↕ 50cm

Berberis 매자나무속

Berberidaceae 매자나무과

북반구에 약 450종이 분포하며 낙엽 · 상록, 관목으로
자란다. 전체에 발달하는 날카로운 가시, 구수한 듯 독
특한 향기가 나는 꽃이 특징이다.

Berberis amurensis 매발톱나무
낙엽활엽관목, 노란색 꽃과 빨간색 열매가
매력적으로 줄기와 가지에 가시가 발달하며 −34℃
까지 월동한다. ↕ 2m

Berberis amurensis var. *quelpaertensis*
섬매발톱나무
낙엽활엽관목, 노란색 꽃송이가 예쁘고 줄기와
가지에 가시가 발달한다. 양지바른 곳의
경계식재용으로 좋으며 −29℃까지 월동한다. ↕ 2m

Baptisia australis 밥티시아 아우스트랄리스 ♥

Berberis amurensis var. *quelpaertensis* 섬매발톱나무

Berberis koreana 매자나무

Berberis thunbergii f. *atropurpurea* 자엽일본매자나무

Berberis thunbergii f. *atropurpurea* 'Atropurpurea Nana'
자엽일본매자나무 '아트로푸르레아 나나' ☺

Berberis thunbergii f. *atropurpurea* 'Admiration'
자엽일본매자나무 '애드머레이션' ☺

Berberis koreana 매자나무
낙엽활엽관목. 우리나라에만 자생하는 특산식물로
꽃은 노란색으로 피고 빨간색 열매의 관상가치가
높다. 붉은색으로 물드는 단풍이 아름다우며 −40℃까
지 월동한다. ↕2m

Berberis thunbergii 'Aurea'
황금일본매자나무
낙엽활엽관목. 밝은 황금색의 잎이 화사하고
아름다우며 −34℃까지 월동한다. ↕↔1.2m

Berberis thunbergii f. *atropurpurea*
자엽일본매자나무
낙엽활엽관목. 자주색의 잎이 매력적이고 전정에
강해 울타리용으로 많이 이용하며 −34℃까지 월동한
다. ↕1m

Berberis thunbergii f. *atropurpurea*
'Atropurpurea Nana'
자엽일본매자나무 '아트로푸르레아 나나' ☺
낙엽활엽관목. 자주색 잎과 낮고 단정하게 자라는
수형이 아름다우며 −34℃까지 월동한다.
↕↔60cm

Berberis thunbergii f. *atropurpurea*
'Admiration' 자엽일본매자나무 '애드머레이션' ☺
낙엽활엽관목. 새순이 밝은 주황색으로 아름답고
잎 테두리의 노란색 무늬가 매력적이다. 키가 작고
둥글게 자라며 −34℃까지 월동한다. ↕↔50cm

Berberis thunbergii f. *atropurpurea* 'Rose
Glow' 자엽일본매자나무 '로즈 글로우' ☺
낙엽활엽관목. 아래쪽의 잎은 진한 자주색이고
위쪽의 새로난 가지의 잎은 밝은 자주색에 흰색의
무늬가 발달하여 화사하며 −34℃까지 월동한다.
↕1.5m ↔1.2m

Berberis thunbergii 'Aurea' 황금일본매자나무

Berberis thunbergii f. *atropurpurea* 'Rose Glow'
자엽일본매자나무 '로즈 글로우' ☺

Berberis thunbergii 'Tiny Gold' 일본매자나무 '타이니 골드'

Berberis thunbergii 'Tiny Gold'
일본매자나무 '타이니 골드'
낙엽활엽관목. 밝은 노란색의 잎이 매력적이다.
작고 아담하게 자라기 때문에 암석원에 잘 어울리며
−34℃까지 월동한다. ↕30cm ↔ 45cm

Berchemia 망개나무속

Rhamnaceae 갈매나무과

아프리카 동부, 아시아, 남아메리카 등지에 약 12종이
분포하며 낙엽, 교목·덩굴식물로 자란다. 평행한 잎의
맥과 잎가장자리가 밋밋한 점이 특징이다.

Berchemia berchemiifolia 망개나무
낙엽활엽교목. 타원 모양의 붉은색 열매와 가을철 노
란색 단풍이 아름다우며 −23℃까지 월동한다. ↕15m

Berchemia racemosa 청사조
낙엽활엽덩굴.희귀종으로 천연기념물로 보호받고
있다. 맹아력이 강하고 평행하게 발달하는 측맥이
특징으로 잎의 질감이 부드러우며 −23℃까지
월동한다. ↕10m

Berchemia racemosa 청사조(잎, 수형)

Berchemia racemosa var. *magna* 먹넌출

Berchemia racemosa var. *magna* 먹넌출
낙엽활엽덩굴. 청사조에 비해 잎이 넓은 것이 특징이
고 빨간색의 작은 포도송이 같은 열매는 익으면 검게
변하며 −23℃까지 월동한다. ↕10m

Bergenia 돌부채속

Saxifragaceae 범의귀과

중앙아시아, 동아시아 등지에 약 8종이 분포하며
상록, 다년초로 자란다. 코끼리 귀처럼 넓은 잎과
굵은 꽃대 끝에 모여 피는 종 모양의 꽃이 특징이다.

Bergenia purpurascens 자주돌부채 🌑
상록다년초. 매화를 닮은 분홍색의 작은 꽃들이
모여서 아름답게 핀다. 자주빛을 띠는 둥근 잎은
가을철 붉게 물드는 모습이 아름다우며 −34℃까지
월동한다. ↕45cm

Berchemia berchemiaefolia 망개나무

Bergenia purpurascens 자주돌부채 🌑

Bergenia 'Red Beauty' 꽃돌부채 '레드 뷰티'

Bergenia 'Red Beauty' 꽃돌부채 '레드 뷰티'
반상록다년초, 코끼리 귀를 닮은 넓은 잎과
붉은색으로 곧추서는 꽃송이가 아름다우며 −34℃
까지 월동한다. ↕ ↔ 45cm

Betula 자작나무속

Betulaceae 자작나무과

북반구 온대, 한대 등지에 약 60종이 분포하며 낙엽,
관목 · 교목으로 자란다. 매끄럽고 종잇장처럼 얇게
벗겨지는 수피와 가로방향으로 길게 발달하는 피목이
특징이다.

Betula costata 거제수나무
낙엽활엽교목, 연갈색으로 매끈하고 얇게 종잇장처
럼 벗겨지는 줄기가 매력적이며 −34℃까지 월동한다.
↕ 25m

Betula costata 거제수나무

Betula davurica 물박달나무(수피, 수형)

Betula davurica 물박달나무
낙엽활엽교목, 종잇장처럼 여러겹 벗겨지고 은빛을 띠
는 연갈색 줄기가 매력적이며 −34℃까지
월동한다. ↕ 20m

Betula ermanii 사스래나무

Betula ermanii 사스래나무
낙엽활엽교목, 우리나라의 높은 산에서 세찬 바람을
맞으며 자생하는 자작나무류이다. 수형이 단정한
편이고 흰색으로 얇게 벗겨지는 줄기가 매력적이며
−34℃까지 월동한다. ↕ 10m

Betula platyphylla var. *japonica* 자작나무
낙엽활엽교목, 가을철 단풍이 노랗게 물들고 겨울철
흰색 줄기의 관상가치가 높다. 군락으로 식재하면
효과가 더 좋으며 −34℃까지 월동한다. ↕ 25m

* *Betula platyphylla* var. *japonica* 자작나무

Betula schmidtii 박달나무(수피, 수형)

Betula schmidtii 박달나무
낙엽활엽교목, 검은색 혹은 어두운 회색의 수피와
다소 거친 느낌의 가로방향으로 발달하는 피목이
특징이다. 야생의 분위기를 높일 수 있는 소재로
−34℃까지 월동한다. ↕30m

Betula utilis 히말라야자작나무

Betula utilis var. *jacquemontii* 자크몽자작나무(수피, 수형)

Bletilla striata 자란 🌼

Betula utilis 히말라야자작나무
낙엽활엽교목, 얇고 부드럽게 벗겨지는 흰색의
줄기가 매력적이며 −29℃까지 월동한다.
↕12m ↔ 8m

Betula utilis var. *jacquemontii* 자크몽자작나무
낙엽활엽교목, 하얀색으로 드러나는 수피가 가장
뛰어난 자작나무류 중 하나로 수피의 질감을 활용하기
위해 모아 심어도 좋은 효과를 얻을 수 있으며 −29℃
까지 월동한다. ↕12m ↔ 8m

Bletilla 자란속

Orchidaceae 난초과

한국, 중국, 대만, 일본 등지에 약 10종이 분포하며
낙엽이 지는 난초로 자란다. 세로방향으로 주름진
잎과 세 갈래로 갈라지는 입술 모양의 꽃이 특징이다.

Bletilla striata 자란 🌼
낙엽다년초, 잎이 세로방향으로 주름지고 약간
늘어진 자주색 꽃의 관상가치가 높으며 −29℃까지
월동한다. ↕45cm

Buddleja 부들레야속

Loganiaceae 마전과

아시아, 아프리카, 아메리카 등지에 약 100종이
분포하며 상록 · 반상록 · 낙엽, 관목 · 교목 · 덩굴식물,
다년초로 자란다. 잎은 대생하며 긴 창 모양이고
향기로운 꽃이 모여 핀다.

Buddleja davidii 'Ellens Blue' 부들레야 다비디 '엘런스 블루'

Buddleja 'Pink Delight' 부들레야 '핑크 딜라이트' ♥

Buddleja davidii 'Ellens Blue'
부들레야 다비디 '엘런스 블루'
낙엽활엽관목. 푸른색의 꽃이 매우 아름답고 향기가
좋아 벌, 나비들이 모여들며 −29℃까지 월동한다.
↕ 1.5m

Buddleja 'Pink Delight'
부들레야 '핑크 딜라이트' ♥
낙엽활엽관목. 분홍색의 작은 꽃들이 가지 끝에
무리지어 아름답게 피며 −29℃까지 월동한다.
↕ ↔ 4m

Buddleja 'White Profusion'
부들레야 '화이트 프로퓨전' ♥
낙엽활엽관목. 흰색의 꽃이 길쭉한 꼬리 모양으로
피는 것이 특징이다. 꽃의 향기가 좋으며 −29℃까지
월동한다. ↕ ↔ 4m

Buddleja 'White Profusion' 부들레야 '화이트 프로퓨전' ♥

Buxus microphylla var. *japonica* 'Morris Dwarf'
좀회양목 '모리스 드와프'

Buxus 회양목속

Buxaceae 회양목과

유럽, 아시아, 아프리카, 아메리카 등지에 약 70종이
분포하며 상록, 관목·교목으로 자란다. 잎은 마주나기
하며 둥글고 가장자리에 거치가 없으며 가죽처럼 질기다.

Buxus microphylla var. *japonica* 'Morris Dwarf'
좀회양목 '모리스 드와프'
상록활엽관목. 전체적으로 작고 잎이 촘촘하게
자라며 −29℃까지 월동한다. ↕ 30cm ↔ 45cm

Buxus sempervirens 'Elegantissima'
서양회양목 '엘레간티시마' ♥
상록활엽관목. 잎 가장자리의 흰색 무늬가
매력적으로 낮은 생울타리 소재로 훌륭하며 −23℃
까지 월동한다. ↕ ↔ 1.5m

Buxus sempervirens 'Elegantissima'
서양회양목 '엘레간티시마' ♥ (잎, 수형)

B

C

C

Calamagrostis arundinacea 실새풀

Calamagrostis epigeios 산조풀

Calamagrostis × *acutiflora* 'Overdam' 바늘새풀 '오버댐'

Caesalpinia 실거리나무속

Fabaceae 콩과

열대. 난대 등지에 약 70종이 분포하며 관목·교목·덩굴식물로 자란다. 꽃은 노란색, 붉은색으로 잎겨드랑이에 총상화서를 이루고 식물 전체에 가시가 많이 발달하는 점이 특징이다.

Caesalpinia decapetala 실거리나무
낙엽활엽덩굴. 노란색 꽃의 관상가치가 뛰어나고 아래를 향해 굽은 가시가 특징이며 −18℃까지 월동한다. ↕ 7m

Calamagrostis 산새풀속

Poaceae 벼과

북반구 온대. 한대 등지에 약 250종이 분포하며 다년초로 자란다. 원추 모양의 화서와 얇고 길쭉한 잎이 특징이다.

Calamagrostis arundinacea 실새풀
낙엽다년초, 흰빛을 띠는 이삭의 관상가치가 높고 바람이 잔잔하게 부는 장소에 효과적인 연출이 가능하며 −29℃까지 월동한다. ↕ 1.5m

Calamagrostis epigeios 산조풀
낙엽다년초, 꼬리 모양처럼 발달하는 이삭이 매력으로 해안사구와 바닷가 식재로 좋은 소재이며 −40℃까지 월동한다. ↕ 1.5m

Calamagrostis × *acutiflora* 'Karl Foerster'
바늘새풀 '칼 포에스터'
낙엽다년초, 곧게 자라는 화서는 연한 분홍빛으로 아름답고 점차 구리빛으로 변하며 −26℃까지 월동한다. ↕ 1.8m

Calamagrostis × *acutiflora* 'Overdam'
바늘새풀 '오버댐'
낙엽다년초, 분홍빛의 화서와 잎의 크림색 무늬가 매력적이며 −23℃까지 월동한다. ↕ 1.2m

Calanthe 새우난초속

Orchidaceae 난초과

Calanthe discolor 새우난초
낙엽다년초, 꽃색은 자주색에서 주황색까지 다양하고 아래쪽 꽃잎은 흰색이다. 잎은 넓고 주름이 있으며 −21℃까지 월동한다. ↕ 25cm

Calanthe sieboldii 금새우난초
낙엽다년초, 꽃줄기가 길게 자라고 밝은 노란색 꽃이 아름다우며 −21℃까지 월동한다. ↕ 30cm

Calanthe discolor 새우난초

Calamagrostis × *acutiflora* 'Karl Foerster' 바늘새풀 '칼 포에스터'

Caesalpinia decapetala 실거리나무

Calanthe sieboldii 금새우난초

Calla palustris 산부채

Calla 산부채속

Araceae 천남성과

온대지역에 1종이 분포하며 수생, 낙엽·반상록으로
자란다. 심장 모양의 잎과 넓은 달걀 모양의 흰색
포가 특징이다.

Calla palustris 산부채
낙엽다년초, 하얀색 꽃과 광택이 있는 넓은 잎이
아름답고 서늘하면서 수심이 낮은 고층습지와 같은
곳에 잘 자라며 −45℃까지 월동한다.
↕ 25cm ↔ 30cm

Callicarpa 작살나무속

Verbenaceae 마편초과

동아시아, 북아메리카의 열대, 온대 등지에 약 140종
이 분포하며 낙엽·상록, 관목·소교목으로 자란다.
꽃은 잎겨드랑이에 취산화서로 붙으며 꽃통은 짧고
끝이 네 개로 갈라진다. 구슬 모양으로 모여 달리는
둥글고 작은 열매가 특징이다.

Callicarpa dichotoma 좀작살나무

Callicarpa dichotoma 좀작살나무
낙엽활엽관목, 작고 둥근 보라색 열매가 매력적이다.
잎의 윗쪽에만 톱니가 발달하며 −29℃까지
월동한다. ↕ ↔ 1.5m

Callicarpa dichotoma f. albifructus
흰좀작살나무
낙엽활엽관목, 하얀색 열매가 특징으로 잎의
윗쪽에만 톱니가 발달하며 −29℃까지 월동한다.
↕ ↔ 1.5m

Callicarpa japonica 작살나무
낙엽활엽관목, 보라색 둥근 열매의 관상가치가 높고
길쭉한 잎 가장자리에 고르게 톱니가 발달하며 −29℃
까지 월동한다. ↕ ↔ 2m

Callicarpa dichotoma f. albifructus 흰좀작살나무

Camellia japonica 작살나무

Callicarpa japonica var. leucocarpa 흰작살나무

Callicarpa japonica var. leucocarpa
흰작살나무
낙엽활엽관목, 하얀색 둥근 열매의 관상가치가
뛰어나며 −29℃까지 월동한다. ↕ ↔ 2m

Caltha 동의나물속

Ranunculaceae 미나리아재비과

북반구, 남반구 온대, 한대 등지에 약 10종이
분포하며 다년초로 자란다. 하트 모양의 잎과 노란색
꽃이 특징이다.

Caltha palustris 동의나물
낙엽다년초, 노란색 꽃과 넓은 잎이 매력적으로 잎의
밑부분이 신장 모양이다. 서늘한 물가 또는 얕은
물속에서 잘 자라며 −40℃까지 월동한다.
↕ 50cm ↔ 60cm

Caltha palustris 동의나물

Camellia 동백나무속

Theaceae 차나무과

동아시아에 약 150종이 분포하며 상록, 관목·교목
으로 자란다. 윤택이 있는 두툼한 잎, 꽃받침과 함께
통으로 떨어지는 꽃이 특징이다.

Camellia japonica 동백나무
상록활엽교목. 붉은 꽃과 광택이 있는 잎의
관상가치가 높고 해안가 정원용 소재로 훌륭하며
−15℃까지 월동한다. ↕8m ↔ 4m

Camellia sinensis 차나무
상록활엽관목. 꽃이 흰색으로 피고 식용을 위한 생산
재배는 물론 대단위 군식을 통한 경관식재용으로도
훌륭하며 −12℃까지 월동한다.
↕3m ↔ 2m

Camellia sinensis 차나무

Camellia 'Ack-scent' 동백나무 '액센트'

Camellia japonica 동백나무

Camellia 'Bett's Supreme' 동백나무 '베츠 수프림'

Camellia 'Betty Ridley' 동백나무 '베티 리들리'

Camellia 'Brian' 동백나무 '브라이언'

Camellia 'Cornish Snow' 동백나무 '코니시 스노우' 🏵

Camellia 'Crimson Candles' 동백나무 '크림슨 캔들스'

Camellia 'Fragrant Pink' 동백나무 '프레그런트 핑크'

Camellia 'Innovation' 동백나무 '이노베이션'

Camellia 'Daisy Eagelson' 동백나무 '데이지 이겔슨'

Camellia 'Freedom Bell' 동백나무 '프리덤 벨' ✿

Camellia 'Inspiration' 동백나무 '인스퍼레이션' ✿

Camellia 'Doctor Clifford Parks'
동백나무 '닥터 클리퍼드 파크스' ✿

Camellia 'Harold L. Paige' 동백나무 '해럴드 엘 페이지'

Camellia japonica 'Adolphe Audusson'
동백나무 '아돌프 오더슨' ✿

Camellia 'Dream Girl' 동백나무 '드림 걸'

Camellia hiemalis 'Chansonette' 히에말리스동백나무 '샹소네트'

Camellia japonica 'Alba Plena' 동백나무 '알바 플레나' ✿

Camellia 'Fire Chief' 동백나무 '파이어 치프'

Camellia hiemalis 'Showa-No-Sakae' 히에말리스동백나무 '쇼와노사카에'

Camellia japonica 'Alba Simplex' 동백나무 '알바 심플렉스'

57

Camellia japonica 'Alexander Hunter' 동백나무 '알렉산더 헌터' 🌀

Camellia japonica 'Benten-kagura' 동백나무 '벤텐카구라'

Camellia japonica 'Anemoniflora' 동백나무 '아네모니플로라'

Camellia japonica 'Berenice Boddy' 동백나무 '베레니스 버디' 🌀

Camellia japonica 'Apollo' 동백나무 '아폴로'

Camellia japonica 'Bob Hope' 동백나무 '밥 호프'

Camellia japonica 'C. M. Hovey'
동백나무 '시 엠 호베이' 🌀 (꽃, 수형)

Camellia japonica 'Apple Blossom' 동백나무 '애플 블로섬'

Camellia japonica 'Bob's Tinsie' 동백나무 '밥스 틴지에' 🌀

Camellia japonica 'C. M. Wilson' 동백나무 '시 엠 윌슨'

58   *Camellia japonica* 'Benijishi' 동백나무 '베니지시'

Camellia japonica 'Brother Rose' 동백나무 '브라더 로즈'

Camellia japonica 'Carter's Sunburst'
동백나무 '카터스 선버스트' 🌀

Camellia japonica 'Charlotte de Rothschild'
동백나무 '샬럿 드 로스차일드'

Camellia japonica 'Doctor Tinsley' 동백나무 '닥터 틴슬리' 🌓

Camellia japonica 'Gloire de Nantes' 동백나무 '글로리 낭트' 🌓

Camellia japonica 'Conrad Hilton' 동백나무 '콘래드 힐턴'

Camellia japonica 'Drama Girl' 동백나무 '드라마 걸' 🌓

Camellia japonica 'Grand Slam' 동백나무 '그랜드 슬램' 🌓

Camellia japonica 'Daikagura' 동백나무 '다이카구라'

Camellia japonica 'Elegans' 동백나무 '엘레간스'

Camellia japonica 'Guilio Nuccio' 동백나무 '줄리오 누치오' 🌓

Camellia japonica 'Debutante' 동백나무 '데뷰탄트'

Camellia japonica 'Elegant Beauty' 동백나무 '엘레간트 뷰티'

Camellia japonica 'Gwenneth Morey' 동백나무 '그웨네스 모레이'

Camellia japonica 'Deep Secret' 동백나무 '딥 시크릿' 🌓

Camellia japonica 'Finlandia' 동백나무 '핀란디아'

Camellia japonica 'Hagoromo' 동백나무 '하고로모' 🌓

Camellia japonica 'Hakurakuten' 동백나무 '하쿠라쿠텐' ❶

Camellia japonica 'Kagoshima' 동백나무 '카고시마'

Camellia japonica 'Lady Clare' 동백나무 '레이디 클레어'

Camellia japonica 'Harunoutena' 동백나무 '하루노우테나'

Camellia japonica 'Kick-off' 동백나무 '킥오프'

Camellia japonica 'Lady De Saumarez'
동백나무 '레이디 드 소마레즈'

Camellia japonica 'Hawaii' 동백나무 '하와이'

Camellia japonica 'Koshino Fubuki' 동백나무 '코시노 후부키'

Camellia japonica 'Lady Vansittart' 동백나무 '레이디 밴시터트'

Camellia japonica 'Helen Boehm' 동백나무 '헬렌 봄'

Camellia japonica 'Kramer's Supreme'
동백나무 '크레이머스 수프림' ❶

Camellia japonica 'Leonora Novick' 동백나무 '레오노라 노빅'

Camellia japonica 'Helen K' 동백나무 '헬렌 케이'

Camellia japonica 'Kumasaka' 동백나무 '쿠마사카'

Camellia japonica 'Little Bit' 동백나무 '리틀 비트'

Camellia japonica 'Little Slam Var.' 동백나무 '리틀 슬램 바'

Camellia japonica 'Mathotiana Supreme'
동백나무 '마토티아나 수프림'

Camellia japonica 'Mrs D. W. Davis'
동백나무 '미세스 디 더블유 데이비스'

Camellia japonica 'Margaret Davis'
동백나무 '마가렛 데이비스' ⊗

Camellia japonica 'Mathotiana' 동백나무 '마토티아나'

Camellia japonica 'Nobilissima' 동백나무 '노블리시마' ⊗

Camellia japonica 'Mark Alan' 동백나무 '마크 앨런'

Camellia japonica 'Mercury' 동백나무 '머큐리' ⊗

Camellia japonica 'Nuccio's Carousel' 동백나무 '누치오스 캐러셀'

Camellia japonica 'Mary Paige' 동백나무 '메리 페이지'

Camellia japonica 'Momiji-gari' 동백나무 '모미지가리'

Camellia japonica 'Onetia Holland' 동백나무 '오네시아 홀랜드'

Camellia japonica 'Mathotiana Alba' 동백나무 '마토티아나 알바'

Camellia japonica 'Monjisu Red' 동백나무 '몬지수 레드'

Camellia japonica 'Pearl's Pet' 동백나무 '펄스 펫'

Camellia japonica 'Professor Sargent' 동백나무 '프로페서 사전트'

Camellia japonica 'Rubescens Major' 동백나무 '루베센스 메이저'

Camellia japonica 'Strawberry Blonde' 동백나무 '스트로베리 블론드'

Camellia japonica 'Purity' 동백나무 '퓨리티'

Camellia japonica 'Sakazukiba' 동백나무 '사카주키바'

Camellia japonica 'Tammia' 동백나무 '타미아'

Camellia japonica 'R. L. Wheeler' 동백나무 '알 엘 휠러' 🌀

Camellia japonica 'San Dimas' 동백나무 '산 디마스' 🌀

Camellia japonica 'Tenshi' 동백나무 '텐시'

Camellia japonica 'Reigyoku' 동백나무 '레이교쿠'

Camellia japonica 'Shigon Wabisuke' 동백나무 '시곤 와비수케'

Camellia japonica 'Tiffany' 동백나무 '티파니'

Camellia japonica 'Roger Hall' 동백나무 '로저 홀'

Camellia japonica 'Shiragiku' 동백나무 '시라기쿠'

Camellia japonica 'Tinker Bell' 동백나무 '팅커 벨'

Camellia japonica 'Tickled Pink' 동백나무 '티클드 핑크'(수형, 꽃)

Camellia japonica 'Tsuki No Wa' 동백나무 '츠키 노 와'(꽃, 수형)

Camellia 'Leonard Messel' 동백나무 '레너드 메셀' ✿

Camellia lutchuensis 'Snow Bell' 류큐동백나무 '스노우 벨'

Camellia 'Mimosa Jury' 동백나무 '미모사 주리'

Camellia japonica 'Tommorrow's Dawn' 동백나무 '투모로우즈 돈'

Camellia japonica 'Twilight' 동백나무 '트와일라이트'

Camellia 'Nishiki-gasane' 동백나무 '니시키가사네'

Camellia japonica 'Tomorrow' 동백나무 '투모로우'

Camellia japonica 'Yuri-shibori' 동백나무 '유리시보리'

Camellia reticulata 'Frank Houser'
레티쿨라타동백나무 '프랭크 하우저'

63

Camellia reticulata 'Rhonda Kerri' 레티쿨라타동백나무 '론다 케리'

Camellia sasanqua 'Bonanza' 애기동백나무 '보난자'

Camellia sasanqua 'Kenkyo' 애기동백나무 '켄쿄'

Camellia reticulata 'William Hertrich'
레티쿨라타동백나무 '윌리엄 허트리치'

Camellia sasanqua 'Cotton Candy' 애기동백나무 '코튼 캔디'

Camellia sasanqua 'Lucinda' 애기동백나무 '루신다'

Camellia rosiflora 'Roseaflora Cascade'
로시플로라동백나무 '로세아플로라 캐스케이드'

Camellia sasanqua 'Enishi' 애기동백나무 '에니시'

Camellia sasanqua 'Misty Moon' 애기동백나무 '미스티 문'

Camellia saluenensis 'Exbury Trumpet'
살루에넨시스동백나무 '엑스버리 트럼펫'

Camellia sasanqua 'Hugh Evans' 애기동백나무 '휴 에번스'

Camellia sasanqua 'Narumigata' 애기동백나무 '나루미가타' 🌼

Camellia sasanqua 'Alba' 애기동백나무 '알바'

Camellia sasanqua 'Jean May' 애기동백나무 '진 메이' 🌼

Camellia sasanqua 'Rainbow' 애기동백나무 '레인보우'

Camellia sasanqua 'Rosea Plena' 애기동백나무 '로세아 플레나'

Camellia 'Show Girl' 동백나무 '쇼 걸' 🌼

Camellia × *vernalis* 'Yuletide' 베르날리스동백나무 '율타이드'

Camellia sasanqua 'Setsugekka' 애기동백나무 '세츠게카'

Camellia 'Souza's Pavlova' 동백나무 '수자스 파블로바'

Camellia × *williamsii* 'Anticipation'
윌리엄스동백나무 '안티시페이션' 🌼

Camellia sasanqua 'Shibori Egao' 애기동백나무 '시보리 에가오'

Camellia 'Spring Festival' 동백나무 '스프링 페스티벌' 🌼

Camellia × *williamsii* 'Ballet Queen' 윌리엄스동백나무 '발레 퀸'

Camellia sasanqua 'Sparkling Burgundy'
애기동백나무 '스파클링 버건디' 🌼

Camellia 'Tom Knudsen' 동백나무 '톰 크누센'

Camellia × *williamsii* 'Burncoose' 윌리엄스동백나무 '번쿠우스'

Camellia sasanqua 'Yume' 애기동백나무 '유메'

Camellia × *vernalis* 'Star Above Star'
베르날리스동백나무 '스타 어보브 스타'

Camellia × *williamsii* 'C. F. Coates' 윌리엄스동백나무 '시 에프 코츠'

Camellia × williamsii 'Caerhays' 윌리엄스동백나무 '캐헤이스'
(꽃, 수형)

Camellia × williamsii 'Debbie' 윌리엄스동백나무 '데비'

Camellia × williamsii 'Glenn's Orbit'
윌리엄스동백나무 '글렌스 오비트' 🌳

Camellia × williamsii 'Dream Boat' 윌리엄스동백나무 '드림 보트'

Camellia × williamsii 'Golden Spangles'
윌리엄스동백나무 '골든 스팽글스'

Camellia × williamsii 'Daintiness'
윌리엄스동백나무 '데인티니스' 🌳

Camellia × williamsii 'E. G. Waterhouse'
윌리엄스동백나무 '이 지 워터하우스'

Camellia × williamsii 'J. C. Williams'
윌리엄스동백나무 '제이 시 윌리엄스' 🌳

Camellia × williamsii 'Garden Glory'
윌리엄스동백나무 '가든 글로리'

Camellia × williamsii 'Jenefer Carlyon'
윌리엄스동백나무 '제니퍼 칼리온'

Camellia × williamsii 'George Blandford'
윌리엄스동백나무 '조지 블랜포드' 🌳

Camellia × williamsii 'Jury's Yellow'
윌리엄스동백나무 '주리스 옐로'

66

Camellia × williamsii 'Donation'
윌리엄스동백나무 '도네이션' 🌳 (수형, 꽃)

Camellia × *williamsii* 'Mary Christian'
윌리엄스동백나무 '메리 크리스천'

Camellia × *williamsii* 'Mary Larcom' 윌리엄스동백나무 '메리 라컴'

Camellia × *williamsii* 'Monica Dance' 윌리엄스동백나무 '모니카 댄스'

Camellia × *williamsii* 'Night Rider' 윌리엄스동백나무 '나이트 라이더'

Camellia × *williamsii* 'Rose Parade' 윌리엄스동백나무 '로즈 퍼레이드'

Camellia × *williamsii* 'Saint Ewe'
윌리엄스동백나무 '세인트 에웨' 🏆

Camellia × *williamsii* 'Softly' 윌리엄스동백나무 '소프틀리'

Camellia × *williamsii* 'Tiptoe' 윌리엄스동백나무 '팁토우'

Camellia × *williamsii* 'Water Lily'
윌리엄스동백나무 '워터 릴리' 🏆

Camellia × *williamsii* 'Winton' 윌리엄스동백나무 '윈턴'

Campanula 초롱꽃속

Campanulaceae 초롱꽃과

이란, 히말라야, 동아시아 등지에 약 300종이
분포하며 일년초 · 이년초 · 다년초로 자란다.
종 모양으로 피는 꽃이 특징이다.

Campanula cochlearifolia
캄파눌라 코클레아리폴리아 🏆
낙엽다년초. 작은 청자색 꽃과 진녹색잎이 매력으로
반그늘지고 촉촉한 지역에 잘 자라며 −23℃까지
월동한다. ↕10cm ↔ 60cm

Campanula glomerata var. *dahurica*
자주꽃방망이
낙엽다년초. 둥근 방망이처럼 모여 피는 종 모양의
자주색 꽃이 매력적이며 −29℃까지 월동한다.
↕50cm ↔ 80cm

Campanula cochlearifolia 캄파눌라 코클레아리폴리아

Campanula glomerata var. *dahurica* 자주꽃방망이

Campanula 'Kent Belle' 캄파눌라 '켄트 벨' ❦

Campanula latiloba 'Percy Piper' 캄파눌라 라틸로바 '퍼시 파이퍼'

Campanula 'Kent Belle' 캄파눌라 '켄트 벨' ❦
낙엽다년초, 보라색 종 모양의 꽃이 매우 아름답고
윤기가 나며 −34℃까지 월동한다.
↕90cm ↔ 60cm

Campanula punctata 초롱꽃
낙엽다년초, 크림색 종모양의 꽃이 매력으로
여러 개를 모아 심으면 더 좋은 효과를 연출할 수
있으며 −34℃까지 월동한다. ↕40cm ↔ 50cm

Campanula punctata 초롱꽃

Campanula persicifolia 'La Belle' 복사초롱꽃 '라 벨'

Campanula 'Pink Octopus' 캄파눌라 '핑크 옥토퍼스'

Campanula punctata f. *rubriflora* 붉은초롱꽃

Campanula rapunculoides 'Alba' 캄파눌라 라풍쿨로이데스 '알바'

Campanula 'Sarastro' 캄파눌라 '사라스트로'

Campanula takesimana 섬초롱꽃
낙엽다년초, 연자주색 점무늬가 발달하는 넓은
종 모양의 꽃이 매력으로 잎에는 광택이 나며 −34℃
까지 월동한다. ↕60cm ↔ 50cm

Campanula takesimana 섬초롱꽃

Campanula takesimana 'Beautiful Truth' 섬초롱꽃 '뷰티풀 트루스'

Campanula takesimana 'Elizabeth' 섬초롱꽃 '엘리자베스'

Campanula takesimana 'Noble Beauty' 섬초롱꽃 '노블 뷰티'

Campsis 능소화속

Bignoniaceae 능소화과

중국, 남아메리카 등지에 2종이 분포하며 낙엽, 덩굴
식물로 자라고 줄기에 흡착근이 발달한다. 잎은 대생
하고 꽃은 트럼펫 모양이다.

Campsis grandiflora 능소화
낙엽활엽덩굴. 주황색의 꽃은 중앙에 노란색의
무늬가 있고 나팔꽃 모양이다. 나무나 벽에 붙어
자라며 −23℃까지 월동한다. ↕10m

Campsis grandiflora 능소화

Campsis radicans 미국능소화

Campsis radicans f. *flava* 노랑미국능소화 🌷

Campsis radicans 미국능소화
낙엽활엽덩굴. 길쭉한 트럼펫 모양의 붉은색 꽃이
아름답다. 늘어진 가지 끝에서 여러 개의 꽃이 모여서
피며 −34℃까지 월동한다. ↕10m

Campsis radicans f. *flava* 노랑미국능소화 🌷
낙엽활엽덩굴. 노란색의 꽃이 매력적이며 −34℃까지
월동한다. ↕10m

Campsis × *tagliabuana* 'Madame Galen'
나팔능소화 '마담 게일런' 🌷
낙엽활엽덩굴. 여름철 강렬하게 피는 붉은색 꽃이
매력적이며 −34℃까지 월동한다. ↕10m

Campsis × *tagliabuana* 'Madame Galen'
나팔능소화 '마담 게일런' 🌷

Caragana sinica 골담초

Caragana 골담초속

Fabaceae 콩과

동유럽, 중앙아시아 등지에 약 80종이 분포하며
낙엽, 관목 · 소교목으로 자란다. 잎겨드랑이에 붙는
나비 모양의 노란색 또는 흰색 꽃이 특징이다.

Caragana sinica 골담초
낙엽활엽관목. 노란색 꽃이 매력적이고 줄기 전체에
가시가 발달한다. 양지바른 곳의 생울타리용으로
좋으며 −29℃까지 월동한다. ↕2m

Carex 사초속

Cyperaceae 사초과

전 세계에 약 1,500종이 분포하며 일년초 · 이년초 ·
다년초로 자란다. 줄기는 마디가 없고 모가 지거나
둥근 모양인 점이 특징이다.

Carex augustinowiczii 'Misan Gold'
북사초 '미산 골드'
낙엽다년초. 잎 가장자리에 노란색의 무늬와 겨울철
밝은 크림색에 가까운 단풍잎이 매력적이며 −29℃
까지 월동한다. ↕40cm

Carex augustinowiczii 'Misan Gold' '미산골드'

Carex boottiana 밀사초(전경, 전초)

Carex boottiana 밀사초
상록다년초, 길게 늘어지면서 둥글게 자라는 모양이
매력으로 염분에 강해서 바닷가 돌틈에 심어도 잘자라
며 −23℃까지 월동한다. ↕70cm

Carex boottiana 'Baengnokdam'
밀사초 '백록담'
상록다년초, 가장자리의 크림색 무늬가 있는 넓은
잎과 둥글게 자라는 수형이 보기 좋으며 −23℃까지
월동한다. ↕60cm

Carex buchananii 가죽사초
상록다년초, 구릿빛이 도는 갈색의 가는 잎이
매력적이며 −18℃까지 월동한다. ↕60cm

Carex buchananii 'Viridis' 가죽사초 '비리디스'

Carex buchananii 'Viridis' 가죽사초 '비리디스'
상록다년초, 초록색의 가는 잎이 바람에 흔들리는
모습이 매력적이며 −18℃까지 월동한다. ↕60cm

Carex comans 코만스사초
상록다년초, 밝은 구릿빛의 가는 잎이 퍼지듯
자라는 모습이 매력적이며 −18℃까지 월동한다.
↕60cm

Carex conica 'Snowline' 애기사초 '스노우라인'
상록다년초, 잎 가장자리의 흰색 무늬가 아름답고
둥근 수형이 매력적이며 −29℃까지 월동한다.
↕30cm

Carex elata 'Aurea' 큰물사초 '아우레아' ❂

Carex elata 'Aurea' 큰물사초 '아우레아' ❂
낙엽다년초, 잎 중앙의 밝은 노란색 무늬가 아름답고
습기가 있는 곳에서 잘 자라며 −29℃까지 월동한다.
↕75cm

Carex okamotoi f. *variegata* 무늬지리대사초
낙엽다년초, 잎의 가장자리에 발달하는 흰색 무늬가
아름다우며 −29℃까지 월동한다. ↕20cm

Carex siderosticta 대사초
낙엽다년초, 세로로 주름이 발달하는 짙은 녹색 잎이
부드럽고 그늘진 경사면에 잘 자라며 −29℃까지
월동한다. ↕40cm

Carex boottiana 'Baengnokdam' 밀사초 '백록담'

Carex comans 코만스사초

Carex okamotoi f. *variegata* 무늬지리대사초

Carex buchananii 가죽사초

Carex conica 'Snowline' 애기사초 '스노우라인'

Carex siderosticta 대사초

Carex morrowii var. *temnolepis* 'Silk Tassel'
비단사초 '실크 태슬'

Carex morrowii 'Variegata' 모로위사초 '바리에가타'

Carex morrowii var. *temnolepis*
'Silk Tassel' 비단사초 '실크 태슬'
상록다년초. 바람에 날리듯 하늘하늘한 가는 잎과
잎 중앙의 흰색 무늬가 매력적이며 −29℃까지
월동한다. ↕30cm

Carex morrowii 'Variegata'
모로위사초 '바리에가타'
상록다년초. 단단한 느낌의 잎과 가장자리의 크림색
무늬가 매력적이며 −29℃까지 월동한다.
↕50cm

Carex oshimensis 'Evergold'
오시마사초 '에버골드' ✿
상록다년초. 둥그런 수형과 부드러운 잎 중앙의
밝은 황금색 무늬가 아름다우며 −23℃까지
월동한다. ↕30cm

Carex oshimensis 'Evergold' 오시마사초 '에버골드' ✿

Carex riparia 'Variegata' 물사초 '바리에가타'

Carex siderosticta 'Golden Edger' 대사초 '골든 에저'

Carex riparia 'Variegata'
물사초 '바리에가타'
낙엽다년초. 봄철 흰색으로 돋아나는 잎은 점점
녹색으로 변한다. 이삭은 검정색이고 지하경으로
빠르게 번식하며 −23℃까지 월동한다. ↕50cm

Carex siderosticta 'Golden Edger'
대사초 '골든 에저'
낙엽다년초. 잎 가장자리에 발달하는 노란색 무늬가
매력적이고 지피력이 좋아서 경사진 곳이나 돌틈에
식재해도 잘 자라며 −29℃까지 월동한다. ↕30cm

Carex siderosticta 'Golden Falls'
대사초 '골든 폴스'
낙엽다년초. 잎 중앙의 넓게 발달하는 황금색
무늬가 매력적이다. 강건하여 반그늘 진 곳이나
햇빛이 강한 비옥한 곳에서도 잘 자라며 −29℃까지
월동한다. ↕30cm

Carex siderosticta 'Golden Falls' 대사초 '골든 폴스'

Carex testacea 'Prairie Fire' 황동사초 '프레이리 파이어'

Carex testacea 'Prairie Fire'
황동사초 '프레이리 파이어'
상록다년초. 잎의 아래쪽은 구릿빛이 돌고 위쪽은
밝은 주황빛이다. 가는 잎이 바람에 일렁이는
모습이 매력적이며 −18℃까지 월동한다. ↕45cm

Carpinus 서어나무속
Betulaceae 자작나무과

유럽, 동아시아, 북중미 등지에 약 35종이 분포하며
낙엽, 관목·교목으로 자란다. 잎가장자리의 날카로운
톱니, 평행한 측맥, 잎 모양으로 둘러싸인 열매가
특징이다.

Carpinus cordata 까치박달
낙엽활엽교목. 잎에 평행하게 형성되는 맥으로 인하여
주름이 발달하고 잎의 아랫부분이 하트 모양이
특징이며 −29℃까지 월동한다. ↕15m

Carpinus laxiflora 서어나무
낙엽활엽교목. 매끄러운 줄기가 매력으로 잎의
가장자리에는 불규칙한 톱니가 발달한다. 열매는 길게
아래로 늘어지며 −29℃까지 월동한다. ↕15m

Carpinus cordata 까치박달

Carpinus laxiflora 서어나무

Caryopteris × clandonensis 'Gold Giant'
큰층꽃나무 '골드 자이언트'

Caryopteris 층꽃나무속

Verbenaceae 마편초과

동아시아 등지에 약 6종이 분포하며 낙엽, 다년초 · 관목으로 자란다. 마주나는 잎. 잎 가장자리에 발달하는 톱니, 잎겨드랑이나 줄기끝에 촘촘하게 붙는 화서가 특징이다.

Caryopteris × clandonensis 'Gold Ginat' 큰층꽃나무 '골드 자이언트'
낙엽활엽관목, 보라색의 꽃과 대조를 이루는 황금빛의 잎이 매력적이고 −23℃까지 월동한다.
↕90cm

Caryopteris × clandonensis 'Summer Sorbet'
큰층꽃나무 '서머 셔벗' ✿

Caryopteris divaricata 누린내풀

Caryopteris × clandonensis 'Summer Sorbet' 큰층꽃나무 '서머 셔벗' ✿
낙엽활엽관목, 잎 가장자리의 노란색 무늬가 화사하고 푸른색의 꽃이 층을 이루어 아름답게 피며 −23℃까지 월동한다. ↕90cm

Caryopteris divaricata 누린내풀
낙엽다년초, 나비를 닮은 청자색의 꽃이 매력적이고 잎에서 누린내가 나는 특징이 있으며 −23℃까지 월동한다. ↕1m

Caryopteris divaricata 'Snow Fairy' 누린내풀 '스노우 페어리'
낙엽다년초, 잎 가장자리의 연한 연두색과 크림색의 무늬가 화려하고 동그런 수형이 매력적이며 −23℃까지 월동한다. ↕90cm

Caryopteris incana 층꽃나무
낙엽활엽관목, 층층이 형성되는 파란색의 꽃이 아름답고 여러 개를 모아심어야 더욱 효과가 크며 −29℃까지 월동한다. ↕1.5m ↔2m

Caryopteris incana f. *candida* 흰층꽃나무
낙엽활엽관목, 흰색으로 층층이 피는 꽃이 매력적으로 −29℃까지 월동한다. ↕1.5m ↔2m

Caryopteris divaricata 'Snow Fairy' 누린내풀 '스노우 페어리'

Caryopteris incana 층꽃나무

Caryopteris incana f. *candida* 흰층꽃나무

Castanea 밤나무속

Fagaceae 참나무과

유럽 남부, 아시아, 북아메리카, 북아프리카 등지에 약 12종이 분포하며 낙엽, 관목 · 교목으로 자란다. 길쭉한 잎의 가장자리에 톱니가 있고 측맥은 평행, 구수한 듯 독특한 향기가 나는 꽃. 바늘 모양의 총포안에 견과가 생성되는 점이 특징이다.

Castanea crenata 밤나무
낙엽활엽교목, 가을철 고슴도치처럼 생긴 열매 안에 발달하는 짙은 갈색 씨앗이 매력적이다. 길게 늘어 뜨리며 피는 하얀색 꽃에서는 냄새가 진하며 −34℃까지 월동한다. ↕15m

Castanea crenata 밤나무

Castanopsis sieboldii 구실잣밤나무

Castanopsis 모밀잣밤나무속

Fagaceae 참나무과

동아시아에 약 110종이 분포하며 상록, 관목·교목으로
자란다. 잎 가장자리에 거치가 밋밋하거나 둔한
톱니가 발달하며 윤기가 흐르는 두툼한 잎이
특징이다.

Castanopsis sieboldii 구실잣밤나무
낙엽활엽교목, 윤택이 나는 늘푸른 잎이 매력으로
잎의 뒷면에 발달하는 은갈색 광택이 특징이며
−12℃까지 월동한다. ↕15m

Castanopsis sieboldii 'Angyo Yellow'
구실잣밤나무 '안교 옐로'
상록활엽교목, 잎은 단단하고 윤기가 있다.
가장자리에 불규칙적으로 발달하는 크림색 무늬가
매력적이며 −12℃까지 월동한다. ↕↔8m

Castanopsis sieboldii 'Angyo Yellow' 구실잣밤나무 '안교 옐로'

Catalpa bignonioides 꽃개오동 ⊙

Catalpa 꽃개오동속

Bignoniaceae 능소화과

동아시아, 북아메리카 등지에 약 11종이 분포하며
낙엽, 교목으로 자란다. 잎이 크고 대생하며 세 개의
맥이 발달한다. 꽃은 종 모양으로 곧게 선 꽃자루에서
원추화서로 핀다.

Catalpa bignonioides 꽃개오동 ⊙
낙엽활엽교목, 흰색 종 모양의 꽃은 꽃잎 가장자리가
파도처럼 주름이 지고 안쪽의 주황색과 보라색점
무늬가 매력적이며 −23℃까지 월동한다. ↕↔15m

Catalpa bignonioides 'Aurea'
꽃개오동 '아우레아' ⊙
낙엽활엽교목, 밝은 황금색의 넓은 잎과 둥그런
수형이 매력적이며 −23℃까지 월동한다. ↕↔10m

Catalpa fargesii 파르쥐개오동
낙엽활엽교목, 수관 전체를 덮으면서 화려하게
피는 분홍색의 꽃이 아름다우며 −26℃까지
월동한다. ↕15m

Catalpa bignonioides 'Aurea' 꽃개오동 '아우레아' ⊙

Catalpa fargesii 파르쥐개오동

Cedrus 개잎갈나무속

Pinaceae 소나무과

히말라야, 지중해 등지에 약 4종이 분포하며 상록,
침엽, 교목으로 자란다. 짧은 바늘잎은 한곳에서
여러 개가 모여 난다. 열매는 약간 각이진 원통형으로
약 12cm 정도이고 종자는 2년에 걸쳐 익는다.

Cedrus atlantica 아틀라스개잎갈나무
상록침엽교목, 원추형으로 크게 자라고 어두운
녹색에서 청록색을 띠며 −23℃까지 월동한다.
↕40m ↔10m

Cedrus atlantica 아틀라스개잎갈나무(열매, 수형)

Cedrus deodara 'Aurea Pendula' 개잎갈나무 '아우레아 펜둘라'

Cedrus atlantica Glauca Group 아틀라스개잎갈나무 글라우카 그룹

Cedrus atlantica Glauca Group
아틀라스개잎갈나무 글라우카 그룹
상록침엽교목. 원추형의 수형과 은청색의 잎이
매력적이며 −23℃까지 월동한다. ↕12m ↔8m

Cedrus atlantica 'Glauca Pendula'
아틀라스개잎갈나무 '글라우카 펜둘라' 🏆
상록침엽교목. 은청색의 잎과 옆으로 자라면서
폭포수가 쏟아지는 듯한 모습이 매력적이며
−23℃까지 월동한다. ↕6m

Cedrus deodara 개잎갈나무
상록침엽교목. 짙은 녹색의 잎과 원추형의 웅장한
수형이 매력적이다. 생장속도가 빠르고 크게 자라서
학교나 공원 등의 넓은 공간에 주로 식재하며
−23℃까지 월동한다. ↕40m ↔10m

Cedrus deodara 개잎갈나무(수형, 열매)

Cedrus deodara 'Pendula' 개잎갈나무 '펜둘라' 🏆

Cedrus deodara 'Aurea Pendula'
개잎갈나무 '아우레아 펜둘라'
상록침엽교목. 새순이 황금색으로 매력적이고 줄기
끝이 아래로 늘어진다. 성장이 느리며 −23℃까지
월동한다. ↕10m ↔10m

Cedrus deodara 'Pendula'
개잎갈나무 '펜둘라' 🏆
상록침엽관목. 아래로 늘어지는 수형이 매력적이며
−23℃까지 월동한다. ↕2.5m ↔3.5m

Cedrus libani 레바논시다
상록침엽교목. 원통형의 수형으로 웅장하게 자라는
모습이 특징으로 −23℃까지 월동한다.
↕30m ↔15m

Cedrus atlantica 'Glauca Pendula' 아틀라스개잎갈나무 '글라우카 펜둘라' 🏆

Cedrus libani 레바논시다

Celastrus orbiculatus 노박덩굴(열매, 꽃)

Celtis jessoensis 풍게나무

Celtis sinensis 'Green Cascade' 팽나무 '그린 캐스케이드'

Celtis sinensis 팽나무
낙엽활엽교목, 염분에 강하여 세찬 바람을 막아주는
해안가 방풍림으로 좋다. 수형이 훌륭하며 −23℃
까지 월동한다. ↕20m

Celtis sinensis 'Green Cascade'
팽나무 '그린 캐스케이드'
낙엽활엽교목, 아래로 늘어지는 모습이 매력적이다.
경사진 곳에 식재하면 훌륭한 연출을 할 수 있으며
−23℃까지 월동한다. ↕6m

Celastrus 노박덩굴속

Celastraceae 노박덩굴과

아프리카, 아메리카, 호주, 동남아시아, 태평양
등지에 약 30종이 분포하며 낙엽·상록, 덩굴식물로
자란다. 잎은 어긋나고 가장자리에는 톱니가 있으며
작은 턱잎이 발달하는 점이 특징이다.

Celastrus orbiculatus 노박덩굴
낙엽활엽덩굴, 겨울철 오렌지색 열매껍질을 벗고
드러내는 빨간 열매의 관상가치가 높으며 −29℃까지
월동한다. ↕12m

Celtis 팽나무속

Ulmaceae 느릅나무과

북반구, 남반구 온대, 열대 등지에 약 70종이 분포하며
낙엽·상록, 관목·교목·덩굴식물로 자란다.
잎의 가장자리는 밋밋하거나 톱니 모양, 잎의 밑부분
은 비뚤어진 모양, 세 개의 중간맥이 발달, 조그만
둥근 열매가 달리는 점이 특징이다.

Celtis jessoensis 풍게나무
낙엽활엽교목, 시원한 그늘을 만들어주는 경관수로
훌륭하고 따뜻한 남쪽지방에서 잘 자라며
−18℃까지 월동한다. ↕15m

Cephalotaxus 개비자나무속

Cephalotaxaceae 개비자나무과

한국, 중국, 일본, 대만, 인도, 미얀마, 베트남
등지에 약 9종이 분포하며 상록, 침엽, 관목·교목으로
자란다. 잎은 가지에 촘촘하게 2열로 붙은 것 처럼
자란다. 암수딴그루로 암나무에는 타원형의 열매가
달리는 점이 특징이다.

Cephalotaxus koreana 개비자나무
상록침엽교목, 부드러운 느낌의 짙은 녹색을 띠는
길쭉한 바늘잎이 매력적으로 −23℃까지 월동한다.
↕6m

Celtis sinensis 팽나무

Cephalotaxus koreana 개비자나무

Cercidiphyllum japonicum 계수나무

Cercidiphyllum 계수나무속

Cercidiphyllaceae 계수나무과

중국, 일본에 1종이 분포하며 낙엽, 교목으로 자란다.
암수딴그루로 잎은 마주나고 가을철 노랗게 물드는
단풍이 아름답다.

Cercidiphyllum japonicum 계수나무 ⑨
낙엽활엽교목, 새의 날카로운 발톱을 닮은 잎눈에서
심장 모양의 둥근 잎이 나오는 것이 특징이다. 가을철
노란 단풍이 들 때 달콤한 솜사탕 향기를 풍기는
매력이 있으며 −34℃까지 월동한다. ↕18m ↔ 9m

Cercidiphyllum japonicum f. *pendulum* 처진계수나무 ⑨

Cercis canadensis 캐나다박태기나무(꽃, 수형)

Cercidiphyllum japonicum f. *pendulum* 처진계수나무 ⑨
낙엽활엽교목, 가지가 아래로 늘어지면서 자라는
점이 특징이다. 수평적인 요소가 강한 연못이나
호숫가에 심으면 가을철 아름다운 단풍과 멋있는
수형을 함께 감상할 수 있으며 −29℃까지 월동한다.
↕ ↔ 8m

Cercis 박태기나무속

Fabaceae 콩과

지중해 연안, 중앙아시아, 동아시아, 북아메리카
등지에 약 6종이 분포하며 낙엽, 관목 · 교목으로
자란다. 묵은 가지의 잎겨드랑이에서 잎보다 먼저
나오는 나비 모양의 작은 꽃이 특징이다.

Cercis canadensis 캐나다박태기나무
낙엽활엽교목, 이른 봄 마른줄기에 다닥다닥
진분홍색 꽃을 피우는 모습이 매력적으로
−23℃까지 월동한다. ↕12m ↔ 9m

Cercis canadensis 'Forest Pansy' 캐나다박태기 '포레스트 팬지'

Cercis canadensis 'Forest Pansy' 캐나다박태기 '포레스트 팬지'
낙엽활엽교목, 이른 봄 진한 자주색으로 나오는 하트
모양의 잎이 매력적으로 −23℃까지 월동한다.
↕9m ↔ 5m

Cercis canadensis 'Heart of Gold' 캐나다박태기 '하트 오브 골드'
낙엽활엽교목, 황금색을 띠는 하트 모양의 잎이
특징이다. 양지바른 곳에 심으면 효과가 좋으며
−18℃까지 월동한다. ↕12m ↔ 9m

Cercis chinensis 박태기나무
낙엽활엽관목, 이른 봄 잎이 나오기 전에 자홍색의
밥풀 모양처럼 가지에 다닥다닥 붙는 꽃과 심장
모양의 넓은 잎이 아름다우며 −23℃까지 월동한다.
↕3m

Cercis canadensis 'Heart of Gold' 캐나다박태기 '하트 오브 골드'

Cercis chinensis 박태기나무

Cercis chinensis f. *alba* 흰박태기나무

Cercis chinensis f. *alba* 흰박태기나무
낙엽활엽관목, 이른 봄 흰색의 밥풀 모양의 꽃이
가지에 다닥다닥 붙는 모습이 매력으로 −23℃까지
월동한다. ↕3m

Cercis racemosa 사슬박태기나무
낙엽활엽관목, 꽃은 연한 분홍색으로 포도송이처럼
아래로 늘어지면서 피며 −29℃까지 월동한다. ↕6m

Cercis racemosa 사슬박태기나무

Chamaecyparis lawsoniana 'Ellwoodii' 금백 '엘워오디' ✔
(잎, 수형)

Chamaecyparis 편백속

Cupressaceae 측백나무과

타이완, 일본, 북아메리카 등지에 약 7종이 분포하며
상록, 침엽, 관목·교목으로 자란다. 납작한 비늘
모양의 잎이 특징이다.

Chamaecyparis lawsoniana 'Ellwoodii'
금백 '엘워오디' ✔
상록침엽교목, 하늘을 향해 직립하는 수형과
회녹색을 띠는 비늘잎이 매력적이며 −18℃까지
월동한다. ↕10m

Chamaecyparis lawsoniana 'Minima'
금백 '미니마'
상록침엽관목, 전정을 하지 않아도 동그랗고 아담한
모양으로 자라며 −18℃까지 월동한다. ↕1.5m

Chamaecyparis lawsoniana 'Minima' 금백 '미니마'

Chamaecyparis obtusa 'Aurea' 편백 '아우레아' ✔

Chamaecyparis obtusa 'Aurea'
편백 '아우레아' ✔
상록침엽교목, 햇빛을 받는 부분이 황금색을 띠며
−23℃까지 월동한다. ↕9m ↔ 4.5m

Chamaecyparis obtusa 'Lycopodioides'
편백 '리코포디오이데스'
상록침엽교목, 석송을 닮은 잎이 특징으로 −23℃
까지 월동한다. ↕6m ↔ 4.5m

Chamaecyparis obtusa 'Lycopodioides' 편백 '리코포디오이데스'

Chamaecyparis obtusa 'Lycopodioides' 편백 '리코포디오이데스'

Chamaecyparis obtusa 'Mariesii'
편백 '마리에시'
상록침엽관목. 작고 단정하게 자라면서 햇빛을 받는 가장자리 잎들에 크림색 무늬가 발달하는 특징을 가지며 −23℃까지 월동한다. ↕ 1.2m ↔ 1m

Chamaecyparis obtusa 'Mariesii' 편백 '마리에시'(잎, 수형)

Chamaecyparis obtusa 'Nana Aurea' 편백 '나나 아우레아' 🏆

Chamaecyparis obtusa 'Nana Aurea'
편백 '나나 아우레아' 🏆
상록침엽관목. 아담한 크기로 자라면서 전체가 황금색을 띠며 −23℃까지 월동한다. ↕ 2m

Chamaecyparis obtusa 'Nana Gracilis'
편백 '나나 그라킬리스' 🏆
상록침엽관목. 작고 둥글게 자라면서 평평하게 레이스처럼 펼쳐지는 비늘잎이 매력적으로 −23℃까지 월동한다. ↕ 2m

Chamaecyparis obtusa 'Nana Gracilis'
편백 '나나 그라킬리스' 🏆

Chamaecyparis obtusa 'Nana Lutea' 편백 '나나 루테아' 🏆

Chamaecyparis obtusa 'Nana Lutea'
편백 '나나 루테아' 🏆
상록침엽관목. 작고 아담하게 자라면서 평평한 레이스처럼 생긴 비늘잎이 노란색을 띠는 점이 특징이며 −23℃까지 월동한다. ↕ ↔ 90cm

Chamaecyparis obtusa 'Tetragona Aurea'
편백 '테트라고나 아우레아'
상록침엽교목. 듬성듬성하게 삐져나온 가지들에 붙어 있는 황금색 잎이 아름다우나 겨울철에는 구릿빛 노란색으로 변하며 −23℃까지 월동한다. ↕ 10m

Chamaecyparis obtusa 'Tetragona Aurea'
편백 '테트라고나 아우레아'

Chamaecyparis pisifera 'Boulevard' 화백 '불바드' 🟡 (잎, 수형)

Chamaecyparis pisifera 'Boulevard'
화백 '불바드' 🟡
상록침엽교목, 하늘을 향해 곧게 자라는 좁고 길쭉한
수형과 청회색을 띠는 부드러운 질감의 잎이 특징이며
−23℃까지 월동한다.　↕ 4m ↔ 1.5m

Chamaecyparis pisifera 'Filifera Aurea'
화백 '필리페라 아우레아' 🟡
상록침엽교목, 피라미드 모양을 닮은 원뿔형의 수형과
아래로 처지는 황금색의 비늘잎이 아름다우며
−29℃까지 월동한다.　↕ 6m

Chamaecyparis pisifera 'Filifera Aurea'
화백 '필리페라 아우레아' 🟡

Chamaecyparis pisifera 'Minima'
화백 '미니마'
상록침엽관목, 단정하고 조밀하게 자라는 왜성종으로
작은 정원의 양지바른 곳에 식재하면 좋으며
−23℃까지 월동한다.　↕ 1.8m ↔ 1.5m

Chamaecyparis pisifera 'Minima' 화백 '미니마'

Chamaecyparis pisifera 'Plumosa Aurea' 화백 '플루모사 아우레아'

Chamaecyparis pisifera 'Plumosa Aurea'
화백 '플루모사 아우레아'
상록침엽교목, 깃털처럼 펼쳐지는 가지에 붙은
황금색 잎이 특징으로 −23℃까지 월동한다.　↕ 10m

Chamaecyparis pisifera 'Snow'
화백 '스노우'
상록침엽관목, 단정한 둥근 모양으로 자라면서
수관의 가장자리 잎들이 흰눈을 맞은 듯 하얗게
보이는 점이 특징이며 −23℃까지 월동한다.
　↕ 1.8m ↔ 2.5m

Chamaecyparis pisifera 'Snow' 화백 '스노우'

Chamaecyparis pisifera 'Squarrosa Dumosa'
화백 '수쿠아로사 두모사'

Chamaecyparis pisifera 'Squarrosa Dwarf Blue'
화백 '스쿠아로사 드와프 블루'

Chamaecyparis pisifera 'Squarrosa Dumosa'
화백 '수쿠아로사 두모사'
상록침엽교목, 원뿔 모양의 수형과 만져도 따갑지
않은 부드러운 질감의 잎이 특징이다. 이른 봄
회색빛을 띠는 녹색이 겨울철에는 구릿빛을 띠며
−23℃까지 월동한다. ↕5m

Chamaecyparis pisifera 'Squarrosa Dwarf Blue' 화백 '스쿠아로사 드와프 블루'
상록침엽관목, 난쟁이처럼 작게 자라며 회색빛을
띠는 파란색 비늘잎이 아름다우며 −23℃까지
월동한다. ↕1.2m

Chamaecyparis pisifera 'Squarrosa Veitchii'
화백 '스쿠아로사 베이트키'
상록침엽교목, 청회색을 띠며 가지에 붙는 부드러운
잎이 아름다우며 −23℃까지 월동한다.
↕12m ↔7.5m

Chasmanthium 낚시귀리속

Poaceae 벼과

미국, 멕시코, 중앙아메리카 등지에 약 6종이
분포하며 다년초로 자란다. 납작한 열매와 대나무
처럼 보이는 줄기가 특징이다.

Chasmanthium latifolium 낚시귀리
낙엽다년초, 갈색으로 익은 열매는 납작하고 바람에
흔들리는 모습이 매력적이며 −34℃까지 월동한다.
↕1m ↔45cm

Chasmanthium latifolium 낚시귀리

Chamaecyparis pisifera 'Squarrosa Dumosa'
화백 '수쿠아로사 두모사'

Chamaecyparis pisifera 'Squarrosa Veitchii'
화백 '스쿠아로사 베이트키'

Chelone obliqua 자라송이풀

Chloranthus japonicus 홀아비꽃대

Chelone 자라송이풀속

Scrophulariaceae 현삼과

북아메리카에 6종이 분포하며 다년초로 자란다.
꽃은 두 장의 꽃잎이 위 아래로 덮여 있다.
잎은 단엽으로 대생하고 거치가 발달한다.

Chelone obliqua 자라송이풀
낙엽다년초. 꽃은 거북의 머리를 닮은 분홍색이고
가지 끝에서 모여 핀다. 잎은 짙은 초록색으로
대생하고 −29℃까지 월동한다. ↕60cm ↔ 40cm

Chimonanthus 납매속

Calycanthaceae 받침꽃과

중국에 6종이 분포하며 낙엽 · 상록, 관목으로 자란다.
그릇모양의 꽃이 피고 열매는 주머니 모양이다.

Chimonanthus praecox 납매
낙엽활엽관목. 그릇 모양의 꽃은 안쪽이 자주색이고
바깥쪽은 노란색이다. 늦겨울에서 초봄에 피는 꽃은
달콤한 향기가 매우 진하며 −21℃까지 월동한다.
↕4m ↔ 3m

Chionanthus 이팝나무속

Oleaceae 물푸레나무과

동아시아, 한국, 일본, 미국 등지에 약 100종이
분포하며 낙엽 · 상록, 관목 · 교목으로 자란다.
4개의 가느다란 하얀 꽃잎. 짙은 청색을 띠는 열매.
원추화서가 특징이다.

Chionanthus retusus 이팝나무
낙엽활엽교목. 봄철 하얗게 만발하는 꽃이
매력적이고 수피는 얇게 종잇장처럼 벗겨지며 −29℃
까지 월동한다. ↕10m ↔ 6m

Chloranthus 홀아비꽃대속

Chloranthaceae 홀아비꽃대과

동남아시아에 약 3종이 분포하며 상록 · 낙엽 다년초 ·
소관목으로 자란다. 윤택있는 잎과 작고 둥글게
달리는 붉은 열매가 특징이다.

Chloranthus japonicus 홀아비꽃대
낙엽다년초. 네 장의 잎 중간에서 하늘을 향해
솟아오르는 하얀색 꽃대가 매력적이다.
숲속 야생정원에 잘 어울리며 −29℃까지 월동한다.
↕30cm

Chimonanthus praecox 납매

Chionanthus retusus 이팝나무

Cimicifuga racemosa 검은승마

Cimicifuga 승마속

Ranunculaceae 미나리아재비과

온대지역에 약 18종이 분포하며 다년초로 자란다.
노루삼속(*Actaea*)과 밀접한 관련이 있으며
총상화서가 특징이다.

Cimicifuga racemosa 검은승마
낙엽다년초. 하늘을 향해 길쭉하게 피는 하얀색 꽃이
매력으로 야생정원의 느낌에 잘 어울린다. 미국
원주민에 의해 뿌리부분이 약용으로 이용되었으며
−34℃까지 월동한다. ↕2m ↔50cm

Cinnamomum 녹나무속

Lauraceae 녹나무과

동남아시아, 호주 등지에 약 250종이 분포하며
상록, 관목·교목으로 자란다. 잎에 향기가 있고 꽃은
원추화서로 여섯개의 열편이 있는 점이 특징이다.

Cinnamomum camphora 녹나무
상록활엽교목. 광택이 있는 잎과 넓게 형성되는
수형이 아름답다. 잎에 세 개의 맥이 뚜렷하게
발달하며 −12℃까지 월동한다. ↕20m

Cinnamomum camphora 녹나무

Clematis 으아리속

Ranunculaceae 미나리아재비과

유럽, 히말라야, 동아시아, 아메리카 등지에 약 200종
이 분포하며 낙엽·상록, 덩굴식물로 자란다. 잎은
마주나며 열매는 수과로 털이 많은 점이 특징이다.

Clematis apiifolia 사위질빵
낙엽활엽덩굴. 하얀색의 꽃이 매력적인 덩굴식물로
−23℃까지 월동한다. ↕3m

Clematis apiifolia 사위질빵

Clematis 'Akaishi' 클레마티스 '아카이시'

Clematis 'Andromeda' 클레마티스 '안드로메다'

Clematis 'Apple Blossom' 클레마티스 '애플 블로섬' ❶

Clematis 'Asao' 클레마티스 '아사오'

Clematis 'Bagatelle' 클레마티스 '바가텔'

Clematis 'Bees' Jubilee 클레마티스 '비스 주빌리'

Clematis 'Betty Corning' 클레마티스 '베티 코닝'

Clematis 'Betty Risdon' 클레마티스 '베티 리스돈'

Clematis 'Burma Star' 클레마티스 '버마 스타'

Clematis 'Constance' 클레마티스 '콘스탄스' ⓨ

Clematis 'Daniel Deronda' 클레마티스 '대니얼 데론다' ⓨ

Clematis 'Dr. Ruppel' 클레마티스 '닥터 루펠'

Clematis 'Elizabeth' 클레마티스 '엘리자베스' ⓨ

Clematis 'Ernest Markham' 클레마티스 '어니스트 마컴' 🌀

Clematis 'Etoile Violette' 클레마티스 '에투알 바이올렛' 🌀

Clematis fusca 검종덩굴

Clematis fusca var. *coreana* 요강나물

Clematis fusca var. *violacea* 종덩굴

Clematis fusca 검종덩굴
낙엽활엽덩굴, 검정색 종 모양의 꽃이 매력이며
덩굴손이 발달하며 −29℃까지 월동한다. ↕ 2m

Clematis fusca var. *coreana* 요강나물
낙엽활엽덩굴, 아래를 향해서 피는 검정색 털이
많은 종 모양의 꽃이 매력으로 −29℃까지 월동한다.
↕ 1m

Clematis fusca var. *violacea* 종덩굴
낙엽활엽덩굴, 바깥쪽 꽃잎에 광택이 있는 자주색
종 모양의 꽃이 매력적이며 −29℃까지 월동한다.
↕ 3m

Clematis heracleifolia var. *davidiana* 자주조희풀
낙엽활엽관목, 연한 자주색으로 활짝 벌어지는
종 모양의 작은 꽃이 매력이다. 덩굴지지 않는 줄기에
넓은 잎이 발달하며 −29℃까지 월동한다. ↕ 1.5m

Clematis 'Guernsey Cream' 클레마티스 '건지 크림'

Clematis heracleifolia var. *davidiana* 자주조희풀

Clematis 'Hagley Hybrid' 클레마티스 '해글리 하이브리드'

Clematis 'Jackmanii' 클레마티스 '야크마니' 🌀

Clematis koreana 세잎종덩굴

Clematis koreana 세잎종덩굴

낙엽활엽덩굴. 세로로 주름이 발달하는 자주색 종 모양 꽃이 매력적이며 −34℃까지 월동한다. ↕ 1m

Clematis 'Kakio' 클레마티스 '카키오'

Clematis 'Kardynal Wyszynski' 클레마티스 '카디널 비신스키'

Clematis 'Kathleen Dunford' 클레마티스 '캐슬린 던퍼드'

Clematis 'Lady Betty Balfour' 클레마티스 '레이디 베티 밸푸어'

Clematis 'Minuet' 클레마티스 '미뉴에트' ❦

Clematis 'Matka Urszula Ledóchowska'
클레마티스 '맛카 우르술라 레도초우스카'

Clematis 'Minister' 클레마티스 '미니스터'

Clematis 'Miss Bateman' 클레마티스 '미스 베이트먼'

Clematis 'Mrs. Cholmondeley' 클레마티스 '미세즈 콜몬들리' ❶

Clematis 'Multi Blue' 클레마티스 '멀티 블루'

Clematis 'Niobe' 클레마티스 '니오베' ❶

Clematis 'Nelly Moser' 클레마티스 '넬리 모저' ❶

Clematis patens 큰꽃으아리

낙엽활엽덩굴. 연녹색에서 점차 하얀색으로 변하는 넓고 큰 꽃이 매력적이며 −34℃까지 월동한다. ↕ 4m

Clematis patens 큰꽃으아리(전초, 꽃)

Clematis 'Ruby' 클레마티스 '루비'

Clematis serratifolia 개버무리

Clematis serratifolia 개버무리

낙엽활엽덩굴. 노란색으로 피는 자그마한 꽃들이 이름답고 잎의 가장자리에는 날카로운 톱니가 발달하며 −34℃까지 월동한다. ↕ 2m

Clematis 'Snow Queen' 클레마티스 '스노우 퀸'

Clematis 'Stasik' 클레마티스 '스타식'

Clematis terniflora 참으아리

Clematis 'The President' 클레마티스 '더 프레지던트' 🌱

Clematis terniflora 참으아리
낙엽활엽덩굴. 네 장의 하얀색 꽃잎으로 이루어진
꽃과 향기가 좋은 점이 특징이며 −29℃까지
월동한다. ↔ 5m

Clematis 'Veronica's Choice' 클레마티스 '베로니카스 초이스'

Clematis 'Ville de Lyon' 클레마티스 '빌 드 리옹'

Clematis viticella 'Minuet' 클레마티스 비티켈라 '미뉴에트'

Clematis 'Warszawska Nike'
클레마티스 '바르샤브스카 나이키' 🌱

Clematis 'William Kennett' 클레마티스 '윌리엄 케네트'

Clerodendrum 누리장나무속

Verbenaceae 마편초과

아프리카, 아시아 등지에 약 400종이 분포하며
낙엽·상록·관목·교목·덩굴식물로 자란다.
잎에서 냄새가 나며 다육질의 근경이 발달하는
점이 특징이다.

Clerodendrum bungei 꽃누리장나무 🌱
낙엽활엽관목. 가지 끝에서 분홍색의 작은 꽃들이
모여 꽃덩이를 이루며 핀다. 잎은 마주나고 누린내가
나며 −18℃까지 월동한다. ↕ 2m

Clerodendrum bungei 꽃누리장나무 🌱

Clerodendrum trichotomum 누리장나무

Clerodendrum trichotomum 'Carnival' 누리장나무 '카니발'

Clerodendrum trichotomum 누리장나무
낙엽활엽소교목. 자주색을 띠는 흰색 꽃은 향기가
좋고 넓은 잎에서는 구수한 냄새가 진하게 나며
−23℃까지 월동한다. ↕ ↔ 6m

Clerodendrum trichotomum 'Carnival'
누리장나무 '카니발'
낙엽활엽관목. 잎 가장자리에 크림색 혹은 연한
노란색의 무늬가 화려하게 발달하고 −23℃까지
월동한다. ↕ 4m ↔ 2.5m

Clerodendrum trichotomum
'Dodam Fragrant Gold'
누리장나무 '도담 프레그런트 골드'
낙엽활엽관목. 약간 작은 잎이 밝은 황금색으로
매력적이다. 뿌리의 마디에서 새싹이 활발하게
돋아나며 −23℃까지 월동한다. ↕ 3m ↔ 2m

Clerodendrum trichotomum 'Dodam Fragrant Gold'
누리장나무 '도담 프레그런트 골드'

Clethra alnifolia 'Rosea' 향매화오리나무 '로세아'

Clethra 매화오리나무속

Clethraceae 매화오리나무과

동아시아, 북아메리카 등지에 약 60종이 분포하며 낙엽 · 상록, 관목 · 교목으로 자란다. 잎은 어긋나며 총상화서에 피는 종 모양의 꽃에서 향기가 나는 점이 특징이다.

Clethra alnifolia 'Rosea'
향매화오리나무 '로세아'
낙엽활엽관목. 분홍색의 꽃이 가지끝에서 꼬리 모양으로 피고 향기가 좋으며 −34℃까지 월동한다. ↕ ↔ 2.5m

Clethra alnifolia 'Ruby Spice'
향매화오리나무 '루비 스파이스' 🌐
낙엽활엽관목. 진한 분홍색의 꽃이 매력적이며 −34℃ 까지 월동한다. ↕ ↔ 2.5m

Clethra alnifolia 'Ruby Spice'
향매화오리나무 '루비 스파이스' 🌐

Clethra barbinervis 매화오리나무 🌐

Clethra barbinervis 매화오리나무 🌐
꼬리 모양처럼 길쭉하게 피는 하얀색 꽃의 관상가치가 높다. 비늘처럼 벗겨지는 매끈한 수피도 매력적이며 −15℃까지 월동한다. ↕ 4m ↔ 3m

Codonopsis 더덕속

Campanulaceae 초롱꽃과

히말라야, 동아시아 등지에 약 30종이 분포하며 다년초로 자란다. 종 모양 혹은 접시 모양의 꽃이 특징이다.

Codonopsis lanceolata 더덕
낙엽덩굴. 식용으로 하는 뿌리를 생산하기 위해 재배를 많이 한다. 자주빛을 띠는 종 모양의 꽃과 진한 특유의 향기가 나는 부드러운 잎의 관상가치가 높으며 −23℃까지 월동한다. ↕ 2m

Codonopsis lanceolata 더덕

Colchicum autumnale 콜키쿰 아우툼날레

Colchicum 'Waterlily' 콜키쿰 '워터릴리'

Colchicum 콜키쿰속

Liliaceae 백합과

유럽, 아프리카, 아시아, 인도 등지에 약 45종이 분포하며 다년초로 자란다. 꽃은 활짝 벌어지며 리본 모양으로 핀다. 잎은 원형 혹은 타원형이다.

Colchicum autumnale 콜키쿰 아우툼날레
낙엽다년초. 가을에 피는 분홍색의 큰꽃이 아름다우며 −34℃까지 월동한다. ↕ 20cm

Colchicum 'Waterlily' 콜키쿰 '워터릴리'
낙엽다년초. 분홍색 겹으로 피는 꽃은 매우 풍성하고 아름다우며 −34℃까지 월동한다. ↕ 20cm

Coniogramme 고비고사리속

Pteridaceae 봉의꼬리과

아시아에 약 20종이 분포하며 상록 · 반상록, 양치류로 자란다. 근경이 발달하며 잎은 가죽 느낌인 점이 특징 이다.

Coniogramme japonica 가지고비고사리

Convallaria keiskei 은방울꽃

Coniogramme japonica 가지고비고사리
상록다년초, 길쭉하고 반들반들 윤택이 있는 잎이
매력으로 그늘진 숲속정원에 잘 어울리며 −12℃까지
월동한다. ↕1m

Convallaria 은방울꽃속

Liliaceae 백합과

온대지역에 3종이 분포하며 다년초로 자란다.
기부에서 나오는 잎, 종 모양의 향기로운 꽃이
특징이다.

Convallaria keiskei 은방울꽃
낙엽다년초, 넓고 윤택이 있는 잎과 단지 모양을 닮은
조그마한 방울꽃이 아래를 향해 피는 모습이 매력이며
−40℃까지 월동한다. ↕35cm

Coreopsis grandiflora 'Bernwode' 큰꽃금계국 '베른우드'

Coreopsis rosea 'Sweet Dreams' 로제아금계국 '스위트 드림스'

Coreopsis verticillata 'Moonbeam' 솔잎금계국 '문빔'

Coreopsis 기생초속

Asteraceae 국화과

아메리카, 멕시코 등지에 약 100종이 분포하며
일년초·다년초로 자란다. 곧은 줄기가 있고 잎은
마주나는 점이 특징이다.

Coreopsis grandiflora 'Bernwode'
큰꽃금계국 '베른우드'
낙엽다년초, 잎 가장자리의 크림색 무늬가
매력적이고 노란색의 꽃이 아름다우며 −34℃까지
월동한다. ↕60cm ↔45cm

Coreopsis rosea 'Sweet Dreams'
로제아금계국 '스위트 드림스'
낙엽다년초, 흰색의 꽃잎 중앙부에 발달하는 붉은색
무늬가 아름답고 잎은 가늘며 −34℃까지 월동한다.
↕↔45cm

Coreopsis verticillata 'Moonbeam'
솔잎금계국 '문빔'
낙엽다년초, 달빛처럼 연한 노란색을 띠는 자그마한
꽃들이 아름답다. 군락으로 식재하면 더욱 효과가
크며 −23℃까지 월동한다. ↕60cm ↔45cm

Coreopsis verticillata 'Zagreb'
솔잎금계국 '자그레브' 🏆
낙엽다년초, 진한 노란색의 꽃이 아름답고 초록의
잎이 매우 가늘어 부드러운 질감이며 −23℃까지
월동한다. ↕60cm ↔45cm

Coreopsis verticillata 'Zagreb' 솔잎금계국 '자그레브' 🏆

Cornus 층층나무속

Cornaceae 층층나무과

록키산맥, 온대 등지에 약 45종이 분포하며 반상록·
낙엽, 다년초·관목·교목으로 자란다. 잎은 마주나며
작은 별 모양의 꽃이 모여 피는 점이 특징이다.

Cornus alba 흰말채나무
낙엽활엽관목, 겨울철 빨간색으로 드러나는 일년생
가지가 매력적이고 열매의 색깔은 흰색을 띠며
−40℃까지 월동한다. ↕↔3m

Cornus alba 흰말채나무

Cornus alba 'Aurea' 흰말채나무 '아우레아' 🏆

Cornus alba 'Aurea' 흰말채나무 '아우레아' 🏆
낙엽활엽관목, 이른 봄부터 가을까지 지속되는
황금색의 잎이 특징이고 겨울철 드러나는 빨간색
가지도 매력적이며 −40℃까지 월동한다. ↕↔2m

Cornus alba 'Elegantissima' 흰말채나무 '엘레간티시마' 🏆

Cornus alba 'Kesselringii' 흰말채나무 '케셀링기'

Cornus alba 'Sibirica' 흰말채나무 '시비리카' 🏆

Cornus alba 'Spaethii' 흰말채나무 '스파이티' 🏆

Cornus alternifolia 'Argentea' 미국층층나무 '아르겐테아' 🏆

Cornus alternifolia 'Golden Shadows' 미국층층나무 '골든 섀도우즈'

Cornus controversa 층층나무
낙엽활엽교목, 층층으로 형성되는 가지의 수관층과
하얗게 우산 모양으로 피는 꽃의 관상가치가 높으며
−29℃까지 월동한다. ↕15m ↔8m

Cornus controversa 층층나무

Cornus controversa 'Variegata' 무늬층층나무 🏆
(수형. 잎)

Cornus controversa 'Variegata'
무늬층층나무 🏆
낙엽활엽교목, 영명이 Wedding Cake Tree로 잎의
가장자리에 크림색 무늬가 발달하여 이른 봄부터
가을철까지 밝은 분위기를 연출하며 −29℃까지
월동한다. ↕6m ↔5m

Cornus florida 꽃산딸나무
낙엽활엽교목, 끝이 움푹패인 하얀색 꽃의 포와
가을철 붉은 단풍이 매력적이며 −23℃까지
월동한다. ↕6m ↔4m

Cornus florida 꽃산딸나무

Cornus florida 꽃산딸나무

Cornus florida 'First Lady' 꽃산딸나무 '퍼스트 레이디'

Cornus kousa 'Beni-fuji' 산딸나무 '베니후지'

Cornus florida 'Rainbow' 꽃산딸나무 '레인보우' ❶

Cornus kousa 'Elizabeth Lustgarten'
산딸나무 '엘리자베스 러스트가르텐'

Cornus florida f. rubra 붉은꽃산딸나무
낙엽활엽교목. 진분홍색으로 발달하는 꽃의 포가
아름다우며 −23℃까지 월동한다. ↕5m ↔ 3m

Cornus kousa 산딸나무
낙엽활엽교목. 끝이 뾰족한 네 장의 하얀색 꽃포와
비늘 모양으로 벗겨지는 수피가 매력적이며 −23℃
까지 월동한다. ↕7m ↔ 4m

Cornus florida 'Alba Plena' 꽃산딸나무 '알바 플레나'

Cornus kousa 'Gold Star' 산딸나무 '골드 스타'

Cornus florida 'Barton's White' 꽃산딸나무 '바턴스 화이트'

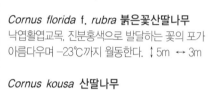

Cornus florida f. rubra 붉은꽃산딸나무

Cornus kousa 'Miss Satomi' 산딸나무 '미스 사토미' ❶

Cornus florida 'Cloud Nine' 꽃산딸나무 '클라우드 나인'

Cornus kousa 산딸나무

Cornus kousa 'Pendula' 산딸나무 '펜둘라'

Cornus kousa 'Rosea' 산딸나무 '로세아'

Cornus kousa 'Snowboy' 산딸나무 '스노우보이'

Cornus kousa 'Speciosa' 산딸나무 '스페키오사'

Cornus macrophylla 곰의말채나무

Cornus macrophylla 곰의말채나무

낙엽활엽교목. 하얗게 피는 우산 모양의 꽃이 아름답고 평행하게 발달하는 잎의 측맥이 6~9쌍인 점이 특징이며 −29℃까지 월동한다. ↕15m

Cornus mas 'Variegata' 미국산수유 '바리에가타'

Cornus 'Norman Hadden' 꽃산딸나무 '노르만 해든'

Cornus sanguinea 'Midwinter Fire' 붉은말채나무 '미드윈터 파이어'

Cornus sericea 'Flaviramea' 노랑말채나무 '플라비라메아'

낙엽활엽관목. 겨울철 연두색에서 노란색으로 드러나는 1년생 가지가 아름답다. 모아서 식재하는 것이 효과가 좋으며 −40℃까지 월동한다. ↕↔2.4m

Cornus sericea 'Flaviramea' 노랑말채나무 '플라비라메아'

Cornus sericea 'Kelseyi' 노랑말채나무 '켈세이'

Cornus sericea 'Silver and Gold' 노랑말채나무 '실버 앤드 골드'

Cornus kousa 'Wolf Eyes' 산딸나무 '울프 아이스'

Cortaderia selloana 'Pumila' 팜파스그래스 '푸밀라' 🌑

Cortaderia selloana 'Sunningdale Silver'
팜파스그래스 '서닝데일 실버' 🌑

Cortaderia 팜파스그래스속

Poaceae 벼과

뉴질랜드, 뉴기니, 남아프리카 등지에 약 23종이
분포하며 상록·반상록, 다년초로 자란다. 군집을
이루고 잎이 좁고 길며 단단하고 가장자리가 매우
거칠다. 화서는 크고 깃털처럼 부드럽다.

Cortaderia selloana 'Pumila'
팜파스그래스 '푸밀라' 🌑
상록다년초, 화서는 곧추자라며 매우 풍성하다.
단정하게 자라며 −15℃까지 월동한다.
‡ 1.5m ↔ 1.2m

Cortaderia selloana 'Sunningdale Silver'
팜파스그래스 '서닝데일 실버' 🌑
상록다년초, 깃털같은 화서는 크고 풍성하며 밝은
은색을 띤다. 약간씩 처진 듯 자라며 −12℃까지
월동한다. ‡ 3m ↔ 2.5m

Corylopsis 히어리속

Hamamelidaceae 조록나무과

한국, 중국, 대만, 일본, 히말라야 등지에 약 10종이
분포하며 낙엽, 관목·소교목으로 자란다.
잎은 어긋나며 총상화서에 피는 종 모양의 노란색
꽃이 특징이다.

Corylopsis gotoana var. *coreana* 히어리

Corylopsis gotoana var. *coreana* 히어리
낙엽활엽관목, 이른 봄 아래로 처지는 노란색 꽃이
매력적이다. 가을철 노랗게 물드는 단풍도
아름다우며 −23℃까지 월동한다. ‡ 4m

Cotinus 안개나무속

Anacardiaceae 옻나무과

중국, 미국 등지에 2종이 분포하며 낙엽, 관목·교목으
로 자란다. 잎은 타원형으로 호생하며 가을에
단풍이 아름답다. 눈에 잘 보이지 않는 안개같은 꽃을
피우고 작은 열매가 달린다.

Cotinus coggygria 안개나무
낙엽활엽교목, 혹은 관목 꽃은 붉은빛이 도는 긴
선형으로 여러 개가 모여 안개가 핀듯 보인다. 잎은
초록색으로 긴 타원형이며 −29℃까지 월동한다.
‡ 4m ↔ 3m

Cotinus coggygria 안개나무

Cotoneaster wilsonii 섬개야광나무

Cotoneaster 개야광나무속

Rosaceae 장미과

온대, 아시아, 아프리카 등지에 약 200종이 분포하며
낙엽·반상록·상록, 관목·교목으로 자란다.
잎은 어긋나며 가을에 둥근 모양 또는 달걀 모양으로
열매가 달리는 점이 특징이다.

Cotoneaster wilsonii 섬개야광나무
낙엽활엽관목, 단정하게 자라는 수형과 흰색의 꽃이
매력적이다. 가을에 익는 팥알만한 붉은 열매가
겨울철 보기 좋으며 −23℃까지 월동한다. ‡ 1.5m

Crataegus 산사나무속

Rosaceae 장미과

온대지역에 약 200종이 분포하며 낙엽·반상록,
관목·교목으로 자란다. 잎은 어긋나며 둥근 열매가
달리는 점이 특징이다.

Crataegus laevigata 'Paul's Scarlet'
서양산사나무 '폴스 스칼렛' 🌑
낙엽활엽교목, 갈라지는 잎은 작고 여름철 앙증맞게
모여 피는 빨간색 겹꽃이 특징으로 −29℃까지
월동한다. ‡ 5m ↔ 4m

Crataegus laevigata 'Paul's Scarlet'
서양산사나무 '폴스 스칼렛' 🌑

C

Crataegus pinnatifida 산사나무(꽃. 열매)

Crataegus pinnatifida 산사나무

낙엽활엽교목. 잎은 여러 갈래로 깊게 갈라진다.
흰색의 꽃과 빨간 열매의 관상가치가 높으며 −29℃까
지 월동한다. ↕6m

Crinum 문주란속

Amaryllidaceae 수선화과

열대지방. 남아프리카. 아시아 등지에 약 130종이
분포하며 낙엽·상록. 다년초로 자란다. 잎이 없는 줄기
에서 피는 크고 화려한 깔때기 모양의 꽃이 특징이다.

Crinum asiaticum var. *japonicum* 문주란

상록다년초. 넓은 잎과 하얀색 꽃이 매력으로 바닷가
해변에 식재하면 좋으며 −4℃까지 월동한다.
↕80cm

Crocosmia 'Blacro' 크로코스미아 '블라크로'

Crocosmia 애기범부채속

Iridaceae 붓꽃과

남아프리카에 약 7종이 분포하며 다년초로 자란다.
잎은 긴 선형으로 대개 골이 있고 꽃은 깔때기
모양으로 밝은색의 꽃이 핀다.

Crocosmia 'Blacro' 크로코스미아 '블라크로'

낙엽다년초. 생육이 왕성하여 군락을 이루며
자라고 노란색의 꽃이 아름다우며 −18℃까지
월동한다. ↕60cm

Crocosmia × *crocosmiiflora* 애기범부채

낙엽다년초. 아치형의 꽃줄기가 분지하면서
여러 개의 꽃이 핀다. 꽃은 노란색 바탕에 주황색을 띤
깔때기 모양이며 −18℃까지 월동한다. ↕60cm

Crocosmia masoniorum
크로코스미아 마소니오룸 🌀

낙엽다년초. 잎이 넓고 골이 발달한다. 진한 주황색
꽃이 매력적이며 −18℃까지 월동한다. ↕1.2m

Crocus 크로커스속

Iridaceae 붓꽃과

유럽, 아프리카, 아시아 등지에 약 80종이 분포하며
다년초로 자란다. 술잔 모양의 꽃은 대부분 이른 봄에
피고 잎은 창 모양이다.

Crinum asiaticum var. *japonicum* 문주란

Crocosmia × *crocosmiiflora* 애기범부채

Crocosmia masoniorum 크로코스미아 마소니오룸 🌀

Crocus 'Geel' 크로커스 '헤일'

Crocus 'Geel' 크로커스 '헤일'
낙엽다년초, 이른 봄에 피는 밝은 황금색의 꽃이 매우
아름다우며 −34℃까지 월동한다. ↕5cm

Crocus vernus 'Pickwick' 크로커스 '픽윅'
낙엽다년초, 꽃은 흰색바탕에 보라색의 줄무늬가
발달하는 점이 특징이다. 중앙에 암술, 수술이
노란색으로 매력적이며 −34℃까지 월동한다. ↕5cm

Crocus 'Romance' 크로커스 '로맨스'
낙엽다년초, 하늘을 향해 피는 병아리 같은 연노란색의
꽃이 아름다우며 −34℃까지 월동한다. ↕5cm

Crocus 'Pickwick' 크로커스 '픽윅'

Crocus 'Romance' 크로커스 '로맨스'

Crypsinus hastatus(*Selliguea hastata*) 고란초

Cryptomeria japonica 'Birodo' 삼나무 '비로도'

Crypsinus(Selliguea) 고란초속

Polypodiaceae 고란초과

동아시아, 열대, 아열대 등지에 약 50종이 분포하며
양치류로 자란다. 나무나 바위에 착생하고 잎은
단엽이거나 우상으로 갈라지는 점이 특징이다.

Crypsinus hastatus(*Selliguea hastata*) 고란초
상록다년초, 촉촉한 바위틈에 식재하면 자연성을
높이는데 좋으며 −23℃까지 월동한다. ↕15cm

Cryptomeria 삼나무속

Cupressaceae 측백나무과

중국, 일본에 1종이 분포하며 상록, 교목으로
자란다. 원추형으로 크게 자라며 줄기는 붉은색과
갈색을 띤다. 잎은 좁은 피침형이고 나선형으로
새순이 돋아난다.

Cryptomeria japonica 'Birodo' 삼나무 '비로도'
상록침엽관목, 성장이 매우 더디고 기둥 형태로
자라며 −12℃까지 월동한다. ↕80cm ↔45cm

Cryptomeria japonica 'Globosa Nana' 삼나무 '글로보사 나나' 🌢

Cryptomeria japonica 'Sekkan-sugi' 삼나무 '세칸스기' 🌢

Cryptomeria japonica 'Globosa Nana' 삼나무 '글로보사 나나' 🌢
상록침엽관목, 수형이 둥글고 작게 자라며 −12℃
까지 월동한다. ↕↔2m

Cryptomeria japonica 'Sekkan-sugi' 삼나무 '세칸스기' 🌢
상록침엽교목, 새로난 잎이 연한 노란색으로 화사한
매력이 있으며 −12℃까지 월동한다.
↕5m ↔3m

Cryptomeria japonica 'Yoshino' 삼나무 '요시노'
상록침엽교목, 사계절에 걸쳐 진녹색의 바늘잎이
빽빽하게 원추형의 수관을 형성하는 것이 특징이며
−12℃까지 월동한다. ↕12m ↔9m

Cryptomeria japonica 'Yoshino' 삼나무 '요시노'

Cudrania tricuspidata 꾸지뽕나무

Cudrania 꾸지뽕나무속

Moraceae 뽕나무과

동아시아에 약 5종이 분포하며 낙엽 · 상록, 관목 · 교목으로 자란다. 암수딴그루로 작은 가지는 보통 가시 모양으로 퇴화하고 잎 가장자리는 밋밋하거나 세 갈래로 갈라지는 점이 특징이다.

Cudrania tricuspidata 꾸지뽕나무
낙엽활엽교목. 빨간색 열매의 관상가치가 높고 간혹 불규칙하게 갈라지는 잎과 가지에 발달하는 가시가 특징이며 −23℃까지 월동한다. ↕8m

Cyclamen coum 이스턴시클라멘 🌳 (잎, 전경)

Cyclamen hederifolium 아이비시클라멘 🌳

Cymbidium goeringii 보춘화

Cyclamen 시클라멘속

Primulaceae 앵초과

유럽 및 지중해 연안 등지에 약 23종이 분포하며 상록 · 낙엽, 다년초로 자란다. 뒤로 젖혀지는 꽃, 다양한 형태의 잎, 둥근 모양의 튜브형 뿌리가 특징이다.

Cyclamen coum 이스턴시클라멘 🌳
겨울철부터 초봄 사이에 피는 붉은색 꽃이 아름답다. 둥근 잎의 아랫부분이 심장 모양인 점이 특징이며 −18℃까지 월동한다. ↕10cm

Cyclamen hederifolium 아이비시클라멘 🌳
가을철 분홍색으로 피는 꽃이 매력적이다. 아이비 잎을 닮은 점이 특징이며 −12℃까지 월동한다. ↕10cm

Cymbidium 보춘화속

Orchidaceae 난초과

한국, 인도, 중국, 일본, 호주 등지에 약 50종이 분포하며 상록성 난초로 자란다. 광택이 있는 길고 좁은 타원형에서 선형의 잎과 총상화서가 특징이다.

Cymbidium goeringii 보춘화
상록다년초. 이른 봄 연녹색으로 피는 꽃과 가늘게 발달하는 잎의 관상가치가 높으며 −23℃까지 월동한다. ↕25cm

Cynanchum ascyrifolium 민백미꽃

Cyrtomium falcatum 도깨비쇠고비 🌳

Cynanchum 백미꽃속

Asclepiadaceae 박주가리과

아시아, 온대, 난대, 열대 등지에 약 100종이 분포하며 다년초로 자란다. 식물체에 흰색 유액이 들어 있으며 꽃은 종 모양으로 끝이 깊게 다섯 개로 갈라지는 점이 특징이다.

Cynanchum ascyrifolium 민백미꽃
낙엽다년초. 잎겨드랑이 사이의 가는 꽃대에서 나온 하얀색 작은 꽃들이 매력적이며 −35℃까지 월동한다. ↕60cm

Cyrtomium 쇠고비속

Dryopteridaceae 관중과

동아시아에 약 200종이 분포하며 낙엽 · 상록, 양치류로 자란다. 똑바로 서는 뿌리줄기가 특징이다.

Cyrtomium falcatum 도깨비쇠고비 🌳
상록다년초. 잎 조각의 아랫쪽 부분이 낫 모양처럼 불규칙하게 갈라지는 것이 특징이다. 광택이 나는 잎이 매력으로 염분에 강해 해안가 바위틈 식재에 훌륭하며 −15℃까지 월동한다. ↕40cm

Cyrtomium fortunei 쇠고비 🌳
상록다년초. 방석 모양으로 퍼져 자라는 잎이 아름답고 숲 속 그늘의 수분이 촉촉한 땅에 심으면 야생성을 높일 수 있으며 −23℃까지 월동한다. ↕60cm

Cyrtomium fortunei 쇠고비 🌳

Cyclamen hederifolium 아이비시클라멘 🌳

Cynanchum ascyrifolium 민백미꽃

D

D

Daphne 팥꽃나무속

Thymeleaceae 팥꽃나무과

유럽, 남아프리카, 아시아 등지에 약 50종이
분포하며 낙엽·반상록·상록, 관목으로 자란다.
향기가 있는 관 모양의 꽃이 특징이다.

Daphne genkwa 팥꽃나무
낙엽활엽관목. 이른 봄 잎이 나오기 전 보라색으로
가지에 빽빽하게 피는 꽃이 아름다우며 −34℃까지
월동한다. ↕ ↔ 1.5m

Daphne jezoensis 노랑서향
낙엽활엽관목. 이른 봄에 작은 별 모양의 노란색 꽃이
가지 끝에 모여 달리고 향기가 좋다. 생육 속도가
느리고 작게 자라며 −18℃까지 월동한다.
↕ 40cm ↔ 60cm

Daphne genkwa 팥꽃나무

Daphne jezoensis 노랑서향

Daphniphyllum macropodum 굴거리나무

Daphniphyllum 굴거리나무속

Daphniphyllaceae 굴거리나무과

동아시아에 약 15종이 분포하며 상록, 관목·교목으로
자란다. 가죽질의 잎은 어긋나며 어린 순의 끝에 모여
나는 점이 특징이다.

Daphniphyllum macropodum 굴거리나무
상록활엽교목. 가지에 돌려나듯 반들반들한 잎들이
매력적이고 잎자루가 붉은색을 띠는 점이 특징이며
−18℃까지 월동한다. ↕ 10m

Davallia 넉줄고사리속

Davalliaceae 넉줄고사리과

온대, 열대, 아열대 등지에 약 100종이 분포하며 낙엽·
반상록, 육생·착생 양치류로 자란다. 바위에 붙어서
길게 뻗는 뿌리줄기에는 인편이 밀생하며 잎은 잎자루
아랫부분 외에는 인편이나 털이 없는 점이 특징이다.

Davallia mariesii 넉줄고사리

Davallia mariesii 넉줄고사리
낙엽다년초, 바위 겉에 기근을 내리면서 뻗어나가는
모습과 가을철 오렌지색으로 물드는 단풍이
아름다우며 −29℃까지 월동한다. ↕ 20cm

Davidia 손수건나무속

Cornaceae 층층나무과

중국에 1종이 분포하며 낙엽, 교목으로 자란다. 꽃을
둘러싼 흰색의 포엽이 크게 발달하고 잎은 단엽으로
호생한다.

Davidia involucrata 손수건나무
낙엽활엽교목. 작은 꽃은 동그랗게 모여 달리고
포엽이 넓게 손수건처럼 발달하며 −23℃까지
월동한다. ↕ 15m ↔ 12m

Davidia involucrata 손수건나무 ●

Delosperma congestum 황금바위솔국

Delosperma cooperi 바위솔국

Delosperma 바위솔국속

Aizoaceae 번행초과

아프리카에 약 150종이 분포하며 반상록·상록.
다년초로 자란다. 잎은 삼각형 혹은 원통형이고
다육질이다. 데이지를 닮은 반짝이는 꽃이 핀다.

Delosperma congestum 황금바위솔국
상록다년초, 밝은 황금색의 꽃은 윤기가 있고 중앙의
흰무늬가 매우 아름답다. 암석원과 같이 건조하고
배수가 용이한 지역에서 잘 자라며 −29℃까지
월동한다. ↕5cm

Delosperma cooperi 바위솔국
상록다년초, 바닥을 기듯이 자라면서 줄기가
발달하고 잎은 다육질로 원통형이다. 진분홍색의
아름다운 꽃이 가득 피며 −23℃까지 월동한다.
↕5cm

Delphinium maackianum 큰제비고깔

Dendranthema boreale 산국

Dendranthema coreanum 한라구절초

Delphinium 제비고깔속

Ranunculaceae 미나리아재비과

전 세계의 산악지역에 약 250종이 분포하며 일년초·
이년초·다년초로 자란다. 얕은 컵 모양의 꽃과
다육질의 뿌리가 특징이다.

Delphinium maackianum 큰제비고깔
낙엽다년초, 고깔 모양의 보라색 꽃송이가
매력적이며 −40℃까지 월동한다. ↕1m

Dendranthema indicum 감국

Dendranthema 산국속

Asteraceae 국화과

유럽, 아시아 등지에 약 20종이 분포하며 다년초로
자란다. 잎과 꽃에서 나는 진한 향기가 특징이다.

Dendranthema boreale 산국
낙엽다년초, 가을철 피는 자잘한 노란색 꽃이
매력으로 가장자리가 갈라진 넓은 잎에서는 향긋한
냄새가 나며 −29℃까지 월동한다. ↕1m

Dendranthema coreanum 한라구절초
낙엽다년초, 지표면을 빽빽하게 덮는 잎과 하얀색
꽃이 매력적이며 −29℃까지 월동한다. ↕20cm

Dendranthema indicum 감국
낙엽다년초, 산국보다 큰 노란색 꽃과 두툼한 잎이
특징으로 −29℃까지 월동한다. ↕80cm

Dendropanax 황칠나무속

Araliaceae 두릅나무과

멕시코, 남아메리카, 서인도, 동남아시아, 말레이시아
등지에 약 80종이 분포하며 상록. 관목·교목으로
자란다. 잎은 밋밋하거나 여러갈래로 갈라지고 둥근
모양의 열매가 특징이다.

Dendropanax morbiferus 황칠나무
상록활엽교목, 넓고 광택이 나는 늘 푸른잎이
매력으로 간혹 어린잎이 세 갈래로 갈라진다.
줄기에 상처내면 황금색 도료가 나오는 것이 특징이며
−15℃까지 월동한다. ↕15m

Dendropanax morbiferus 황칠나무

Deutzia 말발도리속

Saxifragaceae 범의귀과

히말라야에서 동아시아까지 약 60종이 분포하며 낙엽, 관목·소관목으로 자란다. 벗겨지는 수피, 꽃잎 다섯 장으로 이루어진 컵 모양의 꽃이 특징이다.

Deutzia crenata f. *plena* 만첩빈도리
낙엽활엽관목. 꽃줄기에 총상으로 흰색의 겹꽃이 풍성하게 피는 것이 특징이며 −34℃까지 월동한다. ↕2m

Deutzia crenata f. *plena* 만첩빈도리

Deutzia gracilis 'Nikko' 애기말발도리 '니코' 🌱

Deutzia gracilis 'Variegata' 애기말발도리 '바리에가타'

Deutzia longifolia 'Veitchii' 긴잎말발도리 '베이트키'

Deutzia 'Rosea Plena' 말발도리 '로세아 플레나'

Deutzia glabrata 물참대
낙엽활엽관목. 하얗게 우산 모양으로 둥글게 모여 피는 꽃이 매력으로 잎 가장자리에는 날카로운 톱니가 균일하게 발달하며 −29℃까지 월동한다. ↕2m

Deutzia scabra 'Bright Crane' 둥근잎말발도리 '브라이트 크레인'
낙엽활엽관목. 잎에 밝은 황금색의 무늬가 불규칙적으로 발달하는 것이 특징이다. 꽃봉오리는 연한 분홍색으로 활짝 피면 학의 깃털처럼 하얀 빛을 띠고 −29℃까지 월동한다. ↕2.5m ↔ 3m

Deutzia scabra 'Bright Crane' 둥근잎말발도리 '브라이트 크레인'

Deutzia glabrata 물참대

Deutzia scabra 'Variegata' 둥근잎말발도리 '바리에가타'

Deutzia × hybrida 'Magicien' 꽃말발도리 '매지션'

Deutzia × hybrida 'Magicien' 꽃말발도리 '매지션'

낙엽활엽관목. 잎은 밝은 녹색이고 줄기 끝에 총상으로 꽃잎 중심부가 하얀 분홍색의 꽃이 피며 −29℃까지 월동한다. ↕ ↔ 1.8m

Deutzia × elegantissima 'Rosealind' 엘레간티시마말발도리 '로살린드' ♥

Deutzia × hybrida 'Mont Rose' 꽃말발도리 '몽 로즈' ♥

Deutzia × hybrida 'Strawberry Fields' 꽃말발도리 '스트로베리 필즈' ♥

D

Dianthus 패랭이꽃속

Caryophyllaceae 석죽과

유럽, 아시아, 아프리카 등지에 약 300종이 분포하며 일년초·이년초·다년초로 자란다. 잎은 선형으로 뾰족하며 밀랍 같은 꽃을 피우는 것이 특징이다.

Dianthus alpinus 고산패랭이꽃 ♥

낙엽다년초.바닥에 촘촘하게 매트처럼 깔리는 진분홍색 꽃과 잎의 관상가치가 높아서 암석원에 잘 어울리며 −23℃까지 월동한다. ↕ 20cm ↔ 5cm

Dianthus alpinus 고산패랭이꽃 ♥

Dianthus Allwoodii Alpinus Group 패랭이꽃 알우디 알피누스 그룹

Dianthus barbatus 'Midget' 수염패랭이꽃 '미젯'

Dianthus 'Devon Cream' 패랭이꽃 '데본 크림'

Dianthus 'Lemsii' 패랭이꽃 '램시'

Dianthus 'Sweetness Mix' 패랭이꽃 '스위트니스 믹스'

Dianthus 'Eastern Star' 패랭이꽃 '이스턴 스타'

Dianthus 'Neon Star' 패랭이꽃 '네온 스타' ❂

Dianthus 'Fusilier' 패랭이꽃 '퓨절리어'

Dianthus 'Raggio de Sole' 패랭이꽃 '라기오 드 쏠'

Dianthus 'Whatfield Cancan' 패랭이꽃 '왓필드 캉캉'

Dianthus gratianopolitanus 'Misan Silver' 쿠션패랭이꽃 '미산 실버'   *Dianthus* 'Red Dwarf' 패랭이꽃 '레드 드와프'

Dicentra formosa 'Aurora' 애기금낭화 '오로라'

Dicentra(Lamprocapnos) 금낭화속

Papaveraceae 양귀비과

아시아와 북아메리카에 약 20종이 분포하며 반상록·낙엽, 일년초·다년초로 자란다. 갈라지는 잎과 아래로 늘어지는 심장형의 꽃이 특징이다.

Dicentra spectabilis(*Lamprocapnos spectabilis*) 금낭화

Dicentra formosa 'Aurora' 애기금낭화 '오로라'
낙엽다년초, 하얀색 꽃의 끝부분이 연분홍색을 띠는 것이 특징이다. 꽃은 길쭉한 주머니 모양으로 −40℃ 까지 월동한다. ↕30cm

Dicentra 'Luxuriant' 애기금낭화 '럭셔리언트' 🌼
낙엽다년초, 꽃줄기가 분지하며 가지 끝에서 붉은색의 꽃이 모여 달리고 −40℃까지 월동한다. ↕↔30cm

Dicentra spectabilis
(*Lamprocapnos spectabilis*) 금낭화
낙엽다년초, 가늘게 늘어지는 분홍색 꽃과 부드러운 느낌의 잎이 매력적이다. 숲속 야생 느낌의 정원에 잘어울리며 −23℃까지 월동한다. ↕45cm ↔60cm

Dicentra spectabilis 'Alba'
(*Lamprocapnos spectabilis* 'Alba') 흰금낭화 🌼
낙엽다년초, 주머니 모양의 하얀색 꽃이 아름답다. 그늘지고 비옥한 곳에서 잘 자라며 −23℃까지 월동한다.
↕60cm ↔75cm

Dicentra 'Luxuriant' 애기금낭화 '럭셔리언트' 🌼

Dicentra spectabilis 'Alba'(*Lamprocapnos spectabilis* 'Alba') 흰금낭화 🌼

Dictamnus albus 백선

Dictamnus 백선속

Rutaceae 운향과

유럽, 아시아 등지에 1종이 분포하며 다년초로 자란다.
잎은 어긋나며 다섯 개의 꽃잎이 달린 비대칭 꽃이
특징이다.

Dictamnus albus 백선

낙엽다년초, 곧게 서는 꽃대에 연분홍색으로 피는
꽃과 진한 향기가 느껴지는 잎이 매력이며 −34℃
까지 월동한다. ↕25cm ↔60cm

Diospyros 감나무속

Ebenaceae 감나무과

열대와 온대 등지에 약 200종이 분포하며 교목·관목
으로 자란다. 꽃은 잎겨드랑이에서 취산화서로 달리
는데 간혹 한 송이씩 붙기도 하며 열매는 과육이 있는
장과로 달리는 것이 특징이다.

Diospyros kaki 감나무

Diospyros kaki 'Pendula' 처진감나무

Diospyros kaki 감나무

낙엽활엽교목.가을철 홍색으로 익는 열매가 아름답다.
익혀서 홍시로 먹기도 하고 곶감으로 만들어 먹기도
하며 −18℃까지 월동한다. ↕15m

Diospyros kaki 'Pendula' 처진감나무

낙엽활엽관목, 가지가 아래로 늘어지는 모습과 가을철
주황색 열매와 단풍이 매력적이며 −18℃까지 월동
한다. ↕3m

Dipelta 개병꽃나무속

Caprifoliaceae 인동과

중국에 4종이 분포하며 낙엽, 관목으로 자란다.
종 모양의 꽃이 피고 포엽이 발달하며 수피가
종잇장처럼 벗겨진다.

Dipelta yunnanensis 운남개병꽃나무

낙엽활엽관목, 연한 보라색 종 모양으로 피는 꽃통
안쪽은 흰색이고 주황색의 무늬가 있다. 포엽이 나비의
날개처럼 크게 발달하며 −18℃까지 월동한다.
↕2m ↔3m

Dipelta yunnanensis 운남개병꽃나무

Disporum sessile 윤판나물아재비

Disporum smilacinum 애기나리

Disporum 애기나리속

Liliaceae 백합과

아시아, 북아메리카 등지에 약 20종이 분포하며
다년초로 자란다. 잎에는 엽병이 없고 털이 없으며
나팔 모양으로 꽃을 피우는 것이 특징이다.

Disporum sessile 윤판나물아재비

낙엽다년초, 아래로 늘어지는 연노란색의 꽃과 주름진
잎이 매력으로 −34℃까지 월동한다. ↕60cm

Disporum smilacinum 애기나리

낙엽다년초, 다소곳이 아래로 늘어지는 별 모양의
꽃과 윤택이 있는 잎이 아름다우며 −34℃까지
월동한다. ↕40cm

Disporum viridescens 큰애기나리

낙엽다년초, 별 모양의 하얀색 꽃과 줄기가 갈라지면
서 자라고 그늘진 숲속정원에 잘 어울리며 −34℃까지
월동한다. ↕70cm

Disporum viridescens 큰애기나리

Distylium racemosum 조록나무

Distylium 조록나무속

Hamamelidaceae 조록나무과

일본, 중국, 인도 북부 등지에 약 12종이 분포하며 상록, 관목·교목으로 자란다. 암수딴그루로 잎이 가죽질로 윤택이 있으며 가장자리가 밋밋한 점이 특징이다.

Distylium racemosum 조록나무
상록활엽교목. 끝이 뾰족한 황토로 덮인 듯한 둥근 열매가 특징이다. 광택 있는 잎의 관상가치가 높으며 −12℃까지 월동한다. ↕ 20m

Dodecatheon 인디언앵초속

Primulaceae 앵초과

북아메리카에 약 14종이 분포하며 다년초로 자란다. 곧은 꽃대 끝에 모여서 달리는 화서와 꽃잎이 뒤로 활짝 젖혀지는 점이 특징이다.

Dodecatheon meadia 인디언앵초 ⓨ
낙엽다년초. 아래를 향해서 피는 분홍색의 꽃과 방석 모양의 잎이 아름답다. 토양 습도가 높은 곳에서 잘 자라며 −23℃까지 월동한다.
↕ 30cm ↔ 20cm

Dracocephalum argunense 'Fuji Blue' 용머리 '후지 블루'

Dracocephalum 용머리속

Lamiaceae 꿀풀과

유라시아, 북아프리카, 북아메리카 등지에 약 45종이 분포하며 일년초·다년초·반관목으로 자란다. 바닥을 빽빽하게 덮으며 자라는 생육형과 한쪽 방향으로 꽃잎 술을 내미는 관 모양의 꽃이 특징이다.

Dracocephalum argunense 'Fuji Blue' 용머리 '후지 블루'
낙엽다년초. 길쭉한 관 모양의 보라색 꽃 안쪽에 연한 보라색 무늬가 발달하며 −29℃까지 월동한다.
↕ ↔ 30cm

Dracocephalum argunense 'Fuji White' 용머리 '후지 화이트'
낙엽다년초. 흰색의 꽃이 줄기 끝에서 모여 아름답게 피고 안쪽의 보라색 무늬가 매력적이며 −29℃까지 월동한다. ↕ ↔ 30cm

Dracocephalum argunense 'Fuji White' 용머리 '후지 화이트'

Dracocephalum rupestre 벌깨풀

Dracocephalum nutans 숙은용머리
낙엽다년초. 하늘을 향해 곧은 꽃대를 따라 보라색 꽃들이 빽빽하게 매달리면서 핀다. 옆으로 퍼지며 자라고 잎은 주걱 모양으로 −34℃까지 월동한다.
↕ ↔ 45cm

Dracocephalum rupestre 벌깨풀
낙엽다년초. 옆을 향해 쌍으로 피는 보라색 꽃과 깻잎을 닮은 잎이 매력적이며 −34℃까지 월동한다.
↕ 30cm

Dodecatheon meadia 인디언앵초 ⓨ

Dracocephalum nutans 숙은용머리

Dryopteris bissetiana 산족제비고사리

Dryopteris crassirhizoma 관중 🌱

Dryopteris erythrosora 홍지네고사리 🌱 (포자, 전초)

Dryopteris 관중속

Dryopteridaceae 관중과

북반구 온대지역에 약 200종이 분포하며 상록 · 낙엽,
양치식물로 자란다. 대부분 낙엽이며 복엽인 점이
특징이다.

Dryopteris bissetiana 산족제비고사리

상록다년초, 바위틈이나 축축한 땅에서 잘 자라고
광택이 나는 늘 푸른 잎의 관상가치가 높으며 -29℃
까지 월동한다. ↕ 60cm

Dryopteris crassirhizoma 관중 🌱

낙엽다년초, 왕관처럼 펼쳐지는 넓은 잎이 아름답고
그늘진 숲속정원에 잘 어울리며 -34℃까지 월동한다.
↕ 1m

Dryopteris erythrosora 홍지네고사리 🌱

상록다년초, 새로 나오는 홍색 잎과 잎 뒷면에 붙은
홍색의 포막이 매력적이다. 따뜻한 남쪽 지방의
야생화원, 자생식물원에 잘 어울리며 -12℃까지
월동한다. ↕ 30cm ↔ 40cm

Dryopteris fragrans var. *remotiuscula* 주저리고사리

낙엽다년초, 자잘하게 갈라지는 잎의 질감과 쭉쭉
퍼지는 모습이 매력적이다. 바위틈에 심으면 좋으며
양지에서도 잘 자라고 -43℃까지 월동한다. ↕ 20cm

Dryopteris uniformis 곰비늘고사리

상록다년초, 기부에 붙는 비늘조각이 곰의 털과
비슷한 점이 특징이다. 넓게 펼쳐지는 늘푸른 잎이
아름답고 그늘지며 촉촉한 경사면에서 잘 자라며
-23℃까지 월동한다. ↕ 70cm

Dryopteris fragrans var. *remotiuscula* 주저리고사리

Dryopteris crassirhizoma 관중 🌱

Dryopteris uniformis 곰비늘고사리

E

Echinacea 'August Konigen' 에키네시아 '오거스트 코니겐'

Echinacea 'De Donkeute Steel' 에키네시아 '드 던키 스틸'

Echinacea 'Greenheart' 에키네시아 '그린하트'

Echinacea purpurea 'Dodam Ruby and Gold'
자주천인국 '도담 루비 앤드 골드'

Echinacea purpurea 'Fatal Attraction' 자주천인국 '페이탈 어트랙션'

Echinacea purpurea 'Green Jewel' 자주천인국 '그린 주얼'

Echinacea 자주천인국속

Asteraceae 국화과

아메리카에 약 9종이 분포하며 다년초로 자란다.
해바라기를 닮은 꽃이 피고 난형 또는 원뿔 모양의
열매는 단단하며 줄기에는 거친 털이 많다.

Echinacea purpurea 자주천인국
낙엽다년초, 분홍색의 꽃이 아름답고 열매는
주황색의 원뿔 모양에서 점차 검고 단단해진다.
강건하여 척박지에서도 잘 자라며 −40℃까지
월동한다. ↕ 1.5m ↔ 45cm

Echinacea purpurea 자주천인국

Echinacea purpurea 'Hot Papaya' 자주천인국 '핫 파파야'

Echinacea 'Art's Pride' 에키네시아 '아츠 프라이드'

Echinacea purpurea 'Indiaca' 자주천인국 '인디아카'

Echinacea purpurea 'Magnus' 자주천인국 '매그너스'

Echinacea purpurea 'Rubinglow' 자주천인국 '루빈글로우'

E

Echinacea purpurea 'Irresistible' 자주천인국 '이리지스터블'

Echinacea purpurea 'Pica Bella' 자주천인국 '파이카 벨라'

Echinacea purpurea 'Rubinstern' 자주천인국 '루빈스턴'

Echinacea purpurea 'Jade' 자주천인국 '제이드'

Echinacea purpurea 'Piccolino' 자주천인국 '피콜리노'

Echinacea purpurea 'Vintage Wine' 자주천인국 '빈티지 와인'

Echinacea purpurea 'Kim's Mop Head' 자주천인국 '킴스 몹 헤드'

Echinacea purpurea 'Razzmatazz' 자주천인국 '라즈마타즈'

Echinacea purpurea 'White Lustre' 자주천인국 '화이트 러스터'

Echinacea purpurea 'White Swan' 자주천인국 '화이트 스완'

Echinops setifer 절굿대

Echinacea 'Sundown' 에키네시아 '선다운'

Echinacea tennesseensis 'Rocky Top' 테네시에키네시아 '로키 톱'

Echinops 절굿대속

Asteraceae 국화과

유럽, 지중해 연안, 아시아, 아프리카 열대 등지에 약 120종이 분포하며 일년초·이년초·다년초로 자란다. 작은 별 모양의 꽃들이 빽빽하게 모여 둥근 모양을 형성하는 화서가 특징이다.

Echinops setifer 절굿대
낙엽다년초, 회오리를 치는 듯한 파란색 작은 꽃들이 모여 공 모양으로 피는 꽃이 매력적이며 −34℃까지 월동한다. ↕1m

Echinacea 'Twilight' 에키네시아 '트와일라이트'

Echinops setifer 절굿대

Echinosophora koreensis 개느삼

Edgeworthia chrysantha 'Grandiflora' 삼지닥나무 '그란디플로라'

Echinosophora 개느삼속

Fabaceae 콩과

우리나라에만 1종이 분포하며 낙엽, 관목으로 자란다. 깃털 모양의 길쭉한 타원 모양 잎과 나비 모양의 노란색 꽃이 특징이다.

Echinosophora koreensis 개느삼
낙엽활엽관목, 다닥다닥 달리는 노란색 꽃과 부드러운 질감의 깃털 잎이 아름다우며 −29℃까지 월동한다.
↕ 1m

Edgeworthia 삼지닥나무속

Thymelaeaceae 팥꽃나무과

히말라야 산맥과 중국에 3종이 분포하며 낙엽·상록, 관목으로 자란다. 가지가 세 갈래로 분지하여 둥근 모양으로 자란다. 꽃은 노란색으로 줄기 끝에서 작은꽃들이 모여 벌집 모양으로 핀다.

Edgeworthia chrysantha 삼지닥나무
낙엽활엽관목, 이른 봄 연노란색 관 모양의 작은 꽃들이 세 개로 갈라진 가지끝에 모여 둥글게 핀다. 꽃의 향기가 좋고 가장자리의 꽃부터 피며 −12℃ 까지 월동한다. ↕ ↔ 1.8m

Edgeworthia chrysantha 'Grandiflora' 삼지닥나무 '그란디플로라'
낙엽활엽관목, 가지가 굵게 자라고 절간이 짧으며 둥그런 수형으로 자란다. 꽃은 밝은 노란색으로 작은 꽃들이 모여 큰 덩어리로 피며 −12℃까지 월동한다.
↕ ↔ 1.5m

Edgeworthia chrysantha 'Red Dragon' 삼지닥나무 '레드 드래곤'
낙엽활엽관목, 이른 봄 잎이 나오기 전 꽃잎의 안쪽이 붉은 관 모양의 작은 꽃들이 모여 둥글게 피는 모습이 아름다우며 −12℃까지 월동한다. ↕ 1.5m

Edgeworthia chrysantha 'Grandiflora' 삼지닥나무 '그란디플로라'

Elaeagnus 보리수나무속

Elaeagnaceae 보리수나무과

아시아, 유럽 남부, 북아메리카 등지에 약 45종이 분포하며 낙엽·상록, 관목·교목·덩굴식물로 자란다. 잎의 뒷면에 은색 또는 갈색을 띠는 별 모양의 털, 짧은 가시로 퇴화한 가지와 타원형의 열매가 특징이다.

Elaeagnus × *ebbingei* 'Limelight' 에빙보리장나무 '라임라이트'
상록활엽관목, 보리밥나무와 풍겐스보리장나무의 교잡종(*E. macrophylla* x *E. pungens*)으로 넓은 잎의 중앙에 발달하는 연노란색 무늬가 아름다우며 −12℃까지 월동한다. ↕ ↔ 4m

Edgeworthia chrysantha 삼지닥나무

Edgeworthia chrysantha 'Red Dragon' 삼지닥나무 '레드 드래곤'

Elaeagnus × *ebbingei* 'Limelight' 에빙보리장나무 '라임라이트' (잎, 수형)

Elaeagnus macrophylla 보리밥나무

Elaeagnus macrophylla 보리밥나무
상록활엽관목. 덩굴성으로 잎이 넓고 잎 뒷면의 은빛 색깔이 매력적이며 −15℃까지 월동한다. ↕3m

Elaeagnus pungens 'Maculata'
풍겐스보리장나무 '마쿨라타'
상록활엽관목. 길쭉한 타원 모양의 잎 중앙에 황금색 무늬가 발달하는 것이 특징이다. 길쭉하게 뻗어나가는 가지를 전정해주면 단정한 모습을 유지시킬 수 있으며 −15℃까지 월동한다. ↕↔4m

Elaeagnus pungens 'Variegata'
풍겐스보리장나무 '바리에가타'
상록활엽관목. 잎의 가장자리에 크림색 무늬가 발달하는 것이 특징으로 −15℃까지 월동한다. ↕↔4m

Elaeagnus umbellata 보리수나무
낙엽활엽관목. 좁은 잎 뒷면은 은빛으로 붉은색 열매와 나팔 모양처럼 아래로 늘어뜨리며 피는 아이보리색 꽃이 아름다우며 −40℃까지 월동한다. ↕4m

Elaeagnus umbellata 보리수나무(수형, 꽃)

Elaeagnus pungens 'Variegata' 풍겐스보리장나무 '바리에가타'

Elaeocarpus 담팔수속
Elaeocarpaceae 담팔수과

동아시아, 호주, 뉴질랜드 등지에 약 60종이 분포하며 상록, 관목·교목으로 자란다. 잎의 가장자리는 밋밋하거나 톱니가 발달하고 꽃은 잎겨드랑이에 총상화서로 달리며 핵과의 열매가 특징이다.

Elaeocarpus sylvestris var. *ellipticus*
담팔수
상록활엽교목. 거꿀 피침형으로 생긴 두툼한 늘 푸른 잎과 진한 청색을 띠는 타원형 열매의 관상 가치가 높으며 −7℃까지 월동한다. ↕20m

Elaeocarpus sylvestris var. *ellipticus* 담팔수

Elaeagnus pungens 'Maculata' 풍겐스보리장나무 '마쿨라타'(잎, 수형)

Elaeocarpus sylvestris var. ellipticus 담팔수

Eleutherococcus gracilistylus 섬오갈피나무

Eleutherococcus sessiliflorus 오갈피나무

Eleutherococcus 오갈피나무속

Araliaceae 두릅나무과

동남아시아, 한국, 일본, 류큐열도, 대만, 필리핀, 중국 중서부 등지에 약 30종이 분포하며 낙엽, 관목·교목으로 자란다. 가지와 잎자루에 가시가 발달하고 손바닥 모양으로 갈라진 잎은 가장자리에 톱니가 발달하는 점이 특징이다.

Eleutherococcus gracilistylus 섬오갈피나무
낙엽활엽관목. 다섯 갈래의 잎과 동그랗게 모여 달리는 까만색 열매가 매력적으로 덩굴류처럼 길게 뻗어 나가는 가시줄기가 특징이며 −29℃까지 월동한다.
↕ 3m

Eleutherococcus senticosus 가시오갈피
낙엽활엽관목. 줄기에 촘촘하게 발달하는 가는 가시가 특징으로 약재로 많이 이용하며 −40℃까지 월동한다.
↕ 3m

Eleutherococcus sessiliflorus 오갈피나무
낙엽활엽관목. 윤택이 있는 잎과 동그랗게 열리는 까만색 열매의 관상가치가 높으며 −34℃까지 월동한다. ↕ 4m

Elsholtzia 향유속

Lamiaceae 꿀풀과

아시아에 약 35종이 분포하며 낙엽·반상록, 관목·반관목, 일년초·다년초로 자란다. 전체에서 향기로운 냄새가 나며 꽃은 원추화서로 가지 끝에서 곧추 자란다.

Elsholtzia stauntonii 목향유
낙엽활엽반관목. 가을철 줄기끝에서 길쭉하게 피는 보라색 꽃이 아름답다. 잎에서 나는 민트향이 좋으며 −34℃까지 월동한다. ↕↔ 1.5m

Eleutherococcus senticosus 가시오갈피

Elsholtzia stauntonii 목향유

Elymus mollis 갯그령

Elymus 갯보리속

Poaceae 벼과

온대 지역에 약 150종이 분포하며 다년초로 자란다.
잎은 선형으로 꽃대는 가늘고 뻣뻣한 점이 특징이다.

Elymus mollis 갯그령
낙엽다년초, 길쭉한 이삭과 광택이 있는 잎이
아름답다. 해풍과 염분에 강해 바닷가 모래언덕
등에서 잘 자라며 −43℃까지 월동한다. ↕ 1m

Empetrum 시로미속

Empetraceae 시로미과

북반구 온대, 남 안데스 등지에 2종이 분포하며
상록, 관목으로 자란다. 잎은 선형으로 두껍고
잎끝이 뭉뚝하며 가지에 빽빽하게 달린다. 열매는
물이 많은 장과인 점이 특징이다.

Empetrum nigrum var. *japonicum* 시로미
상록활엽관목.바늘처럼 작고 촘촘하게 자라는 잎과 수
형이 아름다워 고산정원에 심으면 훌륭하며 −40℃까
지 월동한다. ↕ 20cm

Empetrum nigrum var. *japonicum* 시로미

Enkianthus 등대꽃나무속

Ericaceae 진달래과

히말라야에서 일본까지 약 10종이 분포하며 낙엽, 관목
으로 자란다. 산형 또는 산방화서로 꽃이 피고 컵
또는 항아리 모양이다. 붉은색의 가을 단풍이 아름답다.

Enkianthus campanulatus 등대꽃나무 🌼
낙엽활엽관목, 초롱꽃 모양의 연한 분홍색 꽃잎
끝부분에 진하게 물드는 붉은색 무늬가 아름다우며
−29℃까지 월동한다. ↕ ↔ 4m

Enkianthus deflexus 굽은등대꽃나무
낙엽활엽관목, 초롱꽃 모양의 붉은색 꽃잎 끝부분이
뒤로 많이 벌어지는 것이 특징으로 −29℃까지
월동한다. ↕ ↔ 4m

Enkianthus campanulatus 등대꽃나무 🌼

Enkianthus deflexus 굽은등대꽃나무

Enkianthus perulatus 단풍철쭉 🌼

Enkianthus perulatus 단풍철쭉 🌼
낙엽활엽관목, 흰색의 긴 꽃자루에 달리는 항아리
모양의 흰색 꽃이 매력적이고 가을철 붉은색 단풍이
아름다우며 −29℃까지 월동한다. ↕ ↔ 2.5m

Epilobium 바늘꽃속

Onagraceae 바늘꽃과

온대, 북아메리카 서부, 북극권, 열대 산악지대 등지에
약 200종이 분포하며 일년초·다년초, 반관목으로
자란다. 마주나는 잎의 가장자리는 밋밋하거나 둔한
톱니가 발달하고 길쭉한 열매는 터지면서 미세한
종자가 솜털에 싸여 있는 점이 특징이다.

Epilobium angustifolium 분홍바늘꽃
낙엽다년초, 버들잎과 비슷한 좁은 잎과 나비 모양을
닮은 분홍색 꽃이 매력적으로 서늘한 곳에서 잘
자라며 −40℃까지 월동한다.
↕ 1.5m ↔ 1m

Epilobium angustifolium 분홍바늘꽃

Epimedium 삼지구엽초속

Berberidaceae 매자나무과

온대지역에 약 20종이 분포하며 다년초로 자란다.
뿌리줄기가 발달하고 잎은 보통 2~3회 갈라지며
작은 잎에는 가시모양의 톱니, 꽃은 총상화서인 점이
특징이다.

Epimedium koreanum 삼지구엽초

낙엽다년초, 이른 봄 아래를 향해 피는 노란색 꽃이
아름답다. 가지가 세 개로 갈라지고 잔가지마다
세 장씩 아홉 장의 잎을 형성하는 것이 특징이며
−40℃까지 월동한다. ↕ ↔ 30cm

Epimedium alpinum 'Luteum' 고산삼지구엽초 '루테움'

Epimedium koreanum 삼지구엽초

Epimedium grandiflorum 'Rose Queen'
큰꽃삼지구엽초 '로즈 퀸' ❂

Epimedium grandiflorum 'Silver Queen'
큰꽃삼지구엽초 '실버 퀸'

Epimedium 'Kaguyahime' 꽃삼지구엽초 '가구야히메'

Epimedium × *rubrum* 붉은삼지구엽초

Epimedium stellatum 'Wudang Star'
스텔라툼삼지구엽초 '우당 스타'

Epimedium × *versicolor* 'Discolor' 색삼지구엽초 '디스컬러'

Epimedium × versicolor 'Sulphureum'
색삼지구엽초 '술푸레움' ❓

Epimedium × youngianum 'Niveum' 영삼지구엽초 '니베움' ❓

Epimedium × youngianum 'Roseum' 영삼지구엽초 '로세움'

Equisetum hyemale 속새

Equisetum hyemale 속새

Equisetum 속새속

Equisetaceae 속새과

호주와 뉴질랜드를 제외한 전 세계에 약 25종이
분포하며 다년초로 자란다. 마디사이는 속이 텅 비어
있고 표면에는 홈과 모난 줄이 발달하는 점이 특징
이다.

Equisetum hyemale 속새
상록다년초, 하늘을 향해 곧게 자라면서 세로로
마디마디가 발달하는 모습이 아름답다. 수생정원과
같은 축축한 곳에서 잘 자라며 −34℃까지 월동한다.
↕60cm

Erinus alpinus 암담초 ❓

Eragrostis 참새그령속

Poaceae 벼과

온대, 열대지역에 약 250종이 분포하며 일년초,
다년초로 자란다. 좁은 선형의 잎은 평평하거나
안으로 말리고 군락으로 자란다. 원추화서이고
열매는 여러 겹으로 이루어진 작은 이빨 모양이다.

Eragrostis spectabilis 꽃그령
낙엽다년초, 안개처럼 환상적으로 펼쳐지는 분홍색
원추화서가 특징이다. 척박지에서도 잘 자라고
군락으로 심으면 효과적이며 −29℃까지 월동한다.
↕50cm

Erinus 암담초속

Scrophulariaceae 현삼과

아프리카, 유럽 등지에 2종이 분포하며 반상록,
다년초로 자란다. 다섯 장의 꽃잎으로 이루어진
총상화서가 특징이다.

Erinus alpinus 암담초 ❓
반상록다년초, 앙증맞은 분홍색 꽃이 빼곡하게
달리는 것이 매력으로 암석원에 잘 어울리며
−23℃까지 월동한다. ↕12cm ↔6cm

Eragrostis spectabilis 꽃그령

Eriobotrya 비파나무속

Rosaceae 장미과

동아시아에 약 10종이 분포하며 상록, 교목으로 자란다. 잎은 잎자루가 짧고, 홑잎으로 가죽질이며 가장자리에 톱니가 발달하는 점이 특징이다.

Eriobotrya japonica 비파나무
상록활엽교목. 비파 모양을 닮은 가죽질의 잎 표면은 광택이 있다. 꽃은 흰색으로 체리 향기가 나고 노란색으로 익는 열매는 맛있으며 −12℃까지 월동한다. ↕10m

Eriobotrya japonica 비파나무(꽃, 수형, 열매)

Erythronium japonicum 얼레지

Erythronium 얼레지속

Liliaceae 백합과

미국 북부, 유럽, 아시아 등지에 약 20종이 분포하며 구근류로 자란다. 이른 봄 꽃보다 잎이 먼저 나오고 뒤로 활짝 젖혀지는 꽃잎이 특징이다.

Erythronium japonicum 얼레지
낙엽다년초. 꽃잎이 활짝 젖혀진 보라색 꽃이 아름답다. 잎에는 얼룩무늬가 발달하고 낙엽수 아래의 서늘하고 약간 그늘진 곳에서 잘 자라며 −34℃까지 월동한다. ↕↔15cm

Euonymus alatus 화살나무(가지, 수형)

Euonymus 화살나무속

Celastraceae 노박덩굴과

아시아 등지에 약 175종이 분포하며 낙엽·반상록·상록, 관목·교목·덩굴식물로 자란다. 잎은 마주나며 열매가 갈라져서 가종피를 가진 씨앗이 나오는 점이 특징이다.

Euonymus alatus 화살나무
낙엽활엽관목. 겨울철 화살 날개 모양처럼 발달하는 가지와 가을철 붉게 물드는 단풍이 매력적이며 −29℃ 까지 월동한다. ↕3m ↔2.5m

Euonymus alatus 'Compactus' 화살나무 '콤팍투스' 🏵

Euonymus fortunei 'Harlequin' 좀사철나무 '할리퀸'

Euonymus alatus 'Compactus'
화살나무 '콤팍투스' 🏵
낙엽활엽관목. 촘촘하고 단정하게 자라는 수형과
가을철 진붉은 단풍이 매우 아름다우며 −29℃까지
월동한다. ↕3m ↔ 2m

Euonymus fortunei 'Interbolwi'
좀사철나무 '인터볼위'
상록활엽덩굴. 바닥을 덮으며 자라는 덩굴성으로
짙은 녹색 잎 중앙에 발달하는 밝은 노란색 무늬가
아름다우며 −18℃까지 월동한다.
↕1.5m ↔ 50cm

Euonymus fortunei Blondy 좀사철나무 '인터볼위'

Euonymus fortunei 'Emerald Gaiety'
좀사철나무 '에메랄드 게이어티' 🏵
상록활엽관목. 잎의 가장자리에 크림색을 띠는 흰색
무늬가 발달하여 추운 겨울철에 가까워지면 분홍색을
띠는 매력이 있다. 잎이 빽빽하고 옆으로 퍼지면서
자라며 −18℃까지 월동한다. ↕1.5m

Euonymus fortunei 'Emerald 'n' Gold'
좀사철나무 '에메랄드 엔 골드' 🏵
상록활엽덩굴. 잎 가장자리에 황금색 무늬가 발달하며
겨울철에는 분홍색으로 물드는 것이 특징이다.
지면에서 자랄 때는 넓은 잎을 가지지만 나무 줄기나
바위 겉면을 타고 오를 때는 작은 잎을 가지며
−23℃까지 월동한다. ↕2m ↔ 3m

Euonymus fortunei 'Harlequin'
좀사철나무 '할리퀸'
상록활엽덩굴. 낮고 넓게 퍼지면서 자라는 덩굴성
목본으로 작고 길쭉한 모양의 잎에 크림빛 흰색
반점들이 발달하며 −18℃까지 월동한다. ↕60cm

Euonymus fortunei var. radicans
줄사철나무
상록활엽덩굴. 나무줄기에 기근을 내리면서 올라가고
윤기가 흐르는 진녹색 잎이 매력적이며 −15℃까지
월동한다. ↕10m

Euonymus fortunei 'Emerald Gaiety'
좀사철나무 '에메랄드 게이어티' 🏵

Euonymus fortunei 'Emerald 'n' Gold'
좀사철나무 '에메랄드 엔 골드' 🏵 (잎, 수형)

Euonymus fortunei var. *radicans* 줄사철나무

Euonymus japonicus 사철나무

Euonymus japonicus 'Albomarginatus'
사철나무 '알보마르기나투스'

Euonymus japonicus 사철나무

상록활엽관목, 사철 푸른 광택이 있는 잎이 매력으로 전정에 강해서 생울타리용으로 적합하며 −18℃까지 월동한다. ↕5m ↔ 4m

Euonymus japonicus 'Argenteovariegatus'
사철나무 '아르겐테오바리에가투스'(잎, 수형)

Euonymus japonicus 'Chollipo' 사철나무 '천리포' 🏵
(수형, 잎)

Euonymus japonicus 'Albomarginatus'
사철나무 '알보마르기나투스'

상록활엽관목, 달걀을 닮은 잎의 가장자리가 다소 불규칙하면서 끝이 둔하고 짙은 녹색 잎의 가장자리에 흰색 무늬가 얇게 발달하며 −15℃까지 월동한다.
↕4m ↔ 2m

Euonymus japonicus 'Argenteovariegatus'
사철나무 '아르겐테오바리에가투스'

상록활엽관목, 연녹색잎의 가장자리에 크림빛 흰색 무늬가 넓게 발달하는 점이 특징으로 −15℃까지 월동한다. ↕2.5m ↔ 1.5m

Euonymus japonicus 'Chollipo'
사철나무 '천리포' 🏵

상록활엽관목, 진녹색의 잎 가장자리에 연노란색을 띠는 크림색 무늬가 발달하며 −15℃까지 월동한다.
↕4m ↔ 2m

Euonymus japonicus 'Mediopictus' 사철나무 '메디오픽투스'

Euonymus japonicus 'Microphyllus' 사철나무 '미크로필루스'

Euonymus japonicus 'Mediopictus'
사철나무 '메디오픽투스'

상록활엽관목, 짙은 녹색잎 중앙에 황금색 무늬가 발달하며 −15℃까지 월동한다. ↕4m ↔ 3m

Euonymus japonicus 'Microphyllus'
사철나무 '미크로필루스'

상록활엽관목, 길쭉한 타원모양으로 하늘을 향해 자라는 단정한 수형과 작은 잎이 빽빽하게 달리는 점이 매력으로 −15℃까지 월동한다.
↕90cm ↔ 60cm

Euonymus japonicus 'Microphyllus Albovariegatus'
사철나무 '미크로필루스 알보바리에가투스'

상록활엽관목, 작고 단정하게 자라면서 잎 가장자리에 흰색무늬가 발달하는 특징이 있으며 −15℃까지 월동한다. ↕90cm ↔ 60cm

Euonymus japonicus 'Microphyllus Albovariegatus'
사철나무 '미크로필루스 알보바리에가투스'

E

Euonymus japonicus 'Ovatus Aureus'
사철나무 '오바투스 아우레우스' ✿

Euonymus japonicus 'Ovatus Aureus'
사철나무 '오바투스 아우레우스' ✿
상록활엽관목. 신초의 상부가 황금색을 띠는 특징이
있다. 양지바른 곳에 식재하면 좋은 효과를 볼 수
있으며 −15℃까지 월동한다. ↕4m ↔ 3m

Eupatorium 등골나물속

Asteraceae 국화과

아프리카, 아시아, 아메리카 등지에 약 40여 종이
분포하며 일년초·다년초·반관목으로 자란다.
깃털 모양의 꽃은 산방화서 또는 원추화서로 핀다.

Eupatorium maculatum Atropurpureum Group
점등골나물 아트로푸르푸레움 그룹
낙엽다년초. 보라색의 깃털같은 꽃이 매력적이고
키가 크며 잎은 돌려난다. 비옥한 곳에서 잘 자라며
−34℃까지 월동한다. ↕2m

Eurya emarginata 우묵사스레피

Eurya 사스레피나무속

Theaceae 차나무과

동남아시아, 태평양 등지에 약 70종이 분포하며
상록. 관목·교목으로 자란다. 광택이 있는 두꺼운 잎,
잎 가장자리의 날카로운 톱니, 꽃에서 풍기는 독특한
냄새가 특징이다.

Eurya emarginata 우묵사스레피
상록활엽관목. 길쭉한 상록성 잎의 가장자리가 뒤로
말리는 점이 특징으로 염분에 강해서 바닷가
식재용으로 훌륭하며 −15℃까지 월동한다. ↕3m

Eurya japonica 사스레피나무
상록활엽관목. 광택이 있는 상록성 잎이 아름다우며
봄철 아래를 향해서 피는 하얀색 꽃에서 독특한
냄새를 풍기며 −15℃까지 월동한다. ↕3m

Exochorda 가침박달속

Rosaceae 장미과

한국, 중국 등지에 약 4종이 분포하며 낙엽. 관목으로
자란다. 꽃받침은 다섯 장이다.

Exochorda serratifolia 가침박달
낙엽활엽관목. 하늘하늘한 하얀색 꽃이 매력적이고
잎의 질감이 부드러우며 −34℃까지 월동한다.
↕2.5m

Eupatorium maculatum Atropurpureum Group
점등골나물 아트로푸르푸레움 그룹

Eurya japonica 사스레피나무

Exochorda serratifolia 가침박달

F

F

Fagus 너도밤나무속

Fagaceae 참나무과

북반구의 온대 등지에 약 10종이 분포하며 낙엽, 교목으로 자란다. 잎은 어긋나며 매끄러운 회색 수피가 특징이다.

Fagus engleriana 너도밤나무
낙엽활엽교목, 회색의 부드러운 수피와 넓게 퍼지는 수형이 아름답다. 솜털처럼 부드러운 어린 잎이 매력적이며 −26℃까지 월동한다. ↕20m

Fagus sylvatica 유럽너도밤나무 🏆

Fagus sylvatica 유럽너도밤나무 🏆
낙엽활엽교목, 웅장한 수형과 가을철 오렌지색으로 물드는 단풍이 아름답다. 전정에 강해서 거대한 수벽용으로 좋으며 −23℃까지 월동한다.
↕30m ↔15m

Fagus sylvatica 'Aurea Pendula' 유럽너도밤나무 '아우레아 펜둘라'
낙엽활엽교목, 황금색의 잎과 아래로 처지는 수형이 아름다우며 −23℃까지 월동한다.
↕5m ↔3m

Fagus sylvatica 'Dawyck' 유럽너도밤나무 '다윅' 🏆

Fagus sylvatica 'Dawyck' 유럽너도밤나무 '다윅' 🏆
낙엽활엽교목, 하늘로 직립하면서 자라는 수형이 웅장하여 랜드마크로서의 독립수 뿐 만 아니라 열식으로 심으면 시선을 집중 시킬 수 있는 연출이 가능하며 −23℃까지 월동한다. ↕10m ↔ 3m

Fagus sylvatica 'Dawyck Gold' 유럽너도밤나무 '다윅 골드' 🏆
낙엽활엽교목, 하늘로 직립하면서 황금색을 띠는 모습이 매력적으로 −23℃까지 월동한다.
↕6m ↔ 2.5m

Fagus engleriana 너도밤나무(잎, 수형)

Fagus sylvatica 'Aurea Pendula' 유럽너도밤나무 '아우레아 펜둘라'

Fagus sylvatica 'Dawyck Gold' 유럽너도밤나무 '다윅 골드' 🏆

Fagus sylvatica 'Dawyck Purple' 유럽너도밤나무 '다윅 퍼플' ❓ (수형, 잎)

Fagus sylvatica 'Dawyck Purple'
유럽너도밤나무 '다윅 퍼플' ❓
낙엽활엽교목, 하늘로 직립하면서 진한 자주색을 띠는 모습이 매력적으로 −23℃까지 월동한다.
↕ 6m ↔ 2.5m

Fagus sylvatica 'Pendula'
유럽너도밤나무 '펜둘라' ❓
낙엽활엽교목, 아래를 향해 우산 모양처럼 처지면서 자라는 수형이 아름다우며 −23℃까지 월동한다.
↕ 18m ↔ 10m

Fagus sylvatica 'Pendula' 유럽너도밤나무 '펜둘라' ❓

Fagus sylvatica 'Riversii' 유럽너도밤나무 '리베르시' ❓ (수형, 잎)

Fagus sylvatica 'Riversii'
유럽너도밤나무 '리베르시' ❓
낙엽활엽교목, 짙은 자주색을 띠는 잎이 매력적이며 −23℃까지 월동한다. ↕ 18m ↔ 12m

Fagus sylvatica 'Rohanii'
유럽너도밤나무 '로하니'
자줏빛을 띠는 잎의 가장자리가 불규칙하게 갈라지는 점이 특징으로 −23℃까지 월동한다.
↕ 20m ↔ 10m

Fagus sylvatica 'Rohanii' 유럽너도밤나무 '로하니'

Fagus sylvatica var. *heterophylla* 이엽너도밤나무

Fagus sylvatica var. *heterophylla*
이엽너도밤나무
가늘고 길쭉하게 생긴 잎의 가장자리가 불규칙하게 갈라지는 특성이 있으며 −23℃까지 월동한다.
↕ 12m ↔ 7m

Fallopia 닭의덩굴속
Polygonaceae 마디풀과

북반구의 온대 등지에 약 7종이 분포하며 다년초·덩굴식물로 자란다. 잎은 단엽으로 어긋나며 작은 꽃으로 이루어진 원추화서가 특징이다.

Fallopia japonica 'Tricolor'
호장근 '트라이컬러'
낙엽다년초, 분홍색, 흰색, 녹색을 띠는 넓은 무늬잎이 매력으로 양지바른 습한 곳에서 잘 자라며 −29℃까지 월동한다. ↕ 2m ↔ 1m

Fallopia japonica 'Tricolor' 호장근 '트라이컬러'

F

F

Fallopia japonica 'Milk Boy' 호장근 '밀크 보이'

Fallopia japonica 'Milk Boy'
호장근 '밀크 보이'
낙엽다년초. 잎 전면에 발달하는 불규칙한 흰색의
무늬가 아름답다. 햇빛이 잘드는 녹색 배경의 수변에
심으면 좋으며 −34℃까지 월동한다. ↕↔75cm

Farfugium 털머위속

Asteraceae 국화과

동아시아에 2종이 분포하며 상록, 다년초로 자란다.
심장 또는 신장 모양의 넓은 잎, 노란색의 두상화가
산형으로 모여 피는 점이 특징이다.

Farfugium japonicum 털머위
상록다년초. 반들반들한 원형의 잎과 노란색 꽃이
아름답다. 따뜻한 남쪽지방의 바위틈에 심으면
좋으며 −12℃까지 월동한다. ↕60cm

Farfugium japonicum 털머위

Farfugium japonicum 'Argenteum' 털머위 '아르겐테움'

Farfugium japonicum 'Argenteum'
털머위 '아르겐테움'
상록다년초. 잎의 가장자리에 발달하는 흰색 무늬가
아름다우며 −12℃까지 월동한다. ↕60cm

Farfugium japonicum 'Aureomaculatum'
털머위 '아우레오마쿨라툼' 🌱
상록다년초. 잎의 안쪽에 발달하는 황금색 점무늬가
매력적으로 −12℃까지 월동한다. ↕60cm

Farfugium japonicum 'Crispatum'
털머위 '크리스파툼'
상록다년초. 잎의 가장자리가 레이스처럼 구불구불하게
말리는 모습이 매력적으로 −12℃까지 월동한다.
↕50cm

Farfugium japonicum 'Aureomaculatum'
털머위 '아우레오마쿨라툼' 🌱

Farfugium japonicum 'Crispatum' 털머위 '크리스파툼'

× *Fatshedera lizei* 오손이

Fatshedera 오손이속

Araliaceae 두릅나무과

팔손이(*Fatsia*)와 송악(*Hedera*)의 속간 교잡종으로
1종이 분포하며 상록, 관목으로 자란다. 손바닥
모양의 잎과 산형화서가 특징이다.

× *Fatshedera lizei* 오손이
상록활엽관목. 손바닥 모양처럼 갈라진 광택 잎이
매력으로 팔손이와 송악의 모습을 반반씩 닮은 모습이
특징이며 −12℃까지 월동한다. ↕↔3m

× *Fatshedera lizei* 'Angyo-Star'
오손이 '안교스타'
상록활엽관목. 연노란색 무늬가 있는 잎이 특징이며
−12℃까지 월동한다. ↕↔3m

Fatsia 팔손이속

Araliaceae 두릅나무과

동아시아에 약 3종이 분포하며 상록, 관목 · 소교목
으로 자란다. 손바닥 모양의 잎과 산형화서가 특징
이다.

× *Fatshedera lizei* 'Angyo-Star' 오손이 '안교스타'

Fatsia japonica 팔손이 🏆

Filipendula palmata 단풍터리풀

Fatsia japonica 팔손이 🏆

상록활엽관목. 여덟갈래로 갈라진 광택이 있는 잎과
둥글둥글하게 달리는 하얀색 꽃이 매력적이며 −15℃
까지 월동한다. ↕↔ 4.5m

Fatsia japonica 'Variegata' 무늬팔손이 🏆

낙엽활엽관목. 가장자리에 발달하는 흰색 무늬가
아름다우며 −15℃까지 월동한다. ↕↔ 3m

Festuca 김의털속

Poaceae 벼과

온대 지역에 약 400종이 분포하며 낙엽·상록, 다년초
로 자란다. 가늘고 긴 잎과 원추화서가 특징이다.

Festuca glauca 'Elijah Blue'
블루페스큐 '일라이저 블루'

낙엽다년초. 회청색을 띠는 가냘픈 잎이 매력적이며
−32℃까지 월동한다. ↕ 20cm

Festuca glauca 'Elijah Blue' 블루페스큐 '일라이저 블루'

Filipendula 터리풀속

Rosaceae 장미과

북반구 온대 지역에 약 10종이 분포하며 다년초로
자란다. 뿌리주변 잎은 깃털 모양의 겹잎으로 끝에
붙은 작은 잎은 크고 손바닥 모양으로 갈라지며
턱잎은 잎 모양인 점이 특징이다.

Filipendula glaberrima 터리풀

낙엽다년초. 손바닥 모양처럼 갈라진 잎과 하얀색
꽃이 아름다우며 −29℃까지 월동한다. ↕ 80cm

Filipendula palmata 단풍터리풀

낙엽다년초. 단풍잎처럼 깊게 갈라진 잎과 연분홍색
꽃이 매력적이며 −40℃까지 월동한다.
↕ 1m ↔ 60cm

Fatsia japonica 'Variegata' 무늬팔손이 🏆

Filipendula glaberrima 터리풀

Filipendula purpurea 'Elegans' 자주터리풀 '엘레간스'

Filipendula vulgaris 'Multiplex' 고사리터리풀 '멀티플렉스'

Filipendula purpurea 'Elegans'
자주터리풀 '엘레간스'
낙엽다년초. 분홍색으로 부드럽게 피는 꽃이
매력적이며 −23℃까지 월동한다. ↕90cm

Filipendula ulmaria 느릅터리풀
낙엽다년초. 깃털 모양처럼 갈라지는 잎과 하얀색으로
하늘을 향해 피는 꽃이 아름다우며 −23℃까지
월동한다. ↕1.5m ↔60cm

Filipendula ulmaria 'Variegata'
무늬느릅터리풀
낙엽다년초. 잎의 안쪽에 발달하는 황금색 무늬가
매력적으로 −23℃까지 월동한다. ↕1m

Filipendula ulmaria 'Variegata' 무늬느릅터리풀

Filipendula vulgaris 'Multiplex'
고사리터리풀 '멀티플렉스'
낙엽다년초. 고사리처럼 가늘게 갈라지는 잎과
하얀색 겹으로 피는 꽃송이가 매력적이며 −34℃까지
월동한다. ↕75cm ↔45cm

Foeniculum 회향속

Apiaceae 산형과

유럽. 지중해 등지에 1종이 분포하며 이년초 · 다년초
로 자란다. 잎에 진한 향기가 있으며 노란색의 꽃이
산형으로 피는 점이 특징이다.

Foeniculum vulgare 회향
낙엽다년초. 실처럼 가늘고 부드럽게 갈라지는 잎과
우산 모양의 노란색 꽃이 아름다우며 −15℃까지
월동한다. ↕2m ↔60cm

Filipendula ulmaria 느릅터리풀

Foeniculum vulgare 회향

Foeniculum vulgare 'Purpureum' 회향 '푸르푸레움'

Forsythia koreana 'Suwon Gold' 개나리 '수원 골드'

Foeniculum vulgare 'Purpureum'
회향 '푸르푸레움'
낙엽다년초. 자주색으로 가늘게 갈라지는 잎이
매력이며 −15℃까지 월동한다. ↕2m ↔60cm

Forsythia 개나리속

Oleaceae 물푸레나무과

동아시아, 유럽 중부 등지에 약 6종이 분포하며 낙엽,
관목으로 자란다. 암수딴그루로 이른 봄에 잎보다
먼저 노란색 꽃이 피며 종 모양의 꽃은 네 갈래로
깊게 갈라지는 점이 특징이다.

Forsythia 'Beatrix Farrand'
개나리 '베아트릭스 페란드'
낙엽활엽관목. 이른 봄에 넓고 크게 노란색으로 꽃을
피우는 모습이 아름다우며 −29℃까지 월동한다.
↕↔2.4m

Forsythia koreana 'Aureoreticulata'
개나리 '아우레오레티쿨라타'
낙엽활엽관목. 잎의 그물맥을 따라 선명하게
발달하는 황금색의 잎맥이 특징이다. 양지바른
곳에서 효과가 더 뚜렷하며 −34℃까지 월동한다.
↕2m

Forsythia koreana 'Seoul Gold'
개나리 '서울 골드'
낙엽활엽관목. 잎의 가장자리에 넓게 발달하는
황금색 무늬가 특징으로 −34℃까지 월동한다. ↕2m

Forsythia koreana 'Suwon Gold'
개나리 '수원 골드'
낙엽활엽관목. 황금색의 잎이 매력으로 햇빛을
잘 받는 경사면에 심으면 효과가 좋으며 −34℃까지
월동한다. ↕3m

Forsythia ovata 만리화
낙엽활엽관목. 이른 봄에 피는 작은 노란색 꽃이
매력으로 잎이 넓고, 줄기가 개나리처럼 늘어지지
않으며 −29℃까지 월동한다. ↕1.5m

Forsythia koreana 'Aureoreticulata' 개나리 '아우레오레티쿨라타'

Forsythia 'Beatrix Farrand' 개나리 '베아트릭스 페란드'

Forsythia koreana 'Seoul Gold' 개나리 '서울 골드'

Forsythia ovata 만리화

Fothergilla gardenii 'Blue Mist' 실목련 '블루 미스트'

Fraxinus sieboldiana 쇠물푸레나무(열매, 수형)

Fothergilla 실목련속

Hamamelidaceae 조록나무과

미국 동남부 등지에 2종이 분포하며 낙엽, 관목으로
자란다. 향기가 있는 크림색 꽃은 다이아몬드 모양의
잎이 나오기 전에 피는 점이 특징이다.

Fothergilla gardenii 'Blue Mist'
실목련 '블루 미스트'
낙엽활엽관목. 은청색을 띠는 넓은 잎과 가지끝에
모여피는 하얀색 꽃들이 아름다우며 −29℃까지
월동한다. ↕ ↔ 1m

Fraxinus 물푸레나무속

Oleaceae 물푸레나무과

온대 유럽, 아시아, 북아메리카, 열대 등지에 약 65종
이 분포하며 낙엽, 교목으로 자란다. 잎은 마주나기
하고 깃털 모양으로 갈라지며 열매에 날개가 발달하는
점이 특징이다.

Fraxinus rhynchophylla **물푸레나무**
낙엽활엽교목. 넓은 깃털 모양의 잎 중에 마지막에
달리는 작은 잎이 제일 큰 점이 특징이다. 넓게
퍼지는 수형이 아름다우며 −34℃까지 월동한다.
↕ 10m

Fraxinus sieboldiana **쇠물푸레나무**
낙엽활엽교목. 길쭉한 깃털 모양의 잎과 하얀색
꽃이 아름답다. 줄기에 얼룩무늬가 발달하고
자주색의 열매가 매력적이며 −23℃까지 월동한다.
↕ 6m

Fritillaria 패모속

Liliaceae 백합과

북반구 온대, 지중해 연안, 서남아시아, 북아메리카
서부 등지에 약 100종이 분포하며 구근류로 자란다.
아래로 늘어뜨리며 피는 종 모양의 꽃이 특징이다.

Fritillaria meleagris **사두패모** ⚰
낙엽다년초. 아래를 향해서 피는 자주색 종 모양의
꽃이 아름다우며 −23℃까지 월동한다. ↕ 25cm

Fraxinus rhynchophylla 물푸레나무

Fritillaria meleagris 사두패모 ⚰

G

Gaillardia 천인국속

Asteraceae 국화과

아메리카, 남아프리카 등지에 약 30종이 분포하며
일년초·이년초·다년초로 자란다. 두상화의 납작한
모양의 꽃이 피고 줄기와 잎에는 거친 털이 발달한다.

Gaillardia × grandiflora 'Dazzler'
큰꽃천인국 '대즐러' 🏆
낙엽다년초, 6월부터 10월까지 둥글 납작하게 피는
붉은색 꽃의 가장자리 끝부분이 노란색인 점이 특징이
다. 햇빛이 잘 들고 배수가 잘 되는 곳에서 잘 자란다.
보더가든에 좋은데 주기적으로 시든 꽃을 잘라주면
훨씬 오랫동안 꽃을 감상할 수 있으며 −40℃까지
월동한다. ↕60cm

Galanthus 설강화속

Amaryllidaceae 수선화과

서유럽, 코카서스, 카스피해 등지에 약 19종이 분포
하며 구근으로 자란다. 아래를 향해 늘어뜨리며 피는
하얀색의 작은 꽃이 아름다운데 안쪽 꽃잎 세 장과
바깥쪽 꽃잎 세 장이 발달하는 것이 특징이다.

Galanthus nivalis 설강화 🏆

Galanthus elwesii 엘위스설강화 🏆
낙엽다년초, 이른 봄 눈송이가 떨어지는 듯한 하얀색
작은 꽃이 아름답다. 설강화보다 넓은 잎이 특징이며
−34℃까지 월동한다. ↕20cm

Galanthus nivalis 설강화 🏆
낙엽다년초, 이른 봄 아래를 향해 피는 앙증맞은
하얀색 꽃이 매력으로 고산초원과 같은 분위기 연출을
위해 군식하면 효과가 좋으며 −40℃까지 월동한다.
↕20cm

Galanthus nivalis f. pleniflorus
'Flore Pleno' 겹꽃설강화 '플로레 플레노' 🏆
낙엽다년초, 겹으로 피는 하얀색 꽃이 특징으로
−40℃까지 월동한다. ↕20cm

Gaura 가우라속

Onagraceae 바늘꽃과

아메리카 등지에 약 40종이 분포하며 일년초·이년초
·다년초로 자란다. 잎은 단엽으로 어긋나며 네 개의
꽃잎과 원추화서가 특징이다.

Galanthus elwesii 엘위스설강화 🏆

Gaillardia × grandiflora 'Dazzler' 큰꽃천인국 '대즐러' 🏆

Galanthus nivalis f. pleniflorus 'Flore Pleno'
겹꽃설강화 '플로레 플레노' 🏆

Gaura lindheimeri 'Siskiyou Pink' 가우라 '시스키유 핑크'

Gentiana triflora var. *japonica* 과남풀

Geranium subcaulescens 'Splendens' 회잎제라늄 '스플렌덴스' ✿

Gaura lindheimeri 'Siskiyou Pink'
가우라 '시스키유 핑크'
낙엽다년초, 분홍색 나비 모양의 꽃이 긴 꽃줄기를
따라 올라가며 피고 개화기가 길다. 화단의 가장자리
또는 군락으로 식재하면 좋으며 −18℃까지
월동한다. ↕1.5m ↔ 50cm

Gentiana 용담속

Gentianaceae 용담과

온대 지역에 약 400종이 분포하며 낙엽 · 상록, 일년초 ·
이년초 · 다년초로 자란다. 잎은 단엽으로 마주나기
하고 윤기가 나며 종 모양의 꽃이 특징이다.

Gentiana acaulis **나팔용담** ✿
낙엽다년초, 둥글게 말리는 나팔 모양의 파란색 꽃이
매력으로 암석원 식재에 적합하며 −15℃까지
월동한다. ↕12cm ↔ 50cm

Gentiana triflora var. *japonica* 과남풀
낙엽다년초, 우리나라 자생종으로 양증맞게 피는 청자색
꽃이 매력이며 −29℃까지 월동한다. ↕80cm

Geranium 쥐손이풀속

Geraniaceae 쥐손이풀과

전 세계 온대 등지에 약 300종이 분포하며 일년초 ·
다년초, 반관목으로 자란다. 가장자리에 톱니가 있거나
갈라진다. 꽃잎은 4~5장. 열매는 3~5갈래로 익으면
갑자기 터지면서 나선 모양으로 꼬이는 점이 특징이다.

Geranium sanguineum 'Album'
피뿌리쥐손이 '알붐' ✿
낙엽다년초, 다섯 장으로 갈라지는 하얀색의 꽃을
피우고 덤불처럼 자라며 −29℃까지 월동한다.
↕30cm ↔ 60cm

Geranium subcaulescens 'Splendens'
회잎제라늄 '스플렌덴스' ✿
낙엽다년초, 땅위을 기면서 자주색으로 피는 꽃이
아름다우며 −29℃까지 월동한다.
↕15cm ↔ 30cm

Geum 뱀무속

Rosaceae 장미과

유럽, 아시아, 뉴질랜드, 아메리카, 아프리카 등지에
약 50종이 분포하며 다년초로 자란다. 총생하는
주름진 잎과 다섯 장의 꽃잎을 가진 꽃이 취산화서로
달린다.

Geum coccineum **붉은꽃뱀무**
낙엽다년초, 빨간색으로 피는 꽃이 매력으로 −29℃까
지 월동한다. ↕30cm

Gentiana acaulis 나팔용담 ✿

Geranium sanguineum 'Album' 피뿌리쥐손이 '알붐' ✿

Geum coccineum 붉은꽃뱀무

Ginkgo biloba 은행나무(열매, 단풍)

Ginkgo 은행나무속

Ginkgoaceae 은행나무과

중국 남부에 1종이 분포하며 낙엽, 교목으로
자란다. 암수 딴그루로 잎은 어긋나기 하고 짧은
가지의 순에서 잎이 모여나는 점이 특징이다.

Ginkgo biloba 은행나무
낙엽침엽교목, 부채 모양의 잎과 가을철 노랗게
물드는 단풍이 아름다우며 −29℃까지 월동한다.
↕ 60m

Ginkgo biloba 'Goldstripe' 은행나무 '골드스트라이프'

Gleditsia japonica 주엽나무

Ginkgo biloba 'Goldstripe'
은행나무 '골드스트라이프'
낙엽침엽교목, 불규칙하게 발달하는 노란색 세로무늬
잎이 매력이며 −29℃까지 월동한다. ↕ 20m

Gleditsia 주엽나무속

Fabaceae 콩과

아시아, 아메리카, 아프리카 등지에 약 14종이
분포하며 낙엽, 교목으로 자란다. 깃 모양의 잎은
어긋나며 줄기에 큰 가시가 있는 점이 특징이다.

Gleditsia japonica 주엽나무
낙엽활엽교목, 구불구불한 콩깍지가 두드러지게 눈에
띄며 가지에는 큰 가시가 있다. 끝에 붙는 작은 잎이
없는 1∼2회 깃털 모양 겹잎과 엽축에 홈과 날개가
발달하는 것이 특징이며 −23℃까지 월동한다.
↕ 20m

Gleditsia triacanthos 'Sunburst'
미국주엽나무 '선버스트'
낙엽활엽교목, 황금색의 잎과 원통형으로 넓게
퍼지는 수형이 아름다우며 −23℃까지 월동한다.
↕ 12m

Gleditsia triacanthos 'Sunburst' 미국주엽나무 '선버스트'

Gleditsia triacanthos 'Sunburst' 미국주엽나무 '선버스트'

Glehnia 갯방풍속

Apiaceae 산형과

동아시아, 서북아메리카 등지에 분포하며 다년초로
자란다. 잎의 표면에 광택이 있으며 흰색의 작은
꽃송이들이 우산 모양으로 모여 원을 만들고
꽃송이가 다시 더 큰 우산 모양을 만드는 점이
특징이다.

Glehnia littoralis 갯방풍
낙엽다년초, 방석처럼 바닥에 달라 붙어서 자라는
광택이 있는 가죽질 잎과 하얀색 꽃이 아름답다.
바닷가 모래 언덕에서 자라며 −23℃까지 월동한다.
↕ 20cm

Gleichenia 풀고사리속

Gleicheniaceae 풀고사리과

남아프리카, 말레이시아, 뉴질랜드 등지에 약 120종이
분포하며 양치식물이다. 뿌리줄기와 잎에는 털과 흑갈
색의 인편이 발달한다. 2∼4개의 포자낭이 모여 포자
낭군을 형성하며 측맥은 1∼2회 갈라지는 점이 특징
이다.

Glehnia littoralis 갯방풍

Gleichenia japonica 풀고사리

Grewia parviflora 장구밤나무

Gunnera manicata 군네라 마니카타

Gleichenia japonica 풀고사리
상록다년초, 양갈래로 늘어지면서 넓게 자라는 잎의
관상가치가 높다. 따뜻한 남쪽지방의 숲속정원에
잘 어울리며 −7℃까지 월동한다. ↕ 2m

Glyceria 미꾸리광이속
Poaceae 벼과

호주, 뉴질랜드, 남아프리카 등지에 약 16종이 분포
하며 다년초로 자란다. 물에서 잘 자라며 생장속도가
빠르다.

Glyceria maxima 'Variegata'
글리케리아 막시마 '바리에가타'
낙엽다년초, 잎 가장자리의 크림색 무늬가
매력적이고 연못 가장자리나 깊지 않은 물 속에서
잘 자라며 −23℃까지 월동한다. ↕ 80cm

Grewia 장구밤나무속
Tiliaceae 피나무과

아프리카, 아시아, 호주 등지에 약 150종이 분포하며
낙엽·상록, 관목·교목으로 자란다. 잎은 단엽으로
어긋나고 탁엽이 있으며 취산화서가 특징이다.

Grewia parviflora 장구밤나무
낙엽활엽관목, 노란색에서 주황색으로 익는 열매의
관상가치가 높고 까칠까칠한 넓은 잎이 특징으로
−23℃까지 월동한다. ↕ 2m

Gunnera 군네라속
Gunneraceae 군네라과

호주, 뉴질랜드, 남아프리카, 남아메리카, 태평양
제도, 하와이 등지에 약 45종이 분포하며 다년초로
자란다. 대부분 습한곳에서 생육하며 작은 잎부터
초대형 잎까지 자라는 점이 특징이다.

Gunnera manicata 군네라 마니카타
낙엽다년초, 아주 넓은 둥근 모양의 잎을 활용하여
원시적인 경관을 연출할 수 있다. 따뜻한 남쪽지방의
축축한 곳에 심기에 적합하며 −12℃까지 월동한다.
↕ 1.8m ↔ 2.4m

Glyceria maxima 'Variegata' 글리케리아 막시마 '바리에가타'

Gunnera manicata 군네라 마니카타

Gymnocladus 김노클라두스속

Fabaceae 콩과

동아시아, 북아메리카 등지에 약 4종이 분포하며 낙엽, 교목으로 자란다. 어긋나게 붙는 깃 모양의 잎이 특징이다.

Gymnocladus dioicus 김노클라두스 디오이쿠스
낙엽활엽교목, 가을철 노랗게 물드는 단풍이 아름다우며 −40℃까지 월동한다. ↕12m

Gypsophila cerastioides 히말라야안개초

Gypsophila 대나물속

Caryophyllaceae 석죽과

지중해, 중앙아시아, 중국 등지에 약 100종이 분포하며 일년초·다년초로 자란다. 잎은 마주나기하며 꽃은 원추화서에 별 모양으로 달린다.

Gypsophila cerastioides 히말라야안개초
낙엽다년초, 바닥에 촘촘하게 매트처럼 자라는 모습과 그 위로 작게 피는 하얀색 꽃들이 아름답다. 암석원 소재로 훌륭하며 −34℃까지 월동한다.
↕10cm ↔25cm

Gypsophila oldhamiana 대나물
낙엽다년초, 대나무 잎처럼 생긴 잎과 하얀색 꽃이 아름답고 염분에 강해 해안가에서 잘 자라며 −34℃까지 월동한다. ↕1m

Gypsophila repens 눈고산안개초 ☻
낙엽다년초, 바닥에 포복하면서 꽃대를 올리는 연분홍색 작은 꽃들이 매력적이며 −40℃까지 월동한다. ↕10cm ↔50cm

Gypsophila repens 'Rosea'
눈고산안개초 '로세아'
낙엽다년초, 분홍색의 앙증맞게 작은 꽃들이 아름답고 암석원 소재로 적합하며 −40℃까지 월동한다. ↕10cm ↔50cm

Gypsophila repens 눈고산안개초 ☻

Gymnocladus dioicus 김노클라두스 디오이쿠스(잎, 수형)   *Gypsophila oldhamiana* 대나물   *Gypsophila repens* 'Rosea' 눈고산안개초 '로세아'

H

Hakonechloa 풍지초속

Poaceae 벼과

일본에 1종이 분포하며 낙엽, 다년초로 자란다.
뒷면이 반짝이는 잎은 뒤집어져 있으며 원추화서가
특징이다.

Hakonechloa macra 풍지초 🌑
낙엽다년초, 대나무같은 잎들이 아래로 처지면서
전체적으로 둥글고 단정하게 보이는 모양이
아름다우며 −29℃까지 월동한다. ↕ ↔ 50cm

Hakonechloa macra 'Alboaurea'
풍지초 '알보아우레아' 🌑
낙엽다년초, 윤기가 있는 가늘고 부드러운
잎 가장자리에 발달하는 크림색 무늬가 매력적이고
서늘한 곳에서 잘 자라며 −29℃까지 월동한다.
↕ ↔ 50cm

Hakonechloa macra 'All Gold'
풍지초 '올 골드'
낙엽다년초, 윤기있는 황금색 잎이 매력적이다.
바위틈과 같은 지하부가 서늘한 곳에 심으면
잘 자라며 −29℃까지 월동한다. ↕ ↔ 50cm

Hakonechloa macra 풍지초 🌑

Hakonechloa macra 'All Gold' 풍지초 '올 골드'

Hakonechloa macra 'Aureola' 풍지초 '아우레올라' 🌑

Hakonechloa macra 'Aureola'
풍지초 '아우레올라' 🌑
낙엽다년, 황금색 무늬가 있는 잎이 매력적이고
바위틈에 심으면 좋으며 −29℃까지 월동한다.
↕ ↔ 50cm

Halesia 은종나무속

Styracaceae 때죽나무과

중국, 미국 등지에 약 5종이 분포하며 낙엽, 관목 ·
교목으로 자란다. 잎은 어긋나며 종 모양의 꽃,
날개가 달린 열매가 특징이다.

Halesia carolina 은종나무
낙엽활엽교목, 작은 종 모양의 꽃은 흰색으로
세 송이씩 모여서 피며 −29℃까지 월동한다.
↕ 7m ↔ 4m

Hakonechloa macra 'Alboaurea' 풍지초 '알보아우레아' 🌑

Halesia carolina 은종나무

Halesia carolina Vestita Group 은종나무 베스티타 그룹 🏆
(꽃, 수형)

Halesia carolina Vestita Group
은종나무 베스티타 그룹 🏆
낙엽활엽교목, 아래로 늘어지는 하얀색 종 모양의
꽃이 아름다우며 −26℃까지 월동한다.
↕12m ↔ 8m

Hamamelis 풍년화속

Hamamelidaceae 조록나무과

북아메리카, 유럽, 동아시아 등지에 약 5종이 분포하며
낙엽, 관목·교목으로 자란다. 잎은 약간 일그러진
달걀 모양으로 가장자리에 깊은 물결 모양의 톱니가
발달하며 꽃잎은 얇은 선형으로 네 장씩 달린다.

Hamamelis 'Brevipetala' 풍년화 '브레비페탈라'

Hamamelis 'Brevipetala' 풍년화 '브레비페탈라'
낙엽활엽관목, 주황빛을 띠는 노란색의 꽃이 피며
−26℃까지 월동한다. ↕ ↔ 3.5m

Hamamelis × *intermedia* 'Aphrodite'
인테르메디아풍년화 '아프로디테' 🏆
낙엽활엽관목, 이른 봄 주황색으로 꼬깃꼬깃 얇고
가는 종잇장처럼 펼쳐지는 네 장의 꽃잎이 매력적이며
−26℃까지 월동한다. ↕ ↔ 3m

Hamamelis × *intermedia* 'Arnold Promise'
인테르메디아풍년화 '아놀드 프로미스' 🏆
낙엽활엽관목, 이른 봄 밝은 황금색으로 피는 꽃이
아름다우며 −26℃까지 월동한다. ↕ ↔ 4m

Hamamelis × *intermedia* 'Arnold Promise'
인테르메디아풍년화 '아놀드 프로미스' 🏆

Hamamelis × *intermedia* 'Barmstedt Gold'
인테르메디아풍년화 '바름슈테트 골드' 🏆
낙엽활엽관목, 이른 봄 진한 황금색으로 피는 꽃이
아름다우며 −26℃까지 월동한다. ↕ ↔ 3m

Hamamelis × *intermedia* 'Aphrodite' 인테르메디아풍년화 '아프로디테' 🏆

Hamamelis × *intermedia* 'Barmstedt Gold'
인테르메디아풍년화 '바름슈테트 골드' 🏆

Hamamelis × *intermedia* 'Diane' 인테르메디아풍년화 '다이앤' 🌳
(수형, 꽃)

Hamamelis × *intermedia* 'Jelena'
인테르메디아풍년화 '옐레나' 🌳
낙엽활엽관목, 이른 봄 구릿빛 색깔로 피는 꽃이
아름다우며 −26℃까지 월동한다. ↕ ↔ 3.5m

Hamamelis × *intermedia* 'Orange Peel'
인테르메디아풍년화 '오렌지 필'
낙엽활엽관목, 밝은 오렌지색의 꽃이 매력적이고
향기가 좋으며 −26℃까지 월동한다. ↕↔ 3m

Hamamelis × *intermedia* 'Pallida'
인테르메디아풍년화 '팔리다' 🌳
낙엽활엽관목, 이른 봄 연한 노란색으로 피는 꽃과
은은하게 풍기는 향기가 좋으며 −26℃까지
월동한다. ↕ ↔ 4m

Hamamelis × *intermedia* 'Orange Peel'
인테르메디아풍년화 '오렌지 필'(수형, 꽃)

Hamamelis × *intermedia* 'Diane'
인테르메디아풍년화 '다이앤' 🌳
낙엽활엽관목, 이른 봄 진한 빨간색으로 피는 꽃이
아름다우며 −26℃까지 월동한다.
  ↕ 3.5m ↔ 4.5m

Hamamelis × *intermedia* 'Feuerzauber'
인테르메디아풍년화 '포이어차우버'
낙엽활엽관목, 빨간색을 띠는 꽃잎의 아랫부분에서
윗부분으로 갈수록 점차 주황색을 띠며 −26℃까지
월동한다. ↕ 3m ↔ 4m

Hamamelis × *intermedia* 'Feuerzauber'
인테르메디아풍년화 '포이어차우버'

Hamamelis × *intermedia* 'Jelena' 인테르메디아풍년화 '옐레나' 🌳

Hamamelis × *intermedia* 'Pallida'
인테르메디아풍년화 '팔리다' 🌳 (꽃, 수형)

Hamamelis × *intermedia* 'Ruby Glow' 인테르메디아풍년화 '루비 글로우'

Hamamelis × *intermedia* 'Sunburst'
인테르메디아풍년화 '선버스트'

Hamamelis × *intermedia* 'Ruby Glow'
인테르메디아풍년화 '루비 글로우'

낙엽활엽관목, 진한 주황색으로 피는 꽃과 가을철
붉은 단풍이 아름다우며 −26℃까지 월동한다.
↕ ↔ 4.5m

Hamamelis × *intermedia* 'Sunburst'
인테르메디아풍년화 '선버스트'

낙엽활엽관목, 이른 봄 밝은 태양과 같이 환한
노란색의 꽃이 아름다우며 −26℃까지 월동한다.
↕ 4m ↔ 2.5m

Hamamelis × *intermedia* 'Westerstede'
인테르메디아풍년화 '베스터슈테데'

Hamamelis × *intermedia* 'Westerstede'
인테르메디아풍년화 '베스터슈테데'

낙엽활엽관목, 밝은 노란색의 꽃이 아름다우며
−26℃까지 월동한다. ↕ ↔ 3.5m

Hamamelis japonica 'Zuccariniana'
풍년화 '주카리니아나'

낙엽활엽관목, 이른 봄 가늘고 얇은 종잇장 모양의
자주색을 띠는 구리빛 꽃이 매력적이며 −26℃까지
월동한다. ↕ ↔ 3.5m

Hamamelis macrophylla 넓은잎풍년화

낙엽활엽관목, 가을철 노란색으로 피는 향기가 있는
꽃과 노랗게 물드는 단풍이 아름다우며 −23℃까지
월동한다. ↕ ↔ 3m

Hamamelis mollis 'Goldcrest'
중국풍년화 '골드크레스트'

낙엽활엽관목, 이른 봄 연한 황금색으로 피는 꽃이
매력적이며 −23℃까지 월동한다. ↕ ↔ 4.5m

Hamamelis japonica 'Zuccariniana' 풍년화 '주카리니아나'

Hamamelis mollis 'Goldcrest' 중국풍년화 '골드크레스트'

Hamamelis macrophylla 넓은잎풍년화(꽃, 수형)

Hamamelis vernalis 'Carnea'
베르날리스풍년화 '카르네아'
낙엽활엽관목, 진한 붉은색의 꽃이 아름답고 −23℃
까지 월동한다.　↕ 3m　↔ 4.5m

Hanabusaya 금강초롱꽃속

Campanulaceae 초롱꽃과

한국 특산식물로 1종이 분포하며 다년초로 자란다.
아랫쪽에 달리는 잎은 긴 피침형이고 위의 잎은
긴 타원형으로 모여 달린 듯 보이며 근경이 발달한다.

Hanabusaya asiatica **금강초롱꽃**
낙엽다년초, 가을철 아래를 향해서 초롱 모양으로
피는 보라색 꽃이 매력적이다. 서늘한 곳에서
잘 자라며 −40℃까지 월동한다.　↕ 50cm

Hamamelis vernalis 'Carnea' 베르날리스풍년화 '카르네아'

Hanabusaya asiatica 금강초롱꽃

H

Hedera 송악속

Araliaceae 두릅나무과

유럽, 아시아, 북아프리카 등지에 약 11종이 분포하며 상록, 덩굴식물로 자란다. 잎은 홑잎이거나 갈라지며 줄기에서 불규칙하게 기근이 발달하여 바위나 나무 표면에 부착하며 성장한다.

Hedera colchica 'Sulphur Heart' 콜치카아이비 '설퍼 하트' 🏆

상록활엽덩굴. 20cm까지 자라는 넓은 심장 모양의 잎 중앙에 노란색과 연두색의 무늬가 발달한다. 큰 나무줄기나 구조물 아래에 심으면 새로운 분위기를 연출할 수 있으며 −15℃까지 월동한다. ↕5m

Hedera algeriensis 'Gloire de Marengo' 알제리아이비 '글로리 드 마렝고' 🏆

Hedera colchica 'Batumi' 콜치카아이비 '바투미'

Hedera colchica 'Sulphur Heart' 콜치카아이비 '설퍼 하트' 🏆

Hedera helix 'Adam' 아이비 '애덤'

Hedera helix 'Anita' 아이비 '애니타'

Hedera helix 아이비

상록활엽덩굴. 그늘진 지표면이나 벽면을 푸르게 장식한다. 남쪽지방 또는 서울 근교의 따뜻한 미기후가 있는 곳에 적당하며 −15℃까지 월동한다. ↕10m

Hedera helix 'Anita' 아이비 '애니타'

상록활엽덩굴. 잎이 작고 거치가 깊게 갈라지고 가장자리에 불규칙한 잔거치가 발달하며 −15℃ 까지 월동한다. ↕10m

Hedera helix 아이비

Hedera helix 'Baden-Baden' 아이비 '바덴바덴'

Hedera helix 'Buttercup' 아이비 '버터컵' ❂

Hedera helix 'Baden-Baden'
아이비 '바덴바덴'
상록활엽덩굴. 잎이 단풍 모양으로 결각이 깊게
갈라진다. 잔거치가 없으며 −15℃까지 월동한다.
↕2m

Hedera helix 'Bettina' 아이비 '베티나'
상록활엽덩굴. 잎은 보통 세 갈래로 갈라지고 잎
가장자리에 크림색의 무늬가 발달하며 −15℃까지
월동한다. ↕90cm

Hedera helix 'Brightstone'
아이비 '브라이트스톤'
상록활엽덩굴. 녹색의 잎에 흰색 혹은 회색 무늬가
불규칙적으로 발달하고 잎 테두리에 약간의 붉은색을
띠며 −15℃까지 월동한다. ↕1m

Hedera helix 'Buttercup' 아이비 '버터컵' ❂
상록활엽덩굴. 황금색으로 나오는 신엽이
매력적이고 다소 반그늘진 곳에 식재하는 것이
효과적이며 −15℃까지 월동한다. ↕2m

Hedera helix 'Bill Archer' 아이비 '빌 아처'

Hedera helix 'Brokamp' 아이비 '브로캄프'

Hedera helix 'Baby Gold Dust' 아이비 '베이비 골드 더스트'

Hedera helix 'Bettina' 아이비 '베티나'

Hedera helix 'Brightstone' 아이비 '브라이트스톤'

Hedera helix 'Bruder Ingobert' 아이비 '브루더 잉고버트'

Hedera helix 'Calico' 아이비 '캘리코'

Hedera helix 'Chester' 아이비 '체스터'

Hedera helix 'Cockle Shell' 아이비 '코클 셸'

Hedera helix 'Congesta' 아이비 '콩게스타' ⚫

상록활엽덩굴. 잎의 가장자리가 물결 모양이고
하얀색 엽맥이 발달하는 것이 매력적이며 −15℃까지
월동한다. ↕1m

Hedera helix 'Conglomerata' 아이비 '콩글로메라타'

Hedera helix 'Duckfoot' 아이비 '덕풋' ⚫

Hedera helix 'Duckfoot' 아이비 '덕풋' ⚫

상록활엽덩굴. 새로난 잎이 마치 오리의 발바닥
모양이며 −15℃까지 월동한다. ↕50cm

Hedera helix 'Eva' 아이비 '에바'

Hedera helix 'Glacier' 아이비 '글레이셔' ⚫

Hedera helix 'Eva' 아이비 '에바'

상록활엽덩굴. 초록색의 잎에 회색과 연두색이
불규칙적으로 발달하고 가장자리에 흰색의 무늬가
있으며 −15℃까지 월동한다. ↕1.5m

Hedera helix 'Glacier' 아이비 '글레이셔' ⚫

상록활엽덩굴. 빙하를 연상시키는 잎의 하얀색
무늬가 매력적이며 −15℃까지 월동한다. ↕2m

Hedera helix 'Congesta' 아이비 '콩게스타' ⚫

Hedera helix 'Golden Girl' 아이비 '골든 걸'

Hedera helix 'Green Ripple' 아이비 '그린 리플'

H

Hedera helix 'Ivalace' 아이비 '이발라스'

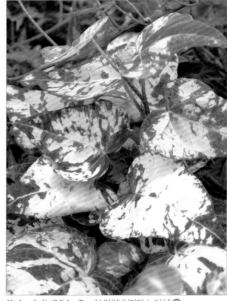

Hedera helix 'Midas Touch' 아이비 '미다스 터치' 🏆

Hedera helix 'Ivalace' 아이비 '이발라스'
상록활엽덩굴. 진한 녹색의 잎은 가장자리가
파도 모양이고 안쪽으로 약간씩 말린 듯 하며
−15℃까지 월동한다. ↕ 1m

Hedera helix 'Midas Touch' 아이비 '미다스 터치' 🏆
상록활엽덩굴. 잎의 중간에 불규칙하게 발달하는
황금색 무늬가 매력적이며 −15℃까지 월동한다.
↕ 1m

Hedera helix 'Minty' 아이비 '민티'
상록활엽덩굴. 초록의 잎에 회색과 아이보리,
흰색의 무늬가 불규칙적으로 발달하며 −15℃까지
월동한다. ↕ 1.8m

Hedera helix 'Harald' 아이비 '하랄드'

Hedera helix 'Jubilation' 아이비 '주빌레이션'

Hedera helix 'Minty' 아이비 '민티'

Hedera helix 'Helena' 아이비 '헬레나'

Hedera helix 'Jake' 아이비 '제이크'

Hedera helix 'Mathilde' 아이비 '마틸드'

Hedera helix 'Ritterkreuz' 아이비 '리테르크로이즈'

Hedera helix 'Oro di Bogliasco' 아이비 '오로 디 보글리아스코'

Hedera helix 'Oro di Bogliasco' 아이비 '오로 디 보글리아스코'
상록활엽덩굴. 잎 중앙의 무늬는 밝은 노란색에서 점차 크림색으로 변하며 −15℃까지 월동한다. ↕5m

Hedera helix 'Sagittifolia Variegata' 아이비 '사기티폴리아 바리에가타'

Hedera helix 'Silver Butterflies' 아이비 '실버 버터플라이스'

Hedera helix 'Spetchley' 아이비 '스페칠리'

Hedera helix 'Star' 아이비 '스타'

Hedera helix 'Teardrop' 아이비 '티어드롭'

Hedera helix 'Teardrop' 아이비 '티어드롭'
상록활엽덩굴. 잎의 가장자리에는 거치가 없고 물방울 혹은 심장 모양이며 −15℃까지 월동한다. ↕1.8m

Hedera rhombea 송악
상록활엽덩굴. 마름모 모양의 늘푸른 잎이 아름답고 따뜻한 남쪽지방에서 잘 자라며 −15℃까지 월동한다. ↕3m

Hedera rhombea 'Variegata' 무늬송악
상록활엽덩굴. 불규칙하게 발달하는 잎의 크림색 무늬가 매력적이다. 나무 줄기에 올리거나 지표면을 피복하는데 효과가 좋으며 −15℃까지 월동한다. ↕2m

Hedera helix 'Telecurl' 아이비 '텔레컬'

Hedera helix 'Tricolor' 아이비 '트라이컬러'

Hedera rhombea 'Variegata' 무늬송악

Hedera rhombea 송악

H

Helenium 'Indianersommer' 헬레니움 '인디아나조머'

Helenium 헬레니움속

Asteraceae 국화과

미국 등지에 약 40종이 분포하며 일년초·이년초·
다년초로 자란다. 줄기는 곧추서며 잎이 어긋나게
붙고 여름부터 개화하며 데이지 꽃처럼 두상화를
이루며 핀다.

Helenium 'Indianersommer'
헬레니움 '인디아나조머'
낙엽다년초, 빨간색으로 피는 물결치는 꽃잎이
아름답고 화단의 포인트 식재로 좋으며 −34℃까지
월동한다. ↕1.5m ↔ 50cm

Helenium 'Tip Top' 헬레니움 '팁 톱'
낙엽다년초. 잎은 좁고 길며 긴 꽃줄기 끝에 피는
밝은 노란색 꽃이 아름다우며 −34℃까지 월동한다.
↕60cm ↔ 30cm

Helianthus 해바라기속

Asteraceae 국화과

미국, 페루, 칠레 등지에 약 80종이 분포하며 일년초·
다년초로 자란다. 키가 크고 포복하는 뿌리가 있으며
강모가 발달한다.

Helianthus × *multiflorus* 'Anemoniflorus Flore Pleno'
물티플로루스해바라기 '아네모니플로루스 플로레 플레노'

Helianthus x *multiflorus*
'Anemoniflorus Flore Pleno'
물티플로루스해바라기
'아네모니플로루스 플로레 플레노'
낙엽다년초. 노란색의 겹꽃이 아름답고 양지바른
곳에서 잘 자라며 −34℃까지 월동한다.
↕1.2m ↔ 60cm

Helianthus salicifolius 버들잎해바라기
낙엽다년초. 키가 크고 노란색 꽃이 아름답다.
가늘고 길게 달리는 잎이 특징으로 −23℃까지
월동한다. ↕2.5m ↔ 90cm

Helenium 'Tip Top' 헬레니움 '팁 톱'

Helianthus salicifolius 버들잎해바라기

Helianthus salicifolius 'Low Down' 버들잎해바라기 '로우 다운'

Helianthus salicifolius 'Low Down'
버들잎해바라기 '로우 다운'

낙엽다년초, 키가 매우 작고 노란색으로 피는 꽃이
아름다우며 −23℃까지 월동한다.
↕30cm ↔50cm

Helleborus 헬레보루스속

Ranunculaceae 미나리아재비과

유럽, 아시아 등지에 약 15종이 분포하며 다년초로
자란다. 톱니 모양의 거친 잎이 특징이다.

Helleborus argutifolius
헬레보루스 아르구티폴리우스 ●

상록다년초, 연두색으로 피는 장미 모양의 꽃과
가장자리에 날카로운 톱니가 발달하는 두툼하고
광택 있는 잎이 특징이며 −15℃까지 월동한다.
↕1.2m ↔90cm

Helleborus argutifolius 헬레보루스 아르구티폴리우스 ●

Helleborus foetidus 헬레보루스 포이티두스 ● (꽃. 전초)

Helleborus foetidus 헬레보루스 포이티두스 ●

상록다년초, 길쭉하고 부드러운 잎과 방울처럼
매달리며 피는 연녹색의 꽃이 매력적이며 −29℃까지
월동한다. ↕80cm ↔45cm

Helleborus niger 헬레보루스 니게르

상록다년초, 아주 이른 봄에 분홍색 봉오리에서 점차
하얀색으로 피는 장미 모양의 꽃이 아름답다.
겨울정원에 잘 어울리며 −23℃까지 월동한다.
↕30cm ↔45cm

Helleborus niger 헬레보루스 니게르

Helleborus orientalis 헬레보루스 오리엔탈리스

Helleborus orientalis 헬레보루스 오리엔탈리스

상록다년초, 사순절 즈음 장미 모양을 닮은 꽃이
핀다고 하여 사순절장미라는 보통명을 가지고 있다.
흰색, 연녹색, 자주색까지 다양한 색의 꽃을 피우며
−23℃까지 월동한다. ↕↔45cm

Heloniopsis 처녀치마속

Liliaceae 백합과

한국, 일본, 대만, 사할린, 러시아 등지에 약 4종이
분포하며 상록, 다년초로 자란다. 잎은 지표면에서
낮게 밀생하고 좁은 타원 또는 피침 모양이다.
꽃 줄기는 잎의 가운데에서 나오며 피침 모양의
비늘잎이 발달한다.

Heloniopsis koreana 처녀치마

낙엽다년초, 이른 봄에 치마 모양처럼 피우는 청자색
꽃이 매력적이다. 암석원이나 숲속 정원 같은 서늘한
곳에서 잘 자라며 −29℃까지 월동한다.
↕↔20cm

Heloniopsis koreana 처녀치마

Hemerocallis 원추리속

Liliaceae 백합과

한국, 중국, 일본 등지에 약 15종이 분포하며 상록·
반상록, 다년초로 자란다. 덩이 줄기를 형성하고
아치형의 녹색잎이 특징이다.

Hemerocallis 'All American Baby'
원추리 '올 아메리칸 베이비'
낙엽다년초, 연한 노란색의 꽃잎 중앙에 눈에 띄는
자주색 무늬가 아름다우며 −37℃까지 월동한다.
↕40cm

Hemerocallis 'Always Afternoon'
원추리 '올웨이즈 애프터눈' 🌀
낙엽다년초, 분홍색의 꽃잎에 자주색의 무늬와
중앙의 밝은 노란색이 아름다우며 −37℃까지
월동한다. ↕60cm

Hemerocallis 'Always Afternoon' 원추리 '올웨이즈 애프터눈' 🌀

Hemerocallis 'Anzac' **원추리 '앤잭'**
낙엽다년초, 자주색 혹은 선홍색 꽃잎과 중앙의 밝은
노란색이 아름다우며 −37℃까지 월동한다.
↕90cm

Hemerocallis 'Arctic Snow'
원추리 '아크틱 스노우' 🌀
낙엽다년초, 꽃잎은 전체적으로 연한 노란빛을 띠는
크림색으로 중앙부로 갈수록 점점 진한 노란색에
가까워지며 −37℃까지 월동한다. ↕60cm

Hemerocallis 'All American Baby' 원추리 '올 아메리칸 베이비'

Hemerocallis 'Anzac' 원추리 '앤잭'

Hemerocallis 'Apple Tart' 원추리 '애플 타트'

Hemerocallis 'All American Plum' 원추리 '올 아메리칸 플럼'

Hemerocallis 'Arctic Snow' 원추리 '아크틱 스노우' 🌀

Hemerocallis 'Apres Moi' 원추리 '아프레 모이'

Hemerocallis 'Awesome Blossom' 원추리 '어섬 블로섬'

Hemerocallis 'Barbara Mitchell'
원추리 '바버라 미첼'
낙엽다년초, 연한 분홍색 꽃잎 중앙의 노란색 무늬가
아름다우며 −37℃까지 월동한다. ↕60cm

Hemerocallis 'Big Smile' 원추리 '빅 스마일'
낙엽다년초, 꽃잎은 연한 노란색이고 가장자리에
연한 분홍빛이 돌며 −37℃까지 월동한다.
↕70cm

Hemerocallis 'Blackberry Candy'
원추리 '블랙베리 캔디'
낙엽다년초, 꽃은 진한 노란색으로 중앙에 발달하는
자주색의 무늬가 아름다우며 −37℃까지 월동한다.
↕60cm

Hemerocallis 'Big Smile' 원추리 '빅 스마일'

Hemerocallis 'Blue Sheen' 원추리 '블루 쉰'
낙엽다년초, 파란빛을 띠는 자주색 꽃잎 중심부가
노란색인 점이 특징이며 −37℃까지 월동한다.
↕60cm

Hemerocallis 'Bonanza' 원추리 '보난자'
낙엽다년초, 밝은 노란색의 꽃과 중앙의 자주색
무늬가 아름답고 −37℃까지 월동한다. ↕90cm

Hemerocallis 'Bonanza' 원추리 '보난자'

Hemerocallis 'Buffy's Doll' 원추리 '버피스 돌'

Hemerocallis 'Buffy's Doll' **원추리 '버피스 돌'**
낙엽다년초, 연한 분홍색꽃 중앙의 진한 자주색
무늬와 중앙의 노란색이 눈에 띠며 −37℃까지
월동한다. ↕60cm

Hemerocallis 'Barbara Mitchell' 원추리 '바버라 미첼'

Hemerocallis 'Berlin Red Velvet' 원추리 '베를린 레드 벨벳'

Hemerocallis 'Blackberry Candy' 원추리 '블랙베리 캔디'

Hemerocallis 'Blue Sheen' 원추리 '블루 쉰'

Hemerocallis 'Burning Daylight' 원추리 '버닝 데이라이트' ▼

Hemerocallis 'Button Box' 원추리 'Button Box'

Hemerocallis 'Canadian Border Patrol'
원추리 '캐나디안 보더 패트롤'
낙엽다년초, 연한 노란색의 꽃과 중앙의 진한
자줏빛 무늬가 꽃잎 가장자리까지 있어 아름답고
−37℃까지 월동한다. ↕70cm

Hemerocallis 'Catherine Woodbery'
원추리 '캐서린 우드베리'
낙엽다년초, 연한 분홍색의 꽃과 중앙의 밝은
노란색 무늬가 아름답고 −37℃까지 월동한다.
↕90cm

Hemerocallis 'Cherry Cheeks'
원추리 '체리 칙스'
낙엽다년초, 진한 분홍색의 꽃과 중앙의 오렌지색이
매력적이며 −37℃까지 월동한다. ↕80cm

Hemerocallis 'Canadian Border Patrol'
원추리 '캐나디안 보더 패트롤'

Hemerocallis 'Catherine Woodbery' 원추리 '캐서린 우드베리'

Hemerocallis 'Cherry Cheeks' 원추리 '체리 칙스'

Hemerocallis 'Chicago Fire'
원추리 '시카고 파이어'
낙엽다년초, 밝은 주황색의 꽃과 중앙의 노란색
무늬가 아름답고 −37℃까지 월동한다. ↕60cm

Hemerocallis 'Chicago Heirloom'
원추리 '시카고 에어룸'
낙엽다년초, 분홍색 꽃이 아름답고 중앙의 진한
자주색 무늬와 밝은 노란색이 매력적이며 −37℃까지
월동한다. ↕60cm

Hemerocallis 'Chicago Two Bits' 원추리 '시카고 투 비츠'

Hemerocallis 'Chicago Fire' 원추리 '시카고 파이어'

Hemerocallis 'Chicago Heirloom' 원추리 '시카고 에어룸'

Hemerocallis 'Chartreuse Magic' 원추리 '샤르트리즈 매직'

Hemerocallis 'Christmas Is' 원추리 '크리스마스 이즈'

Hemerocallis 'Ed Murray' 원추리 '에드 머리'

Hemerocallis 'Eenie Fanfare' 원추리 '이니 팡파르'

Hemerocallis 'Crimson Pirate' 원추리 '크림슨 파이러트'

Hemerocallis 'Edge Ahead' 원추리 '에지 어헤드'

Hemerocallis 'Elaine Strutt' 원추리 '일레인 스트럿'

Hemerocallis 'Christmas Is'
원추리 '크리스마스 이즈'
낙엽다년초, 주황색의 꽃에 중앙은 밝은 노란색의
무늬가 크게 발달하고 −37℃까지 월동한다.
↕60cm

Hemerocallis 'Custard Candy'
원추리 '커스터드 캔디' ✿
낙엽다년초, 밝은 노란색 꽃잎 중앙에 진한 자주색
무늬가 발달하는 것이 특징이다. 숲속 가장자리에서
잘 자라며 −37℃까지 월동한다. ↕60cm

Hemerocallis 'Double Firecracker'
원추리 '더블 파이어크래커'
낙엽다년초, 붉은색의 꽃이 아름답고 중앙의 작은
꽃잎들이 겹져서 풍성하며 −37℃까지 월동한다.
↕60cm

Hemerocallis 'Edge Ahead'
원추리 '에지 어헤드'
낙엽다년초, 연한 노란색 꽃의 중앙과 잎 가장자리에
자주색 무늬가 화려하며 −37℃까지 월동한다.
↕60cm

Hemerocallis 'Eenie Fanfare'
원추리 '이니 팡파르'
낙엽다년초, 진한 자주색의 꽃이 아름답고 키가
작으며 −37℃까지 월동한다. ↕30cm

Hemerocallis 'El Desperado'
원추리 '엘 데스페라도'
낙엽다년초, 전체적으로 밝은 노란색의 꽃이 핀다.
꽃의 중앙과 가장자리에 발달하는 진한 자주색 무늬가
아름다우며 −37℃까지 월동한다. ↕80cm

Hemerocallis 'Elaine Strutt'
원추리 '일레인 스트럿'
낙엽다년초, 연한 주황색의 꽃이 아름답고 −37℃
까지 월동한다. ↕1m

Hemerocallis 'Custard Candy' 원추리 '커스터드 캔디' ✿

Hemerocallis 'Double Firecracker' 원추리 '더블 파이어크래커'

Hemerocallis 'El Desperado' 원추리 '엘 데스페라도'

Hemerocallis 'Evelyn Claar' 원추리 '에벌린 클라르'

Hemerocallis 'Forgotten Dreams' 원추리 '포가튼 드림스'

Hemerocallis fulva 원추리

Hemerocallis 'Forgotten Dreams'
원추리 '포갓튼 드림스'
낙엽다년초, 자주색 꽃의 진한 자주색 무늬와
중앙의 밝은 노란색이 아름답고 −37℃까지
월동한다. ↕80cm

Hemerocallis 'Forty Second Street'
원추리 '포티 세컨드 스트리트'
낙엽다년초, 연한 노란색의 꽃이 아름답고 중앙에
주황색 무늬와 겹진 작은 꽃잎이 풍성한 느낌이며
−37℃까지 월동한다. ↕60cm

Hemerocallis 'Frans Hals'
원추리 '프란스 할스'
낙엽다년초, 넓은 꽃잎은 주황색으로 중앙에 노란색
줄무늬가 있고 좁은 꽃잎은 밝은 노란색으로 화려하며
−37℃까지 월동한다. ↕60cm

Hemerocallis fulva 원추리
낙엽다년초, 주황색의 꽃잎이 아름답고 양지와
반음지에서도 잘 자라며 −29℃까지 월동한다.
↕1m

Hemerocallis fulva 'Variegated Kwanso'
원추리 '배리게이티드 관소'
낙엽다년초, 흰색무늬가 발달하는 잎이 아름답고
무늬식물 정원에 잘 어울리며 −29℃까지 월동한다.
↕75cm

Hemerocallis 'Gentle Shepherd'
원추리 '젠틀 셰퍼드'
낙엽다년초, 흰색의 꽃과 중앙의 연두색을 띠는
무늬가 아름다우며 −37℃까지 월동한다. ↕65cm

Hemerocallis 'Grape Velvet'
원추리 '그레이프 벨벳'
낙엽다년초, 진한 자주색의 꽃이 아름답고
−37℃까지 월동한다. ↕60cm

Hemerocallis 'Forty Second Street' 원추리 '포티 세컨드 스트리트'

Hemerocallis 'Gentle Shepherd' 원추리 '젠틀 셰퍼드'

Hemerocallis 'Frans Hals' 원추리 '프란스 할스'

Hemerocallis fulva 'Variegated Kwanso'
원추리 '배리게이티드 관소'

Hemerocallis 'Grape Velvet' 원추리 '그레이프 벨벳'

Hemerocallis 'Green Flutter' 원추리 '그린 플러터' 🏆

Hemerocallis 'Janice Brown' 원추리 '재니스 브라운'

Hemerocallis 'Longfeld's Twins' 원추리 '롱펠즈 트윈스'

Hemerocallis 'Hyperion' 원추리 '하이페리언'

Hemerocallis 'Little Zinger' 원추리 '리틀 징어'

Hemerocallis 'Marion Vaughn' 원추리 '매리언 번'

Hemerocallis 'Green Flutter'
원추리 '그린 플러터' 🏆
낙엽다년초, 꽃은 밝은 노란색이고 연한 초록색
무늬가 중앙에서 부터 아름답게 퍼지며 −37℃까지
월동한다. ↕60cm

Hemerocallis 'Hyperion'
원추리 '하이페리언'
낙엽다년초, 밝은 노란색의 꽃이 아름답고 꽃잎이
가늘며 −37℃까지 월동한다. ↕1m

Hemerocallis 'Janice Brown'
원추리 '재니스 브라운'
낙엽다년초, 연한 주황색의 꽃과 중앙의 자주색
무늬가 아름다우며 −37℃까지 월동한다.
↕60cm

Hemerocallis 'Little Missy' 원추리 '리틀 미시'

Hemerocallis 'Little Missy'
원추리 '리틀 미시'
낙엽다년초, 진한 자주색의 꽃과 가장자리의
흰무늬가 매력적이고 키가 작으며 −37℃까지
월동한다. ↕40cm

Hemerocallis 'Longfeld's Twins'
원추리 '롱펠즈 트윈스'
낙엽다년초, 꽃은 분홍색에서 중앙으로 갈수록
밝은 노란색으로 변하고 안쪽에 작은 꽃잎이 발달하며
−37℃까지 월동한다. ↕1m

Hemerocallis 'Lullaby Baby'
원추리 '룰라비 베이비'
낙엽다년초, 연한 분홍빛의 꽃이 아름답고 가장자리에
주름이 발달하며 −37℃까지 월동한다.
↕60cm

Hemerocallis 'Missendon' 원추리 '미센돈'

Hemerocallis 'Jake Russell' 원추리 '제이크 러셀'

Hemerocallis 'Lullaby Baby' 원추리 '룰라비 베이비'

Hemerocallis 'Malja' 원추리 '말자'

Hemerocallis 'Missouri Beauty' 원추리 '미주리 뷰티'

Hemerocallis 'Nile Crane' 원추리 '나일 크레인'

Hemerocallis 'Moonlit Masquerade'
원추리 '문리트 매스커레이드' ♀

Hemerocallis 'Orchid Candy' 원추리 '오키드 캔디'

Hemerocallis 'Malja' 원추리 '말자'
낙엽다년초. 꽃은 밝은 노란색으로 피고 잎 가장자리에
연노란색 무늬가 화려하며 –37℃까지 월동한다.
↕50cm

Hemerocallis 'Mauna Loa' 원추리 '마우나 로아'
낙엽다년초. 밝은 주황색으로 꽃이 크고 아름다우며
–37℃까지 월동한다. ↕60cm

Hemerocallis minor 애기원추리
낙엽다년초. 은은한 향기가 나면서 나팔 모양을 닮은
연노란색의 꽃이 아름답다. 잎은 가늘고 길며 –37℃
까지 월동한다. ↕40cm

Hemerocallis 'Missouri Beauty'
원추리 '미주리 뷰티'
낙엽다년초. 연한 노란색의 꽃은 크고 아름다우며
–37℃까지 월동한다. ↕80cm

Hemerocallis 'Moonlit Masquerade'
원추리 '문리트 매스커레이드' ♀
낙엽다년초. 아이보리색 꽃잎 중앙에 진한 보라색
무늬가 발달하며 –37℃까지 월동한다. ↕65cm

Hemerocallis 'Night Beacon'
원추리 '나이트 비컨'
낙엽다년초. 검붉은색의 꽃과 밝은 연녹색의
중앙 무늬가 아름다우며 –37℃까지 월동한다.
↕60cm

Hemerocallis 'Nile Crane'
원추리 '나일 크레인'
낙엽다년초. 분홍색의 꽃과 중앙의 노란색 무늬가
아름다우며 –37℃까지 월동한다. ↕60cm

Hemerocallis 'Orchid Candy'
원추리 '오키드 캔디'
낙엽다년초. 분홍색 꽃의 중심부와 꽃 가장자리의
자주색 무늬가 매력적이며 –37℃까지 월동한다.
↕60cm

Hemerocallis 'Pandora's Box'
원추리 '판도라스 박스'
낙엽다년초. 연한 노란색 혹은 아이보리색의 꽃과
중앙의 붉은 무늬가 아름다우며 –37℃까지
월동한다. ↕60cm

Hemerocallis 'Mauna Loa' 원추리 '마우나 로아'

Hemerocallis 'Oriental Ruby' 원추리 '오리엔탈 루비'

Hemerocallis minor 애기원추리

Hemerocallis 'Night Beacon' 원추리 '나이트 비컨'

Hemerocallis 'Pandora's Box' 원추리 '판도라스 박스'

Hemerocallis 'Penelope Vestey' 원추리 '퍼넬러피 베스티'

Hemerocallis 'Persian Princess' 원추리 '페르시안 프린세스'

Hemerocallis 'Purple Waters' 원추리 '퍼플 워터스'

Hemerocallis 'Piano Man' 원추리 '피아노 맨'
낙엽다년초, 연노란색 꽃 중앙에 검붉은색 무늬가
발달하며 −37℃까지 월동한다. ↕60cm

Hemerocallis 'Purple Waters'
원추리 '퍼플 워터스'
낙엽다년초, 진한 자주색의 꽃과 꽃잎 중앙의 노란색
무늬가 아름다우며 −37℃까지 월동한다. ↕90cm

Hemerocallis 'Raspberry Candy'
원추리 '라즈베리 캔디'
낙엽다년초, 연한 노란색의 꽃과 중앙의 진한 자주색
무늬가 눈에 띠며 −37℃까지 월동한다.
↕60cm

Hemerocallis 'Ribbonette' 원추리 '리보네트'
낙엽다년초, 주황색의 꽃잎은 가장자리로 갈수록
밝은색으로 마치 리본을 보는듯 아름다우며
−37℃까지 월동한다. ↕90cm

Hemerocallis 'Raspberry Candy' 원추리 '라즈베리 캔디'

Hemerocallis 'Piano Man' 원추리 '피아노 맨'

Hemerocallis 'Ribbonette' 원추리 '리보네트'

Hemerocallis 'Scarlet Oak' 원추리 '스칼렛 오크'

155

Hemerocallis 'Serenity Morgan' 원추리 '서레너티 모건'

Hemerocallis 'Siloam Tom Thumb' 원추리 '실로암 톰 섬'

Hemerocallis 'Strawberry Candy' 원추리 '스트로베리 캔디' 🌢

Hemerocallis 'Siloam Show Girl' 원추리 '실로암 쇼 걸'

Hemerocallis 'Stella de Oro' 원추리 '스텔라 드 오로'

Hemerocallis 'Summer Wine' 원추리 '서머 와인'

Hemerocallis 'Serenity Morgan'
원추리 '서레너티 모건'
낙엽다년초, 꽃은 밝은 노란색으로 크고 향기가
좋으며 −32℃까지 월동한다.   ↕60cm

Hemerocallis 'Siloam Show Girl'
원추리 '실로암 쇼 걸'
낙엽다년초, 붉은색의 꽃과 중앙의 노란색 무늬가
아름다우며 −37℃까지 월동한다.   ↕50cm

Hemerocallis 'Siloam Tom Thumb'
원추리 '실로암 톰 섬'
낙엽다년초, 밝은 노란색의 꽃과 중앙의 붉은색
무늬가 아름다우며 −37℃까지 월동한다.
↕60cm

Hemerocallis 'Stella de Oro'
원추리 '스텔라 드 오로'
낙엽다년초, 키가 작고 황금빛 노란색 꽃잎은 뒤로
활짝 젖혀지며 −37℃까지 월동한다.   ↕30cm

Hemerocallis 'Strawberry Candy'
원추리 '스트로베리 캔디' 🌢
낙엽다년초, 연한 분홍색을 띠는 꽃잎의
가장자리에는 잔주름이 있고 안쪽은 진한 장밋빛
무늬가 발달하며 −37℃까지 월동한다.   ↕65cm

Hemerocallis 'Summer Wine'
원추리 '서머 와인'
낙엽다년초, 와인빛의 꽃은 크고 아름다우며 −37℃
까지 월동한다.   ↕60cm

Hemerocallis 'Siloam New Toy' 원추리 '실로암 뉴 토이'

Hemerocallis 'Stoke Poges' 원추리 '스토크 포저스'

Hemerocallis 'Tang' 원추리 '탕'

Hemerocallis 'Tang' 원추리 '탕'
낙엽다년초, 붉은색의 꽃과 중앙의 밝은 노란색
무늬가 아름다우며 −34℃까지 월동한다. ↕60cm

Hemerocallis thunbergii 노랑원추리

Hemerocallis thunbergii 노랑원추리
낙엽다년초, 좋은 향기가 나는 노란색 꽃이
매력적이다. 늦은 오후에 꽃망울을 터뜨리고 다음날
오후에 지며 −34℃까지 월동한다. ↕1.2m

Hemerocallis 'Wineberry Candy'
원추리 '와인베리 캔디'
낙엽다년초, 연한 분홍색 꽃과 중앙의 붉은색 무늬가
아름다우며 −37℃까지 월동한다. ↕60cm

Hemerocallis 'Wineberry Candy' 원추리 '와인베리 캔디'

H

Hepatica maxima 섬노루귀

Hepatica nobilis 노빌리스노루귀

Hemiptelea 시무나무속

Ulmaceae 느릅나무과

한국, 중국 북부 등지에 1종이 분포하며 낙엽, 관목·
교목으로 자란다. 나무의 아랫 부분에 아주 큰 가시가
발달한다.

Hemiptelea davidii 시무나무
낙엽활엽교목, 길쭉한 타원형 잎의 가장자리에 날카로
운 톱니가 발달한다. 전정에 강하여 생울타리용으로도
좋으며 −40℃까지 월동한다. ↕20m

Hemiptelea davidii 시무나무(전경, 잎)

Hepatica insularis 새끼노루귀
낙엽다년초, 작은 하얀색 꽃과 얼룩 무늬가 있는 잎이
매력적이며 −34℃까지 월동한다. ↕7cm

Hepatica maxima 섬노루귀
낙엽다년초, 세 갈래로 갈라지는 넓은 잎과 하얀색
꽃이 매력적이고 그늘진 곳에서 잘 자라며 −23℃
까지 월동한다. ↕10cm

Hepatica nobilis 노빌리스노루귀
낙엽다년초, 청자색으로 피는 꽃이 매력적이며 −21℃
까지 월동한다. ↕10cm

Hepatica 노루귀속

Ranunculaceae 미나리아재비과

온대지역에 약 10종이 분포하며 다년초로 자란다.
3~5개의 열편으로 된 심장 모양의 단엽이 특징이다.

Hepatica asiatica 노루귀
낙엽다년초, 이른 봄 흰색, 분홍색, 보라색으로 피는
꽃이 앙증맞다. 솜털이 뽀송뽀송하게 올라오는
노루의 귀를 닮은 잎이 매력적이며 −34℃까지
월동한다. ↕8cm

Hepatica asiatica 노루귀

Hepatica insularis 새끼노루귀

Heracleum moellendorffii 어수리

Heuchera sanguinea 'Sioux Falls' 붉은휴케라 '수 폴스'

Heracleum 어수리속

Apiaceae 산형과

온대, 히말라야, 인도, 에티오피아 등지에 약 60종이 분포하며 이년초 · 다년초로 자란다. 잎은 어긋나며 산형화서인 점이 특징이다.

Heracleum moellendorffii 어수리
낙엽다년초, 하얀색 나비처럼 보이는 작은 꽃들이 모여 평평한 우산 모양의 꽃송이를 이루는 모습이 아름다우며 −40℃까지 월동한다.

↕ 1.5m ↔ 80cm

Heuchera 'Caramel' 휴케라 '캐러멜'

Heuchera 'Pluie de Feu' 휴케라 '플루 드 푀'

Heuchera 휴케라속

Saxifragaceae 범의귀과

록키산맥, 멕시코 등지에 약 55종이 분포하며 상록 · 반상록, 다년초로 자란다. 목질의 근경과 뚜렷한 잎맥, 총상화서의 관 모양 꽃이 특징이다.

Heuchera 'Caramel' 휴케라 '캐러멜'
반상록다년초, 노란색, 구리색, 적갈색 등으로 변하는 잎의 관상가치가 매우 높으며 −32℃까지 월동한다. ↕ 45cm ↔ 45cm

Heuchera 'Pluie de Feu' 휴케라 '플루 드 푀'
반상록다년초, 진한 분홍색으로 피는 꽃이 매력적이며 −32℃까지 월동한다. ↕ 50cm ↔ 30cm

Heuchera 'Plum Pudding' 휴케라 '플럼 푸딩'

Heuchera 'Plum Pudding' 휴케라 '플럼 푸딩'
반상록다년초, 진한 적자색의 잎과 화서가 매력적이고 밋밋한 화단의 포인트 식재로 좋으며 −32℃까지 월동한다. ↕ 65cm ↔ 60cm

Heuchera sanguinea 'Sioux Falls' 붉은휴케라 '수 폴스'
반상록다년초, 진한 붉은색으로 피는 화서가 매력적이며 −32℃까지 월동한다. ↕ ↔ 30cm

Heuchera villosa 'Palace Purple' 털휴케라 '팰리스 퍼플'
반상록다년초, 진한 자주색 잎이 아름답다. 녹색배경에 식재하면 효과적이며 −32℃까지 월동한다. ↕ ↔ 50cm

Heuchera villosa 'Palace Purple' 털휴케라 '팰리스 퍼플'

Hibiscus 무궁화속

Malvaceae 아욱과

열대, 아열대, 온대 등지에 약 200종이 분포하며
낙엽 · 상록, 일년초 · 다년초, 관목 · 교목으로 자란다.
꽃은 접시 모양으로 넓게 피며 다섯 개의 꽃잎과 길게
발달하는 암술대 끝에 다섯 개의 암술머리가 달린다.

Hibiscus moscheutos Luna Series
미국부용 루나 시리즈
낙엽다년초, 흰색, 분홍색, 빨강색의 큰 꽃이 피고
키가 작으며 −29℃까지 월동한다.

↕65cm ↔ 90cm

Hibiscus moscheutos Luna Series 미국부용 루나 시리즈

Hibiscus mutabilis 부용 ⚥
낙엽다년초, 다양한 색상의 꽃이 매력적이다.
양지바른 길 가장자리에 열식으로 심으면 효과가
좋으며 −23℃까지 월동한다. ↕1.5m ↔ 1m

Hibiscus syriacus 'Andong' 무궁화 '안동'
낙엽활엽관목, 키가 작고 단정하게 자란다. 아주
작고 앙증맞은 흰색 꽃이 아름답고 꽃 안쪽의 붉은색
무늬가 매력적이며 −26℃까지 월동한다.

↕1.5m ↔ 1m

Hibiscus mutabilis 부용 ⚥ (붉은꽃, 흰꽃)

Hibiscus syriacus 'Andong' 무궁화 '안동'

Hibiscus syriacus 'Akahanagasa' 무궁화 '아카하나가사'

Hibiscus syriacus 'Chilboasadal' 무궁화 '칠보아사달'

Hibiscus syriacus 'Diana' 무궁화 '다이애나' ❀

Hibiscus syriacus 'Akahitoe' 무궁화 '아카히토에'

Hibiscus syriacus 'Daishihai' 무궁화 '다이시하이'

Hibiscus syriacus 'Daitokujigionmamori'
무궁화 '다이토쿠지온마모리'

Hibiscus syriacus 'Asadal' 무궁화 '아사달'

Hibiscus syriacus 'Chilboasadal'
무궁화 '칠보아사달'
낙엽활엽관목, 백색 꽃잎의 한쪽에 분홍색의 무늬가
있어 마치 바람개비가 돌아가는 듯 보인다. 중앙의
진한 붉은색 무늬가 아름다우며 −26℃까지 월동한다.
↕ 3m ↔ 2m

Hibiscus syriacus 'Daishihai'
무궁화 '다이시하이'
낙엽활엽관목,푸른빛이 도는 꽃잎과 중앙의 붉은 무늬가
아름다우며 −26℃까지 월동한다. ↕ 3m ↔ 2m

Hibiscus syriacus 'Diana' 무궁화 '다이애나' ❀
낙엽활엽관목, 순백의 홑꽃이 매력적이며 −26℃
까지 월동한다. ↕ 3m ↔ 2m

Hibiscus syriacus 'Daitokujigionmamori'
무궁화 '다이토쿠지온마모리'
낙엽활엽관목, 분홍색 꽃과 중앙의 작은 꽃잎이
발달하며 −26℃까지 월동한다. ↕ 3m ↔ 2m

Hibiscus syriacus 'Daisengionmamori' 무궁화 '다이센기온마모리'

Hibiscus syriacus 'Gyeongbuk' 무궁화 '경북'

Hibiscus syriacus 'Choumon' 무궁화 '추몬'

Hibiscus syriacus 'Daitokujihanagasa' 무궁화 '다이토쿠지하나가사'

Hibiscus syriacus 'Gyeonggi' 무궁화 '경기'

Hibiscus syriacus 'Helene' 무궁화 '헬레네'

Hibiscus syriacus 'Lady Stanley' 무궁화 '레이디 스텐레이'

Hibiscus syriacus 'Paeoniflorus' 무궁화 '파에오니플로루스'

Hibiscus syriacus 'Kwangmyung' 무궁화 '광명'

Hibiscus syriacus 'Mimiharahanakasa' 무궁화 '미미하라하나가사'

Hibiscus syriacus 'Pompon Rouge' 무궁화 '폼폰 루즈'

Hibiscus syriacus 'Helene' 무궁화 '헬레네'
낙엽활엽관목. 연한 분홍색을 띠는 순백색의 꽃은 중앙의 붉은색 무늬가 강렬하게 보이며 −26℃까지 월동한다. ↕ 2.5m ↔ 2m

Hibiscus syriacus 'Kwangmyung' 무궁화 '광명'
낙엽활엽관목. 붉은빛의 꽃과 중앙의 진한 붉은색 무늬가 아름다우며 −26℃까지 월동한다.
↕ 3m ↔ 2m

Hibiscus syriacus 'Lady Stanley' 무궁화 '레이디 스텐레이'
낙엽활엽관목. 연한 분홍색의 겹꽃 중앙부에 발달하는 붉은색 무늬가 매력적이며 −26℃까지 월동한다.
↕ 3m ↔ 2m

Hibiscus syriacus 'Pompon Rouge' 무궁화 '폼폰 루즈'
낙엽활엽관목. 꽃잎 가장자리가 물결치듯 레이스 모양을 이루는 점이 특징이다. 분홍빛을 띠는 흰색 겹꽃이 매력적이며 −26℃까지 월동한다.
↕ 3m ↔ 2m

Hibiscus syriacus 'Purple Rouge' 무궁화 '퍼플 루즈'
낙엽활엽관목. 자주색 빛을 띠는 겹꽃이 매력적이며 −26℃까지 월동한다. ↕ 3m ↔ 2m

Hibiscus syriacus 'Purple Ruffles' 무궁화 '퍼플 러플스'
낙엽활엽관목. 연한 자주색의 겹진꽃이 아름답고 −26℃까지 월동한다. ↕ 3m ↔ 2m

Hibiscus syriacus 'Jeju 1' 무궁화 '제주 1'

Hibiscus syriacus 'Purple Rouge' 무궁화 '퍼플 루즈'

Hibiscus syriacus 'Kangwon 2' 무궁화 '강원 2'

Hibiscus syriacus 'Naesarang' 무궁화 '내사랑'

Hibiscus syriacus 'Purple Ruffles' 무궁화 '퍼플 러플스'

Hibiscus syriacus 'Ranunculiflorus Plenus'
무궁화 '라눙쿨리플로루스 플레누스'

Hibiscus syriacus 'Saeasadal'
무궁화 '새아사달'
낙엽활엽관목, 분홍색 꽃잎의 중심부에 퇴화된 작은
꽃잎과 진붉은 무늬가 발달하는 점이 특징이며
−26℃까지 월동한다.   ↕3m ↔2m

Hibiscus syriacus 'Saimdang' 무궁화 '사임당'
낙엽활엽관목, 순백색의 꽃과 중앙의 작은 꽃잎이
발달하며 −26℃까지 월동한다.   ↕3m ↔2m

Hibiscus syriacus 'Sancheonyeo'
무궁화 '산처녀'
낙엽활엽관목, 붉은색의 겹꽃이 화려하며
−26℃까지 월동한다.   ↕3m ↔2m

Hibiscus syriacus 'Shirohanagasa' 무궁화 '시로하나가사'

Hibiscus syriacus 'Sancheonyeo' 무궁화 '산처녀'

Hibiscus syriacus 'Shiroshorin' 무궁화 '시로쇼린'

Hibiscus syriacus 'Saeasadal' 무궁화 '새아사달'

Hibiscus syriacus 'Seoul 3' 무궁화 '서울 3'

Hibiscus syriacus 'Saimdang' 무궁화 '사임당'

Hibiscus syriacus 'Shihai' 무궁화 '시하이'

Hibiscus syriacus 'Songam' 무궁화 '송암'

Hibiscus syriacus 'Single Red' 무궁화 '싱글 레드'

Hippophae rhamnoides 비타민나무

Hibiscus syriacus 'Single Red'
무궁화 '싱글 레드'
낙엽활엽관목. 붉은빛의 꽃과 중앙에서 퍼져 나오는 진한 붉은색 무늬가 매우 강렬하고 작은 꽃잎이 달리며 −26℃까지 월동한다. ↕3m ↔ 2m

Hibiscus syriacus 'Tottorihanagasa'
무궁화 '토토리하나가사'
낙엽활엽관목. 연한 분홍빛의 꽃과 중앙에 짧게 발달하는 작은 꽃잎들이 아름다우며 −26℃까지 월동한다. ↕3m ↔ 2m

Hibiscus syriacus 'Suminokura' 무궁화 '수미노쿠라'

Hippophae 비타민나무속

Elaeagnaceae 보리수나무과

유럽, 아시아 등지에 3종이 분포하며 낙엽, 관목 · 교목으로 자란다. 오렌지색 과일과 총상화서가 특징이다.

Hippophae rhamnoides 비타민나무
낙엽활엽관목. 잎의 앞뒤가 은색을 띠고 가시가 발달하며 −40℃까지 월동한다. ↕↔ 6m

Hippophae rhamnoides 'Leikora'
비타민나무 '레이코라' 🏆
낙엽활엽관목. 암그루 재배품종으로 열매가 원종보다 크게 달리는 점이 특징이다. 은빛을 띠는 좁고 긴 잎이 매력적이며 −40℃까지 월동한다. ↕↔ 6m

Hibiscus syriacus 'Tottorihanagasa' 무궁화 '토토리하나가사'

Hibiscus syriacus 'Suminokurahanagasa' 무궁화 '수미노쿠라하나가사'

Hibiscus syriacus 'Suchihanagasa' 무궁화 '수치하나가사'

Hibiscus syriacus 'Bidan' 무궁화 '비단'

Hippophae rhamnoides 'Leikora' 비타민나무 '레이코라' 🏆

Hosta 비비추속

Liliaceae 백합과

한국, 일본, 중국 등지에 약 40종이 분포하며 다년초로 자란다. 뿌리 주변에서 잎이 모여 나며 평행한 맥이 발달한다.

Hosta 'August Moon' 비비추 '오거스트 문'
낙엽다년초, 황금색의 넓은 잎이 특징으로 연한 보라색 꽃이 피고 양지바른 곳에서 효과가 좋으며 −40℃까지 월동한다. ↕45cm ↔90cm

Hosta 'Abby' 비비추 '애비'

Hosta 'Allan P. McConnell' 비비추 '앨런 피 매코널'

Hosta 'Atlantis' 비비추 '애틀랜티스' 🌑

Hosta 'Big Daddy' 비비추 '빅 대디'

Hosta 'Blue Angel' 비비추 '블루 엔젤' 🌑

Hosta 'Blue Cadet' 비비추 '블루 카뎃'
낙엽다년초, 약간 파란빛이 도는 잎과 연한 보라색의 꽃이 특징이며 −40℃까지 월동한다.
↕40cm ↔90cm

Hosta 'August Moon' 비비추 '오거스트 문'

Hosta 'Anne' 비비추 '앤'

Hosta 'Blue Cadet' 비비추 '블루 카뎃'

165

Hosta 'Blue Diamond' 비비추 '블루 다이아몬드'

Hosta 'Cherry Berry' 비비추 '체리 베리'

Hosta 'Borwick Beauty' 비비추 '보윅 뷰티'

Hosta 'Buckshaw Blue' 비비추 '벅쇼 블루'

Hosta 'Christmas Candy' 비비추 '크리스마스 캔디'

Hosta 'Borwick Beauty' 비비추 '보윅 뷰티'
낙엽다년초, 잎은 크고 주름이 발달하며 파란빛을
띤다. 잎 중앙에 밝은 노란색 무늬가 넓게 발달하며
−40℃까지 월동한다.   ↕90cm ↔ 1.5m

Hosta 'Bressingham Blue'
비비추 '브레싱함 블루'
낙엽다년초, 파란색을 띠는 주름진 넓은 잎이
매력적이며 −40℃까지 월동한다.
↕75cm ↔ 1.2m

Hosta capitata 일월비비추
낙엽다년초, 꽃봉오리가 크게 발달하고 보라색 꽃이
핀다. 잎 아랫쪽과 자루에 자주색 반점이 발달하고
반그늘이나 그늘에서 잘 자라며 −40℃까지 월동한다.
↕30cm ↔ 35cm

Hosta 'Carnival' 비비추 '카니발'
낙엽다년초, 잎의 가장자리에 발달하는 연노란색과
크림색 무늬가 특징이며 −40℃까지 월동한다.
↕45cm ↔ 1m

Hosta 'Cherry Berry' 비비추 '체리 베리'
낙엽다년초, 길쭉한 녹색의 잎 안쪽으로 노란색의
불규칙한 무늬가 발달하며 −40℃까지 월동한다.
↕35cm ↔ 60cm

Hosta 'Christmas Candy'
비비추 '크리스마스 캔디'
낙엽다년초, 말리는 듯한 길쭉한 잎의 중앙에 밝은
크림색 무늬가 크게 발달하며 −40℃까지
월동한다.   ↕50cm ↔ 70cm

Hosta 'Christmas Tree'
비비추 '크리스마스 트리' 🏆
낙엽다년초, 초록의 넓은 잎은 주름지고 가장자리에
크림색의 무늬가 있으며 −40℃까지 월동한다.
↕50cm ↔ 90cm

Hosta 'Bressingham Blue' 비비추 '브레싱함 블루'

Hosta capitata 일월비비추

Hosta 'Brim Cup' 비비추 '브림 컵'

Hosta 'Carnival' 비비추 '카니발'

Hosta 'Christmas Tree' 비비추 '크리스마스 트리' 🏆

Hosta clausa 주걱비비추

Hosta clausa 주걱비비추
낙엽다년초, 벌어지지 않는 보라색 꽃이 피고
지피력이 좋다. 군락으로 심으면 효과가 좋으며
−40℃까지 월동한다. ↕75cm ↔ 45cm

Hosta 'Fall Bouquet' 비비추 '폴 부케'
낙엽다년초, 꽃은 연한 보라빛으로 가을에 피고
매우 풍성하다. 잎은 초록잎에 약간의 푸른빛이 돌고
잎줄기와 꽃줄기가 자주색을 띠며 −40℃까지
월동한다. ↕45cm ↔ 60cm

Hosta 'Fire and Ice' 비비추 '파이어 앤드 아이스' 🏆

Hosta fluctuans 'Variegata' 호스타 플루크투안스 '바리에가타'

Hosta 'Albomarginata' 비비추 '알보마르기나타'

Hosta 'Fortunei Aureomarginata'
비비추 '포르투네이 아우레오마르기나타' 🏆

**Hosta 'Fragrant Bouquet'
비비추 '프레그런트 부케' 🏆**
낙엽다년초, 잎은 넓고 연두색을 띠며 가장자리에
연한 노란색 혹은 크림색 무늬가 있다. 꽃은 흰색으로
크고 향기가 좋으며 −40℃까지 월동한다.
↕45cm ↔ 90cm

Hosta 'Fall Bouquet' 비비추 '폴 부케'

Hosta 'Fragrant Bouquet' 비비추 '프레그런트 부케' 🏆

Hosta 'Francee' 비비추 '프랜시' ⓥ

Hosta 'Frances Williams' 비비추 '프랜시스 윌리엄스' ⓥ

Hosta 'Francee' 비비추 '프랜시' ⓥ
낙엽다년초, 잎의 가장자리에 얇게 발달하는 깨끗한
흰색 무늬가 매력적이며 −40℃까지 월동한다.
↕55cm ↔ 1m

Hosta 'Gold Standard' 비비추 '골드 스탠더드'

Hosta 'Frances Williams'
비비추 '프랜시스 윌리엄스' ⓥ
낙엽다년초, 맥을 따라 주름진 넓은 잎의 가장자리에
발달하는 연노란색 무늬가 매력적이고 흰색의 꽃이
아름다우며 −40℃까지 월동한다. ↕60cm ↔ 1m

Hosta 'Ginko Craig' 비비추 '깅코 크레이그' ⓥ
낙엽다년초, 작고 가느다란 잎의 가장자리에
발달하는 흰색 무늬와 보라색 꽃이 아름다우며
−40℃까지 월동한다. ↕25cm ↔ 45cm

Hosta 'Gold Standard' 비비추 '골드 스탠더드'
낙엽다년초, 잎은 밝은 황금색이고 가장자리에
초록색 무늬가 있다. 꽃은 크림색으로 피며
−40℃까지 월동한다. ↕75cm ↔ 1.2m

Hosta 'Golden Tiara' 비비추 '골든 티아라' ⓥ

Hosta 'Great Expectations' 비비추 '그레이트 익스펙테이션'

Hosta 'Golden Tiara' 비비추 '골든 티아라' ⓥ
낙엽다년초, 잎은 작으며 가장자리에 발달하는
노란색 무늬가 매력적이다. 꽃은 보라색으로 피고
번식이 빨라 지표면을 잘 덮으며 −40℃까지
월동한다. ↕40cm ↔ 90cm

Hosta 'Great Expectations'
비비추 '그레이트 익스펙테이션'
낙엽다년초, 맥을 따라 주름진 넓은 잎의 안쪽에
발달하는 크림색 무늬와 연한 보라빛을 띠는 흰색
꽃이 아름다우며 −40℃까지 월동한다.
↕55cm ↔ 85cm

Hosta 'Guacamole' 비비추 '과카몰' ⓥ
낙엽다년초, 넓고 윤기가 흐르는 녹색잎의 안쪽에
연녹색 무늬가 발달하는 점이 특징이다. 흰색으로
크게 피는 꽃의 향기가 좋으며 −40℃까지
월동한다. ↕45cm ↔ 90cm

Hosta 'Ginko Craig' 비비추 '깅코 크레이그' ⓥ

Hosta 'Guacamole' 비비추 '과카몰' ⓥ

Hosta 'Gypsy Rose' 비비추 '집시 로즈' ♥

Hosta 'Hadspen Blue' 비비추 '하스펜 블루' ♥

Hosta 'Halcyon' 비비추 '할사이온' ♥

Hosta 'Hadspen Blue' 비비추 '하스펜 블루' ♥
낙엽다년초, 맥을 따라 주름진 넓은 잎이 파란색을
띠는 것이 매력적이며 −40℃까지 월동한다.
↕ 25cm ↔ 60cm

Hosta 'Halcyon' 비비추 '할사이온' ♥
낙엽다년초, 회색빛을 띠는 듯한 파란색 잎의 질감이
부드러우며 −40℃까지 월동한다.
↕ 40cm ↔ 70cm

Hosta 'Honeybells' 비비추 '허니벨스'
낙엽다년초, 잎은 길고 연한 녹색이며 꽃대가 크게
자란다. 흰색의 꽃이 피며 좋은 향기가 난다.
−40℃까지 월동한다. ↕ 60cm ↔ 1.2m

Hosta 'Inniswood' 비비추 '이니스우드'
낙엽다년초, 녹색잎의 안쪽에 발달한 노란색 무늬가
아름다우며 −40℃까지 월동한다.
↕ 60cm ↔ 1.2m

Hosta 'Inniswood' 비비추 '이니스우드'

Hosta 'Hanky Panky' 비비추 '행키 팽키'

Hosta 'Honeybells' 비비추 '허니벨스'

Hosta 'Island Charm' 비비추 '아일랜드 참' 🌱

Hosta 'Liberty' 비비추 '리버티' 🌱

Hosta longipes 비비추

Hosta 'Island Charm' 비비추 '아일랜드 참' 🌱
낙엽다년초, 두터운 잎의 안쪽에 발달하는 넓은
크림색 무늬가 매력적이며 −40℃까지 월동한다.
↕ 25cm ↔ 60cm

Hosta 'June' 비비추 '준' 🌱
낙엽다년초, 회색빛을 띠는 진한 녹색의 큰 잎
안쪽으로 발달하는 연녹색의 불규칙한 무늬가
매력적이며 −40℃까지 월동한다.
↕ 40cm ↔ 70cm

Hosta longipes 비비추
낙엽다년초, 길쭉한 잎과 보라색 꽃이 아름답다.
군락으로 심으면 좋은 효과를 연출할 수 있으며
−40℃까지 월동한다. ↕ 30cm ↔ 50cm

Hosta minor 좀비비추
낙엽다년초, 길쭉하게 끝이 뾰족해지는 작은 잎이
매력적이며 −40℃까지 월동한다.
↕ 30cm ↔ 60cm

Hosta 'Mildred Seaver' 비비추 '밀드레드 시버'

Hosta 'Leola Fraim' 비비추 '레올라 프레임'

Hosta 'June' 비비추 '준' 🌱

Hosta minor 좀비비추(꽃, 잎)

Hosta 'Morning Light' 비비추 '모닝 라이트'

Hosta 'Night before Christmas'
비비추 '나이트 비포 크리스마스' 🏆

Hosta 'Paul's Glory' 비비추 '폴스 글로리' 🏆

Hosta 'Patriot' 비비추 '패트리엇' 🏆

Hosta 'Orange Marmalade' 비비추 '오렌지 마멀레이드' 🏆

Hosta 'Pilgrim' 비비추 '필그림'

Hosta 'Night before Christmas'
비비추 '나이트 비포 크리스마스' 🏆
낙엽다년초, 중앙으로 골이지는 듯한 길쭉한 잎
안쪽으로 크림색 무늬가 발달하며 −40℃까지
월동한다. ↕45cm ↔ 90cm

Hosta 'Patriot' **비비추 '패트리엇'** 🏆
낙엽다년초, 진녹색의 넓은 잎 가장자리에 하얀색의
불규칙한 무늬가 발달하며 −40℃까지 월동한다.
↕55cm ↔ 1m

Hosta 'Paul's Glory' **비비추 '폴스 글로리'** 🏆
낙엽다년초, 진녹색의 잎 안쪽으로 밝은 황금색의
넓은 무늬가 아름답고 양지바른 곳에서 효과가 좋으며
−40℃까지 월동한다. ↕45cm ↔ 60cm

Hosta plantaginea **옥잠화**
낙엽다년초, 넓은 잎과 흰색 깔때기 모양의 향기로운
큰 꽃이 매력적이며 −40℃까지 월동한다.
↕60cm ↔ 1m

Hosta plantaginea 옥잠화

Hosta 'Pizzazz' 비비추 '피자즈'

Hosta 'Queen Josephine' **비비추 '퀸 조세핀'**
낙엽다년초, 광택이 있는 진녹색잎 가장자리에
발달하는 크림색 무늬가 매력적이며 −40℃까지
월동한다. ↕45cm ↔ 1m

Hosta 'Queen Josephine' 비비추 '퀸 조세핀'

Hosta 'Sagae' 비비추 '사가에' 🌢

Hosta sieboldiana var. *elegans*
엘레강스비비추 🌢
낙엽다년초, 맥을 따라 주름진 넓은 회청색 잎과
하얀색 꽃이 매력적이며 −40℃까지 월동한다.
↕ 1m ↔ 1.2m

Hosta 'Regal Splendor' 비비추 '리갈 스플렌더' 🌢

Hosta 'Regal Splendor'
비비추 '리갈 스플렌더' 🌢
낙엽다년초, 녹색잎의 바깥쪽에 크림색의 얇은 무늬가
발달하며 −40℃까지 월동한다.
↕ 75cm ↔ 1m

Hosta 'Revolution' 비비추 '레볼루션' 🌢
낙엽다년초, 녹색잎 안쪽에 연한 노란색의 불규칙한
넓은 무늬가 발달하며 −40℃까지 월동한다.
↕ 50cm ↔ 75cm

Hosta 'Royal Standard'
비비추 '로열 스탠더드' 🌢
낙엽다년초, 광택이 있는 넓은 녹색잎과 하얀색으로
피는 큰 꽃이 아름다우며 −40℃까지 월동한다.
↕ 60cm ↔ 1.2m

Hosta 'Sagae' 비비추 '사가에' 🌢
낙엽다년초, 물결치는 듯한 주름진 녹색 잎의 바깥쪽
가장자리에 발달한 노란색 무늬가 매력적이며
−40℃까지 월동한다. ↕ ↔ 1m

Hosta sieboldiana var. *elegans* 엘레강스비비추 🌢

Hosta 'Revolution' 비비추 '레볼루션' 🌢

Hosta 'Richland Gold' 비비추 '리칠랜드 골드'

Hosta 'Royal Standard' 비비추 '로열 스탠더드' 🌢

Hosta 'So Sweet' 비비추 '소 스위트'

Hosta 'Undulata Albomarginata' 비비추 '운둘라타 알보마르기나타'

Hosta 'So Sweet' 비비추 '소 스위트'
낙엽다년초. 향기나는 하얀색 꽃과 잎의 가장자리에
발달하는 크림색 무늬가 아름다우며 −40℃까지
월동한다. ↕35cm ↔ 55cm

Hosta 'Striptease' 비비추 '스트립티즈' ⚇
낙엽다년초. 주름진 넓은 잎의 안쪽에 발달하는
흰색. 연노란색의 독특한 무늬가 특징이며
−40℃까지 월동한다. ↕50cm ↔ 1.2m

Hosta 'Undulata Albomarginata'
비비추 '운둘라타 알보마르기나타'
낙엽다년초. 물결 모양의 잎 가장자리에 발달하는
하얀색 무늬가 매력적이며 −40℃까지 월동한다.
↕55cm ↔ 60cm

Hosta ventricosa 자주옥잠화
낙엽다년초. 윤기가 있는 넓은 잎과 보라색으로
높게 꽃대를 올리는 모습이 아름다우며 −40℃까지
월동한다. ↕50cm ↔ 1m

Hosta 'Summer Breeze' 비비추 '서머 브리즈'

Hosta 'Tall Boy' 비비추 '톨 보이'

Hosta 'Striptease' 비비추 '스트립티즈' ⚇

Hosta ventricosa 자주옥잠화

H

173

Hosta 'Whirlwind' 비비추 '휠윈드' 🏆

Hosta 'Wide Brim' 비비추 '와이드 브림' 🏆

Hosta yingeri 흑산도비비추

Hosta 'Whirlwind' 비비추 '휠윈드' 🏆
낙엽다년초, 진한 초록색의 주름진 잎의 중앙으로
노란색 무늬가 넓게 발달하며 −40℃까지 월동한다.
↕ 50cm ↔ 1m

Hosta 'Wide Brim' 비비추 '와이드 브림' 🏆
낙엽다년초, 맥을 따라 주름진 넓은 녹색잎 바깥쪽
가장자리에 발달하는 노란색 무늬가 아름다우며
−40℃까지 월동한다. ↕ 45cm ↔ 1m

Hosta yingeri 흑산도비비추
낙엽다년초, 윤기가 흐르는 다양한 모양의 넓고
길쭉한 잎과 가늘고 긴 보라색 꽃이 아름다우며
−40℃까지 월동한다. ↕ 30cm ↔ 60cm

Hosta 'Wolverine' 비비추 '울버린' 🏆

Hosta yingeri 흑산도비비추

Houttuynia cordata 약모밀

Houttuynia 약모밀속

Saururaceae 삼백초과

동아시아에 2종이 분포하며 다년초로 자란다.
지하경이 발달하고 잎에서 비린 냄새가 나는 점이
특징이다.

Houttuynia cordata 약모밀
낙엽다년초. 바닥을 촘촘하게 덮으며 자라는 녹색
잎과 하얀색 꽃이 아름답다. 축축하고 약간 그늘진
곳에 심으면 잘 자라며 −21℃까지 월동한다.
↕30cm

Houttuynia cordata 'Chameleon'
약모밀 '카멜레온'
낙엽다년초. 잎의 가장자리가 카멜레온처럼 크림색과
분홍색을 띠는 것이 특징이며 −21℃까지 월동한다.
↕30cm

Houttuynia cordata 'Flore Pleno'
약모밀 '플로레 플레노'
낙엽다년초. 선명한 흰색의 꽃은 층을 이룬듯
겹저서 피며 −21℃까지 월동한다. ↕30cm

Hovenia 헛개나무속

Rhamnaceae 갈매나무과

아시아에 2종이 분포하며 낙엽, 교목으로 자란다.
심장 모양의 잎은 어긋나며 취산화서인 점이 특징이다.

Hovenia dulcis 헛개나무
낙엽활엽교목. 넓은 잎의 가장자리에는 날카로운
톱니가 발달하며 세로방향으로 갈라지는 수피가
특징이다. 특이하게 생긴 열매자루가 매력적이며
−34℃까지 월동한다. ↕12m ↔ 10m

Hovenia dulcis 헛개나무(열매, 꽃, 수피)

Hyacinthoides 블루벨속

Liliaceae 백합과

서유럽, 남아프리카 등지에 약 4종이 분포하며
구근으로 자란다. 봄에 피는 꽃은 총상화서로
종 모양인 점이 특징이다.

Hyacinthoides hispanica 스페인블루벨
낙엽다년초. 꽃은 파란색 종 모양으로 꽃줄기
끝에서 모여 달린다. 잎은 넓고 길며 광이나고
−37℃까지 월동한다. ↕40cm ↔ 10cm

Houttuynia cordata 'Chameleon' 약모밀 '카멜레온'

Houttuynia cordata 'Flore Pleno' 약모밀 '플로레 플레노'

Hyacinthoides hispanica 스페인블루벨

Hydrangea 수국속

Hydrangeaceae 수국과

동아시아, 아메리카 등지에 약 80종이 분포하며
낙엽·상록·관목·덩굴식물로 자란다. 잎은 마주나며
꽃은 산방화서 혹은 원추화서로 무성화가 발달한다.

Hydrangea arborescens 'Annabelle'
미국수국 '애너벨' 🏆
낙엽활엽관목, 하얀색 둥근 꽃송이와 부드러운
질감의 잎이 매력적이며 −32℃까지 월동한다.
↕ 1.5m ↔ 1.8m

Hydrangea macrophylla 'Ayesha' **수국 '아예샤'**
낙엽활엽관목, 보라색으로 피는 둥근 꽃이 아름답고
무성화는 팝콘 모양으로 둥글게 안쪽으로 말려있으며
−18℃까지 월동한다. ↕ 1.5m ↔ 2m

Hydrangea arborescens 'Annabelle' 미국수국 '애너벨' 🏆

Hydrangea macrophylla 'Ami Pasquier' 수국 '아미 파스키에'

Hydrangea macrophylla 'Bichon' 수국 '비숑'

Hydrangea macrophylla 'Ayesha' 수국 '아예샤'

Hydrangea macrophylla 'Ave Maria' 수국 '아베 마리아'

Hydrangea macrophylla 'Blue Wave' 수국 '블루 웨이브'

Hydrangea macrophylla 'Altona' 수국 '알토나' 🏆

Hydrangea macrophylla 'Benelux' 수국 '베네룩스'

Hydrangea macrophylla 'Brunette' 수국 '브루넷'

Hydrangea macrophylla 'Enziandom' 수국 '엔지안돔'

Hydrangea macrophylla 'Everblooming' 수국 '에버블루밍'

Hydrangea macrophylla 'Glowing Embers' 수국 '글로잉 엠버스'

Hydrangea macrophylla 'Flamboyant' 수국 '플랑부아'

Hydrangea macrophylla 'General Patton'
수국 '제너럴 패튼'
낙엽활엽관목. 보라색 혹은 붉은색으로 피는 둥근 꽃이 아름답고 키가 낮게 자라며 −18℃까지 월동한다. ↕ 1m ↔ 1m

Hydrangea macrophylla 'Glowing Embers'
수국 '글로잉 엠버스'
낙엽활엽관목. 진한 분홍색으로 피는 둥근 모양의 무성화가 아름다우며 −18℃까지 월동한다.
↕ ↔ 1.5m

Hydrangea macrophylla 'Goliath'
수국 '골리앗'
낙엽활엽관목. 보라빛을 띠는 청색의 둥근 꽃이 아름답고 무성화의 가장자리에 작은 결각이 발달하며 −18℃까지 월동한다. ↕ 1.8m ↔ 2m

Hydrangea macrophylla 'Hamburg'
수국 '함부르크'
낙엽활엽관목. 연한 하늘색으로 피는 둥근 꽃이 매력적이고 무성화의 가장자리에 톱니가 발달하며 −18℃까지 월동한다. ↕ 1.8m ↔ 2.4m

Hydrangea macrophylla 'General Patton' 수국 '제너럴 패튼'

Hydrangea macrophylla 'Generale Vicomtesse de Vibraye'
수국 '제네랄 비콤테스 드 비브헤' ❶

Hydrangea macrophylla 'Hamburg' 수국 '함부르크'

Hydrangea macrophylla 'Gerda Steiniger'
수국 '게르다 슈타이니거'

Hydrangea macrophylla 'Goliath' 수국 '골리앗'

Hydrangea macrophylla 'Hatfield Rose' 수국 '햇필드 로즈'

Hydrangea macrophylla 'Hobergine' 수국 '호버진'

Hydrangea macrophylla 'Koningin Wilhelmina' 수국 '코닝인 빌헬미나'

Hydrangea macrophylla 'Holibel' 수국 '홀러벨'

Hydrangea macrophylla 'Lanarth White' 수국 '래너스 화이트' ✿

Hydrangea macrophylla 'Maculata' 수국 '마쿨라타'

Hydrangea macrophylla 'Hopaline' 수국 '호프라인'

Hydrangea macrophylla 'Lemon Wave' 수국 '레몬 웨이브'

Hydrangea macrophylla 'Masja' 수국 '마샤'

Hydrangea macrophylla 'Joseph Banks' 수국 '조지프 뱅크스'

Hydrangea macrophylla 'Lilacina' 수국 '릴라키나'

Hydrangea macrophylla 'Mowe' 수국 '모우버' ✿

Hydrangea macrophylla 'King George' 수국 '킹 조지'

Hydrangea macrophylla 'Madame Emile Mouillere' 수국 '마담 에밀 무이에르' ✿

Hydrangea macrophylla 'Pirate's Gold' 수국 '파이리츠 골드'

Hydrangea macrophylla 'Mariesii' 수국 '마리에시' 🏆

Hydrangea macrophylla 'Mariesii'
수국 '마리에시' 🏆
낙엽활엽관목, 하늘색을 띠는 평평한 꽃 모양이
아름답다. 바깥쪽에는 무성화, 안쪽에는 유성화가
피며 −18℃까지 월동한다. ↕ ↔1.5m

Hydrangea macrophylla 'Nigra'
수국 '니그라'
낙엽활엽관목, 연한 분홍색 또는 밝은 푸른색의 꽃이
핀다. 줄기가 어두운 검은색으로 매력적이며
−18℃까지 월동한다. ↕ ↔1.5m

Hydrangea macrophylla 'Pia' 수국 '피아'
낙엽활엽관목, 붉은색의 둥근 꽃이 아름답고 키가
작게 자라며 −18℃까지 월동한다. ↕ ↔90cm

Hydrangea macrophylla 'Pia' 수국 '피아(꽃, 전초)'

Hydrangea macrophylla 'Nigra' 수국 '니그라'

Hydrangea macrophylla 'Queen Elizabeth' 수국 '퀸 엘리자베스'

Hydrangea macrophylla 'Rheinland' 수국 '라인란트'

Hydrangea macrophylla 'Tovelit'
수국 '토벨리트'
낙엽활엽관목, 분홍색 꽃이 둥그렇게 피고 무성화는
끝이 뾰족하게 되며 −18℃까지 월동한다.
 ↕ ↔1.2m

Hydrangea macrophylla 'Setsuka-yae' 수국 '세추카야에'

Hydrangea macrophylla 'Soeur Therese' 수국 '쇠르 테레세'

Hydrangea macrophylla 'Tovelit' 수국 '토벨리트'

Hydrangea paniculata 'Burgundy Lace' 나무수국 '버건디 레이스'

Hydrangea macrophylla 'Westfalen' 수국 '베스트팔렌' ❾

Hydrangea paniculata 나무수국
낙엽활엽관목, 원추 모양의 흰색 꽃이 아름답고
해마다 일년생 가지를 짧게 전정해 주면 단정하게
수형을 유지할 수 있으며 −40℃까지 월동한다.
↕ 4m ↔ 2.5m

Hydrangea paniculata 'Burgundy Lace'
나무수국 '버건디 레이스'
낙엽활엽관목, 원추 모양의 흰색 꽃이 점차 분홍색에
서 붉은색으로 변하며 −40℃까지 월동한다.
↕ 4m ↔ 3.5m

Hydrangea paniculata 'Everest'
나무수국 '에베레스트'
낙엽활엽관목, 에베레스트산의 설원을 연상시킬 만큼
순백의 꽃이 매력적이며 −40℃까지 월동한다.
↕ ↔ 2m

Hydrangea paniculata 나무수국

Hydrangea paniculata 'Everest' 나무수국 '에베레스트'(꽃, 수형)

Hydrangea paniculata 'White Moth' 나무수국 '화이트 모스'

Hydrangea paniculata 'White Moth'
나무수국 '화이트 모스'
낙엽활엽관목, 크림색을 띠는 흰색으로 아주 넓게
피는 원추 모양의 꽃이 매력적이며 −40℃까지
월동한다. ↕2m ↔ 2.5m

Hydrangea paniculata 'Grandiflora' 나무수국 '그란디플로라' ⓦ
(가을, 여름)

Hydrangea paniculata 'Grandiflora'
나무수국 '그란디플로라' ⓦ
낙엽활엽관목, 둥글고 커다란 흰색의 꽃은 가을이면
점차 붉은색으로 변한다. 가지는 아래로 늘어져서
둥그런 수형으로 자라며 −40℃까지 월동한다.
↕ ↔ 3m

Hydrangea paniculata 'Green Spire' 나무수국 '그린 스파이어'

Hydrangea paniculata 'Limelight'
나무수국 '라임라이트' ⓦ
낙엽활엽관목, 연녹색을 띠는 커다란 꽃송이가
아름다우며 −40℃까지 월동한다. ↕ ↔ 2.5m

Hydrangea paniculata 'Kyushu' 나무수국 '큐슈'

Hydrangea paniculata 'Floribunda' 나무수국 '플로리분다'

Hydrangea paniculata 'Limelight' 나무수국 '라임라이트' ⓦ

Hydrangea paniculata 'Silver Dollar' 나무수국 '실버 달러' ⓦ

Hydrangea quercifolia 'Brihon' 떡갈잎수국 '브리혼'

Hydrangea petiolaris 등수국(꽃, 수형)

Hydrangea quercifolia 떡갈잎수국
낙엽활엽관목, 떡갈나무의 잎처럼 갈라지는 넓은
잎이 특징이다. 초여름 하얀색 꽃과 가을철 붉은
단풍이 아름다우며 −29℃까지 월동한다.
↕ 2m ↔ 2.5m

Hydrangea quercifolia 'Brihon' 떡갈잎수국 '브리혼'
낙엽활엽관목, 봄철 밝은 노란색의 잎과 가을철 붉게
물드는 단풍이 아름답다. 꽃은 흰색으로 피며 −29℃까지
월동한다.   ↕ 1.2m ↔ 1.5m

Hydrangea quercifolia 'Brido' 떡갈잎수국 '브리도' 🏆

Hydrangea petiolaris 등수국
낙엽활엽덩굴, 기근으로 벽면이나 나무줄기 등에
붙어 자란다. 하얀색 꽃과 진녹색 잎이 아름다워
건물벽면이나 퍼걸러에 붙여 심으면 좋으며 −26℃
까지 월동한다.   ↕ 15m

Hydrangea 'Preziosa' 수국 '프레지오사' 🏆
낙엽활엽관목, 아주 작게 자라는 꽃은 흰색으로
피었다가 진한 적자색으로 변한다. 꽃대와 잎맥이
진한 자주색을 띠며 −26℃까지 월동한다.
↕ ↔ 1.5m

Hydrangea 'Preziosa' 수국 '프레지오사' 🏆

Hydrangea quercifolia 떡갈잎수국(잎, 수형)

Hydrangea quercifolia 'Burgundy' 떡갈잎수국 '버건디'

Hydrangea quercifolia 'Flemygea' 떡갈잎수국 '플레미게아'

Hydrangea serrata f. *acuminata* 산수국

Hydrangea quercifolia 'Burgundy'
떡갈잎수국 '버건디'

낙엽활엽관목, 하얀색으로 피는 무성화와 진한 빨간색
으로 드는 단풍이 매우 아름다우며 −29℃까지
월동한다. ↕2m ↔ 2.5m

Hydrangea quercifolia 'Harmony'
떡갈잎수국 '하모니'

낙엽활엽관목, 꽃이 둥근 모양으로 크게 자라고 연한
녹색에서 점차 흰색으로 핀다. 가지가 아래로 늘어져
자라며 −29℃까지 월동한다. ↔ 2.5m

Hydrangea serrata f. *acuminata* 산수국

낙엽활엽관목, 바깥쪽의 연한 하늘색 무성화와
안쪽의 파란색 유성화가 모여 평평하게 피는 모습이
아름다우며 −32℃까지 월동한다. ↕↔ 1m

Hydrangea serrata 'Miranda'
산수국 '미란다' 🏆

낙엽활엽관목, 분홍색으로 피는 꽃이 특징이며
−32℃까지 월동한다. ↕↔ 1m

Hydrangea serrata 'Fujinomine' 산수국 '후지노미네'

Hydrangea quercifolia 'Harmony' 떡갈잎수국 '하모니'

Hydrangea serrata 'Blue Deckle' 산수국 '블루 데클'

Hydrangea serrata 'Kiyosumisawa' 산수국 '키요수미사와'

Hydrangea quercifolia 'Pee Wee' 떡갈잎수국 '피 위'

Hydrangea serrata 'Miranda' 산수국 '미란다' 🏆

Hydrangea serrata 'Shitihenge' 수국 '시티헨게'

183

Hydrangea serrata 'Tiger Gold' 산수국 '타이거 골드'

Hydrangea serrata 'Tiger Gold'
산수국 '타이거 골드'
낙엽활엽관목, 새로 돋아난 잎은 초록빛을 띤
노란색이고 붉은색 잎맥이 매력적이다. 분홍색의
꽃과 가장자리가 분홍색을 띤 흰색의 무성화가
아름다우며 −32℃까지 월동한다. ↕ ↔ 1m

Hydrangea serrata 'Victory Gold'
산수국 '빅토리 골드'
낙엽활엽관목, 봄부터 가을까지 황금색으로 지속되는
잎이 특징이다. 꽃은 흰색의 무성화가 피며 −32℃
까지 월동한다. ↕ ↔ 1m

Hydrangea serrata 'Victory Gold' 산수국 '빅토리 골드'

Hydrangea serrata 'Yamazaki Amatya'
산수국 '야마자키 아마트야'

Hydrangea 'Uzu Ajisa' 수국 '우주 아지사'

Hydrocharis dubia 자라풀

Hydrocharis 자라풀속

Hydrocharitaceae 자라풀과

유럽, 아시아, 아프리카 등지에 약 9종이 분포하며
다년초로 자라며 짧은 포복지 같은 줄기가 특징이다.

Hydrocharis dubia 자라풀
낙엽다년초, 물에 뜨는 잎은 신장 모양이고 뒷면에
공기주머니가 있다. 꽃은 흰색으로 꽃잎이 세 장이며
중앙에 노란색의 수술이 별 모양이다. 물에 떠서
자라고 번식이 빠르며 −26℃까지 월동한다. ↕ 10cm

Hylomecon 피나물속

Papaveraceae 양귀비과

동아시아에 1종이 분포하며 다년초로 자라고
깃 모양의 잎, 양귀비 같은 꽃이 특징이다.

Hylomecon vernalis 피나물
낙엽다년초, 네 장의 밝은 노란색 꽃잎이 아름답고
잎이나 줄기를 자르면 빨간색 액이 나오며
−29℃까지 월동한다. ↕ ↔ 30cm

Hylomecon vernalis 피나물

Hylotelephium 'Bertram Anderson' 꿩의비름 '버트럼 앤더슨'

Hylotelephium erythrostictum 'Frosty Morn'
꿩의비름 '프로스티 모온'

Hylotelephium 꿩의비름속

Crassulaceae 돌나물과

아시아, 유럽, 북아메리카에 약 33종이 분포하며
다년초로 자란다. 돌나물속(Sedum)에서 떨어져
나온 속으로 두툼한 잎은 비슷하지만 잎이 더 넓고
줄기가 직립하는 특징을 가지고 있다.

Hylotelephium 'Bertram Anderson'
꿩의비름 '버트럼 앤더슨'
낙엽다년초, 흑자색의 잎과 붉은꽃이 매력적이며
−46℃까지 월동한다. ↕ ↔ 50cm

Hylotelephium erythrostictum 'Frosty Morn'
꿩의비름 '프로스티 모온'
낙엽다년초, 잎 가장자리에 흰색 테두리가 발달하며
−23℃까지 월동한다. ↕ ↔ 50cm

Hylotelephium Herbstfreude Group
꿩의비름 헙스트프루드 그룹
낙엽다년초, 다육질의 잎과 분홍색 꽃이 매력적이며
−34℃까지 월동한다. ↕ 1m ↔ 50cm

Hylotelephium Herbstfreude Group 꿩의비름 헙스트프루드 그룹

Hylotelephium spectabile 'Autumn Joy' 큰꿩의비름 '오텀 조이'

Hypericum androsaemum 히페리쿰 안드로사이뭄

Hypericum calycinum 히페리쿰 칼리키눔

Hylotelephium spectabile 'Autumn Joy' 큰꿩의비름 '오텀 조이'

낙엽다년초, 분홍색 꽃이 오래가고 점점 구리빛으로 변하며 −34℃까지 월동한다. ↕ 60cm

Hypericum 물레나물속

Hypericaceae 물레나물과

전 세계 약 400종이 분포하며 일년초 · 다년초 · 관목 · 교목으로 자란다. 잎은 마주나기 하고 잎자루가 없으며 가장자리는 밋밋하고 선점이 발달한다. 꽃은 노란색으로 꽃잎과 꽃받침은 다섯 장이다.

Hypericum androsaemum 히페리쿰 안드로사이뭄

낙엽활엽관목, 노란색의 작은 꽃이 아름답고 빨간색과 흑색에 가까운 적자색 열매가 매력적이며 −15℃까지 월동한다. ↕ 75cm ↔ 90cm

Hypericum ascyron 물레나물

낙엽다년초, 키가 크고 물레방아가 돌아가는 듯한 노란색 꽃이 매력적이며 −29℃까지 월동한다. ↕ 1.5m ↔ 30cm

Hypericum calycinum 히페리쿰 칼리키눔

반상록활엽관목, 노란색으로 피는 큰 꽃과 꽃 안쪽의 폭죽이 터지는 듯한 수술이 아름답다. 윤기가 있는 잎과 바닥을 기는 듯 자라는 줄기는 지피력이 좋아서 길 가장자리에 식재하면 좋으며 −29℃까지 월동한다. ↕ 60cm

Hypericum erectum 고추나물

낙엽다년초, 작은 노란색 꽃이 매력적이고 숲속정원 같은 야생의 분위기에 잘 어울리며 −29℃까지 월동한다. ↕ 60cm

Hypericum forrestii 히페리쿰 포레스티 🏆

낙엽활엽관목, 둥근 컵 모양의 밝은 노란색 꽃이 매력적이며 −15℃까지 월동한다. ↕ 1.2m ↔ 1.5m

Hypericum kalmianum 히페리쿰 칼미아눔

상록활엽관목, 노란색의 밝은 꽃이 아름답고 수술이 풍성하게 퍼진다. 반그늘 진 곳에서 잘 자라며 −32℃까지 월동한다. ↕ ↔ 75cm

Hypericum forrestii 히페리쿰 포레스티 🏆

Hypericum ascyron 물레나물

Hypericum erectum 고추나물

Hypericum kalmianum 히페리쿰 칼미아눔

I

I

Iberis 서양말냉이속

Brassicaceae 배추과

유럽 남부, 북아프리카, 서아시아 등지에 약 50종이
분포하며 일년초 · 다년초 · 반관목으로 자란다.
꽃의 윗부분이 평평하고 지표면을 덮으며 낮게 자라
암석원과 화단에 좋은 소재이다.

Iberis sempervirens 이베리스 셈페르비렌스
낙엽다년초, 지면에 낮게 포복하며 자라고 흰색의
작은 꽃들이 꽃줄기 끝에 모여 달린다. 암석원에
식재하면 잘 어울리며 −37℃까지 월동한다.
↕ 30cm ↔ 40cm

Iberis sempervirens 'Snow Cushion'
이베리스 셈페르비렌스 '스노우 쿠션'
낙엽다년초, 지면에 낮게 포복하며 자라고 흰색의
꽃이 쿠션형으로 군집하여 핀다. 원종에 비해
풍성하게 피는 꽃이 특징이며 −37℃까지 월동한다.
↕ 25cm ↔ 60cm

Iberis sempervirens 이베리스 셈페르비렌스

188 | *Iberis sempervirens* 'Snow Cushion' 이베리스 셈페르비렌스 '스노우 쿠션'

Idesia polycarpa 이나무

Idesia 이나무속

Flacourtiaceae 이나무과

한국, 중국, 일본, 대만 등지에 1종이 분포하며
낙엽, 교목으로 자라며 암수딴그루이다. 잎은 크고
심장 모양이며 잎 가장자리에는 톱니가 발달한다.
열매는 붉은색으로 포도송이처럼 달린다.

Idesia polycarpa 이나무
낙엽활엽교목, 가을철 노랗게 물드는 단풍과
포도송이처럼 늘어진 붉은 열매가 매력적이며
−23℃까지 월동한다. ↕ ↔ 12m

Ilex 감탕나무속

Aquifoliaceae 감탕나무과

열대, 아열대, 온대 등지에 약 400여종이 분포한다.
낙엽 · 상록, 교목 · 관목으로 자라며 암수딴그루이다.
열매는 빨간색과 검은색으로 익는다.

Ilex × *altaclerensis* 'Belgica Aurea'
알타호랑가시나무 '벨기카 아우레아' ❂
상록활엽교목, 잎의 가장자리는 거의 밋밋하고
가장자리에 발달하는 얇은 황금색 무늬와 붉은색
열매가 아름다우며 −18℃까지 월동한다.
↕ 12m ↔ 5m

Ilex × *altaclerensis* 'Belgica Aurea'
알타호랑가시나무 '벨기카 아우레아' ❂ (잎, 수형)

Ilex × *altaclerensis* 'Camelliifolia'
알타호랑가시나무 '카멜리폴리아' (잎, 수형)

Ilex × *altaclerensis* 'Golden King'
알타호랑가시나무 '골든 킹' ⑰
상록활엽관목, 잎 가장자리에 불규칙적으로 황금색
무늬가 발달하고 붉은 열매가 매력적이며 −18℃까지
월동한다. ↕6m

Ilex × *altaclerensis* 'Golden King' 알타호랑가시나무 '골든 킹' ⑰

Ilex × *altaclerensis* 'Golden King'
알타호랑가시나무 '골든 킹' ⑰

Ilex × *altaclerensis* 'Lawsoniana' 알타호랑가시나무 '로소니아나'

Ilex amelanchier 채진낙상홍
낙엽활엽교목, 가을철 노란 단풍과 붉은색 열매가
매력적이며 −23℃까지 월동한다. ↕10m

Ilex aquifolium 유럽호랑가시나무 ⑰
상록활엽교목, 잎에 광택이 나고 가장자리에 가시가
많이 발달한다. 가을철 붉은 열매가 매력적이며
−18℃까지 월동한다. ↕25m ↔8m

Ilex amelanchier 채진낙상홍

Ilex × *attenuata* 'Sunny Foster'
아테누아타호랑가시나무 '서니 포스터'

Ilex aquifolium 유럽호랑가시나무 ⑰ (수형, 잎)

Ilex aquifolium 'Argentea Marginata'
유럽호랑가시나무 '아르겐테아 마르기나타' 🍂

Ilex aquifolium 'Bacciflava' 유럽호랑가시나무 '박시플라바'

Ilex aquifolium 'Early Cluster' 유럽호랑가시나무 '얼리 클러스터'

Ilex aquifolium 'Ashford' 유럽호랑가시나무 '애쉬포드'

Ilex aquifolium 'Ciliata Major' 유럽호랑가시나무 '실리아타 메이저'

Ilex aquifolium 'Elegantissima' 유럽호랑가시나무 '엘레간티시마'

Ilex aquifolium 'Aurifodina'
유럽호랑가시나무 '아우리포디나'
상록활엽교목, 잎 가장자리에 발달하는 불규칙적인 황금색 무늬와 붉은 열매가 매력적이며 −18℃까지 월동한다. ↕9m ↔ 3m

Ilex aquifolium 'Bacciflava'
유럽호랑가시나무 '박시플라바'
상록활엽교목, 광택이 있는 진녹색 잎과 밝은 노란색 열매가 매력이며 −18℃까지 월동한다.
↕15m ↔ 4m

Ilex aquifolium 'Crispa'
유럽호랑가시나무 '크리스파'
상록활엽교목, 광택있는 두꺼운 잎이 뒤로 말리는 모습이 특징이며 −18℃까지 월동한다.
↕9m ↔ 6m

Ilex aquifolium 'Elegantissima'
유럽호랑가시나무 '엘레간티시마'
상록활엽교목, 잎 가장자리에 거치가 뚜렷하고 밝은 크림색 무늬가 있으며 −18℃까지 월동한다.
↕8m ↔ 4m

Ilex aquifolium 'Ferox Argentea'
유럽호랑가시나무 '페록스 아르겐테아' 🏆
상록활엽교목, 잎 가장자리와 표면에 불규칙하게 발달하는 고슴도치 같은 가시와 노란색 무늬가 특징이며 −18℃까지 월동한다. ↕8m ↔ 4m

Ilex aquifolium 'Crispa' 유럽호랑가시나무 '크리스파'

Ilex aquifolium 'Aurifodina' 유럽호랑가시나무 '아우리포디나'

Ilex aquifolium 'Crispa Aurea Picta'
유럽호랑가시나무 '크리스파 아우레아 픽타'

Ilex aquifolium 'Ferox Argentea'
유럽호랑가시나무 '페록스 아르겐테아' 🏆

Ilex aquifolium 'Ferox' 유럽호랑가시나무 '페록스'

Ilex aquifolium 'Golden Queen' 유럽호랑가시나무 '골든 퀸' 🏵

Ilex aquifolium 'Goldburst' 유럽호랑가시나무 '골드버스트'

Ilex aquifolium 'Fructu Aurantiaco'
유럽호랑가시나무 '프룩투 아우란티아코'

Ilex aquifolium 'Golden van Tol' 유럽호랑가시나무 '골든 반 톨'

Ilex aquifolium 'Handsworth New Silver'
유럽호랑가시나무 '핸즈워스 뉴 실버' 🏵

Ilex aquifolium 'Fructu Aurantiaco'
유럽호랑가시나무 '프룩투 아우란티아코'
상록활엽교목, 잎에 가시가 없고 황금색 열매가
조밀하게 달리며 −18℃까지 월동한다.
↕ 8m ↔ 4m

Ilex aquifolium 'Golden Milkboy'
유럽호랑가시나무 '골든 밀크보이'
상록활엽관목, 짙은 녹색의 잎 중앙부에 황금색으로
발달하는 불규칙적인 무늬가 특징이며 −18℃까지
월동한다. ↕ 6m ↔ 4m

Ilex aquifolium 'Golden Queen'
유럽호랑가시나무 '골든 퀸' 🏵
상록활엽교목, 잎 가장자리에 뾰족한 가시와 함께
연노란색 무늬가 발달하며 −18℃까지 월동한다.
↕ 10m ↔ 6m

Ilex aquifolium 'Golden van Tol'
유럽호랑가시나무 '골든 반 톨'
상록활엽관목, 가시가 드물게 발달하는 넓은 진녹색
잎 가장자리에 불규칙적인 노란색 무늬가 발달하며
−18℃까지 월동한다. ↕ 4m ↔ 3m

Ilex aquifolium 'Integrifolia'
유럽호랑가시나무 '인테그리폴리아'
상록활엽교목, 잎 가장자리가 밋밋한 감탕나무의
잎을 닮은 데서 품종명이 유래되었다. 잎 기부에
모여나는 붉은색 열매가 매력적이며 −18℃까지
월동한다. ↕ 9m ↔ 6m

Ilex aquifolium 'Hastata' 유럽호랑가시나무 '하스타타'

Ilex aquifolium 'Golden Milkboy' 유럽호랑가시나무 '골든 밀크보이'

Ilex aquifolium 'Integrifolia' 유럽호랑가시나무 '인테그리폴리아'

Ilex aquifolium 'Laurifolia Aurea'
유럽호랑가시나무 '라우리폴리아 아우레아'

Ilex aquifolium 'Madame Briot'
유럽호랑가시나무 '마담 브리오' 🏆

Ilex aquifolium 'Orange Fruit' 유럽호랑가시나무 '오렌지 프루트'

Ilex aquifolium 'Lichtenthalii' 유럽호랑가시나무 '리크텐탈리'

Ilex aquifolium 'Maderensis Variegata'
유럽호랑가시나무 '마더렌시스 바리에가타'

Ilex aquifolium 'Ovata Aurea'
유럽호랑가시나무 '오바타 아우레아'

Ilex aquifolium 'Laurifolia Aurea'
유럽호랑가시나무 '라우리폴리아 아우레아'
상록활엽교목, 잎 가장자리의 노란색 무늬가
아름답고 원추형의 수형이 매력적이며 −18℃까지
월동한다. ↕9m ↔ 6m

Ilex aquifolium 'Monstrosa'
유럽호랑가시나무 '몬스트로사'
상록활엽관목, 잎맥이 뚜렷하고 잎 가장자리의
가시가 파도 모양으로 일어서는 특징이 있으며
−18℃까지 월동한다. ↕4m ↔ 3m

Ilex aquifolium 'Ovata Aurea'
유럽호랑가시나무 '오바타 아우레아'
상록활엽관목, 잎 가장자리에 발달하는 불규칙한 밝은
노란색의 무늬가 특징이다. 잎이 둥근 타원형이고
가장자리의 거치가 물결 모양으로 무디며 −18℃까지
월동한다. ↕6m ↔ 4m

Ilex aquifolium 'Pyramidalis Fructu Luteo'
유럽호랑가시나무 '피라미달리스 프룩투 루테오' 🏆
상록활엽관목, 가을철 노란색의 둥근 열매가 모여
달리는 것이 특징이며 −18℃까지 월동한다.
↕6m ↔ 4m

Ilex aquifolium 'Pyramidalis Aureomarginata'
유럽호랑가시나무 '피라미달리스 아우레오마르기나타'

Ilex aquifolium 'Pyramidalis Fructu Luteo'
유럽호랑가시나무 '피라미달리스 프룩투 루테오' 🏆

| *Ilex aquifolium* 'Monstrosa' 유럽호랑가시나무 '몬스트로사'

Ilex aquifolium 'Robinsoniana' 유럽호랑가시나무 '로빈소니아나'

Ilex aquifolium 'Rubricaulis Aurea'
유럽호랑가시나무 '루브리카울리스 아우레아'

Ilex aquifolium 'Silver Milkmaid' 유럽호랑가시나무 '실버 밀크메이드'

Ilex aquifolium 'Watereriana' 유럽호랑가시나무 '와테레리아나'

Ilex aquifolium 'Silver Milkmaid'
유럽호랑가시나무 '실버 밀크메이드'
상록활엽관목. 잎 중앙에 밝은 노란색의 불규칙적인
무늬가 있으며 −18℃까지 월동한다. ↕6m ↔4m

Ilex aquifolium 'Watereriana'
유럽호랑가시나무 '와테레리아나'
상록활엽교목. 잎 가장자리에 발달하는 노란색
무늬가 매력적이다. 넓은 잎의 가장자리에 가시가
드물게 발달하며 −18℃까지 월동한다.
↕15m ↔8m

Ilex aquifolium 'Watereriana Compacta'
유럽호랑가시나무 '와테레리아나 콤팍타'
상록활엽관목. 수형이 단정하게 자라고 잎 가장자리에
크림색 무늬가 발달하며 −18℃까지 월동한다.
↕↔6m

Ilex cornuta 호랑가시나무
상록활엽관목. 우리나라 제주도와 남해안에
자생한다. 사각모양의 잎 가장자리에 날카로운
가시가 발달하고 겨울철 붉은색 열매가 매력적이며
−18℃까지 월동한다. ↕↔4m

Ilex aquifolium 'Watereriana Compacta'
유럽호랑가시나무 '와테레리아나 콤팍타'

Ilex aquifolium 'Silver Milkboy' 유럽호랑가시나무 '실버 밀크보이'

Ilex aquifolium 'Silver Queen' 유럽호랑가시나무 '실버 퀸'

Ilex cornuta 호랑가시나무

Ilex 'Brilliant' 일렉스 '브릴리언트'

Ilex cornuta 'Burfordii' 호랑가시나무 '부르포르디'

Ilex cornuta 'D'Or' 호랑가시나무 '디오르'
상록활엽관목, 가을철 밝은 노란색 열매가
매력적이며 −18℃까지 월동한다.　↕↔4m

Ilex cornuta 'Dwarf Burford'
호랑가시나무 '드와프 버포드'
상록활엽관목, 잎은 작고 조밀하며 광택이 나서
생울타리에 적합하다. 가을철 풍성하게 날리는
붉은색 열매가 매력적이며 −18℃까지 월동한다.
↕↔2.5m

Ilex cornuta 'Dwarf Burford'
호랑가시나무 '드와프 버포드'(수형, 열매)

Ilex cornuta 'O. Spring'
호랑가시나무 '오 스프링'
상록활엽관목, 잎 가장자리의 가시가 뒤로 약간씩
말려 표면이 볼록하고 연한 노란색 무늬가
불규칙적으로 발달하며 −18℃까지 월동한다.
↕↔4m

Ilex cornuta 'Crispa' 호랑가시나무 '크리스파'

Ilex cornuta 'Ira S. Nelson' 호랑가시나무 '아이라 에스 넬슨'

Ilex cornuta 'O. Spring' 호랑가시나무 '오 스프링'

Ilex cornuta 'D'Or' 호랑가시나무 '디오르'

Ilex cornuta 'Pyonsan Lyre' 호랑가시나무 '변산 라이어'

Ilex cornuta 'Rotunda' 호랑가시나무 '로툰다'

Ilex crenata 꽝꽝나무

Ilex crenata 꽝꽝나무
상록활엽관목, 회양목처럼 작은 잎은 두툼하고
가장자리에 잔톱니가 있으며 −21℃까지 월동한다.
↕ 5m ↔ 4m

Ilex crenata 'Convexa' 꽝꽝나무 '콘벡사' ⚘
상록활엽관목, 광택나는 볼록한 작은 잎이 매력적이고
가을철 열매가 검게 익으며 −21℃까지 월동한다.
↕ 2.5m ↔ 2m

Ilex crenata 'Golden Gem' 꽝꽝나무 '골든 젬' ⚘
상록활엽관목, 밝은 황금색의 잎이 매력적이다.
그늘진 곳 보다 햇빛이 어느정도 드는 곳에서
식재해야 좋은 효과를 볼 수 있으며 −21℃까지
월동한다. ↕ 1.1m ↔ 1.5m

Ilex crenata 'Sky Pencil' 꽝꽝나무 '스카이 펜슬'
상록활엽관목, 수형이 좁고 곧게 자라며 −21℃까지
월동한다. ↕ 3m ↔ 90cm

Ilex crenata 'Nakada' 꽝꽝나무 '나카다'

Ilex decidua 갯낙상홍
낙엽활엽관목, 노란색 단풍과 붉은색 열매의
관상가치가 높으며 −29℃까지 월동한다. ↕ ↔ 6m

Ilex crenata 'Argentea Marginata'
꽝꽝나무 '아르겐테아 마르기나타'

Ilex crenata 'Golden Gem' 꽝꽝나무 '골든 젬' ☻

Ilex crenata 'Sky Pencil' 꽝꽝나무 '스카이 펜슬'

Ilex crenata 'Convexa' 꽝꽝나무 '콘벡사' ☻

Ilex crenata 'Green Cushion' 꽝꽝나무 '그린 쿠션'

Ilex decidua 갯낙상홍

Ilex dimorphophylla 류큐호랑가시나무(열매, 잎)

Ilex integra 감탕나무

Ilex dimorphophylla 류큐호랑가시나무
상록활엽관목, 새로 난 잎의 가장자리에 날카로운
가시가 발달하고 묵은 잎은 가시없이 둥글며
가장자리가 밋밋하다. 붉은 열매가 매력적이고
−18℃까지 월동한다. ↕1.5m ↔1m

Ilex integra 감탕나무
상록활엽교목, 우리나라 남해안과 제주도에 자생하고
잎은 거치가 거의 없이 가장자리가 밋밋하다.
꽃은 연한 노란색으로 피고 열매는 붉게 익으며
−18℃까지 월동한다. ↕10m ↔8m

Ilex × *koehneana* 'Chestnut Leaf'
일렉스 코이네아나 '체스트넛 리프' ♥
상록활엽관목, 잎은 밤나무의 잎을 닮았으며
가장자리에 거치가 규칙적으로 발달한다. 붉은색의
열매가 조밀하게 달리며 −18℃까지 월동한다.
↕7m ↔5m

Ilex latifolia 넓은잎감탕나무
상록활엽관목, 키가 크게 자라고 잎 가장자리에
일정한 잔 거치가 있다. 열매는 붉게 익으며 −15℃
까지 월동한다. ↕7m ↔5m

Ilex macropoda 대팻집나무
낙엽활엽교목, 잎은 장타원형으로 잔 거치가 있고
겨울철 붉은 열매가 아름다워 겨울정원에 적합하며
−23℃까지 월동한다. ↕15m ↔10m

Ilex 'Doctor Kassab' 일렉스 '닥터 카삽'

Ilex × *koehneana* 'Chestnut Leaf'
일렉스 코이네아나 '체스트넛 리프' ♥

Ilex 'Gold Burst' 일렉스 '골드 버스트'

Ilex latifolia 넓은잎감탕나무

Ilex macropoda 대팻집나무(잎, 수피)

Ilex × *meserveae* 'Conapri' 메서베호랑가시나무 '코나프리'

Ilex 'Nellie R. Stevens'
일렉스 '넬리 알 스티븐스'
상록활엽교목. 생육속도가 빠르며 원추형의 교목으로
자란다. 울타리 식재용으로 적합하고 −23℃까지
월동한다. ↕ 7m ↔ 4m

Ilex × *meserveae* 'Conang' 메서베호랑가시나무 '코낭'

Ilex opaca 'Canary' 미국호랑가시나무 '카나리'
상록활엽교목. 노란색으로 익는 열매가 매력적이며
−29℃까지 월동한다. ↕ 15m ↔ 7m

Ilex pedunculosa 동청목
상록활엽교목. 잎은 거치가 없이 매끈하고 아래로
처지는 긴 열매자루에 붉은 열매가 주렁주렁 달리며
−29℃까지 월동한다. ↕ 10m ↔ 7m

Ilex perado 페라도감탕나무
상록활엽교목. 잎은 길쭉한 타원 모양으로 광택이
나며 가장자리에 잔톱니가 발달한다. 열매는 붉게
익으며 −12℃까지 월동한다. ↕ 10m ↔ 7m

Ilex opaca 'Canary' 미국호랑가시나무 '카나리'

Ilex opaca 'Carolina' 미국호랑가시나무 '캐롤라이나'

Ilex opaca 'Nelson West' 미국호랑가시나무 '넬슨 웨스트'

Ilex pedunculosa 동청목

Ilex 'Nellie R. Stevens' 일렉스 '넬리 알 스티븐스' (수형. 열매)

Ilex perado 페라도감탕나무

197

Ilex serrata 낙상홍

Ilex serrata 'Dainagon' 낙상홍 '다이나곤'

Ilex rotunda 먼나무

상록활엽교목. 잎은 타원형으로 가장자리가 밋밋하고
겨울철 나무 전체에 달리는 붉은색 열매가 매우
매력적이다. 제주도와 남해안에서 가로수로 많이
식재하고 있으며 −12℃까지 월동한다.

↕ 15m ↔ 10m

Ilex serrata 낙상홍

낙엽활엽관목. 잎의 가장자리에 날카로운 작은
톱니가 발달하고 단풍은 노란색으로 든다.
붉은 열매가 아름다워 겨울정원 등에 주로 식재하며
−29℃까지 월동한다. ↕ 5m ↔ 3m

Ilex chinensis 중국먼나무(잎, 수형)

Ilex chinensis 중국먼나무

상록활엽교목. 새로 나오는 잎이 자주색을 띠고
장타원형의 잎에 거치가 잔잔하게 발달한다.
열매는 장타원형으로 붉게 익으며 −18℃까지
월동한다. ↕ 13m ↔ 4m

Ilex rotunda 먼나무

Ilex serrata 'Hatsuyuki' 낙상홍 '하츠유키'

Ilex verticillata 미국낙상홍

낙엽활엽관목, 겨울철 붉은색 열매가 아름다우며
−37℃까지 월동한다. ↕ ↔ 5m

Ilex verticillata 'Winter Red'
미국낙상홍 '윈터 레드'

낙엽활엽관목, 잎이 진 후 조밀하게 달린 붉은색의
열매가 아름다워 겨울정원에 적합한 소재이며
−37℃까지 월동한다. ↕ ↔ 3m

Ilex verticillata 'Winter Red' 미국낙상홍 '윈터 레드'

Ilex verticillata 미국낙상홍

Ilex verticillata 'Red Sprite' 미국낙상홍 '레드 스프라이트'

Ilex × wandoensis 완도호랑가시나무

상록활엽교목, 호랑가시나무(*I. cornuta*)와 감탕나무
(*I. integra*) 교잡종으로 잎에 잔거치가 발달하며
수형이 단정하다. 겨울철 붉은색 열매가 매력적이며
−18℃까지 월동한다. ↕ 6m ↔ 4m

Illicium 붓순나무속

Illiciaceae 붓순나무과

아시아, 미국, 서인도제도 등지에 약 40종이 분포하며
상록, 관목 · 교목으로 자란다. 광택이 있는 잎과 목질
화된 별 모양의 열매가 달린다.

Illicium anisatum 붓순나무

상록활엽관목, 잎과 가지에 향기가 있고 흰색 또는
크림색의 꽃이 피며 −18℃까지 월동한다.
↕ ↔ 6m

Ilex × wandoensis 완도호랑가시나무

Illicium anisatum 붓순나무

Ilex verticillata 'Bright Horizon' 미국낙상홍 '브라이트 호라이즌'

Ilex × wandoensis 'Min Pyong-gal' 완도호랑가시나무 '민병갈'

Illicium floridanum 플로리다붓순나무(꽃. 수형)

Illicium henryi 헨리붓순나무

Illicium floridanum 플로리다붓순나무
상록활엽관목. 붉은색의 꽃이 아름답고 꽃잎은
가늘고 점차 뒤로 말리며 −18℃까지 월동한다.
↕ ↔ 3m

Illicium henryi 헨리붓순나무
상록활엽관목. 부드러운 느낌의 늘푸른 잎의 질감과
연꽃을 닮은 작은 꽃이 아름답다. 둥그런 수형이
매력적이며 −18℃까지 월동한다. ↕ ↔ 2.5m

Imperata 띠속

Poaceae 벼과

아시아에 약 6종이 분포하며 다년초로 자란다.
평평하고 직선형의 뾰족한 잎. 은빛의 원추화서가
특징이다.

Imperata cylindrica 'Rubra' 홍띠
낙엽다년초. 잎이 진한 붉은색으로 포인트 식재에
적당하며 −23℃까지 월동한다. ↕ 40cm ↔ 30cm

Imperata cylindrica var. *koenigii* 띠
낙엽다년초. 은빛을 띠는 이삭의 관상가치가 높고
대단위 군락으로 심으면 효과가 좋으며 −29℃까지
월동한다. ↕ 60cm ↔ 30cm

Illicium henryi 헨리붓순나무

Imperata cylindrica 'Rubra' 홍띠

Imperata cylindrica var. *koenigii* 띠

Inula britannica var. *japonica* 금불초

Inula 금불초속

Asteraceae 국화과

유럽, 아프리카, 아시아 등지에 약 100종이 분포하며
일년초 · 이년초 · 다년초로 자란다. 잎은 어긋나기하며
납작한 노란색 꽃이 특징이다.

Inula britannica var. *japonica* 금불초
낙엽다년초. 밀집모자처럼 생긴 노란색 두상화서가
매력적이며 −29℃까지 월동한다.
↕60cm ↔ 30cm

Inula magnifica 대왕금불초
낙엽다년초. 아랫잎이 매우 넓고 길며 위로 갈수록
점점 작아진다. 노란색 꽃잎은 가늘고 길며
−29℃까지 월동한다. ↕1.8m ↔ 1m

Inula magnifica 대왕금불초

Ipheion uniflorum 향기별꽃

Ipheion uniflorum 'Wisley Blue' 향기별꽃 '위슬리 블루' 🏆

Ipheion 향기별꽃속

Liliaceae 백합과

미국에 약 10종이 분포하며 구근으로 자란다.
봄에 피는 별 모양의 꽃은 향기가 좋다.

Ipheion uniflorum 향기별꽃
구근다년초.잎에서 향기가 나고 별 모양의 연한
하늘색으로 꽃이 핀다. 군락으로 심으면 야생 느낌의
연출로 훌륭하며 −15℃까지 월동한다. ↕20cm

Ipheion uniflorum 'Wisley Blue'
향기별꽃 '위슬리 블루' 🏆
구근다년초. 별 모양의 꽃이 파란빛을 띠는
보라색으로 피며 −15℃까지 월동한다. ↕20cm

I

Iris 붓꽃속

Iridaceae 붓꽃과

북반구에 약 300종이 분포하며 다년초로 자란다. 근경이 발달하거나 구근으로 종자에는 3~6개의 각이 발달한다.

Iris 'Bee's Knees' 왜성독일붓꽃 '비즈 니즈' ❶

Iris 'Bibury' 왜성독일붓꽃 '바이버리'

Iris 'Black Gamecock' 미국꽃창포 '블랙 게임콕'

Iris 'Blast' 독일붓꽃 '블라스트'

Iris 'Blue Ballerina' 이리스 '블루 발레리나'

Iris 'Blue-Eyed Brunette' 이리스 '블루아이드 브루넷'

Iris 'Brassie' 왜성독일붓꽃 '브라시'

Iris 'Buttercup Bower' 독일붓꽃 '버터컵 바우어'

Iris 'Cantab' 레티쿨라타붓꽃 '캔탭'

Iris 'Cherry Garden' 왜성독일붓꽃 '체리 가든'

Iris 'Clairette' 레티쿨라타붓꽃 '클레레트'

Iris 'Clara Garland' 독일붓꽃 '클라라 갈런드'

Iris 'El Torito' 왜성독일붓꽃 '엘 토리토' ❶

Iris dichotoma 대청부채
낙엽다년초, 꽃은 연한 보라색으로 꽃잎 중앙부위에 불규칙적인 무늬가 발달하며 늦은 오후에 활짝 핀다. 잎은 넓은 부챗살 모양이며 −23℃까지 월동한다.
↕ 1.2m

Iris dichotoma 대청부채

Iris ensata 'Ayasegawa' 꽃창포 '아야세가와'

Iris ensata 'Blue Pompon' 꽃창포 '블루 폼폰'

Iris ensata 'Darling' 꽃창포 '달링'

Iris ensata 'Gold Bound' 꽃창포 '골드 바운드'

Iris ensata 'Imperial Magic' 꽃창포 '임페리얼 매직'

Iris ensata 'Lady in Waiting' 꽃창포 '레이디 인 웨이팅'

Iris ensata 'Ryouseki' 꽃창포 '료우세키'

Iris ensata 꽃창포
낙엽다년초, 꽃은 보라색이고 꽃잎 중심부에 길쭉한 노란색 무늬가 발달한다. 수변공간에 잘 어울리며 −29℃까지 월동한다. ↕ 90cm

Iris ensata 꽃창포

Iris ensata 'Stippled Ripples' 꽃창포 '스티플드 리플스'

Iris ensata 'Variegata' 꽃창포 '바리에가타' ✿
낙엽다년초. 꽃은 보라색이고 잎에 발달하는 흰색
무늬가 매력적이며 −29℃까지 월동한다. ↕90cm

Iris foetidissima 동청붓꽃 ✿
상록다년초. 종자가 익으면서 세 갈래로 갈라지고
그 속에 드러나는 붉은색 열매가 매력적이며
−18℃까지 월동한다. ↕90cm

Iris ensata 'Variegata' 꽃창포 '바리에가타' ✿

Iris 'Eye Magic' 독일붓꽃 '아이 매직'

Iris foetidissima 동청붓꽃 ✿ (꽃, 열매)

Iris histrioides 'George' 이리스 히스트리오이데스 '조지'

Iris 'Honeyplic' 독일붓꽃 '허니플릭'

Iris 'Ida' 레티쿨라타붓꽃 '이다'

Iris 'In Limbo' 독일붓꽃 '인 림보'

Iris japonica 'Variegata' 일본붓꽃 '바리에가타' ✿

Iris japonica 'Variegata' 일본붓꽃 '바리에가타' ✿
상록다년초. 꽃은 나비느낌으로 꽃잎에 노란색과
보라색 무늬가 있다. 잎 한쪽면 가장자리에 발달하는
흰색 무늬가 매력적이며 −18℃까지 월동한다.
↕45cm

Iris laevigata 'Variegata' 제비붓꽃 '바리에가타' ✿
낙엽다년초. 파란빛을 띠는 꽃이 아름답고 잎에
흰 무늬가 넓게 발달하며 −32℃까지 월동한다.
↕80cm

Iris laevigata 'Variegata' 제비붓꽃 '바리에가타' ✿

Iris minutoaurea 금붓꽃

Iris 'Near Myth' 왜성독일붓꽃 '니어 미스'

Iris 'Pink Twilight' 왜성독일붓꽃 '핑크 트와일라이트'

Iris 'Nut Ruffles' 왜성독일붓꽃 '너트 러플'

Iris 'Poco Taco' 왜성독일붓꽃 '포코 타코'

Iris minutoaurea 금붓꽃
낙엽다년초, 키가 작고 노란색의 꽃이 매력적이다.
그늘진 곳에서도 잘 자라며 −40℃까지 월동한다.
↕ 30cm

Iris odaesanensis 노랑무늬붓꽃
낙엽다년초, 키가 작고 흰색의 꽃잎 기부에 노란색
무늬가 있는 것이 특징이며 −40℃까지 월동한다.
↕ 30cm

Iris pseudacorus 노랑꽃창포
낙엽다년초, 노란색의 꽃잎 중앙에 갈색으로
방사상의 맥이 발달하고 연못이나 하천가에 심으면
효과가 좋으며 −29℃까지 월동한다. ↕ 1.5m

Iris pseudacorus 'Alba' 노랑꽃창포 '알바'
낙엽다년초, 흰색의 꽃잎에 연한 크림색의 맥이
발달하며 −29℃까지 월동한다. ↕ 1.5m

Iris 'Mini Might' 왜성독일붓꽃 '미니 마이트'

Iris odaesanensis 노랑무늬붓꽃

Iris pseudacorus 노랑꽃창포

Iris 'Mrs Andret' 이리스 '미세스 안드레'

Iris 'Peter James' 왜성독일붓꽃 '피터 제임스'

Iris pseudacorus 'Alba' 노랑꽃창포 '알바'

Iris pseudacorus 'Berlin Tiger' 노랑꽃창포 '베를린 타이거'

Iris pseudacorus 'Variegata'
노랑꽃창포 '바리에가타' ⚲
낙엽다년초, 잎 한쪽 가장자리에 발달하는 연노란색
무늬가 매력적이며 −29℃까지 월동한다. ↕ 1.5m

Iris pumila 각시수염붓꽃
구근다년초, 키가 매우 작고 보라색 꽃이 핀다.
건조지에 강해서 암석원 등에 잘 어울리며
−34℃까지 월동한다. ↕ 15cm

Iris pseudacorus 'Variegata' 노랑꽃창포 '바리에가타' ⚲

Iris pumila 각시수염붓꽃

Iris pumila 'Moonlight' 각시수염붓꽃 '문라이트'

Iris 'Quintana' 이리스 '킨타나'

Iris 'Regal Surprise' 이리스 '리갈 서프라이즈' ⚲

Iris reticulata 'Harmony' 레티쿨라타붓꽃 '하모니'

Iris reticulata 'J. S. Dijt' 레티쿨라타붓꽃 '제이 에스 디지트'

Iris reticulata 'Joyce' 레티쿨라타붓꽃 '조이스'

Iris 'Royal Oak' 이리스 '로얄 오크'

Iris sanguinea 붓꽃 ⚲
낙엽다년초, 파란빛을 띠는 보라색 꽃이 피고 꽃잎
안쪽에 흰색, 노란색의 줄무늬가 발달하며 −29℃
까지 월동한다. ↕ 90cm

Iris sanguinea 붓꽃 ⚲

Iris sanguinea 'Snow Queen' 붓꽃 '스노우 퀸'

Iris sibirica 'Lady Vanessa' 시베리아붓꽃 '레이디 바네사'

Iris setosa 부채붓꽃 🏆

낙엽다년초. 연한 보라색의 꽃이 피고 물가에서
왕성하게 잘 자란다. 부채모양으로 넓게 퍼진 잎이
매력적이며 −34℃까지 월동한다. ↕90cm

Iris setosa 'Dodam Snow Fountain'
부채붓꽃 '도담 스노우 파운틴'

낙엽다년초. 부채를 펼친듯한 넓은 잎의 한쪽면에
흰색 무늬가 발달하는 특징이 있으며 −34℃까지
월동한다. ↕80cm

Iris setosa 'Dodam Snow Fountain'
부채붓꽃 '도담 스노우 파운틴'

Iris setosa 부채붓꽃 🏆

Iris 'Strawberry Love' 독일붓꽃 '스트로베리 러브'

Iris sibirica 'Annemarie Troeger' 시베리아붓꽃 '아네마리 트뢰거'

Iris sibirica 'Regality' 시베리아붓꽃 '리갤러티'

Iris 'Sun Doll' 왜성독일붓꽃 '선 돌' 🏆

Itea ilicifolia 이테아 일리키폴리아 🌕

Itea 이테아속

Escalloniaceae 에스칼로니아과

동아시아, 동.북아메리카 등지에 10종이 분포하며
상록ㆍ낙엽, 교목ㆍ관목으로 자란다. 잎에 윤기가 나고
줄기 끝에 총상으로 흰색의 꽃이 핀다.

Itea ilicifolia 이테아 일리키폴리아 🌕

상록활엽관목. 진녹색의 잎에 잔톱니가 있고
녹색줄기에 흰색의 꽃이 길게 피며 −4℃까지
월동한다. ↕5m ↔ 3m

Itea japonica 'Beppu' 이테아 야포니카 '벳푸' (수형, 꽃)

Itea japonica 'Beppu' 이테아 야포니카 '벳푸'

낙엽활엽관목. 줄기 끝에 흰색의 꽃이 총상으로
길쭉하게 피며 −23℃까지 월동한다.
↕90cm ↔ 1.5m

Itea virginica 이테아 비르기니카

Itea virginica 이테아 비르기니카

낙엽활엽관목. 흰색의 꽃이 총상으로 피고 가을에
단풍이 붉게 물들며 −23℃까지 월동한다.
↕3m ↔ 1.5m

Itea virginica 'Henry's Garnet' 이테아 비르기니카 '헨리스 가닛' 🌕

낙엽활엽관목. 줄기가 아치형으로 늘어지며 자란다.
흰색의 꽃이 길게 총상으로 피고 가을에 단풍이 붉게
물들며 −23℃까지 월동한다. ↕3m ↔ 1.5m

Itea virginica 'Henry's Garnet'
이테아 비르기니카 '헨리스 가닛' 🌕

J

Jasminum 영춘화속

Oleaceae 물푸레나무과

유럽, 아시아, 아프리카 등지에 약 200종이 분포하며
낙엽·상록, 관목·덩굴식물로 자란다. 꽃은 별 모양
으로 가지끝이나 잎겨드랑이에서 산형화서나 원추화
서로 피고 향기가 좋다.

Jasminum nudiflorum 영춘화 ●
낙엽활엽관목. 이른 봄에 개나리를 닮은 노란색 꽃이
피고 세갈래로 갈라진 녹색의 잎과 각진 녹색의
줄기가 특징이며 −21℃까지 월동한다. ↕ ↔ 3m

Jeffersonia dubia 깽깽이풀

Jeffersonia 깽깽이풀속

Berberidaceae 매자나무과

아시아, 아메리카 등지에 2종이 분포하며 다년초로
자란다. 두 개의 열편이 있는 둥근 신장형의 잎이
특징이다.

Jeffersonia dubia 깽깽이풀
낙엽다년초, 이른 봄 모여 피는 보라색 꽃이
매력적이며 −34℃까지 월동한다.
↕ 20cm ↔ 15cm

Juncus 골풀속

Juncaceae 골풀과

전 세계에 약 300종이 분포하며 다년초로 자란다.
줄기는 원통형으로 마디가 없고 꽃은 취산화서로
핀다.

Juncus effusus var. *decipiens* 골풀
낙엽다년초, 원기둥 모양의 가늘고 긴 잎이 매력적이고
물가나 습기가 많은 축축한 곳에 잘 자라며
−32℃까지 월동한다. ↕ 1.2m

Jasminum nudiflorum 영춘화 ● (수형, 꽃)

Juncus effusus var. *decipiens* 골풀

Juniperus 향나무속

Cupressaceae 측백나무과

북반구에 약 60종이 분포하며 상록, 침엽, 관목 · 교목으로 자란다. 바늘 모양의 잎에서 비늘 모양의 잎으로 자란다.

Juniperus chinensis 'Aurea' 향나무 '아우레아' ⭐

상록침엽교목, 가장자리에 새로 나오는 바늘잎이 황금색을 띠며 −37℃까지 월동한다.
↕11m ↔5m

Juniperus chinensis 'Globosa' 향나무 '글로보사'

상록침엽관목, 작고 둥글게 자라서 길 가장자리나 돌틈 등에 식재하면 좋은 효과를 연출하며 −37℃까지 월동한다. ↕↔1.5m

Juniperus chinensis 'Globosa' 향나무 '글로보사'

Juniperus chinensis 'Kaizuka' 향나무 '가이즈카' ⭐

상록침엽관목, 가지가 나사 모양으로 휘면서 자라고 전정에 강해 토피어리나 정형적인 모습으로 연출이 가능하며 −21℃까지 월동한다. ↕6m ↔3m

Juniperus chinensis 'Plumosa Aurea' 향나무 '플루모사 아우레아' ⭐

상록침엽관목, 황금색의 바늘잎이 넓게 퍼져서 깃털처럼 발달하며 −23℃까지 월동한다.
↕3m ↔4m

Juniperus chinensis var. *sargentii* 눈향나무

상록침엽관목, 회청색을 띠는 바늘잎이 특징이다. 가지는 옆으로 퍼지면서 낮게 자라며 −34℃까지 월동한다. ↕60cm ↔3m

Juniperus chinensis 'Plumosa Aurea' 향나무 '플루모사 아우레아' ⭐

Juniperus chinensis 'Aurea' 향나무 '아우레아' ⭐

Juniperus chinensis 'Kaizuka' 향나무 '가이즈카' ⭐

Juniperus chinensis var. *sargentii* 눈향나무

Juniperus chinensis 'Variegated Kaizuka'
향나무 '배리게이티드 가이즈카'

Juniperus communis 'Gold Cone' 두송 '골드 콘'

Juniperus communis 'Hibernica' 두송 '히베르니카' 🏆

Juniperus chinensis 'Variegated Kaizuka'
향나무 '배리게이티드 가이즈카'
상록침엽관목. 향나무 '가이즈카'와 비슷하지만
군데군데 크림색의 무늬가 발달하는 것이 특징이며
−21℃까지 월동한다. ↕6m ↔ 4.5m

Juniperus communis 'Effusa' 두송 '에푸사'
상록침엽관목. 쿠션형으로 넓게 퍼지면서 자라는
것이 특징이며 −29℃까지 월동한다. ↕40cm

Juniperus communis 'Gold Cone'
두송 '골드 콘'
상록침엽관목. 수형이 좁고 곧추서고 전체가 밝은
황금색을 띠며 −29℃까지 월동한다.
↕1.5m ↔ 50cm

Juniperus communis 'Hibernica'
두송 '히베르니카' 🏆
상록침엽관목. 수형이 매우 좁고 푸르며 −32℃까지
월동한다. ↕5m ↔ 1m

Juniperus communis 'Suecica Aurea'
두송 '수에키카 아우레아'
상록침엽관목. 수형이 매우 좁고 황금색을 띠며
−32℃까지 월동한다. ↕4m ↔ 1m

Juniperus communis 'Effusa' 두송 '에푸사'

Juniperus communis 'Suecica Aurea' 두송 '수에키카 아우레아'

Juniperus conferta 갯노간주

Juniperus conferta 갯노간주

상록침엽관목. 짙은 녹색의 바늘잎과 줄기가 바닥에
붙어서 자라는 것이 특징이다. 경사지 및 암석원
가장자리 피복에 적합하며 −29℃까지 월동한다.
↕30cm

Juniperus horizontalis 'Bar Harbor'
뚝향나무 '바 하버'

상록침엽관목. 바닥에 붙어 넓게 퍼지면서 자란다.
따갑지 않은 부드러운 회청색의 잎이 매력적이며
−40℃까지 월동한다. ↕30cm

Juniperus horizontalis 'Blue Mat'
뚝향나무 '블루 매트'

상록침엽관목. 방석 모양으로 낮게 자라고 파란빛을
띠는 녹색잎이 매력적이다. 겨울철 날씨가 추워지면
구릿빛 갈색으로 변하며 −40℃까지 월동한다.
↕15cm

Juniperus horizontalis 'Golden Carpet'
뚝향나무 '골든 카펫' 🏆

상록침엽관목. 낮게 퍼지면서 카펫형으로 자라고
잎에 황금색 무늬가 발달하며 −34℃까지 월동한다.
↕30cm

Juniperus horizontalis 'Mother Lode' 뚝향나무 '머더 로드'

Juniperus horizontalis 'Mother Lode'
뚝향나무 '머더 로드'

상록침엽관목. 바닥에 붙어 퍼지면서 자라고
황금색의 잎이 매력적이며 −34℃까지 월동한다.
↕15cm

Juniperus horizontalis 'Bar Harbor' 뚝향나무 '바 하버'

Juniperus horizontalis 'Blue Mat' 뚝향나무 '블루 매트'

Juniperus horizontalis 'Golden Carpet' 뚝향나무 '골든 카펫' 🏆

Juniperus × pfitzeriana 파이저향나무

Juniperus × pfitzeriana 'Pfitzeriana Aurea'
파이저향나무 '피체리아나 아우레아'

Juniperus procumbens 'Nana' 섬향나무 '나나' 🌑

Juniperus × pfitzeriana 파이저향나무
상록침엽관목. 옆으로 퍼지면서 낮게 자라며
−34℃까지 월동한다. ↕60cm ↔2m

Juniperus × pfitzeriana 'Dandelight'
파이저향나무 '덴딜라이트'
상록침엽관목. 밝은 노란색의 잎이 밝은 느낌을
주고 옆으로 퍼지면서 자라며 −34℃까지 월동한다.
↕60cm ↔2m

Juniperus × pfitzeriana 'Pfitzeriana Aurea'
파이저향나무 '피체리아나 아우레아'
상록침엽관목. 옆으로 넓게 퍼지며 자라고 전체적으로
밝은 황금색을 띠며 −34℃까지 월동한다.
↕1.5m ↔3m

Juniperus procumbens 'Nana'
섬향나무 '나나' 🌑
상록침엽관목. 바닥에 붙어 옆으로 퍼지면서 자란다.
경사면 또는 암석원 가장자리에 적합하며 −34℃까지
월동한다. ↕30cm

Juniperus rigida 노간주나무
상록침엽관목. 하늘을 향해 좁게 직립하는 수형이
특징이다. 겨울철에는 구릿빛으로 변하며 −29℃까지
월동한다. ↕6m ↔2m

Juniperus × pfitzeriana 'Dandelight' 파이저향나무 '덴딜라이트'

Juniperus rigida 노간주나무

Juniperus scopulorum 'Moonglow' 로키향나무 '문글로우'

Juniperus squamata 'Blue Star' 고산향나무 '블루 스타' 🏆

J

Juniperus scopulorum 'Moonglow'
로키향나무 '문글로우'
상록침엽관목, 하늘을 향해 곧추 자라면서 파란빛을
띠는 것이 특징이며 −34℃까지 월동한다.
↕5m ↔ 1.8m

Juniperus scopulorum 'Pathfinder'
로키향나무 '패스파인더'
상록침엽관목, 전체적으로 서리맞은 듯 파란빛이
돌고 −34℃까지 월동한다. ↕6m ↔ 2m

Juniperus squamata 'Blue Star'
고산향나무 '블루 스타' 🏆
상록침엽관목, 은청색의 침엽으로 키가 작고 둥글게
자라며 −34℃까지 월동한다. ↕40cm ↔ 1m

Juniperus squamata 'Floreant'
고산향나무 '플로리안트'
상록침엽관목, 은청색의 바늘잎은 부분적으로
노란색 무늬가 있어 눈에 띠며 −34℃까지 월동한다.
↕40cm ↔ 1m

Juniperus taxifolia 'Lutchuensis'
비단갯노간주 '루트쿠엔시스'
상록침엽관목, 바닥을 기며 자라고 질감이
부드러우며 −34℃까지 월동한다.
↕20cm ↔ 2m

Juniperus virginiana 'Grey Owl'
연필향나무 '그레이 아울'
상록침엽관목, 회청색으로 넓게 퍼지면서 자라는
수형이 특징이며 −34℃까지 월동한다.
↕1m ↔ 2m

Juniperus scopulorum 'Pathfinder' 로키향나무 '패스파인더'

Juniperus squamata 'Floreant' 고산향나무 '플로리안트'

Juniperus taxifolia 'Lutchuensis' 비단갯노간주 '루트쿠엔시스'

Juniperus virginiana 'Grey Owl' 연필향나무 '그레이 아울'

K

Kadsura 남오미자속

Schisandraceae 오미자과

아시아에 약 20종이 분포하며 상록, 덩굴식물로
자란다. 잎은 어긋나며 단엽으로 윤기가 있다.

Kadsura japonica 남오미자
상록활엽덩굴. 나무나 기둥을 의지하며 자라고
열매는 둥글게 모여서 붉게 익으며 −12℃까지
월동한다. ↕ 4m

Kadsura japonica 'Variegata'
남오미자 '바리에가타'
상록활엽덩굴. 잎에 불규칙하게 발달하는 하얀색
무늬가 특징이며 −12℃까지 월동한다. ↕ 4m

Kadsura japonica 남오미자

Kadsura japonica 'Variegata' 남오미자 '바리에가타'

Kalmia angustifolia 좁은잎칼미아 ❀

Kalmia 칼미아속

Ericaceae 진달래과

아메리카, 쿠바 등지에 약 7종이 분포하며 상록, 관목
으로 자란다. 꽃은 취산화서로 접시 모양으로 피는
점이 특징이다.

Kalmia angustifolia 좁은잎칼미아 ❀
상록활엽관목. 잎은 좁고 길쭉하다. 별사탕 모양의
진한 분홍색 꽃봉오리가 종 모양으로 피며 −18℃
까지 월동한다. ↕ 60cm ↔ 1.5m

Kalmia latifolia 칼미아
상록활엽관목. 별사탕 모양의 분홍색 꽃봉오리가
점점 연한 분홍색을 띤 흰색의 꽃으로 피며
−23℃까지 월동한다. ↕ ↔ 3m

Kalmia latifolia 'Minuet' 칼미아 '미뉴에트'
상록활엽관목. 연한 분홍색의 꽃잎 안쪽은 붉은색
무늬가 발달한다. 키가 작게 자라며 −23℃까지
월동한다. ↕ ↔ 90cm

Kalmia latifolia 'Minuet' 칼미아 '미뉴에트'

Kalmia latifolia 칼미아

Kerria japonica 'Kinkan' 황매화 '킨칸'

Kalopanax septemlobus 음나무

낙엽활엽교목, 줄기에 뾰족하고 날카로운 가시가
발달한다. 잎은 단풍나무의 잎처럼 생겼으나 보다
크고 꽃은 크림색으로 복산형화서로 피며 −34℃까지
월동한다. ↕ ↔ 10m

Kerria 황매화속

Rosaceae 장미과

중국, 일본 등지에 한 종이 분포하며 낙엽, 관목으로
자란다. 잎은 홑잎으로 어긋나기하며 가장자리에는
겹톱니가 발달한다. 꽃은 노란색으로 꽃잎이 5장이다.

Kerria japonica 'Pleniflora' 죽단화 🏆

낙엽활엽관목, 노란색의 꽃이 겹으로 피어 풍성하며
−32℃까지 월동한다. ↕ ↔ 3m

Kerria japonica 'Kinkan' 황매화 '킨칸'

낙엽활엽관목, 줄기에는 밝은 노란색 세로 줄무늬가
발달하여 겨울정원용 소재로 좋으며 −32℃까지
월동한다. ↕ ↔ 3m

Kalmia latifolia 'Sharon Rose'
칼미아 '샤론 로즈'
상록활엽관목, 분홍색의 별사탕 모양 꽃들이 가지
끝에 모여 핀다. 꽃잎 안쪽은 연한 분홍색을 띠며
−23℃까지 월동한다. ↕ ↔ 3m

Kalopanax 음나무속

Araliaceae 두릅나무과

아시아에 1종이 분포하며 낙엽, 교목으로 자란다.
잎은 어긋나며 손바닥 모양이고 산형화서의 꽃이
특징이다.

Kalmia latifolia 'Sharon Rose' 칼미아 '샤론 로즈' (수형, 꽃)

Kalopanax septemlobus 음나무

Kerria japonica 'Pleniflora' 죽단화 🏆

Kirengeshoma palmata 나도승마

Kniphofia citrina 레몬니포피아

Kniphofia ensifolia 칼잎니포피아

Kirengeshoma 나도승마속

Saxifragaceae 범의귀과

한국, 일본 등지에 1종이 분포하며 다년초로 자란다. 넓은 관 모양의 노란꽃과 취산화서가 특징이다.

Kirengeshoma palmata 나도승마

낙엽다년초, 잎은 단풍잎처럼 넓게 갈라지고 노란색으로 피는 꽃이 매력적이다. 반그늘지역에 심으면 잘 자라며 −29℃까지 월동한다.
↕ 1.2m ↔ 75cm

Kniphofia 니포피아속

Liliaceae 백합과

아프리카에 약 70종이 분포하며 낙엽·상록, 다년초로 자란다. 덩이줄기를 형성하고 관 모양의 원통형 꽃이 특징이다.

Kniphofia citrina 레몬니포피아

상록다년초, 길쭉하고 작은 꽃들이 모여 병솔 모양의 노란색 화서를 형성하며 −21℃까지 월동한다.
↕ 75cm ↔ 45cm

Kniphofia ensifolia 칼잎니포피아

상록다년초, 초여름에 병솔 모양의 주황색 꽃이 핀다. 꽃대를 흔들면 달콤한 꿀이 쏟아지며 −21℃까지 월동한다. ↕ 1.2m ↔ 60cm

Kniphofia galpinii 갤핀니포피아 🏆

상록다년초, 길쭉한 진붉은색의 작은 꽃들이 모여 병솔 모양의 화서를 형성하며 −21℃까지 월동한다.
↕ 50cm ↔ 30cm

Kirengeshoma palmata 나도승마(꽃, 전초)

Kniphofia galpinii 갤핀니포피아 🏆

Kniphofia hirsuta 'Fire Dance' 까칠니포피아 '파이어 댄스' ⑨

Kniphofia pumila 애기니포피아

Koelreuteria paniculata 모감주나무

Kniphofia hirsuta 'Fire Dance'
까칠니포피아 '파이어 댄스' ⑨
상록다년초, 길쭉한 주황색의 작은 꽃들이 모여
병솔 모양의 화서를 형성하며 −21℃까지 월동한다.
↕50cm ↔ 30cm

Kniphofia northiae 노스니포피아 ⑨
상록다년초, 주황색의 작은 꽃들이 모여 넓은 병솔
모양의 화서를 이룬다. 아래쪽부터 노란색으로
벌어지고 −21℃까지 월동한다. ↕1.5m ↔ 90cm

Kniphofia pumila 애기니포피아
상록다년초, 병솔 모양으로 아랫쪽은 노란색을 띠고
위로는 진주황색 꽃이 하늘을 향해 피며 −21℃까지
월동한다. ↕50cm ↔ 30cm

Kniphofia uvaria 우바리아니포피아
상록다년초, 길쭉한 작은 꽃들이 촛대 모양으로
화서를 형성하여 주황색으로 핀다. 화서의 윗부분이
서서히 뾰족해지며 −21℃까지 월동한다.
↕1.2m ↔ 60cm

Koelreuteria 모감주나무속
Sapindaceae 무환자나무과

한국, 중국 등지에 3종이 분포하며 낙엽, 관목·교목
으로 자란다. 잎은 깃 모양이고 꽃은 피라미드 모양의
원추화서이며 풍선처럼 부풀어지는 열매가 특징이다.

Koelreuteria paniculata 모감주나무
낙엽활엽교목, 여름철 황금색 꽃비가 내리는 듯
보이는 풍성한 꽃이 매력적이며 −26℃까지
월동한다. ↕10m ↔ 6m

Koelreuteria paniculata 'Fastigiata'
모감주나무 '파스티기아타'
낙엽활엽교목, 수형이 하늘을 향해 곧게 직립하는
특징이 있으며 −26℃까지 월동한다.
↕9m ↔ 2m

K

Kniphofia northiae 노스니포피아 ⑨

Kniphofia uvaria 우바리아니포피아

Koelreuteria paniculata 'Fastigiata' 모감주나무 '파스티기아타'

Kolkwitzia amabilis 위실(꽃, 수형)

Kolkwitzia 위실속

Caprifoliaceae 인동과

중국에 1종이 분포하며 낙엽, 관목으로 자란다. 잎은 단엽으로 마주나며 종 모양의 꽃이 특징이다.

Kolkwitzia amabilis 위실

낙엽활엽관목, 향기가 약간 있는 연한 분홍색의 꽃이 피고 개화 후 전정하면 단정한 수형을 유지할 수 있으며 −34℃까지 월동한다. ↕ 3m ↔ 4m

Kolkwitzia amabilis 'Pink Cloud'
위실 '핑크 클라우드' ❂ (수형, 꽃)

Kolkwitzia amabilis 'Pink Cloud'
위실 '핑크 클라우드' ❂
낙엽활엽관목, 원종에 비해 다소 진한 분홍색으로 개화하며 −34℃까지 월동한다. ↕ 3m ↔ 4m

L

Laburnum 금사슬나무속

Fabaceae 콩과

유럽, 서아시아 등지에 2종이 분포하며 낙엽, 교목으로 자란다. 아까시나무를 닮은 노란색의 꽃이 피고, 잎은 짧은 가지 끝에서 세 장씩 모여 달린다.

Laburnum anagyroides 금사슬나무
낙엽활엽교목, 수형이 옆으로 퍼지며 자라기 때문에 퍼걸러 장식에 적합하다. 노란색의 꽃이 아래로 늘어지며 피는 것이 아름다우며 −23℃까지 월동한다. ↕ ↔ 8m

Laburnum × *watereri* 'Vossii' 워터러금사슬나무 '보시' ♀
낙엽활엽교목, 수형이 퍼지면서 자라고 어린 가지에 털이 없다. 60cm까지 길게 늘어지는 노란색의 꽃이 아름다우며 −23℃까지 월동한다. ↕ ↔ 8m

Laburnum × *watereri* 'Vossii' 워터러금사슬나무 '보시' ♀ (수형, 꽃)

Lagerstroemia 배롱나무속

Lythraceae 부처꽃과

아시아, 유럽 등지에 약 50종이 분포하며 낙엽·상록, 관목·교목으로 자란다. 곱슬곱슬한 꽃잎, 벗겨지는 껍질이 특징이다.

Lagerstroemia fauriei 적피배롱나무
낙엽활엽교목, 울퉁불퉁한 근육질 모양의 붉은색 수피가 매력적으로 겨울정원 소재로 이용하기 적합하다. 여름철 흰색의 꽃도 아름다우며 −18℃까지 월동한다. ↕ ↔ 8m

Lagerstroemia indica 배롱나무 ♀
낙엽활엽교목, 넓게 퍼져서 자라고 여름철에 진한 분홍색의 꽃이 핀다. 수피는 회색 혹은 연한 갈색으로 매끄럽게 벗겨지며 −18℃까지 월동한다. ↕ ↔ 8m

Lagerstroemia limii 림배롱나무
낙엽활엽관목, 여름철 분홍색의 꽃이 피고 가을철 단풍이 붉게 물들어 아름답다. 수피가 세로로 거칠게 갈라지는 것이 특징이며 −18℃까지 월동한다. ↕ ↔ 3.5m

Lagerstroemia subcostata 남방배롱나무
낙엽활엽교목, 수피의 껍질이 벗겨지면서 밝은 흰색 또는 연한 갈색을 띠는 것이 매력적이다. 여름철 흰색의 꽃이 피며 −18℃까지 월동한다. ↕ ↔ 8m

Lagerstroemia fauriei 적피배롱나무

Lagerstroemia limii 림배롱나무

Lagerstroemia subcostata 남방배롱나무

Lagerstroemia indica 배롱나무 🌱

Larix decidua 'Corley' 유럽잎갈나무 '콜리' (수형, 잎)

Larix 잎갈나무속

Pinaceae 소나무과

북반구에 약 14종이 분포하며 낙엽, 침엽, 교목으로 자란다. 가는 잎이 여러 개 모여서 총생으로 달린다.

Larix decidua 'Corley' 유럽잎갈나무 '콜리'
낙엽침엽관목. 낮고 둥글게 자라고 신초가 연한 녹색을 띤다. 사방으로 분지하면서 자라며 −35℃ 까지 월동한다. ↕ ↔ 1m

Laurus 월계수속

Lauraceae 녹나무과

지중해에 2종이 분포하며 상록, 관목·교목으로 자란다. 잎은 어긋나며 향기가 있고 암수딴그루이다.

Laurus nobilis 월계수 🏵
상록활엽교목. 잎을 으깨면 진한 향기가 난다. 크림색의 꽃은 잎겨드랑이에 자잘하게 모여 핀다. 열매는 둥글고 검게 익으며 −18℃까지 월동한다. ↕ 12m ↔ 10m

Laurus nobilis 월계수 🏵 (수형, 꽃)

Lavandula 라벤더속

Lamiaceae 꿀풀과

카나리아제도, 지중해, 아프리카, 인도 등지에 약 25종 이 분포하며 상록, 관목으로 자란다. 꽃은 향기롭고 길쭉한 꽃줄기를 가진 수상화서가 특징이다.

Lavandula angustifolia 라벤더
상록활엽관목. 지면에서 많은 잔가지를 반원형으로 내어 수형이 둥글게 자란다. 보라색의 꽃은 긴 줄기에 마주나면서 피며 −18℃까지 월동한다. ↕ 1m ↔ 1.2m

Lavandula angustifolia 라벤더

Lavandula stoechas 프렌치라벤더

Lavandula stoechas 'Anouk' 프렌치라벤더 '아누크'

Lavandula pedunculata subsp. *pedunculata* 버터플라이라벤더

Lavandula stoechas 프렌치라벤더

상록활엽관목, 꽃은 꽃봉오리 끝에서 네 개의 보라색
꽃잎이 달리고 잎은 가늘고 짧으며 은회색을 띤다.
−18℃까지 월동한다.   ↕ ↔ 90cm

Lavandula stoechas 'Anouk'
프렌치라벤더 '아누크'

상록활엽관목, 꽃은 꽃봉오리 끝에서 네 개의 보라색
꽃잎이 달리고 잎은 가늘고 짧으며 은회색을 띤다.
−18℃까지 월동한다.   ↕ ↔ 60cm

Lavandula pedunculata subsp. *pedunculata*
버터플라이라벤더

상록활엽관목, 긴 줄기 끝에 꽃덩어리를 형성하여
상부로 올라가며 핀다. 화서끝에 발달하는 긴 꽃잎은
분홍색이며 −9℃까지 월동한다.   ↕ ↔ 60cm

Lemmaphyllum 콩짜개덩굴속

Polypodiaceae 고란초과

동북아시아, 히말라야 등지에 약 10종이 분포하며
양치식물이다. 뿌리줄기는 가늘고 옆으로 길게 벋고
가장자리가 밋밋하거나 털이 있으며 잎자루는 마디가
있으며 뿌리줄기와 연결된다.

Lemmaphyllum microphyllum 콩짜개덩굴

Lemmaphyllum microphyllum 콩짜개덩굴

상록다년초, 둥글고 윤기나는 콩 모양의 납작한 잎이
매력적이며 바위나 나무줄기를 타고 자란다.
포자엽은 곤봉 모양으로 길게 달리며 −12℃까지
월동한다.   ↕ 5cm

Leontopodium 솜다리속

Asteraceae 국화과

유럽, 아시아 등지에 약 35종이 분포하며 다년초로
자란다. 잎은 단엽으로 털이 많으며 취산화서가
특징이다.

Leontopodium alpinum 에델바이스

Leontopodium japonicum 왜솜다리

Leontopodium alpinum 에델바이스

낙엽다년초, 키가 작고 전체에 솜털이 덮여 있다.
서늘하고 시원한 곳에 적합하며 −40℃까지
월동한다.   ↕ 20cm ↔ 10cm

Leontopodium japonicum 왜솜다리

낙엽다년초, 흰털로 덮힌 꽃받침잎이 매력적이고
암석원에 좋으며 −40℃까지 월동한다.
↕ 50cm ↔ 30cm

Leontopodium leiopepis 산솜다리

낙엽다년초, 전초가 흰잔털로 덮여있다. 흰색의
꽃받침 잎이 두드러지고 균일하게 자라며 −40℃까지
월동한다.   ↕ 20cm ↔ 10cm

Leontopodium leiopepis 산솜다리

L

Leonurus japonicus 익모초

Leonurus 익모초속

Lamiaceae 꿀풀과

유럽, 아시아, 뉴질랜드, 하와이, 칼레도니아, 북, 남아메리카 등지에 약 20종이 분포하며 낙엽다년초로 자란다. 잎은 대생하고 위아래로 교차하며 줄기단면은 네모로 각진다. 잎겨드랑이 사이에 꽃이 돌려나며 보라색, 분홍색으로 핀다.

Leonurus japonicus 익모초
낙엽다년초, 잎은 가늘고 길며 세 갈래로 끝이 깊게 갈라진다. 꽃은 줄기 상부의 잎겨드랑이에서 층층이 모여 피며 -34℃까지 월동한다. ↕80cm

Leonurus macranthus 송장풀
낙엽다년초, 잎은 장타원형으로 거치가 두드러지고 꽃은 잎겨드랑이에서 분홍색으로 피는데 겉에는 흰잔털로 덮여 있으며 -34℃까지 월동한다. ↕1.2m

Leonurus macranthus 송장풀

Leucanthemum × *superbum* 샤스타데이지(꽃, 수형)

Leucanthemum 샤스타데이지속

Asteraceae 국화과

유럽과 아시아에 약 26종이 분포하며 잎은 호생하고 거치가 있으며 데이지꽃을 닮은 흰색 혹은 노란색으로 꽃이 핀다.

Leucanthemum × *superbum* 샤스타데이지
낙엽다년초, 가늘고 뾰족한 잎이 달리며 거치가 있다. 꽃은 긴 줄기 끝에서 흰색으로 한 송이씩 피며 -32℃까지 월동한다. ↕90cm ↔60cm

Leucanthemum × *superbum* 'Snow Lady' 샤스타데이지 '스노우 레이디'
낙엽다년초, 키가 작고 촘촘하게 모여 자란다. 흰색의 꽃은 짧은 줄기 끝에서 다른 종에 비해 빨리 피며 -32℃까지 월동한다. ↕45cm ↔30cm

Leucanthemum × *superbum* 'Snow Lady' 샤스타데이지 '스노우 레이디'

Leucojum 은방울수선속

Liliaceae 백합과

유럽, 코카서스, 터키, 이란 등지에 약 10종이 분포하며 구근으로 자란다. 매달린 종 모양의 꽃이 피고 아키스(*Acis*)속과 가까운 관계이다.

Leucojum aestivum 은방울수선
구근다년초, 초롱꽃 모양의 흰색 꽃이 피며 꽃잎 끝에 발달하는 초록색 손톱 모양 무늬가 매력적이다. 반그늘에서 잘 자라고 군락식재하여 야생화원으로 연출하기 적합하며 -34℃까지 월동한다.
↕60cm ↔80cm

Leucojum vernum 봄은방울수선 🌱
구근다년초, 초롱꽃 모양의 흰색 꽃잎 끝에 연녹색의 반점이 있고 키가 작게 자라며 -34℃까지 월동한다.
↕30cm ↔50cm

Leucojum aestivum 은방울수선

Leucojum vernum 봄은방울수선 🌱

Leucothoe axillaris 레우코토이 악실라리스

Leucothoe walteri 레우코토이 왈테리

Leucothoe 레우코토이속

Ericaceae 진달래과

아시아, 아메리카, 마다가스카르 등지에 50종이 분포
하며 상록·낙엽, 활엽, 관목으로 자란다. 잎겨드랑이
에서 종 모양의 꽃이 흰색으로 총생하며 핀다.

Leucothoe axillaris 레우코토이 악실라리스
상록활엽관목. 잎에 윤기가 나고 잔털이 있으며 새로
자라는 줄기는 말단근처의 잎겨드랑이에서 종 모양의
흰꽃이 총생으로 피며 −23℃까지 월동한다.
↕ 1.2m ↔ 1.5m

Leucothoe fontanesiana 'Rainbow'
레우코토이 폰타네시아나 '레인보우'
상록활엽관목. 잎에 크림색 무늬가 불규칙적으로
발달하며 추운 계절에는 무늬부분이 붉은색을 띤다.
꽃은 길쭉한 종 모양의 흰색으로 피며 −21℃까지
월동한다. ↕ ↔ 1.5m

Leucothoe keiskei 레우코토이 케이스케이
상록활엽관목. 잎에 광택이 두드러지며 흰색의 꽃이
종 모양으로 피고 −29℃까지 월동한다. ↕ ↔ 1.2m

Leucothoe keiskei 레우코토이 케이스케이

Leucothoe walteri 레우코토이 왈테리
상록활엽관목. 잎에 잔털이 있고 광택이 있다. 작은
꽃들이 길게 다발로 달리며 −15℃까지 월동한다.
↕ ↔ 1.5m

Lewisia 레위시아속

Portulacaceae 쇠비름과

아메리카에 약 20종이 분포하며 낙엽·상록, 다년초로
자란다. 잎은 다육질이고 근경이 발달하며 깔때기
모양의 꽃이 특징이다.

Lewisia 'Little Plum' 레위시아 '리틀 플럼'
낙엽다년초. 꽃은 분홍색 별 모양으로 핀다. 잎은 좁고
길며 다육질이다. 시원하고 배수가 잘되는 곳에서 잘
자라며 −34℃까지 월동한다. ↕ 15cm

Leucothoe fontanesiana 'Rainbow' 레우코토이 폰타네시아나 '레인보우'

Lewisia 'Little Plum' 레위시아 '리틀 플럼'

Liatris spicata 리아트리스 스피카타

Liatris 리아트리스속

Asteraceae 국화과

아메리카에 약 40종이 분포하며 다년초로 자란다. 잎은 선형이고 꽃은 총상화서로 위에서 부터 아래로 피는 특징이 있다.

Liatris spicata 리아트리스 스피카타
낙엽다년초, 6~7월경에 개화하는 꽃은 보라색으로 병솔 모양이고 줄기 끝에서 부터 피어 내려온다. 잎은 가늘고 길며 −37℃까지 월동한다.
↕ 1.2m ↔ 45cm

Liatris spicata 'Kobold'
리아트리스 스피카타 '코볼드'
낙엽다년초, 키가 작고 병솔 모양의 보라색 꽃이 피며 −37℃까지 월동한다. ↕ 60cm ↔ 45cm

Ligularia dentata 'Othello' 여름곰취 '오셀로'

Ligularia 곰취속

Asteraceae 국화과

아시아, 유럽 등지에 약 150종이 분포하며 다년초로 자란다. 잎은 콩팥 모양이고 데이지를 닮은 노란색 혹은 주황색 두상화서가 특징이다.

Ligularia dentata 'Othello' 여름곰취 '오셀로'
낙엽다년초, 잎은 자줏빛을 띤 녹색이고 꽃줄기가 검붉은색을 띠며 −34℃까지 월동한다. ↕ 1m

Ligularia fischeri 곰취
낙엽다년초, 잎은 둥그런 심장 모양으로 넓고 거치가 발달하며 꽃은 밝은 노란색이다. 반그늘의 비옥한 곳에서 잘 자라며 −34℃까지 월동한다. ↕ 90cm

Liatris spicata 'Kobold' 리아트리스 스피카타 '코볼드'

Ligularia fischeri 곰취(꽃, 전초)

Ligularia przewalskii 프르제발스키곰취

Ligularia przewalskii 프르제발스키곰취
낙엽다년초, 잎의 가장자리에 결각이 깊게 발달한다.
꽃대는 자주색으로 길게 자라고 꽃대 전체에 밝은
노란색의 꽃이 피며 −34℃까지 월동한다.
↕2m ↔ 1m

Ligularia taquetii 갯취
낙엽다년초, 전체에 흰색의 잔털이 발달하여 회백색을
띤다. 화서는 길게 자라고 화서 끝에서 노란색 꽃이
피며 −23℃까지 월동한다. ↕1m

Ligularia 'The Rocket' 곰취 '더 로켓' ⚘
낙엽다년초, 잎이 코끼리 귀처럼 크고 가장자리에
결각이 크게 발달하며 −34℃까지 월동한다.
↕1.8m

Ligularia taquetii 갯취

Ligularia 'The Rocket' 곰취 '더 로켓' ⚘

Ligustrum 쥐똥나무속

Oleaceae 물푸레나무과

유럽, 아프리카, 히말라야, 아시아, 호주 등지에 약 50
종이 분포하며 낙엽 · 반상록 · 상록, 관목으로 자란다.
잎은 마주나며 광택이 있고 꽃은 원추화서로 네 개의
열편으로 된 관 모양의 꽃이 피며 구형의 열매가
달린다.

Ligustrum japonicum 광나무
상록활엽관목, 잎은 광이 나는 타원 모양이고 늦봄에서
초여름 개화하는 하얀색 꽃의 향기가 좋다.
꽃이 핀 자리에는 검은색 둥근 열매가 달리며
−15℃까지 월동한다. ↕3m ↔ 2.5m

Ligustrum japonicum 광나무

Ligustrum japonicum 'Rotundifolium' 둥근잎광나무

Ligustrum japonicum 'Rotundifolium' 둥근잎광나무
상록활엽관목, 수형이 둥글고 마디가 짧게 자란다.
광택이 있는 잎은 둥글고 짧으며 −15℃까지
월동한다. ↕1.5m ↔ 1m

Ligustrum lucidum 'Excelsum Superbum' 제주광나무 '엑셀숨 수페르붐' ⚘
상록활엽관목, 잎 가장자리에 불규칙적인 황금색
무늬가 발달하며 양지바른 곳에서 잘자란다. 전정에
강해 생울타리로 적합하고 무늬가 있는 잎은 밝은
분위기를 연출하며 −15℃까지 월동한다.
↕ ↔ 8m

L

Ligustrum lucidum 'Excelsum Superbum'
제주광나무 '엑셀숨 수페르붐' ⚘

Ligustrum obtusifolium 쥐똥나무

Ligustrum sinense 'Variegata' 중국쥐똥나무 '바리에가타'

Ligustrum obtusifolium 쥐똥나무
낙엽활엽관목. 하얀색으로 피는 작은 꽃의 향기가
좋다. 둥글게 달리는 검정색 열매는 마치 쥐의 똥을
연상시킬 만큼 닮았다. 전정에 강해 생울타리로 많이
이용하고 있으며 −34℃까지 월동한다.
↕ 3m ↔ 4m

Ligustrum ovalifolium 'Aureum'
왕쥐똥나무 '아우레움' 🏆
상록활엽관목. 잎 가장자리에 발달하는 밝은 황금색
무늬가 아름답다. 전정에 강해 생울타리나 여러 모양
을 만드는 토피어리용으로도 좋으며 −15℃까지
월동한다. ↕ ↔ 4m

Ligustrum sinense 'Variegata'
중국쥐똥나무 '바리에가타'
반상록활엽관목. 잎 가장자리에 흰색 또는
아이보리색의 무늬가 발달하고 약간 그늘진 곳에서
잘 자라며 −23℃까지 월동한다. ↕ ↔ 4m

Ligustrum undulatum
'Lemon Lime and Clippers'
주름쥐똥나무 '레몬 라임 앤드 클리퍼스'
상록활엽관목. 황금색의 잎은 작고 가장자리가
물결치듯 주름이 있다. 양지바른곳에 생울타리로
적합하며 −18℃까지 월동한다. ↕ ↔ 2m

Ligustrum ovalifolium 'Aureum' 왕쥐똥나무 '아우레움' 🏆 (수형, 잎)

Ligustrum undulatum 'Lemon Lime and Clippers'
주름쥐똥나무 '레몬 라임 앤드 클리퍼스'

Lilium 백합속

Liliaceae 백합과

유럽, 아시아, 아메리카 등지에 약 100종이 분포하며 다육질의 비늘로 이루어진 구근으로 자란다.
꽃은 깔때기 모양이고 열매는 세 개로 분리된 삭과에서 납작하고 종이 같은 종자가 발달한다.

Lilium amabile 털중나리
구근다년초, 주황색 꽃잎에 검은 반점이 중앙쪽으로 발달한다. 잎에 털이 많은 특징이 있으며 −29℃까지 월동한다. ↕90cm

Lilium 'Casa Blanca' 나리 '카사 블랑카' 🏆
구근다년초, 꽃은 흰색으로 크게 피고 향기가 좋다. 꽃밥은 진한 갈색을 띠며 −21℃까지 월동한다.
↕1.2m

Lilium 'Black Beauty' 나리 '블랙 뷰티'

Lilium 'Black Out' 나리 '블랙 아웃'

Lilium cernuum 솔나리
구근다년초, 연한 분홍색으로 피는 꽃이 아름답고 잎은 솔잎처럼 가늘어 부드러운 느낌이며 −40℃까지 월동한다. ↕60cm

Lilium concolor 하늘나리
구근다년초, 주황색으로 피는 꽃은 하늘을 보며 벌어지고 −34℃까지 월동한다. ↕90cm

Lilium cernuum 솔나리

Lilium concolor 하늘나리

Lilium amabile 털중나리

Lilium 'Busseto' 나리 '부세토'

Lilium 'Casa Blanca' 나리 '카사 블랑카' 🏆

Lilium 'Canberra' 나리 '캔버라'

Lilium 'Chill Out' 나리 '칠 아웃'

L

Lilium Citronella Group 나리 시트로넬라 그룹

Lilium 'Cobra' 나리 '코브라'

Lilium distichum 말나리

구근다년초. 꽃은 연한 주황색으로 앞을 보며 핀다.
잎은 줄기에 돌려나며 −34℃까지 월동한다. ↕1m

Lilium formosanum 대만백합

구근다년초. 순백색 긴 나팔 모양의 꽃이 피고
바깥쪽은 꽃잎을 따라 진분홍색 줄무늬가 발달한다.
향기가 좋으며 −29℃까지 월동한다. ↕1.5m

Lilium 'Dizzy' 나리 '디지'

Lilium distichum 말나리

Lilium dauricum 날개하늘나리

Lilium 'Edith' 나리 '에디스'

Lilium 'Enchantment' 나리 '인챈트먼트'

Lilium formosanum 대만백합

Lilium 'Giraffe' 나리 '지라프'

Lilium hansonii 섬말나리

Lilium hansonii 섬말나리

구근다년초. 진노랑색으로 피는 꽃잎에 붉은색 반점이
발달한다. 잎은 줄기에 돌려나며 −21℃까지
월동한다. ↕1.5m

Lilium henryi 헨리나리 🌐

구근다년초. 꽃은 주황색으로 꽃잎의 끝부분이 뒤로
활짝 말리듯이 핀다. 꽃잎에는 붉은색 반점이 돌출된
융모처럼 발달하며 −21℃까지 월동한다. ↕2.4m

Lilium henryi 헨리나리 🌐

Lilium 'King Pete' 나리 '킹 피트'

Lilium 'Lemon Pixie' 나리 '레몬 픽시'

Lilium 'Matrix' 나리 '매트릭스'

Lilium 'Lombardia' 나리 '롬바르디아'

Lilium 'Mero Star' 나리 '메로 스타'

Lilium lancifolium 참나리(꽃,전초)

Lilium martagon 마르타곤나리 ⓨ

Lilium 'Montreux' 나리 '몽트뢰'

Lilium lancifolium 참나리
구근다년초, 꽃은 주황색으로 꽃잎이 뒤로 말리고
전체에 갈색 반점이 발달한다. 잎겨드랑이에는 콩알
같은 주아가 달리며 −21℃까지 월동한다. ↕ 1.5m

Lilium martagon 마르타곤나리 ⓨ
구근다년초, 분홍색 꽃잎 안쪽에 적갈색의 반점이
있으며 −43℃까지 월동한다. ↕ 2m

Lilium 'Marie North' 나리 '마리 노스'

Lilium 'Moonlight' 나리 '문라이트'

Lilium lancifolium 'Flore Pleno' 참나리 '플로레 플레노'

Lilium 'Matisse' 나리 '마티스'

Lilium 'Peggy North' 나리 '페기 노스'

Lilium regale 리갈백합 🌀

Lilium 'Sorbonne' 나리 '소르본'

Lilium 'Vermeer' 나리 '페르메이르'

Lilium 'Roter Cardinal' 나리 '로터 카디널'

Lilium 'Sun Ray' 나리 '선 레이'

Lilium 'Vico Queen' 나리 '비코 퀸'

Lilium regale 리갈백합 🌀
구근다년초. 꽃은 긴 나팔 모양으로 흰색이고
바깥쪽은 연한 자주색을 띠며 −20℃까지 월동한다.
↕ 2m

Lilium tsingtauense 하늘말나리
구근다년초. 꽃은 주황색으로 반점이 있고 하늘을
향해 꽃이 핀다. 잎은 돌려나며 −29℃까지
월동한다. ↕ 1m

Lilium 'Sweet Surrender' 나리 '스위트 서렌더'

Lilium 'White Triumph' 나리 '화이트 트라이엄프'

Lilium 'Serrada' 나리 '세라다'

Lilium tsingtauense 하늘말나리

Lilium Yellow Blaze Group 나리 옐로 블레이즈 그룹

Lilium 'Sheila' 나리 '실라'

Lilium 'Tresor' 나리 '트레조'

Lilium 'Yelloween' 나리 '옐로윈'

Linaria aeruginea 'Neon Lights' 노변해란초 '네온 라이츠'

Linaria 해란초속

Scrophulariaceae 현삼과

온대, 지중해 등지에 약 100종이 분포하며 일년초·
이년초·다년초로 자란다. 2개의 꽃잎으로 된 입술
모양의 꽃은 총상화서로 피는 특징이 있다.

Linaria aeruginea 'Neon Lights'
노변해란초 '네온 라이츠'
낙엽다년초, 흰색, 노란색 부터 분홍색, 붉은색까지
다양한 색의 꽃이 둥그런 모양의 수형에서 많이 피며
−26℃까지 월동한다. ↕20cm ↔30cm

Linaria japonica 해란초

Linaria alpina 고산해란초
낙엽다년초, 잎은 은청색을 띠고 보라색의 꽃은 토끼
모양으로 아래쪽에 주황색 밥풀 모양의 무늬가 있으며
−34℃까지 월동한다. ↕8cm ↔15cm

Linaria japonica 해란초
낙엽다년초, 꽃은 연한 노란색이고 꽃의 중심부는
주황색을 띤다. 바닷가 모래밭 등에서 주로 자생하며
−34℃까지 월동한다. ↕15cm ↔20cm

Linaria vulgaris 좁은잎해란초
낙엽다년초, 식물체가 곧추서고 잎은 가늘고 길다.
꽃은 크림색으로 중심부에는 진노란색을 띠며
−34까지 월동한다. ↕75cm ↔30cm

L

Linaria alpina 고산해란초(꽃, 전초)

Linaria vulgaris 좁은잎해란초

Lindera erythrocarpa 비목나무

Lindera 생강나무속

Lauraceae 녹나무과

아시아, 아메리카 등지에 약 80종이 분포하며
낙엽·상록, 관목·교목으로 자란다. 잎은 어긋나며
세 개의 열편으로 갈라지고 으깨면 진한 향기가 나는
특징이 있다.

Lindera erythrocarpa 비목나무
낙엽활엽교목, 가을철 노랗게 물드는 단풍과 붉게
익는 열매가 아름답고 수피는 조각으로 벗겨지며
−34℃까지 월동한다. ↕ 6m ↔ 3.5m

Lindera glauca 감태나무
낙엽활엽관목, 주황색 혹은 붉은색의 가을철 단풍이
아름답고 잎들이 이듬해 봄까지 줄기에 매달려 있어
겨울철에 관상가치가 있으며 −26℃까지 월동한다.
↕ 3.5m ↔ 2m

Lindera obtusiloba 생강나무 ❁
낙엽활엽관목, 이른 봄에 노랗게 모여 피는 꽃이
아름답다. 오리발처럼 갈라진 넓은 잎은 가을철
노란색으로 단풍이 들며 −34℃까지 월동한다.
↕ ↔ 6m

Lindera obtusiloba 생강나무 ❁ (가을, 봄)

Lindera erythrocarpa 비목나무

Lindera glauca 감태나무

Linum perenne 푸른아마

Linum 아마속

Linaceae 아마과

온대지역에 약 200종이 분포하며 낙엽·상록, 이년초·다년초, 관목으로 자란다. 접시 모양의 광택이 나는 꽃은 다섯 개의 꽃잎으로 이루어진 원추화서이고 개화기간이 긴 것이 특징이다.

Linum perenne 푸른아마
낙엽다년초, 꽃은 푸른빛의 광택이 있고 잎은 가늘다. 건조에 강해 암석원이나 척박지에서 잘 자라며 −34℃까지 월동한다.　↕60cm ↔ 45cm

Liquidambar formosana 풍나무(수형, 잎)

Liquidambar 풍나무속

Hamamelidaceae 조록나무과

아시아, 아메리카, 멕시코 등지에 약 4종이 분포하며 낙엽, 교목으로 자란다. 으깨면 달콤한 껌향기가 나는 손바닥 모양의 잎과 두상화서가 특징이다.

Liquidambar formosana 풍나무
낙엽활엽교목, 손바닥 모양의 잎은 결각이 깊게 세갈래로 갈라진다. 가을철 단풍이 적색 또는 노란색으로 곱게 물들며 −21℃까지 월동한다.
↕18m ↔ 10m

Liquidambar styraciflua 미국풍나무
낙엽활엽교목, 가을철 붉은색에서 노란색까지 다양하게 물드는 잎이 아름답고 가지와 줄기에는 코르크질이 두껍게 발달하며 −29℃까지 월동한다.
↕25m ↔ 12m

Liquidambar styraciflua 미국풍나무(수형, 잎)

L

Linum perenne 푸른아마

Liquidambar styraciflua 'Festival' 미국풍나무 '페스티벌'

Liquidambar styraciflua 'Lollipop' 미국풍나무 '롤리팝'

Liquidambar styraciflua 'Festival'
미국풍나무 '페스티벌'
낙엽활엽교목, 수형이 하늘을 향게 곧고 좁게 자라는 점이 특징이다. 원종보다 가지에 코르크질이 많이 발달하지 않고 가을철 단풍이 노란색에서 주황색으로 물들며 −29℃까지 월동한다. ↕15m ↔ 6m

Liquidambar styraciflua 'Kirsten'
미국풍나무 '커스틴'
낙엽활엽교목, 원종에 비해 전체적으로 작고 단정하게 자라는 점이 특징으로 잎도 작으며 −29℃까지 월동한다. ↕6m ↔ 3m

Liquidambar styraciflua 'Lollipop'
미국풍나무 '롤리팝'
낙엽활엽관목, 공처럼 둥근 수형으로 가지가 촘촘하고 단정하게 자란다. 가을철 주황색 단풍이 아름다우며 −29℃까지 월동한다. ↕↔ 3m

Liquidambar styraciflua 'Rotundiloba'
미국풍나무 '로툰딜로바'
낙엽활엽교목, 잎이 오리발처럼 둥글둥글하고 가장자리의 거치가 둔하며 −29℃까지 월동한다. ↕21m ↔ 9m

Liquidambar styraciflua 'Silver King' 미국풍나무 '실버 킹'

Liquidambar styraciflua 'Silver King'
미국풍나무 '실버 킹'
낙엽활엽교목, 잎 가장자리에 크림색의 무늬가 발달하며 −29℃까지 월동한다. ↕15m ↔ 8m

Liquidambar styraciflua 'Thea'
미국풍나무 '테아'
낙엽활엽교목, 수형은 넓게 퍼진 원추형으로 가을철 어두운 붉은색으로 단풍이 든다. 가지에는 화살깃 모양의 코르크가 크게 발달하며 −29℃까지 월동한다. ↕8m ↔ 3m

Liquidambar styraciflua 'Kirsten' 미국풍나무 '커스틴'
(수형, 잎)

Liquidambar styraciflua 'Rotundiloba' 미국풍나무 '로툰딜로바'

Liquidambar styraciflua 'Thea' 미국풍나무 '테아'

Liquidambar styraciflua 'Variegata' 미국풍나무 '바리에가타'

Liquidambar styraciflua 'Variegata'
미국풍나무 '바리에가타'
낙엽활엽교목. 다섯 갈래로 갈라진 잎에 발달하는
불규칙적인 노란색 무늬가 아름답고 −29℃까지
월동한다. ↕24m ↔ 12m

Liquidambar styraciflua 'Worplesdon'
미국풍나무 '워플스던' 🏆
낙엽활엽교목. 수형은 깔끔한 원추형으로 자라고
가을철 붉은색으로 단풍이 들며 −29℃까지
월동한다. ↕15m ↔ 12m

Liquidambar styraciflua 'Worplesdon'
미국풍나무 '워플스던' 🏆

Liriodendron tulipifera 백합나무 🏆 (수형, 꽃)

Liriodendron 백합나무속

Magnoliaceae 목련과

중국, 베트남, 북아메리카 등지에 2종이 분포하며
낙엽, 교목으로 자란다. 튤립 모양의 꽃이 피며
플라타너스의 잎 끝을 절단한 것처럼 생긴 잎이
특징이다.

Liriodendron tulipifera 백합나무 🏆
낙엽활엽교목. 튤립 모양의 연두빛을 띠는 노란색
꽃이 피고 가을철 노란색 단풍이 매력적이며 −34℃
까지 월동한다. ↕30m ↔ 15m

Liriodendron tulipifera 'Aureomarginatum'
백합나무 '아우레오마르기나툼' 🏆

Liriodendron tulipifera 'Aureomarginatum'
백합나무 '아우레오마르기나툼' 🏆
낙엽활엽교목. 봄철 잎 가장자리의 황금색 무늬가
매력적이다. 잎의 무늬는 여름철 부터 점차 옅어지고
가을철 단풍은 노란색이며 −34℃까지 월동한다.
↕20m ↔ 10m

Liriodendron tulipifera 'Fastigiatum'
백합나무 '파스티기아툼'
낙엽활엽교목. 수형이 하늘을 향해서 곧고 수관폭이
좁게 자라며 −34℃까지 월동한다.
↕20m ↔ 8m

Liriodendron tulipifera 'Fastigiatum' 백합나무 '파스티기아툼'

L

Liriope muscari 맥문동

Liriope spicata 'Gin-ryu' 개맥문동 '긴류'

Liriope 맥문동속

Liliaceae 백합과

한국, 중국, 대만, 일본 등지에 약 6종이 분포하며
상록 · 반상록, 다년초로 자란다. 벼과식물처럼 긴 잎과
꽃줄기에 작은 별 모양의 꽃이 피고 열매는 검은색
으로 동그랗게 익는다.

Liriope muscari 맥문동
상록다년초, 잎은 진한 녹색으로 길고 꽃은 긴
꽃줄기에서 보라색으로 핀다. 열매는 겨울철 검고
둥글게 익으며 −34℃까지 월동한다. ↕↔ 50cm

Liriope muscari 'Variegata' 맥문동 '바리에가타'
상록다년초, 잎 가장자리에 밝은 노란색의 무늬가
발달하고 보라색 꽃이 피며 −34℃까지 월동한다.
↕ 40cm ↔ 45cm

Liriope spicata 'Gin-ryu' 개맥문동 '긴류'
상록다년초, 잎 가장자리에 흰색 무늬가 발달하고
땅속으로 줄기가 뻗으면서 자라며 −34℃까지
월동한다. ↕ 25cm ↔ 45cm

Lobelia 숫잔대속

Campanulaceae 초롱꽃과

아메리카에 약 370종이 분포하며 일년초 · 다년초,
관목으로 자란다. 꽃잎이 아래는 세 갈래, 위는
두 갈래로 갈라지는 특징이 있다.

Lobelia siphilitica 태청숫잔대
낙엽다년초, 작은 꽃은 파란빛을 띠는 보라색으로
늦여름 혹은 초가을에 피며 −32℃까지 월동한다.
↕ 1.2m ↔ 30cm

Liriope muscari 'Variegata' 맥문동 '바리에가타'

Lobelia siphilitica 태청숫잔대(전초, 꽃)

Lobelia × speciosa 까치숫잔대

Lobelia x speciosa 까치숫잔대
낙엽다년초. 꽃은 진한 보라색이고 아래 꽃잎에
흰색 밥알같은 무늬가 있으며 −26℃까지 월동한다.
↕ 1.2m ↔ 30cm

Lobelia sessilifolia 숫잔대
낙엽다년초. 꽃은 진한 보라색으로 아래 꽃잎에
얼룩 무늬가 있고 습지나 연못가에 식재하면 잘
자라며 −26℃까지 월동한다. ↕ 1.2m ↔ 30cm

Lonicera caerulea var. edulis 댕댕이나무

Lonicera 인동속

Caprifoliaceae 인동과

북반구에 약 180종이 분포하며 낙엽 · 상록, 관목 ·
덩굴식물로 자란다. 긴 통꽃이 끝에서 갈라지고
향기가 좋다.

Lonicera caerulea var. edulis 댕댕이나무
낙엽활엽관목. 꽃은 크림색으로 피고 길쭉한 열매는
진한 보라빛을 띤 검정색이며 −43℃까지 월동한다.
↕ 1.5m ↔ 1.2m

Lonicera harae 길마가지나무
낙엽활엽관목. 향기가 좋은 꽃은 크림색 혹은 연한
분홍색으로 이른 봄부터 피고 타원형의 붉은 열매가
두 개씩 달린다. 작은 가지에는 잔 가시처럼 강모가
발달하며 −40℃까지 월동한다. ↕ 2m ↔ 1.5m

Lonicera japonica 인동덩굴

Lonicera japonica 인동덩굴
낙엽활엽덩굴. 나무나 바위를 타고 오른다. 꽃은
흰색으로 개화하여 차츰 노란색으로 변하고 향기가
좋으며 −34℃까지 월동한다. ↕ 10m

Lonicera maackii 괴불나무
낙엽활엽관목. 줄기 마디마디에서 순백색의 꽃이
모여서 핀다. 가을철 붉고 윤기나는 둥근 열매가
매력적으로 달리며 −37℃까지 월동한다. ↕ ↔ 5m

L

Lobelia sessilifolia 숫잔대

Lonicera harae 길마가지나무(열매, 꽃)

Lonicera maackii 괴불나무(열매, 꽃)

Lonicera periclymenum 'Serotina' 유럽인동 '세로티나' ⓨ
(수형, 꽃)

Lonicera similis var. *delavayi* 드라베인동 ⓨ (수형, 꽃)

Lonicera vesicaria 구슬댕댕이(열매, 꽃)

Lonicera periclymenum 'Serotina'
유럽인동 '세로티나' ⓨ
낙엽활엽덩굴. 꽃의 바깥쪽은 진한 붉은색, 안쪽은
옅은 노란색 또는 크림색을 띠며 −26℃까지
월동한다. ↕7m

Lonicera praeflorens 올괴불나무
낙엽활엽관목. 이른 봄 잎보다 먼저 보라색의 수술이
매력적인 연분홍색 꽃이 피고 −34℃까지 월동한다.
↕1.5m ↔1.2m

Lonicera similis var. *delavayi*
드라베인동 ⓨ
낙엽활엽덩굴. 바위나 나무를 타고 오르면서
자란다. 꽃은 긴 나팔 모양으로 흰색에서 점차
노란색으로 변하며 −18℃까지 월동한다. ↕8m

Lonicera tatarica 'Hack's Red'
분홍괴불나무 '해크스 레드'
낙엽활엽관목. 꽃은 진한 분홍색으로 아름답게 피고
열매는 붉은색으로 달리며 −40℃까지 월동한다.
↕4m ↔2.5m

Lonicera vesicaria **구슬댕댕이**
낙엽활엽관목. 전체에 강한 털이 발달하고 잎은
자루가 없거나 짧아 줄기에 붙은 듯 마주난다. 꽃은
모여서 피며 흰색에서 노란색으로 변한다. 붉은 앵두
같은 열매가 달리며 −34℃까지 월동한다. ↕↔2m

Lonicera xylosteum **파리괴불나무**
낙엽활엽관목. 향기로운 흰색의 꽃이 두 송이씩
긴 꽃자루에서 피고 열매는 붉게 익으며 −37℃까지
월동한다. ↕↔3m

Lonicera praeflorens 올괴불나무

Lonicera tatarica 'Hack's Red' 분홍괴불나무 '해크스 레드'

Lonicera xylosteum 파리괴불나무

L

Lychnis alpina 고산동자꽃

Loropetalum chinense 상록풍년화(수형, 꽃)

Loropetalum 상록풍년화속

Hamamelidaceae 조록나무과

히말라야, 중국, 일본 등지에 3종이 분포하며 상록,
관목·소교목으로 자라며 거미 모양의 꽃은 네 개의
얇은 꽃잎으로 이루어져 있다.

Loropetalum chinense 상록풍년화

상록활엽관목, 둥그런 수형으로 자라고 꽃은 거미
모양으로 흰색이다. 꽃잎은 가늘고 길이가 2cm
정도이며 −15℃까지 월동한다. ↕6m ↔ 2m

Loropetalum chinense f. rubrum
붉은상록풍년화

상록활엽관목, 덤불형태로 자라고 잎은 적자색을
띤다. 꽃은 붉은색으로 꽃잎이 긴 꽃들이 모여
피는데 마치 먼지떨이를 연상시키며 −15℃까지
월동한다. ↕6m ↔ 2m

Lotus 벌노랑이속

Fabaceae 콩과

전 세계에 약 150종이 분포하며 반상록·상록,
일년초·이년초·다년초·반관목으로 자란다.
나비 모양의 꽃이 특징이다.

Lotus corniculatus var. japonica 벌노랑이

낙엽다년초, 지면을 덮으면서 낮게 자라고 노란색의
꽃이 산형으로 달리며 −29℃까지 월동한다.
↕ ↔ 30cm

Lychnis 동자꽃속

Caryophyllaceae 석죽과

지중해, 북아프리카, 아메리카 등지에 약 20종이
분포하며 반상록·상록, 일년초·다년초·관목으로
자란다. 잎은 마주나고 꽃은 줄기 상부에 모여 핀다.

Lychnis alpina 고산동자꽃

낙엽다년초, 키가 작게 자라고 작은 분홍색의 꽃이
가지 끝에서 모여 둥그렇게 핀다. 건조에 강해서
암석원 등에서 잘 자라며 −34℃까지 월동한다.
↕ ↔ 15cm

Lychnis chalcedonica 칼케돈동자꽃 🌳

낙엽다년초, 붉은색의 작은 꽃이 모여 둥근 공
모양으로 피고 줄기에 털이 많으며 −43℃까지
월동한다. ↕1.2m ↔ 30cm

Loropetalum chinense f. rubrum 붉은상록풍년화

Lotus corniculatus var. japonica 벌노랑이

Lychnis chalcedonica 칼케돈동자꽃 🌳

Lychnis flos-cuculi 갈기동자꽃

Lycopodium serratum 뱀톱

Lycoris chinensis var. sinuolata 진노랑상사화

Lychnis flos-cuculi 갈기동자꽃
낙엽다년초. 분홍색 꽃잎이 가늘게 갈라지며
−34℃까지 월동한다.　↕75cm　↔80cm

Lychnis wilfordii 제비동자꽃
낙엽다년초. 선홍색의 꽃잎은 제비꼬리처럼
길게 갈라진다. 꽃은 줄기 끝에서 둥글게 모여 피며
−34℃까지 월동한다.　↕50cm　↔30cm

Lycopodium 석송속

Lycopodiaceae 석송과

전 세계에 약 100종이 분포하며 상록·다년초로
포복하며 자라고 줄기가 뱀의 비늘처럼 생긴 것이
특징이다.

Lycopodium clavatum 석송
상록덩굴. 다람쥐의 꼬리처럼 생긴 줄기가
포복하고 포자엽 두 세개가 길게 한 자루에 달리며
−34℃까지 월동한다.　↔1.2m

Lycopodium serratum 뱀톱
상록다년초. 줄기는 짧게 자라고 비늘잎이 모여
달린다. 줄기 끝에는 무성아가 달리고 이 무성아는
땅에 떨어지면 새로운 개체로 번식하며 −32℃까지
월동한다.　↕25cm

Lycoris 상사화속

Amaryllidaceae 수선화과

한국, 중국, 일본 등지에 약 12종이 분포하며
구근으로 자란다. 잎과 꽃이 각각 다른 시기에
성장하고 꽃은 줄기 상부에 나팔 모양으로 핀다.

Lycoris chinensis var. sinuolata
진노랑상사화
구근다년초. 진한 노란색의 주름진 꽃이 꽃줄기 끝에
방사형으로 피며 −29℃까지 월동한다.
　↕70cm　↔30cm

Lycoris flavescens 붉노랑상사화
구근다년초. 연한 노란색의 꽃이 꽃줄기 끝에
방사형으로 피며 −29℃까지 월동한다.
　↕70cm　↔30cm

Lychnis wilfordii 제비동자꽃

Lycopodium clavatum 석송

Lycoris flavescens 붉노랑상사화

Lycoris radiata 석산

Lysichiton camtschatcensis 물파초 🌱

Lycoris radiata 석산

구근다년초. 잎은 짙은 녹색으로 좁고 길다. 붉은색
꽃은 꽃잎이 가늘고 암술과 수술이 길게 발달하여
마치 밤 하늘의 폭죽을 보는 듯하며 −23℃까지
월동한다. ↕50cm ↔ 20cm

Lycoris sanguinea 붉은백양꽃

구근다년초. 주황색의 꽃이 꽃줄기 끝에 방사형으로
피며 −23℃까지 월동한다. ↕50cm ↔ 20cm

Lycoris sanguinea var. koreana 백양꽃

구근다년초. 연한 주황색의 꽃이 꽃줄기 끝에
방사형으로 피며 −23℃까지 월동한다.
↕30cm ↔ 15cm

Lysichiton 물파초속

Araceae 천남성과

동남아시아, 서북아메리카 등지에 2종이 분포하며
다년초로 자란다. 이른 봄 흰색 또는 노란색의 포엽
중심에 육수화서가 자란다.

Lysichiton americanus 미국물파초

낙엽다년초. 불염포를 싸고 있는 포엽이 노란색이다.
연못 주변이나 습지에 심으면 잘 자라며 −18℃까지
월동한다. ↕1m ↔ 1.2m

Lysichiton camtschatcensis 물파초 🌱

낙엽다년초. 불염포를 싸고 있는 포엽이 흰색이고
습지에 심으면 잘 자라며 −23℃까지 월동한다.
↕ ↔ 75cm

Lysimachia 좁쌀풀속

Primulaceae 앵초과

아열대지역, 남아프리카, 온대지역 등에 약 150종이
분포하며 다년초, 관목으로 자란다. 꽃은 다섯 장의
꽃잎이 별 모양 또는 컵 모양으로 흰색, 노란색 간혹
분홍색이다.

Lysimachia ciliata 'Firecracker'
털좁쌀풀 '파이어크래커' 🌱

낙엽다년초. 잎과 줄기가 진한 자주색이고 가지끝에서
노란색의 꽃을 피운다. 지하경이 뻗으면서 자라고
−29℃까지 월동한다. ↕1.2m ↔ 60cm

Lycoris sanguinea 붉은백양꽃

Lycoris sanguinea var. koreana 백양꽃

Lysichiton americanus 미국물파초

Lysimachia ciliata 'Firecracker' 털좁쌀풀 '파이어크래커' 🌱

Lysimachia nummularia 'Aurea' 리시마키아 '아우레아' ⊙

Lysimachia nummularia 'Aurea'
리시마키아 '아우레아' ⊙
낙엽다년초, 밝은 황금색 잎이 특징으로 지면에
달라붙어 자라며 −15℃까지 월동한다. ↕5cm

Lysimachia punctata 'Alexander'
점좁쌀풀 '알렉산더'
낙엽다년초, 잎 가장자리에 크림색 무늬가 발달하는
점이 특징이다. 노란색의 꽃이 잎겨드랑이에서 피며
−34℃까지 월동한다. ↕75cm ↔50cm

Lysimachia punctata 'Alexander'
점좁쌀풀 '알렉산더'(전초, 신엽)

Lythrum salicaria 털부처꽃(전초, 전경)

Lythrum 부처꽃속

Lythraceae 부처꽃과

북온대 등지에 약 38종이 분포하며 일년초·다년초로
자란다. 잎은 마주나고 줄기 끝에서 꽃줄기가 길게
자라며 꽃이 핀다.

Lythrum salicaria 털부처꽃
낙엽다년초, 하늘을 향해 직립하는 꽃줄기에 털이
많이 발달하고 분홍색의 꽃이 총상으로 아래부터
위로 피어 올라간다. 연못이나 수변 등에서 잘 자라며
−34℃까지 월동한다. ↕90cm ↔40cm

M

Maackia 다릅나무속

Fabaceae 콩과

동아시아에 약 8종이 분포하며 낙엽, 관목·교목으로 자란다. 잎은 어긋나기하며 홀수1회 깃털형 겹잎으로 원추화서를 이룬다.

Maackia fauriei 솔비나무
낙엽활엽교목, 은빛의 신엽과 여름철 피는 황백색의 꽃이 아름답다. 다릅나무와 비슷하지만 소엽이 더 작고 많이 달리는 것이 특징이며 −15℃까지 월동한다. ↕15m ↔ 10m

Machilus 후박나무속

Lauraceae 녹나무과

동남아시아에 약 60종이 분포하며 상록, 교목으로 자라고 윤택이 나는 잎은 어긋나게 붙으며 깃꼴 모양의 맥이 있다. 원추화서는 잎겨드랑이에 달린다.

Machilus thunbergii 후박나무(수형, 열매)

Machilus japonica 센달나무
상록활엽교목, 후박나무보다 잎이 좁고 긴 점이 특징으로 둥근 열매는 흑색으로 익으며 −15℃까지 월동한다. ↕10m ↔ 8m

Machilus thunbergii 후박나무
상록활엽교목, 광택이 있는 상록성의 잎이 아름답다. 따뜻한 남쪽지방의 정원수 또는 가로수로 좋으며 −15℃까지 월동한다. ↕20m ↔15m

Maackia fauriei 솔비나무

Machilus japonica 센달나무

Magnolia 목련속

Magnoliaceae 목련과

히말라야, 아시아, 아메리카 등지에 약 125종이 분포하며 낙엽·상록, 관목·교목으로 자란다. 꽃받침은 세 장이고 꽃잎은 6~15장이며 종자는 적색, 분홍색으로 익는다.

Magnolia acuminata var. subcordata 'Miss Honeybee' 심장황목련 '미스 허니비'

Magnolia 'Ann' 목련 '앤'

Magnolia 'Apollo' 목련 '아폴로'

Magnolia 'Athene' 목련 '아테네' 🏆

Magnolia 'Betty' 목련 '베티'

Magnolia 'Ann' 목련 '앤'
낙엽활엽소교목, 늦게 개화하기 때문에 늦서리 피해가 많은 지역에 심기 적당하다. 꽃잎 바깥쪽이 안쪽보다 진한 분홍색을 띠며 -21℃까지 월동한다. ↕↔ 3m

Magnolia 'Butterflies' 목련 '버터플라이스'
낙엽활엽소교목, 꽃잎이 가늘고 다소 안쪽으로 말린 듯한 연노란색 꽃이 아름다우며 -34℃까지 월동한다. ↕ 6m ↔ 4.5m

Magnolia campbellii 'Charles Raffill' 캠밸목련 '찰스 래필'
낙엽활엽교목, 꽃이 크게 피는 대형종으로 바깥쪽 꽃잎은 진한 분홍색이고 꽃잎 안쪽은 흰색을 띤 분홍색인 점이 특징으로 -15℃까지 월동한다. ↕ 12m ↔ 8m

Magnolia 'Black Tulip' 목련 '블랙 튤립'

Magnolia 'Butterflies' 목련 '버터플라이스'

Magnolia × brooklynensis 'Woodsman' 브루클린목련 '우즈먼'

Magnolia campbellii 'Strybing White' 캠밸목련 '스트라이빙 화이트'
낙엽활엽교목, 바깥쪽 꽃잎 한겹이 접시 모양으로 먼저 활짝 펴지는 특징이 있다. 넓은 꽃잎은 흰색으로 진한 분홍색 수술군이 매력적이며 -15℃까지 월동한다. ↕ 18m

Magnolia × brooklynensis 'Yellow Bird' 브루클린목련 '옐로 버드'

Magnolia 'Caerhays Belle' 목련 '캐헤이스 벨'

M

Magnolia 'Caerhays Surprise' 목련 '캐헤이스 서프라이즈'

Magnolia campbellii 'Betty Jessel' 캠벨목련 '베티 제슬'

Magnolia campbellii 'Charles Raffill' 캠벨목련 '찰스 래필'

Magnolia campbellii 'Darjeeling' 캠벨목련 '다질링' 🌣

Magnolia campbellii 'Landicla' 캠벨목련 '랜디클라'

Magnolia campbellii subsp. *mollicomata* 'Lanarth'
털캠밸목련 '라나스'

Magnolia campbellii subsp. *mollicomata* 'Lanarth' 털캠밸목련 '라나스'

낙엽활엽소교목, 분홍색의 꽃이 크게 피는 점이
특징으로 −15℃까지 월동한다. ↕4m ↔ 3m

Magnolia campbellii 'Strybing White' 캠벨목련 '스트라이빙 화이트'

Magnolia 'Cecil Nice' 목련 '세실 니스'

Magnolia 'Charles Coates' 목련 '찰스 코츠'

Magnolia 'Columbus' 목련 '콜럼버스'

Magnolia 'Columnar Pink' 목련 '컬럼너 핑크'

Magnolia 'Cow Trough' 목련 '카우 트로'

Magnolia denudata 백목련 🏆

낙엽활엽교목, 우리나라에 조경소재로 가장 많이
식재된 목련으로 꽃잎이 9장이다. 전체적으로
크림색을 약간 띤 흰색으로 개화하며 −21℃까지
월동한다. ↕ ↔10m

Magnolia 'Darrell Dean' 목련 '대럴 딘'(수형, 꽃)

Magnolia 'Darrell Dean' 목련 '대럴 딘'

낙엽활엽교목, 가지가 처질정도로 아주 대형으로
피는 둥근 모양의 진분홍색 꽃이 아름답다. 꽃잎의
안쪽은 흰색으로 향기가 좋으며 −29℃까지
월동한다. ↕7m ↔ 6m

Magnolia denudata 백목련 🏆

Magnolia 'Elizabeth' 목련 '엘리자베스' 🏆 (수형, 꽃)

Magnolia 'Early Rose' 목련 '얼리 로즈'

낙엽활엽교목, 꽃은 컵모양으로 바깥쪽 꽃잎은 진한
분홍색을 띠고 안쪽은 흰색을 띤다. 꽃잎의 끝은
뾰족하며 −29℃까지 월동한다. ↕8m

Magnolia 'Elizabeth' 목련 '엘리자베스' 🏆

낙엽활엽교목, 와인잔 모양의 연한 노란색으로 피는
꽃이 매력적이고 −21℃까지 월동한다.
↕8m ↔ 5m

Magnolia 'David Clulow' 목련 '데이비드 클루로우'

Magnolia 'Early Rose' 목련 '얼리 로즈'

Magnolia 'Emma Cook' 목련 '에마 쿡'

Magnolia 'Felix Jury' 목련 '펠릭스 주리'

Magnolia 'Felix Jury' 목련 '펠릭스 주리'
낙엽활엽소교목, 꽃이 대형종으로 꽃잎의 폭이
넓고 진보라 또는 적색으로 피며 −15℃까지
월동한다. ↕5m ↔ 3.5m

Magnolia 'Galaxy' 목련 '갤럭시' 🌼
낙엽활엽교목, 꽃잎은 진한 분홍색이고 꽃잎 안쪽은
연한 분홍색을 띠며 −21℃까지 월동한다.
↕12m ↔ 8m

Magnolia 'Gold Crown' 목련 '골드 크라운'
낙엽활엽교목, 꽃잎 안팎이 모두 노란색으로 피며
−34℃까지 월동한다. ↕ ↔ 6m

**Magnolia grandiflora 'Victoria'
태산목 '빅토리아'** 🌼
상록활엽교목, 잎 뒷면에 갈색털이 밀생하며
내한성이 강한 점이 특징이다. 잎에는 윤기가 많이
나고 꽃은 흰색으로 피며 −15℃까지 월동한다.
↕9m ↔ 3.5m

Magnolia 'Fran Smith' 목련 '프란 스미스'

Magnolia 'Frank Gladney' 목련 '프랑크 글래드니'

Magnolia 'Galaxy' 목련 '갤럭시' 🌼 (수형, 꽃)

Magnolia 'Gold Crown' 목련 '골드 크라운'

Magnolia 'Golden Goblet' 목련 '골든 고블릿'

Magnolia 'Golden Sun' 목련 '골든 선'

Magnolia grandiflora 'Victoria' 태산목 '빅토리아' 🌼

M

Magnolia grandiflora 'Little Gem' 태산목 '리틀 젬'

Magnolia grandiflora 'Variegata' 태산목 '바리에가타'

Magnolia 'Heaven Scent' 목련 '헤븐 센트' ⚆

Magnolia 'Hot Lips' 목련 '핫 립스'

Magnolia 'Ivory Chalice' 목련 '아이보리 챌리스'

Magnolia 'Jane' 목련 '제인'

Magnolia 'Hot Lips' 목련 '핫 립스'
낙엽활엽교목, 꽃은 전체적으로 연한 분홍색을
띠지만 꽃잎 기부가 진한 분홍색을 띠며 −29℃까지
월동한다. ↕8m ↔ 4m

Magnolia 'Ivory Chalice' 목련 '아이보리 챌리스'
낙엽활엽교목, 꽃색은 아이보리색으로 꽃잎 기부는
노란색을 띠고 −29℃까지 월동한다. ↕ ↔ 12m

Magnolia 'Jane' 목련 '제인'
낙엽활엽교목, 분홍색의 얇고 길쭉한 꽃잎이 특징으로
−21℃까지 월동한다. ↕5m ↔ 4m

Magnolia 'Jon Jon' 목련 '존 존'
낙엽활엽교목, 연노란 꽃의 꽃잎 바깥쪽은 분홍빛으로
기부로 갈수록 색이 짙어지며 −23℃까지 월동한다.
↕5m ↔ 4m

Magnolia 'Jon Jon' 목련 '존 존'

Magnolia 'Judy' 목련 '주디'

Magnolia kobus 목련

낙엽활엽교목, 날씬하게 피는 흰색꽃의 기부에
분홍색 무늬가 발달한다. 꽃잎은 6장으로 −21℃까지
월동한다. ↕12m ↔ 10m

Magnolia kobus 'Norman Gould' 목련 '노만 굴드'

Magnolia 'Legend' 목련 '레전드'

낙엽활엽교목, 꽃은 전체적으로 연노란색을 띠지만
꽃잎 바깥쪽 부분이 좀 더 짙은 노란색이며 −29℃
까지 월동한다. ↕8m ↔ 6m

Magnolia 'Lilenny' 목련 '릴레니'

낙엽활엽소교목, 꽃잎 바깥쪽은 분홍빛이 돌며
꽃잎 안쪽은 흰색으로 핀다. 꽃은 둥근 와인잔
모양으로 −34℃까지 월동한다. ↕5m ↔ 4m

Magnolia liliiflora 'Doris' 자목련 '도리스'

Magnolia liliiflora 자목련

낙엽활엽소교목, 꽃잎 바깥쪽은 진한 분홍색 또는
자색이나 안쪽은 연한 분홍색을 띠는 점이 특징으로
−21℃까지 월동한다. ↕3m ↔ 4m

Magnolia liliiflora 'O'Neill' 자목련 '오닐'

낙엽활엽소교목, 짙은 자색으로 피고 꽃잎 안쪽은
옅은 보라색을 띠는 점이 특징으로 −21℃까지
월동한다. ↕5m ↔ 4m

Magnolia 'Kim Kunso' 목련 '김 군소'

Magnolia 'Legend' 목련 '레전드'

Magnolia liliiflora 자목련

Magnolia kobus 목련

Magnolia 'Lilenny' 목련 '릴레니'

Magnolia liliiflora 'O'Neill' 자목련 '오닐'

Magnolia 'Lu Shan' 목련 '루 샨'

Magnolia × *loebneri* 'Big Bertha'
큰별목련 '빅 버사'
낙엽활엽소교목, 폭탄의 파편이 넓게 퍼지듯이
발달하는 수형이 특징이다. 분홍색 겹꽃으로 안쪽
꽃잎은 흰색이며 −21℃까지 월동한다. ↕ ↔ 4.5m

Magnolia × *loebneri* 'Donna' 큰별목련 '도나' 🏆
낙엽활엽교목, 흰색의 겹꽃으로 다소 넓은 꽃잎의
바깥쪽은 분홍색을 띠며 −21℃까지 월동한다.
↕ ↔ 8m

Magnolia × *loebneri* 'Donna' 큰별목련 '도나' 🏆

Magnolia × *loebneri* 'Early Bird' 큰별목련 '얼리 버드'

Magnolia × *loebneri* 'Encore' 큰별목련 '앙코르'

Magnolia × *loebneri* 'Leonard Messel' 큰별목련 '레너드 메셀' 🏆

Magnolia × *loebneri* 'Early Bird'
큰별목련 '얼리 버드'
낙엽활엽교목, 이른 봄 피는 흰색의 겹꽃은 기부가
약간 분홍빛을 띠며 −21℃까지 월동한다.
↕ 10m ↔ 7m

Magnolia × *loebneri* 'Leonard Messel'
큰별목련 '레너드 메셀' 🏆
낙엽활엽교목, 별 모양의 분홍색 꽃은 벌어지면서
꽃잎 안쪽의 흰색이 드러나며 −21℃까지 월동한다.
↕ ↔ 4.5m

Magnolia × *loebneri* 'Powder Puff'
큰별목련 '파우더 퍼프'
낙엽활엽소교목, 하얀색의 겹으로 풍성하게 피는
꽃이 매력적이며 −21℃까지 월동한다. ↕ 5m

Magnolia × *loebneri* 'Raspberry Fun'
큰별목련 '라즈베리 펀'
낙엽활엽교목, 큰별목련 '레너드 메셀'의 씨앗에서
선발된 종으로 천리포수목원 고 민병갈원장이
육종하였다. 원종보다 진한 분홍색, 짧은 꽃잎,
가지가 짧게 지그재그 형태를 가진 점이 특징이며
−21℃까지 월동한다. ↕ 8m ↔ 6m

Magnolia × *loebneri* 'Powder Puff' 큰별목련 '파우더 퍼프'

Magnolia × *loebneri* 'Big Bertha' 큰별목련 '빅 버사'(꽃, 수형)

Magnolia × *loebneri* 'Raspberry Fun' 큰별목련 '라즈베리 펀'

Magnolia × *loebneri* 'Spring Snow' 큰별목련 '스프링 스노우'

Magnolia × *loebneri* 'Spring Snow'
큰별목련 '스프링 스노우'
낙엽활엽교목, 이른 봄 겹으로 피는 흰색 꽃의 기부가
연노란색을 띠는 것이 특징으로 −21℃까지
월동한다. ↕ ↔ 7m

Magnolia × *loebneri* 'Star Bright'
큰별목련 '스타 브라이트'
낙엽활엽소교목, 겹으로 피는 흰색 꽃은 꽃잎이
가늘며 −21℃까지 월동한다. ↕ 3.5m ↔ 2m

Magnolia 'Lotus' 목련 '로터스'
낙엽활엽교목, 컵 모양으로 피는 흰색 꽃의 바깥쪽
기부에 자색빛이 도는 특징이 있으며 −29℃까지
월동한다. ↕ 8m

Magnolia × *loebneri* Star Bright' 큰별목련 '스타 브라이트'

Magnolia 'Lotus' 목련 '로터스'

Magnolia macrophylla 넓은잎목련(수형, 꽃)

Magnolia macrophylla 넓은잎목련
낙엽활엽교목, 넓은 잎은 돌려나듯 붙고 가지 끝에는
길쭉한 크림색 꽃이 피며 −29℃까지 월동한다.
↕ 12m

Magnolia macrophylla subsp. *ashei*
애시넓은잎목련
낙엽활엽교목, 꽃은 백색으로 피고 꽃잎 안쪽 기부에
자색 무늬가 발달하는 점이 특징으로 −29℃까지
월동한다. ↕ 20m ↔ 15m

Magnolia macrophylla subsp. *ashei* 애시넓은잎목련

Magnolia 'Manchu Fan' 목련 '만추 팬'

Magnolia 'Maxine Merrill' 목련 '맥신 메릴'

Magnolia 'Manchu Fan' 목련 '만추 팬'
낙엽활엽소교목, 흰색으로 활짝 피는 꽃의 바깥쪽
꽃잎 기부가 짙은 분홍색을 띠는 점이 특징이며
−29℃까지 월동한다. ↕ 6m ↔ 5m

Magnolia 'Maxine Merrill' 목련 '맥신 메릴'
낙엽활엽교목, 황금빛을 띠는 노란색의 앙증맞은
꽃이 매력적이며 −29℃까지 월동한다.
↕ 9m ↔ 7m

Magnolia 'Marillyn' 목련 '마릴린'

Magnolia 'Mary Nell' 목련 '메리 넬'

M

Magnolia 'Michael Rosse' 목련 '마이클 로스'

Magnolia 'Moondance' 목련 '문댄스'

Magnolia 'Mossman's Giant' 목련 '모스맨스 자이언트'

Magnolia 'Pegasus' 목련 '페가수스' 🏆

Magnolia 'Pegasus' 목련 '페가수스' 🏆

낙엽활엽교목, 좁은 와인잔 모양으로 피는 흰색 꽃의
바깥쪽 기부가 연한 분홍색을 띠는 점이 특징이며
−21℃까지 월동한다. ↕ ↔ 6m

Magnolia 'Peppermint Stick'
목련 '페퍼민트 스틱'

낙엽활엽교목, 길쭉한 모양의 분홍색 꽃봉오리가
펴지면서 컵 모양의 연분홍색 꽃이 피며 −29℃까지
월동한다. ↕ 10m ↔ 6m

Magnolia 'Pickard's Glow' 목련 '피카드즈 글로우'

Magnolia 'Pink Goblet' 목련 '핑크 고블릿'

낙엽활엽소교목, 둥글고 넓은 와인잔 모양의 분홍색
꽃이 아름다우며 −29℃까지 월동한다. ↕ ↔ 4m

Magnolia 'Orchid' 목련 '오키드'

Magnolia 'Peppermint Stick' 목련 '페퍼민트 스틱'

Magnolia 'Pink Goblet' 목련 '핑크 고블릿'

Magnolia 'Piet van Veen' 목련 '피트 반 빈'

Magnolia 'Purple Eye' 목련 '퍼플 아이'

Magnolia 'Sangreal' 목련 '생그리얼'

낙엽활엽교목, 넓은 와인잔 모양으로 탐스럽게 피는
분홍색 꽃이 아름다우며 −29℃까지 월동한다. ↕8m

Magnolia 'Sayonara' 목련 '사요나라' 🏆

낙엽활엽교목, 흰색으로 활짝 피는 넓은 꽃잎의
바깥쪽 기부가 분홍색을 띠는 점이 특징으로 −15℃
까지 월동한다. ↕8m ↔4m

Magnolia 'Sangreal' 목련 '생그리얼'

Magnolia 'Serene' 목련 '서린'

낙엽활엽교목, 진한 분홍색으로 피는 넓고 둥근
꽃잎의 안쪽은 연한 분홍색을 띠며 −15℃까지
월동한다. ↕8m

Magnolia siebodii 함박꽃나무

낙엽활엽교목, 늦은 봄철 잎이 난 후 꽃을 피운다.
아래를 향해 피는 흰색 꽃 중앙의 수술군들은 진한
분홍색을 띠어 색감의 화려한 대조를 이룬다.
반그늘지역에서도 잘 자라서 야생느낌의 숲속정원에
잘 어울리며 −34℃까지 월동한다. ↕7m

Magnolia 'Sayonara' 목련 '사요나라' 🏆

Magnolia 'Serene' 목련 '서린'

Magnolia siebodii 함박꽃나무

Magnolia 'Royal Crown' 목련 '로열 크라운'

Magnolia salicifolia 'W. B. Clarke' 버들목련 '더블유 비 클라크'

Magnolia 'Sarah's Favorite' 목련 '사라스 페이보릿'

Magnolia × *soulangeana* 'Amabilis' 접시꽃목련 '아마빌리스'

Magnolia × *soulangeana* 'Big Pink' 접시꽃목련 '빅 핑크'

Magnolia × *soulangeana* 'Lennei Alba' 접시꽃목련 '레네이 알바'

Magnolia × *soulangeana* 'Liliputian' 접시꽃목련 '릴리푸티안'

Magnolia × *soulangeana* 'Big Pink'
접시꽃목련 '빅 핑크'
낙엽활엽교목. 와인잔 모양으로 피는 분홍색 꽃이 매력적이다. 다소 작은 바깥쪽 꽃잎의 기부는 진한 분홍색을 띠며 −29℃까지 월동한다. ↕8m

Magnolia × *soulangeana* 'Burgundy'
접시꽃목련 '버건디'
낙엽활엽교목. 다소 하늘거리는 듯한 분홍색 꽃이 매력적이며 −29℃까지 월동한다. ↕8m

Magnolia × *soulangeana* 'Deep Purple Dream' 접시꽃목련 '딥 퍼플 드림'
낙엽활엽교목. 꽃잎의 바깥쪽은 진한 자주색으로 안쪽의 흰색과 색감의 대비가 훌륭하며 −29℃까지 월동한다. ↕9m ↔ 6m

Magnolia × *soulangeana* 'Liliputian'
접시꽃목련 '릴리푸티안'
낙엽활엽소교목. 좁은 와인잔 모양으로 피는 진한 분홍색 꽃이 매력적이며 −29℃까지 월동한다.
↕4m ↔ 3m

Magnolia × *soulangeana* 'Lombardy Rose' 접시꽃목련 '롬바디 로즈'

M

Magnolia × *soulangeana* 'Deep Purple Dream'
접시꽃목련 '딥 퍼플 드림'

Magnolia × *soulangeana* 'Burgundy' 접시꽃목련 '버건디'

Magnolia × *soulangeana* 'Lennei' 접시꽃목련 '레네이'

Magnolia × *soulangeana* 'Norbertii' 접시꽃목련 '노르베르티'

Magnolia × *soulangeana* 'Pickard's Opal'
접시꽃목련 '피카드즈 오팔'

Magnolia × *soulangeana* 'Pickard's Ruby'
접시꽃목련 '피카드즈 루비'

Magnolia × *soulangeana* 'Picture Superba'
접시꽃목련 '픽처 수페르바'

Magnolia × *soulangeana* 'Rustica Rubra'
접시꽃목련 '루스티카 루브라'

Magnolia × *soulangeana* 'Rustica Rubra'
접시꽃목련 '루스티카 루브라'
낙엽활엽교목, 둥글고 넓은 와인잔 모양으로
풍성하게 피는 진한 분홍색 꽃이 아름답다. 바깥쪽의
꽃잎은 작으며 −29℃까지 월동한다. ↕ ↔ 8m

Magnolia × *soulangeana* 'Speciosa'
접시꽃목련 '스페키오사'
낙엽활엽교목, 꽃잎 바깥쪽은 옅은 분홍색이 도는
흰색으로 꽃잎의 가장자리 부분이 약간 말리듯이
피며 −29℃까지 월동한다. ↕ 8m

Magnolia × *soulangeana* 'Speciosa' 접시꽃목련 '스페키오사'

Magnolia × *soulangeana* 'Sweet Simplicity'
접시꽃목련 '스위트 심플리서티'

Magnolia × *soulangeana* 'White Giant' 접시꽃목련 '화이트 자이언트'

Magnolia sprengeri 'Copeland Court'
스프렝게리목련 '코프랜드 코트' 🌐

Magnolia × *soulangeana* 'Rustica Rubra' 접시꽃목련 '루스티카 루브라'

Magnolia sprengeri var. *diva* 디바목련

Magnolia sprengeri var. *diva* 'Eric Savill'
디바목련 '에릭 새빌' 🍃 (수형, 꽃)

Magnolia 'Star Wars' 목련 '스타 워즈' 🍃 (수형, 꽃)

Magnolia stellata 'King Rose' 별목련 '킹 로즈'
낙엽활엽소교목, 별 모양의 흰색 겹꽃은 바깥쪽
기부에 연한 분홍색을 띠는 점이 특징이며 −29℃까지
월동한다. ↕ 2.5m ↔ 4m

Magnolia sprengeri var. *diva* 'Eric Savill'
디바목련 '에릭 새빌' 🍃

낙엽활엽교목, 영국의 새빌가든에서 선발된 품종으로
빨간색에 가까운 진한 분홍색으로 크게 피는 점이
특징이다. 꽃잎에는 주름이 발달하며 −21℃까지
월동한다. ↕ ↔ 12m

Magnolia 'Spring Rite' 목련 '스프링 라이트'

낙엽활엽소교목, 활짝 펼쳐지며 피는 흰색 꽃잎의
바깥쪽 기부가 장밋빛 분홍색을 띠는 점이 특징이며
−29℃까지 월동한다. ↕ 7.6m ↔ 4.7m

Magnolia 'Star Wars' 목련 '스타 워즈' 🍃

낙엽활엽소교목, 1970년대 뉴질랜드에서 육종된
품종으로 개화기간이 무려 한 달에 달할 정도로 긴
점이 특징이다. 진한 분홍색 큰 꽃들이 만개할 때의
모습이 환상적이며 −15℃까지 월동한다. ↕ ↔ 6m

Magnolia stellata 'Jane Platt'
별목련 '제인 플랫' 🍃

낙엽활엽소교목, 겹으로 피는 연한 분홍색 꽃이
매력적이다. 꽃잎은 20~30장으로 이루어져 있으며
−29℃까지 월동한다. ↕ 5m ↔ 4m

Magnolia stellata 'Jane Platt' 별목련 '제인 플랫' 🍃

Magnolia 'Spring Rite' 목련 '스프링 라이트'

Magnolia stellata 'Centennial' 별목련 '센테니얼'

Magnolia stellata 'King Rose' 별목련 '킹 로즈'

Magnolia stellata 'Rosea' 별목련 '로세아'

Magnolia stellata 'Waterlily' 별목련 '워터릴리'

Magnolia 'Sundew' 목련 '선듀'

Magnolia stellata 'Rosea' 별목련 '로세아'
낙엽활엽소교목. 꽃잎의 바깥쪽은 장밋빛 분홍색을
띠며 안쪽은 흰색을 띤다. 꽃잎은 8~12장이며
−29℃까지 월동한다. ↕↔ 4m

Magnolia stellata 'Waterlily' 별목련 '워터릴리'
낙엽활엽소교목. 컵 모양의 겹꽃은 크림색을 띠는
흰색이다. 꽃잎은 별목련 원종보다 가늘고 길며
−29℃까지 월동한다. ↕3m ↔ 4m

Magnolia 'Sundew' 목련 '선듀'
낙엽활엽소교목. 둥글게 피는 분홍색 꽃은 크기가
25cm에 달하고 향기로우며 −29℃까지 월동한다.
↕↔ 5m

Magnolia 'Susan' 목련 '수잔' ✿
낙엽활엽소교목. 가늘고 길쭉하게 피는 진분홍색의
꽃이 매력적이며 꽃잎은 6장이다. 봄, 여름 2회에
걸쳐 개화하는 특성이 있으며 −29℃까지 월동한다.
↕↔ 4m

Magnolia 'Sundance' 목련 '선댄스'

Magnolia 'Sweetheart' 목련 '스위트하트' ✿
낙엽활엽교목. 뉴질랜드에서 *M.* 'Caerhays Belle'
(목련 '케헤이스 벨')의 씨앗에서 선발된 품종으로
원종보다 훨씬 직립하는 특성을 가지고 있다. 12장의
넓은 꽃잎으로 구성된 꽃의 바깥쪽은 진한 분홍색,
안쪽은 연한 분홍색을 띤다. 향기가 무척 진하고
좋으며 −15℃까지 월동한다. ↕8m

Magnolia stellata 'Rosea Massey' 별목련 '로세아 매시'

Magnolia 'Susan' 목련 '수잔' ✿

Magnolia 'Suishoren' 목련 '스이쇼렌'

Magnolia 'Sunburst' 목련 '선버스트'

Magnolia 'Sweetheart' 목련 '스위트하트' ✿

M

Magnolia 'Sweet Valentine' 목련 '스위트 발렌타인'

Magnolia 'Tiffany' 목련 '티파니'

Magnolia 'Todd Gresham' 목련 '토드 그레셤'

Magnolia 'Tranquility' 목련 '트란퀼리티'

Magnolia tripetala 우산목련(꽃, 수형)

Magnolia 'Todd Gresham' 목련 '토드 그레셤'

낙엽활엽소교목, 길이 25cm에 달하는 큰 꽃은 9장의
넓은 꽃잎으로 이루어져 있다. 바깥쪽 꽃잎은 붉은빛
의 라벤더색이고 안쪽은 흰색을 띠는 것이
특징이며 −29℃까지 월동한다. ↕ ↔ 4m

Magnolia tripetala 우산목련

낙엽활엽교목, 최대 70cm까지 자라는 거꾸로 된
달걀 모양의 넓은 잎은 줄기 끝에서 우산 모양으로
모여 달린다. 세 장의 꽃받침잎이 먼저 활짝 벌어지고
나머지 크림색을 띠는 꽃잎은 하늘을 향해 길쭉한
모양으로 자란다. 꽃에서는 사향냄새가 나며
−29℃까지 월동한다. ↕ ↔ 10m

Magnolia tripetala 'Woodlawn' 우산목련 '우드론'

Magnolia 'Ultimate Yellow' 목련 '얼티미트 옐로'

Magnolia 'Ultimate Yellow' 목련 '얼티미트 옐로'

낙엽활엽소교목, 약 15cm까지 자라는 컵 모양의
꽃은 6장의 꽃잎으로 이루어져 있다. 연녹색과
연분홍빛을 띤 노란색 꽃잎이 아름다우며 −34℃까지
월동한다. ↕ 4.7m ↔ 6m

Magnolia virginiana var. *australis* 상록버지니아목련

상록활엽교목, 어린 가지에 솜털이 빽빽하게 발달하는
점이 원종과의 차이점이다. 접시 모양으로 활짝
벌어지는 크림색의 꽃이 매력적으로 꽃잎은 안쪽으로
다소 말리는 모양이며 −29℃까지 월동한다.
↕ 9m ↔ 6m

Magnolia virginiana var. *australis* 상록버지니아목련

M

Magnolia 'Vulcan' 목련 '벌컨'(수형, 꽃)

Magnolia wilsonii 윌슨함박꽃나무 🌐 (수형, 꽃)

Magnolia 'Yellow Lantern' 목련 '옐로 랜턴' 🌐

Magnolia 'Yellow Sea' 목련 '옐로 시'

Magnolia 'Vulcan' 목련 '벌컨'
낙엽활엽소교목, 꽃의 안쪽과 바깥쪽 모두 진한 붉은색을 띠는 점이 매력적이다. 꽃에서는 향기로운 냄새가 나며 −15℃까지 월동한다.　↕5m ↔ 3m

Magnolia × wiesneri 비스너목련
낙엽활엽소교목, 일본목련(M. obovata)와 함박꽃나무(M. sieboldii)의 교잡종으로 각각의 중간 형질을 가지고 있다. 잎이 난 후 피는 접시 모양의 크림색 꽃이 매력적이며 −29℃까지 월동한다.　↕7m ↔ 5m

Magnolia wilsonii 윌슨함박꽃나무 🌐
낙엽활엽소교목, 중국 서부 원산으로 우리나라의 함박꽃나무와 많이 닮았다. 넓은 접시 모양의 흰색 꽃은 아래를 향해 피고 잎 뒷면에는 맥을 중심으로 갈색 털이 빽빽하게 발달하며 −21℃까지 월동한다.　↕↔6m

Magnolia 'Yellow Fever' 목련 '옐로 피버'
낙엽활엽교목, 크림색에 가까운 연노랑 꽃이 매력적이다. 바깥쪽 꽃잎 기부는 연녹색을 띠고 향기가 좋으며 −15℃까지 월동한다.
　↕12m ↔ 6m

Magnolia 'Yellow Lantern' 목련 '옐로 랜턴' 🌐
낙엽활엽교목, 레몬색을 띠는 깨끗한 노란색 꽃이 아름다우며 −21℃까지 월동한다.　↕9m ↔ 5m

Magnolia 'Yellow Sea' 목련 '옐로 시'
낙엽활엽교목, 꽃잎의 바깥쪽에 녹색과 분홍색을 띠는 노란색 꽃이 매력적이다. 꽃잎은 좁고 안쪽으로 다소 말리는 듯 하며 −29℃까지 월동한다.　↕8m

Magnolia zenii 보화목련
낙엽활엽소교목, 중국 동부 원산으로 하얀색으로 피는 향기로운 꽃이 매력적이다. 꽃잎의 안쪽과 바깥쪽 기부에 진한 분홍색을 띠며 −29℃까지 월동한다.　↕↔7m

Magnolia × wiesneri 비스너목련

Magnolia 'Yellow Fever' 목련 '옐로 피버'

Magnolia zenii 보화목련

Mahonia aquifolium 'Apollo' 뿔남천 '아폴로' ✓

Mahonia 뿔남천속

Berberidaceae 매자나무과

히말라야, 동아시아, 북·중앙아메리카 등지에 약 70종이 분포하며 상록, 관목으로 자란다. 잎은 홀수 1회 깃털모양 겹잎으로 소엽에는 결각이 발달하며 광택이 있다.

Mahonia aquifolium 'Apollo' 뿔남천 '아폴로' ✓
상록활엽관목. 꽃자루가 짧고 노란색의 꽃이 다발을 이루며 −15℃까지 월동한다. ↕1m ↔ 1.5m

Mahonia fortunei 당남천죽

Mahonia aquifolium 'Green Ripple'
뿔남천 '그린 리플'
상록활엽관목. 잎자루가 짧고 둥근 타원 모양의 잎에는 광택이 많으며 짧은 꽃줄기에 꽃이 모여 피고 −15℃까지 월동한다. ↕1m ↔ 1.5m

Mahonia fortunei 당남천죽
상록활엽관목. 길쭉한 모양의 작은 잎은 가죽질인 다른 종들에 비해 얇은 점이 특징이다. 노란색의 꽃이 핀 후 남색의 둥근 열매가 달리며 −15℃까지 월동한다. ↕1.2m ↔ 1m

Mahonia lomariifolia 중국뿔남천
상록활엽관목. 뾰족한 가시가 발달하는 깃털 모양의 잎과 꼬리 모양으로 길게 피는 노란색 꽃이 매력적으로 −12℃까지 월동한다. ↕3m ↔ 1.5m

M

Mahonia aquifolium 'Green Ripple' 뿔남천 '그린 리플'(수형, 꽃)

Mahonia lomariifolia 중국뿔남천(수형, 꽃)

Mahonia × media 'Charity' 메디아뿔남천 '채러티'(수형, 꽃)

Mahonia × media 'Charity'
메디아뿔남천 '채러티'
상록활엽관목. 겨울철에 개화하는 노란색 꽃과 광택이 나는 잎이 아름다워 겨울정원용으로 좋으며 −15℃ 까지 월동한다. ↕3m ↔ 1.5m

Mahonia × media 'Lionel Fortescue'
메디아뿔남천 '리오넬 포테스큐' ♥
상록활엽관목. 겨울철 하늘을 향해 꼬리 모양으로 피는 노란색 꽃이 아름답다. 열매는 흑청색의 타원 모양으로 달리며 −15℃까지 월동한다.
↕2.5m ↔ 4m

Mahonia × media 'Lionel Fortescue'
메디아뿔남천 '리오넬 포테스큐' ♥

Mahonia × media 'Roundwood' 메디아뿔남천 '라운드우드'

Mahonia × media 'Roundwood'
메디아뿔남천 '라운드우드'
상록활엽관목. 꼬리 모양으로 퍼지면서 아래를 향해 자라는 노란색 꽃이 매력적으로 −15℃까지 월동한다.
↕ ↔ 4m

Mahonia × media 'Winter Sun'
메디아뿔남천 '윈터 선' ♥
상록활엽관목. 연한 노란색의 꽃이 하늘을 향해 길쭉하게 핀다. 열매는 흑청색의 타원 모양으로 달리며 −15℃까지 월동한다. ↕4m ↔ 2.5m

Mahonia × media 'Winter Sun' 메디아뿔남천 '윈터 선' ♥

Mahonia × wagneri 'Pinnacle' 와그너뿔남천 '피너클'(수형, 꽃)

Mahonia × wagneri 'Pinnacle'
와그너뿔남천 '피너클'
상록활엽관목. 꽃자루가 짧아서 노란색의 꽃이 다발을 이루듯이 빽빽하게 피며 −15℃까지 월동한다. ↕ ↔ 1.5m

Mahonia × wagneri 'Undulata'
와그너뿔남천 '운둘라타'
상록활엽관목. 광택이 있는 가죽질의 잎이 뒤틀리듯 불규칙하게 말리는 점이 특징이며 −15℃까지 월동한다. ↕ ↔ 2.5m

Mahonia × wagneri 'Undulata' 와그너뿔남천 '운둘라타'

Maianthemum bifolium 두루미꽃

Maianthemum 두루미꽃속

Liliaceae 백합과

서유럽, 동아시아, 북아메리카, 멕시코, 과테말라, 파나마 등지에 약 35종이 분포하며 다년초로 자란다. 잎은 어긋나기하며 장타원형이고 꽃대가 포기 중심에서 올라와 흰색꽃을 피운다.

Maianthemum bifolium 두루미꽃

낙엽다년초, 심장 모양의 윤기나는 잎이 매력적이고 흰색의 꽃이 총상으로 피며 −29℃까지 월동한다.
↕ 20cm

Mallotus 예덕나무속

Euphorbiaceae 대극과

열대아프리카, 마다가스카르, 인도, 동남아시아, 동부 호주, 서태평양의 섬 등지에 122종이 분포하며 염료나 한방치료제로 사용한다.

Mallotus japonicus 예덕나무

낙엽활엽교목, 넓은 잎은 삼각형 모양으로 간혹 세 갈래로 갈라지기도 하는 점이 특징이다. 줄기 끝에는 원뿔 모양의 크림색 꽃이 모여 피며 −15℃까지 월동한다. ↕ 10m

Mallotus japonicus 예덕나무

Malus baccata 야광나무 🏆

Malus 사과나무속

Rosaceae 장미과

유럽, 아시아, 북아메리카 등지에 약 35종이 분포하며 낙엽, 교목·관목으로 자란다. 잎은 어긋나기로 달리고 가장자리에 톱니가 발달한다. 꽃은 흰색 또는 연한 붉은색의 총상화서로 핀다.

Malus baccata 야광나무 🏆

낙엽활엽교목, 흰색의 꽃이 봄에 피며 가을에 노란색 또는 적색의 열매가 달리며 −34℃까지 월동한다. ↕ 15m

Malus hupehensis 호북꽃사과나무 🏆

낙엽활엽교목, 봄철 연한 분홍색을 띤 흰색 꽃에서 향기로운 냄새가 난다. 가을철에는 긴 열매자루에 달린 밝은 빨간색 열매가 매력적이며 −29℃까지 월동한다. ↕ 12m

Malus hupehensis 호북꽃사과나무 🏆 (꽃, 열매)

M

269

Marsilea quadrifolia 네가래

Marsilea 네가래속

Marsileaceae 네가래과

열대, 온대 등지에 약 65종이 분포하며 수생 양치식물로 자란다. 뿌리줄기는 포복하고 털이 발달한다. 소엽은 4개로 십자형이고 엽맥은 두 갈래로 여러 차례 갈라진다.

Marsilea quadrifolia 네가래

낙엽다년초, 수면위에 떠있는 클로버와 닮은 네 장의 잎이 매력적이며 −23℃까지 월동한다. ↕ 20cm

Matteuccia 청나래고사리속

Onocleaceae 야산고비과

유럽, 동아시아, 북아메리카 등지에 약 4종이 분포하며 낙엽성 양치식물로 자란다. 잎줄기에 소엽이 어긋나기로 깃털처럼 나며 포자엽은 별도로 자란다.

Matteuccia struthiopteris 청나래고사리 🏆

낙엽다년초, 연한 녹색의 잎이 우산형으로 펴지는 모습이 매력적이다. 약간 축축한 곳에서 잘 자라며 −29℃까지 월동한다. ↕ 1m

Meehania urticifolia 벌깨덩굴

Meehania 벌깨덩굴속

Lamiaceae 꿀풀과

아시아, 북아메리카 등지에 약 6종이 분포하며 다년초·덩굴식물로 자란다. 사각형의 줄기에 5쌍 정도의 잎이 난다.

Meehania urticifolia 벌깨덩굴

낙엽다년초, 연한 보라색 꽃이 2개씩 층을 이루며 한쪽 방향으로 핀다. 꽃에서 좋은 향기가 나며 반음지에서도 잘 자라 숲속정원에 적합하며 −35℃까지 월동한다. ↕ 50cm

Megaleranthis 모데미풀속

Ranunculaceae 미나리아재비과

한국에 1종이 분포하며 낙엽다년초로 자란다. 뿌리잎의 잎자루가 길고 꽃을 둘러싸는 잎은 세 갈래로 완전히 갈라지며 가장자리는 결각이 두드러진다.

Megaleranthis saniculifolia 모데미풀

낙엽다년초, 이른 봄 총생하는 잎의 줄기 끝에 피는 하얀색 꽃이 매력적이다. 고산지역이나 서늘한 지역의 그늘진 곳이 식재하기에 적당하며 −34℃까지 월동한다. ↕ 40cm

Megaleranthis saniculifolia 모데미풀

Melia 멀구슬나무속

Meliaceae 멀구슬나무과

중국, 인도, 남동 아시아, 북호주 등지에 약 5종이 분포하며 낙엽반상록, 관목으로 자란다. 잎은 2∼3회 깃꼴겹잎이며 소엽 가장자리가 거친 톱니처럼 생겼으며 원추화서를 이룬다.

Melia azedarach 멀구슬나무

낙엽활엽교목, 신초 끝에 연한 보라색 꽃이 총상으로 핀다. 가을철 노란색의 둥근 열매가 오랫동안 달리고 −15℃까지 월동한다. ↕ 15m

Matteuccia struthiopteris 청나래고사리 ◑

Melia azedarach 멀구슬나무(열매, 수형)

Melia azedarach 멀구슬나무(꽃)

Meliosma 나도밤나무속

Meliosmaceae 나도밤나무과

중국, 인도, 스리랑카, 일본, 멕시코, 중앙아메리카, 열대 남아메리카 등지에 약 25종이 분포하며 낙엽·상록, 관목·교목으로 자란다. 잎은 달걀 모양의 타원형이고 가장자리는 물결 모양을 이루는 것이 특징이다.

Meliosma oldhamii 합다리나무
낙엽활엽교목. 크림색의 꽃이 총상화서로 피고 홀수깃 모양겹잎의 작은 잎 상단부 가장자리에 톱니가 발달하며 −15℃까지 월동한다. ↕ 15m

Melissa 레몬밤속

Lamiaceae 꿀풀과

중앙아시아, 유럽 등지에 약 3종이 분포하며 다년초로 자란다. 줄기는 사각이고 잎은 마주나기하며 전초에서 향기가 나는 것이 특징이다.

Meliosma oldhamii 합다리나무

Melissa officinalis 'All Gold' 레몬밤 '올 골드'

Mentha piperascens 박하

Melissa officinalis 'All Gold' 레몬밤 '올 골드'
낙엽다년초, 주름진 황금색 잎이 특징으로 문지르면 진한 허브향이 나며 −34℃까지 월동한다.
↕ 1.2m ↔ 45cm

Mentha 박하속

Lamiaceae 꿀풀과

유럽, 아프리카, 아시아 등지에 약 25종이 분포하며 일년초·다년초로 자란다. 잎은 마주나기하며 잎겨드랑이에 꽃이 모여 피고 향기가 강한 점이 특징이다.

Mentha suaveolens 애플민트

Mentha suaveolens 'Variegata' 애플민트 '바리에가타'

Mentha piperascens 박하
낙엽다년초, 연한 분홍색의 작은 꽃들이 잎 기부에 촘촘하게 모여 줄기를 따라 층층이 핀다. 잎에서는 진한 향가가 나며 −34℃까지 월동한다. ↕ 1m

Mentha suaveolens 애플민트
낙엽다년초, 분홍빛을 띠는 흰색의 꽃이 촛대 모양으로 빽빽하게 핀다. 잎에서는 진한 사과 향기가 나며 −15℃까지 월동한다. ↕ 1m

Mentha suaveolens 'Variegata' 애플민트 '바리에가타'
낙엽다년초, 파인애플 냄새가 나는 잎의 가장자리에 크림색 무늬가 불규칙하게 발달하는 점이 특징으로 −15℃까지 월동한다. ↕ 1m

Menyanthes 조름나물속

Mentanthaceae 조름나물과

유럽, 아시아 등지에 1종이 분포하며 반수생·수생 식물로 자란다. 세 장의 잎이 잎자루 끝에 달리고 잎 겨드랑이에서 꽃대가 올라와서 총상으로 흰 꽃이 핀다.

Menyanthes trifoliata 조름나물 🌸
낙엽다년초, 국내 멸종위기종으로 고층습원같이 서늘한 습지에서 굵은 뿌리가 퍼지면서 잘 자란다. 여름철 총상화서로 피는 흰색 꽃은 꽃잎 표면에 솜털이 밀생하며 −34℃까지 월동한다. ↕ 30cm

Menyanthes trifoliata 조름나물 🌸

Metasequoia glyptostroboides 메타세쿼이아

Metasequoia 메타세쿼이아속

Cupressaceae 측백나무과

중국 중부지역에 1종이 분포하며 낙엽, 침엽, 교목으로 자란다. 원추형으로 성장하며 잎은 마주나기한다.

Metasequoia glyptostroboides 메타세쿼이아
낙엽침엽교목. 좁은 원추모양으로 거대하게 자라는 수형이 멋지다. 깃털잎이 어긋나게 붙는 낙우송과 달리 마주나게 붙으며 −34℃까지 월동한다.
↕ 40m ↔ 8m

Metasequoia glyptostroboides 'Gold Rush' 메타세쿼이아 '골드 러시'
낙엽침엽교목. 부드러운 느낌의 황금색 잎이 특징이며 −34℃까지 월동한다. ↕ 30m ↔ 7m

Microbiota decussata 시베리아눈측백

Microbiota 시베리아눈측백속

Cupressaceae 측백나무과

시베리아 남동부 지역에 1종이 분포하며 상록, 침엽, 관목으로 자란다. 낮고 평평하게 퍼지면서 자란다.

Microbiota decussata 시베리아눈측백
상록침엽관목. 지표면을 덮으며 낮게 퍼지는 수형과 진녹색잎이 추운계절에 구릿빛으로 변하는 모습이 매력적으로 −40℃까지 월동한다. ↕ 70cm ↔ 2m

Miscanthus 억새속

Poaceae 벼과

아프리카에서 동아시아 등지에 약 20종이 분포하며 낙엽 · 상록, 다년초로 자란다. 줄기는 둥글고 잎은 긴 선형으로 자라는 것이 특징이다.

Miscanthus sinensis 'Adagio' 참억새 '아다지오' 🏆
낙엽다년초. 잎에 잿빛이 나며 반원형으로 수형이 단정하고 −34℃까지 월동한다. ↕ ↔ 1.2m

Miscanthus sinensis 'Dixieland' 참억새 '딕시랜드'
낙엽다년초. 잎 가장자리에 세로로 흰색의 무늬가 들어있는 것이 특징이며 −29℃까지 월동한다.
↕ 2.0m ↔ 1.5m

Miscanthus sinensis 'Gold Bar' 참억새 '골드 바'
낙엽다년초. 키가 작고 잎이 직립하며 노란색의 무늬가 가로로 규칙적으로 들어가는 것이 특징이며 −29℃까지 월동한다. ↕ 80cm ↔ 60cm

Miscanthus sinensis 'Dixieland' 참억새 '딕시랜드'

Miscanthus sinensis 'Gold Bar' 참억새 '골드 바'

Miscanthus sinensis 'Adagio' 참억새 '아다지오' 🏆

Metasequoia glyptostroboides 'Gold Rush' 메타세쿼이아 '골드 러시'

Miscanthus sinensis 'Little Kitten' 참억새 '리틀 키튼'

Miscanthus sinensis 'Little Zebra' 참억새 '리틀 지브러'

Miscanthus sinensis 'Little Kitten'
참억새 '리틀 키튼'
낙엽다년초, 키가 작고 가을철 이삭 꽃이 촘촘하게 피는 모습이 매력적이며 −29℃까지 월동한다.
↕ 1.5m ↔ 1.2cm

Miscanthus sinensis 'Little Zebra'
참억새 '리틀 지브러'
낙엽다년초, 키가 작고 단정하게 자란다. 선형의 잎에 가로방향의 연노랑 무늬가 발달하는 점이 특징이며 −29℃까지 월동한다. ↕ 1.5m ↔ 1.2m

Miscanthus sinensis 'Punktchen' 참억새 '펑크첸'

Miscanthus sinensis 'Morning Light'
참억새 '모닝 라이트' ✿
낙엽다년초, 가느다란 잎 가장자리에 흰색의 무늬가 발달하는 점이 특징이다. 단정하게 자라는 수형이 아름다우며 −29℃까지 월동한다.
↕ 1.8m ↔ 1.2m

Miscanthus sinensis 'Punktchen'
참억새 '펑크첸'
낙엽다년초, 잎에 가로로 연한 노란색의 무늬가 넓은 간격으로 들어가며 −29℃까지 월동한다.
↕ 2.1m ↔ 1.8m

Miscanthus sinensis 'Cabaret' 참억새 '카바레'

Miscanthus sinensis 'Strictus'
참억새 '스트릭투스' ✿
낙엽다년초, 잎에는 가로방향으로 발달하는 연노랑 무늬가 있다. 하늘을 향해 곧게 직립하는 특성이 있으며 −29℃까지 월동한다. ↕ 2.4m ↔ 1.8m

Miscanthus sinensis 'Cabaret' 참억새 '카바레'
낙엽다년초, 잎 중앙 부위에 크림색 무늬가 세로로 발달하는 점이 특징이며 −29℃까지 월동한다.
↕ 2.4m ↔ 1.5m

Miscanthus sinensis 'Cosmopolitan'
참억새 '코스모폴리턴'
낙엽다년초, 폭이 넓은 선형의 잎 가장자리에 세로방향 흰색 무늬가 발달하는 점이 특징이며 −29℃까지 월동한다. ↕ 2.4m ↔ 1.5m

M

Miscanthus sinensis 'Morning Light' 참억새 '모닝 라이트' ✿

Miscanthus sinensis 'Strictus' 참억새 '스트릭투스' ✿

Miscanthus sinensis 'Cosmopolitan' 참억새 '코스모폴리턴'(잎, 전초)

Miscanthus sinensis var. *purpurascens* 억새

Miscanthus sinensis var. *purpurascens*
억새

낙엽다년초, 가을철 대규모 군락지에서 꽃이 피어
바람에 흔들리는 모습은 장관을 이룬다. 붉은색으로
단풍이 들며 −29℃까지 월동한다.
↕ 1.5m ↔ 90cm

Miscanthus sinensis 'Variegatus'
참억새 '바리에가투스'

낙엽다년초, 잎 가장자리에 세로 방향으로 흰색
무늬가 발달하는 점이 특징이며 −29℃까지 월동한다.
↕ 2m ↔ 1.8m

Miscanthus sinensis 'Zebrinus'
참억새 '제브리누스' ♔

낙엽다년초, 잎에 가로로 들어간 노란색 무늬가
특징이며 −29℃까지 월동한다. ↕ 2.4m ↔ 1.8m

Molinia 몰리니아속

Graminaceae 벼과

유럽, 아시아 등지에 2종이 분포하며 낙엽다년초로
자란다. 전초에 비해 이삭이 길게 자란다.

Molinia caerulea 몰리니아

낙엽다년초, 키가 작고 단정하여 미니 암석원이나
건조식물원에 적합하며 −23℃까지 월동한다.
↕ 1.5m ↔ 40cm

Molinia caerulea subsp. *arundinacea*
아룬디나케아몰리니아

낙엽다년초, 전초가 직립하며 자라고 가을철 황색의
단풍이 매력적이며 −29℃까지 월동한다.
↕ 2.5m ↔ 1.2m

Molinia caerulea 몰리니아

Molinia caerulea 'Variegata'
몰리니아 '바리에가타' ♔

낙엽다년초, 잎에 세로로 흰색의 무늬가 들어 있는
것이 특징이며 −29℃까지 월동한다. ↕ ↔ 60cm

Monarda 모나르다속

Lamiaceae 꿀풀과

북미, 일본 등지에 약 15종이 분포하며 일년초·다년초로
자란다. 사각형의 줄기에 잎은 마주나기로 달리며
줄기 끝에 꽃이 방사형으로 모여 핀다.

Molinia caerulea subsp. *arundinacea* 아룬디나케아몰리니아

Miscanthus sinensis 'Variegatus' 참억새 '바리에가투스'

Miscanthus sinensis 'Zebrinus' 참억새 '제브리누스' ♔

Molinia caerulea 'Variegata' 몰리니아 '바리에가타' ♔

M

Monarda 'Balance' 모나르다 '밸런스'

Monarda 'Balance' 모나르다 '밸런스'
낙엽다년초, 진한 자주색으로 꽃이 피며 −29℃까지 월동한다. ↕90cm

Mornarda 'Cambridge Scarlet' 모나르다 '케임브릿지 스칼렛'
낙엽다년초, 진한 분홍색의 꽃이 아름다워 양지바른 곳에 군락으로 심으면 효과가 좋으며 −34℃까지 월동한다. ↕90cm ↔ 60cm

Monarda didyma 모나르다 디디마
낙엽다년초, 진한 적색의 꽃이 피며 −34℃까지 월동한다. ↕1.2m ↔ 90cm

Mornarda 'Cambridge Scarlet' 모나르다 '케임브릿지 스칼렛'

Monarda didyma 모나르다 디디마

Monarda fistulosa 모나르다 피스툴로사
낙엽다년초, 연한 보라색의 꽃이 줄기 끝에 피며 −40℃까지 월동한다. ↕1.2m ↔ 90cm

Monarda punctata 모나르다 풍크타타
낙엽다년초, 꽃은 연한 노란색으로 꽃받침잎이 흰색을 띠어 꽃처럼 보이며 −40℃까지 월동한다. ↕60cm ↔ 30cm

Monarda fistulosa 모나르다 피스툴로사

Morus 뽕나무속

Moraceae 뽕나무과

아프리카, 아시아, 아메리카 등지에 약 10종이 분포하며 낙엽, 관목·교목으로 자란다. 잎은 어긋나기로 달리며 3~5갈래로 갈라지고 잎의 가장자리에는 톱니가 발달한다.

Morus alba 뽕나무
낙엽활엽교목, 윤기가 나는 넓은 잎 가장자리에는 톱니가 발달한다. 먹을 수 있는 열매는 빨간색에서 검정색으로 변하면서 익으며 −29℃까지 월동한다. ↕15m

Monarda punctata 모나르다 풍크타타

Morus alba 뽕나무

Morus alba f. *pendula* 처진뽕나무

Morus alba f. *pendula* 처진뽕나무
낙엽활엽관목, 가지가 아래로 늘어지면서 아담하게 자라는 수형이 매력적이며 −15℃까지 월동한다. ↕ ↔ 3m

Morus nigra 검뽕나무
낙엽활엽교목, 열매가 다 익으면 검은색으로 변하고 −29℃까지 월동한다. ↕12m ↔ 8m

M

Morus nigra 검뽕나무(수형, 열매)

275

Mukdenia rossii 돌단풍

Mukdenia 돌단풍속

Saxifragaceae 범의귀과

동. 북아시아 등지에 2종이 분포하며 다년초로 자란다.
이른 봄에 꽃대가 먼저 올라와서 개화하고 단풍잎처럼
생긴 잎이 덩이줄기에서 나온다.

Mukdenia rossii 돌단풍
낙엽다년초, 잎은 단풍잎 모양으로 깊게 갈라지며
이른 봄 흰색의 꽃과 가을철 단풍이 매력적이다.
돌틈 식재에 적합하며 −35℃까지 월동한다.
↕45cm ↔60cm

Muscari 무스카리속

Liliaceae 백합과

지중해. 서남아시아 등지에 약 30종이 분포하며 구근
식물로 자란다. 이른 봄 꽃줄기에 작은 종 모양의
꽃들이 모여나며 아래부터 피어 올라간다.

Muscari armeniacum 무스카리 아르메니아쿰
낙엽다년초, 잎은 가늘고 길게 자란다. 꽃은
보라색으로 작게 피며 −34℃까지 월동한다.
↕20cm ↔15cm

Muscari armeniacum 'Blue Spike'
무스카리 아르메니아쿰 '블루 스파이크'
낙엽다년초, 꽃잎이 세분되어 겹꽃같이 보이고
전체적으로 다발을 이루며 −29℃까지 월동한다.
↕20cm ↔15cm

Muscari armeniacum 무스카리 아르메니아쿰

Muscari armeniacum 'Blue Spike'
무스카리 아르메니아쿰 '블루 스파이크'

Muscari comosum 'Plumosum'
무스카리 코모숨 '플루모숨'
낙엽다년초, 깃털처럼 가늘게 갈라지는 작은 연보라
색 꽃들이 모여 큰 꽃송이를 이루는 점이 특징이며
−23℃까지 월동한다. ↕25cm ↔15cm

Muscari latifolium 무스카리 라티폴리움 🏆
낙엽다년초, 원통형의 꽃은 아래에서 위로 올라가며
피는데 아래쪽은 진보라색, 윗쪽은 연보라색으로
뚜렷하게 구별된다. 잎이 다른 종들에 비해 넓은 점이
특징이며 −34℃까지 월동한다. ↕20cm ↔15cm

Myrica 소귀나무속

Myricaceae 소귀나무과

전 세계에 약 50종이 분포하며 낙엽 · 상록, 관목 ·
교목으로 자란다. 도피침형의 잎이 돌려나기하며
줄기상부의 잎겨드랑이에서 둥근 열매가 붉게
익는다.

Muscari comosum 'Plumosum' 무스카리 코모숨 '플루모숨'

Muscari latifolium 무스카리 라티폴리움 🏆

Myrica rubra 소귀나무(수형, 잎)

Myrica rubra 소귀나무
상록활엽교목, 윤기가 흐르는 진녹색 잎과 줄기끝
잎겨드랑이에 달리는 빨간색 딸기 모양의 열매가
매력적이며 −12℃까지 월동한다. ↕15m ↔12m

Myrtus 은매화속

Myrtaceae 도금양과

지중해 지역에 1종이 분포하며 상록, 관목으로 자란다.
장타원형의 잎이 마주나기하고 잎겨드랑이에서
꽃대가 자라 흰색으로 피는 것이 특징이다.

Myrtus communis 은매화 🏆
상록활엽관목, 꽃은 흰색으로 피며 실같이 얇은
반원형의 수술군들이 매력적이다. 꽃이 진 후 남색의
열매가 달리며 −4℃까지 월동한다.
↕1.8m ↔1.5m

Myrtus communis 은매화 🏆

N

Nandina 남천속

Berberidaceae 매자나무과

인도, 중국, 일본 등지에 1종이 분포하며 상록·반상록,
관목으로 자란다. 잎은 어긋나기하고 꽃은 원추화서로
핀다. 열매는 장타원형으로 적색, 보라색으로 익는다.

Nandina domestica 남천
상록활엽관목, 붉은 단풍과 열매가 아름다워
겨울정원 소재로도 훌륭하며 −18℃까지 월동한다.
↕ ↔ 1.8m

Nandina domestica var. leucocarpa
황실남천
상록활엽관목, 연한 노란빛을 띤 흰색의 열매가
달리는 점이 특징이며 −18℃까지 월동한다.
↕ 1.8m ↔ 1.2m

Nandina domestica var. *leucocarpa* 황실남천

Nandina domestica 'Umpqua Chief'
남천 '움프쿠아 치프'
상록활엽관목, 붉게 익는 풍성한 열매와 붉은색
단풍이 매력적이고 −18℃까지 월동한다. ↕ ↔ 1.8m

Nandina domestica 'Woods Dwarf'
남천 '우즈 드와프'
상록활엽관목, 수형이 둥글고 키가 작아서 작은 정원의
소재로 적합하다. 붉은 단풍이 매력적이며 −18℃까지
월동한다. ↕ 75cm

Nandina domestica 'Umpqua Chief' 남천 '움프쿠아 치프'

Nandina domestica 남천

Nandina domestica 'Woods Dwarf' 남천 '우즈 드와프'

Narcissus 수선화속

Amaryllidaceae 수선화과

유럽, 아프리카 등지에 약 150종이 분포하며 구근 식물로 자란다. 부화관을 중심으로 6개의 화피 조각이 달린다.

Narcissus asturiensis 아스투리아수선화
낙엽다년초, 작은 트럼펫 모양의 밝은 노란색 꽃이 피며 −23℃까지 월동한다. ↕10cm

Narcissus 'Bridal Crown'
수선화 '브라이들 크라운' ✿
낙엽다년초, 향기가 좋은 크림색의 겹꽃이 피며 −21℃까지 월동한다. ↕50cm

Narcissus 'Actaea' 수선화 '악타이아' ✿

Narcissus asturiensis 아스투리아수선화

Narcissus 'Barrett Browning' 수선화 '바렛 브라우닝'

Narcissus 'Bartley' 수선화 '바틀리'

Narcissus 'Beryl' 수선화 '베릴'

Narcissus 'Bravoure' 수선화 '브라부르' ✿

Narcissus 'Bridal Crown' 수선화 '브라이들 크라운' ✿

Narcissus 'Broadway Star' 수선화 '브로드웨이 스타'

Narcissus 'Bunclody' 수선화 '번클로디'

N

Narcissus Nylon Group 수선화 나일론 그룹

Narcissus 'Divertimento' 수선화 '디베르티멘토'

Narcissus 'Dutch Master' 수선화 '더치 마스터' ❀

Narcissus 'Buttercup' 수선화 '버터컵'

Narcissus 'Double Wintercup' 수선화 '더블 윈터컵'

Narcissus 'Englander' 수선화 '잉글랜더'

Narcissus cyclamineus 시클라멘수선화 ❀
낙엽다년초, 시클라멘을 닮은 노란색 꽃이 피고
키가 작으며 −21℃까지 월동한다. ↕20cm

Narcissus dubius 두비우스수선화
낙엽다년초, 향기나는 흰색의 작은 꽃이 피며
−29℃까지 월동한다. ↕23cm

Narcissus 'Dutch Master' 수선화 '더치 마스터' ❀
낙엽다년초, 화관이 넓게 발달한 밝은 노란색의
큰꽃이 피며 −29℃까지 월동한다. ↕45cm

Narcissus 'Flower Record' 수선화 '플라워 레코드'
낙엽다년초, 흰색꽃의 가운데 노란색 화관은
가장자리가 붉은색이며 −40℃까지 월동한다.
↕30cm

Narcissus cyclamineus 시클라멘수선화 ❀

Narcissus dubius 두비우스수선화

Narcissus 'Chukar' 수선화 '추카'

| *Narcissus* 'Cornish Gold' 수선화 '코니시 골드'

Narcissus 'February Gold' 수선화 '페브러리 골드' ❀

Narcissus 'Flower Record' 수선화 '플라워 레코드'

Narcissus 'Fragrant Rose' 수선화 '프레그런트 로즈'

Narcissus 'Golden Dawn' 수선화 '골든 돈' 🏆
낙엽다년초, 노란색의 꽃에 주황색의 화관을 가지며
-12℃까지 월동한다. ↕ ↔ 15cm

Narcissus 'Ice Follies' 수선화 '아이스 폴리즈' 🏆
낙엽다년초, 크림색의 꽃에 연한 노란색의 화관을
가지며 -29℃까지 월동한다. ↕ 40cm

Narcissus 'Golden Dawn' 수선화 '골든 돈' 🏆

Narcissus 'Gamay' 수선화 '가메이'

Narcissus 'Ganilly' 수선화 '가닐리'

Narcissus 'Garden Princess' 수선화 '가든 프린세스'

Narcissus 'Golden Ducat' 수선화 '골든 더캣'

Narcissus 'Golden Harvest' 수선화 '골든 하베스트'

Narcissus 'Ice Follies' 수선화 '아이스 폴리즈' 🏆

Narcissus 'Hawera' 수선화 '하웨라'

Narcissus 'Home Fires' 수선화 '홈 파이어스'

Narcissus 'Ice King' 수선화 '아이스 킹'
낙엽다년초, 흰색 꽃에 연한 노란색의 주름지고
겹진 화관을 가지며 -40℃까지 월동한다. ↕ 35cm

Narcissus 'Ice King' 수선화 '아이스 킹'

Narcissus 'Jack Snipe' 수선화 '잭 스나이프' ⓥ

Narcissus 'Joy Bishop' 수선화 '조이 비숍'

Narcissus lobularis 로불라리스수선화

Narcissus 'Lemon Drops' 수선화 '레몬 드롭스'

Narcissus 'Lemon Drops' 수선화 '레몬 드롭스'
낙엽다년초, 노란색 화관을 가진 아이보리색 꽃이
피며 −34℃까지 월동한다. ↕30cm

Narcissus 'Jeannie Hoog' 수선화 '지니 후그'

Narcissus jonquilla 존퀼라수선화

Narcissus 'Jack Snipe' 수선화 '잭 스나이프' ⓥ
낙엽다년초, 살짝 뒤로 젖혀진 크림색 꽃에 노란색의
화관을 가지며 −21℃까지 월동한다. ↕20cm

Narcissus 'Jetfire' 수선화 '제트파이어' ⓥ
낙엽다년초, 뒤로 젖혀지는 노란색 꽃에 주황색 긴
화관이 있으며 −21℃까지 월동한다. ↕20cm

Narcissus jonquilla 존퀼라수선화
낙엽다년초, 잎이 가늘고 노란색의 작은 꽃이 피며
−29℃까지 월동한다. ↕20cm

Narcissus 'Marieke' 수선화 '마리커'

Narcissus 'Jetfire' 수선화 '제트파이어' ⓥ

Narcissus 'Lady Serena' 수선화 '레이디 세레나'

Narcissus minor 'Douglasbank' 미노르수선화 '더글러스뱅크'

Narcissus 'Mite' 수선화 '마이트' ❀

Narcissus 'Monal' 수선화 '모날'

Narcissus 'Monza' 수선화 '몬자'

Narcissus 'Northern Sceptre' 수선화 '노던 셉터'

Narcissus × *odorus* 'Rugulosus' 오도루스수선화 '루굴로수스'

Narcissus 'Peeping Tom' 수선화 '피핑 톰' ❀

Narcissus 'Pink Angel' 수선화 '핑크 엔젤'

Narcissus 'Pink Smiles' 수선화 '핑크 스마일스'

Narcissus 'Pinza' 수선화 '핀자'

Narcissus 'Presidential Pink' 수선화 '프레지던트 핑크'

Narcissus 'Professor Einstein' 수선화 '프로페서 아인슈타인'

Narcissus pseudonarcissus 'Praecox'
수도나르키수스수선화 '프라이콕스'

Narcissus 'Quince' 수선화 '퀸스'

N

Narcissus 'Rijnveld's Early Sensation' 수선화 '레인펠츠 얼리 센세이션' 🟡

Narcissus 'Scarlet Gem' 수선화 '스칼렛 젬'

Narcissus 'Sir Winston Churchill' 수선화 '서 윈스턴 처칠' 🟡

Narcissus 'Red Devon' 수선화 '레드 데번'

Narcissus 'Rippling Waters' 수선화 '리플링 워터스'

Narcissus 'Spellbinder' 수선화 '스펠바인더'

Narcissus 'Rijnveld's Early Sensation' 수선화 '레인펠츠 얼리 센세이션' 🟡

낙엽다년초. 이른 봄에 노란색 화관을 가진 노란 꽃이 피며 −21℃까지 월동한다. ↕30cm

Narcissus 'Rosemoor Gold' 수선화 '로즈무어 골드' 🟡

Narcissus 'Stint' 수선화 '스틴트' 🟡

Narcissus 'Rip Van Winkle' 수선화 '립 밴 윙클'

Narcissus 'Rowallane' 수선화 '로월레인'

Narcissus 'Stratosphere' 수선화 '스트래토스피어' 🟡

Narcissus 'Sybil' 수선화 '시빌'

Narcissus 'Tahiti' 수선화 '타히티' 🏆

Narcissus 'Telamonius Plenus' 수선화 '텔라모니우스 플레누스'

Narcissus 'Tibet' 수선화 '티베트'

Narcissus 'Tete-A-Tete' 수선화 '테트아테트' 🏆

Narcissus 'Tahiti' 수선화 '타히티' 🏆
낙엽다년초, 노란색 겹꽃 사이에 주황색의 퇴화된
꽃잎이 발달하며 −21℃까지 월동한다. ↕45cm

Narcissus 'Tete-A-Tete' 수선화 '테트아테트' 🏆
낙엽다년초, 전체적으로 작고 앙증맞게 피는 꽃이
특징이다. 여섯 장으로 갈라진 연노란색의 얇은
꽃잎과 진노란색의 화관을 가지며 −21℃까지
월동한다. ↕15cm

Narcissus 'White Cheerfulness' 수선화 '화이트 치어풀니스'

Narcissus 'White Lion' 수선화 '화이트 라이언' 🏆

Neillia ribesioides 까치밥나도국수나무

Neolitsea aciculata 새덕이

Neillia 나도국수나무속

Rosaceae 장미과

히말라야, 동아시아 등지에 약 10종이 분포하며 낙엽, 관목으로 자란다. 줄기 끝에 총상으로 연한 분홍색의 꽃이 올라가며 핀다.

Neillia ribesioides 까치밥나도국수나무
낙엽활엽관목. 줄기 끝에 총상으로 종 모양의 꽃이 분홍색으로 핀다. 수형은 둥글게 자라며 −29℃까지 월동한다. ↕ ↔ 2m

Neillia thibetica 티베트나도국수나무
낙엽활엽관목. 줄기 끝에 총상으로 종 모양의 꽃이 연한 분홍색으로 피며 −23℃까지 월동한다. ↕ ↔ 2m

Nelumbo 연꽃속

Nelumbonaceae 연꽃과

아시아, 북호주, 동북아메리카 등지에 2종이 분포하며 수생 다년초로 자란다. 잎은 원형의 방패 모양. 꽃은 7~8월경 물 속에서 나온 긴 꽃자루 끝에 피는 것이 특징이다.

Nelumbo nucifera 연꽃
낙엽다년초, 분홍색의 큰 꽃이 매력적이며 얕은 연못에서 빠른 속도로 퍼진다. 뿌리는 식용하기도 하고 습지나 연못 등에 식재하며 −34℃까지 월동한다. ↕ 1.5m ↔ 5m

Neolitsea 참식나무속

Lauraceae 녹나무과

동남아시아, 말레이시아, 인도네시아 등지에 약 60종이 분포하며 낙엽·상록, 관목·교목으로 자란다. 잎은 어긋나기하며 잎자루가 발달하고 가장자리가 밋밋한 점이 특징이다.

Neolitsea aciculata 새덕이
상록활엽소교목, 광택이 나는 잎과 붉은색의 작은 꽃이 특징이다. 수형이 둥글게 자라며 −12℃까지 월동한다. ↕ 4m

Neillia thibetica 티베트나도국수나무

Nelumbo nucifera 연꽃

Neolitsea sericea 참식나무

Neolitsea sericea 참식나무
상록활엽소교목, 갈색의 신초와 붉게 익는 열매가
매력적이며 −12℃까지 월동한다.　↕6m ↔ 3m

Neoshirakia 사람주나무속

Euphorbioideae 대극과

동아시아에 1종이 분포하며 낙엽, 활엽, 교목으로 자란다.
수피는 회백색이며 황색, 적색으로 단풍이 든다.

Neoshirakia japonica 사람주나무
낙엽활엽소교목. 수피가 회백색이며 세 개로 갈라지는
열매와 붉은 단풍이 매력적이다. 수형이 단아하게
자라며 −15℃까지 월동한다.　↕8m ↔ 6m

Neoshirakia japonica 사람주나무

Nepeta nervosa 네페타 네르보사

Nepeta 개박하속

Lamiaceae 꿀풀과

열대지역을 제외한 북반구에 약 250여 종이 분포하며
낙엽다년초로 자란다. 네모난 줄기가 직립하며 줄기
상부의 잎겨드랑이에서 분홍, 보라색의 꽃이 핀다.

Nepeta nervosa 네페타 네르보사
낙엽다년초, 줄기 상부에 보라색의 꽃이 층을 이루며
피어 올라가고 −12℃까지 월동한다.
↕60cm ↔ 30cm

Nepeta racemosa 'Walker's Low' 네페타 라케모사 '워커스 로' 🏆

Nepeta sibirica 큰개박하

Nepeta racemosa 'Walker's Low'
네페타 라케모사 '워커스 로' 🏆
낙엽다년초, 향기로운 보라색의 꽃이 긴 꽃줄기에
층을 이루며 피고 −34℃까지 월동한다.　↕ ↔ 90cm

Nepeta sibirica 큰개박하
낙엽다년초, 전체에 흰 털이 밀생하고 네모난 줄기의
윗부분에서 가지가 갈라진다. 꽃은 잎 겨드랑이에서
보라색의 꽃이 층층이 모여 피며 −34℃까지
월동한다.　↕ ↔ 1m

Nerine 네리네속

Amaryllidaceae 수선화과

남아프리카에 약 30종이 분포하며 구근으로 자란다.
꽃잎에 물결 모양의 주름이 있으며 백합과 유사한
꽃이 핀다.

Nerine bowdenii 네리네 보우데니 🏆
낙엽다년초, 늦가을에 선홍색의 주름진 꽃이 피며
−12℃까지 월동한다.　↕45cm ↔ 8cm

Nerine bowdenii 네리네 보우데니 🏆

Nerine bowdenii 'Mollie Cowie' 네리네 보우데니 '몰리 코위'

Nerine bowdenii 'Mollie Cowie'
네리네 보우데니 '몰리 코위'
낙엽다년초, 늦가을에 진한 분홍색의 주름진 꽃이 피며 −12℃까지 월동한다. ↕45cm ↔ 8cm

Nerine filamentosa 네리네 필라멘토사
낙엽다년초, 늦가을에 가늘고 긴 분홍색의 주름진 꽃이 피며 −12℃까지 월동한다. ↕45cm ↔ 8cm

Nerine undulata 네리네 운둘라타
낙엽다년초, 늦가을에 연한 분홍색의 주름진 꽃이 피며 −12℃까지 월동한다. ↕45cm ↔ 8cm

Nerium 협죽도속

Apocynaceae 협죽도과

지중해, 중국 등지에 2종이 분포하며 상록, 관목 · 소교목으로 자란다. 다섯 개의 꽃받침과 다섯 장의 넓게 퍼지는 꽃잎이 있으며 열매는 길쭉한 콩 꼬투리 모양이다.

Nerium oleander 협죽도

Nerium oleander 협죽도
상록활엽소교목, 여름철 가지 끝에서 분홍색 꽃이 취산화서로 핀다. 공해에 강하여 남부지역에서 가로수로 심는다. 독성이 있어 주의를 요하며 −12℃까지 월동한다. ↕6m ↔ 3m

Nerium oleander 'Variegatum'
협죽도 '바리에가툼' 🌀
상록활엽소교목, 분홍색 꽃이 피고 잎 가장자리의 불규칙한 흰색 무늬가 특징이며 −12℃까지 월동한다. ↕6m ↔ 3m

Nuphar 개연꽃속

Nymphaeaceae 수련과

북반구에 약 25종이 분포하며 낙엽, 수생, 다년초로 자란다. 뿌리줄기는 굵고 신축성이 있으며 잎과 구형의 꽃이 수면 위로 올라오는 것이 특징이다.

Nuphar japonicum 개연꽃
낙엽다년초, 잎은 긴 삼각형으로 광택이 있다. 밝은 노란색의 꽃은 물위로 올라온 꽃자루 끝에 한 송이씩 피며 −34℃까지 월동한다. ↔ 1m

Nerine filamentosa 네리네 필라멘토사

Nerine undulata 네리네 운둘라타

Nerium oleander 'Variegatum' 협죽도 '바리에가툼' 🌀

Nuphar japonicum 개연꽃

Nymphaea 수련속

Nymphaeaceae 수련과

전 세계에 약 50종이 분포하며 수생, 다년초로 자란다. 수면에 넓고 둥글게 떠있는 잎이 두 개로 갈라지는 특징이 있다.

Nymphaea alba 흰수련
낙엽다년초, 컵 모양의 겹진꽃은 중앙에 노란색 수술을 가지며 −34℃까지 월동한다. ↔ 1.7m

Nymphaea alba 흰수련

Nymphaea 'Albatros' 수련 '알바트로스'

Nymphaea 'Amabilis' 수련 '아마빌리스'

Nymphaea 'Attraction' 수련 '어트랙션'

Nymphaea 'Aurora' 수련 '오로라'

Nymphaea 'Barbara Dobbins' 수련 '바버라 도빈스'

Nymphaea 'Black Princess' 수련 '블랙 프린세스'

Nymphaea 'Burgundy Princess' 수련 '버건디 프린세스'

Nymphaea 'Amabilis' 수련 '아마빌리스'
낙엽다년초, 분홍색의 겹꽃은 풍성하고 아름답게 피며 −34℃까지 월동한다. ↔ 2.2m

Nymphaea 'Attraction' 수련 '어트랙션'
낙엽다년초, 선홍색의 겹꽃이 피며 −34℃까지 월동한다. ↔ 1.5m

Nymphaea 'Aurora' 수련 '오로라'
낙엽다년초, 노란색 꽃봉오리는 펼쳐지면서 오렌지색과 붉은색으로 변한다. 잎에 발달하는 불규칙한 자주색 얼룩이 특징이며 −34℃까지 월동한다. ↔ 1.5m

Nymphaea 'Burgundy Princess' 수련 '버건디 프린세스'
낙엽다년초, 붉은색의 겹꽃은 중앙으로 갈수록 검붉은색을 띠며 −40℃까지 월동한다. ↔ 90cm

Nymphaea 'Charles de Meurville' 수련 '찰스 드 머빌'
낙엽다년초, 바깥쪽의 꽃잎은 흰색이고 안쪽으로 갈수록 진한 선홍색을 띠며 −34℃까지 월동한다. ↔ 1.5m

Nymphaea 'Celebration' 수련 '셀리브레이션'

Nymphaea 'Charles de Meurville' 수련 '찰스 드 머빌'

Nymphaea 'Charlene Strawn' 수련 '샬린 스트론'

Nymphaea 'Colorado' 수련 '콜로라도'

Nymphaea 'Darwin' 수련 '다윈'

Nymphaea 'Ellisiana' 수련 '엘리시아나'
낙엽다년초, 끝이 뾰족한 선홍색 별 모양 꽃이 피며
−40℃까지 월동한다. ↔ 90cm

Nymphaea 'Escarboucle' 수련 '에스카보클' 🏆
낙엽다년초, 강렬한 붉은색 꽃이 피며 −21℃까지
월동한다. ↔ 1.5m

Nymphaea 'Fire Crest' 수련 '파이어 크레스트'
낙엽다년초, 별 모양의 분홍색 꽃이 피며 −29℃까지
월동한다. ↔ 1.2m

Nymphaea 'Emma Weiss' 수련 '에마 바이스'

Nymphaea 'Ernst Epple Senior' 수련 '에른스트 에플 시니어'

Nymphaea 'Escarboucle' 수련 '에스카보클' 🏆

Nymphaea 'Conqueror' 수련 '캉커러'

Nymphaea 'Ellisiana' 수련 '엘리시아나'

Nymphaea 'Fire Crest' 수련 '파이어 크레스트'

Nymphaea 'Froebelii' 수련 '프로이벨리'

Nymphaea 'Gonnere' 수련 '고니에르' 🏆

Nymphaea 'Iolanthe' 수련 '이올란테'

Nymphaea 'Gladstoniana' 수련 '글라드스토니아나'

Nymphaea 'Graziella' 수련 '그라지엘라'

Nymphaea 'James Brydon'
수련 '제임스 브리던' 🏆
낙엽다년초. 붉은색 꽃이 아름답게 피며 −21℃까지
월동한다. ↔ 1.2m

Nymphaea 'Laydekeri Fulgens'
수련 '라이데케리 풀겐스'
낙엽다년초. 진한 붉은색의 꽃이 피며 −34℃까지
월동한다. ↔ 1.5m

Nymphaea 'Gloriosa' 수련 '글로리오사'

Nymphaea 'Hermine' 수련 '허민'

N

Nymphaea 'Froebelii' 수련 '프로이벨리'
낙엽다년초. 진한 분홍색 꽃이 피며 꽃과 잎이 작아
작은 연못에 심으면 좋으며 −34℃까지 월동한다.
↔ 90cm

Nymphaea 'Gloriosa' 수련 '글로리오사'
낙엽다년초. 붉은색의 꽃은 꽃 잎 끝부분이 탈색된 듯
하며 −29℃까지 월동한다. ↔ 1.5m

Nymphaea 'Gonnere' 수련 '고니에르' 🏆
낙엽다년초. 흰색의 풍성한 겹꽃이 −21℃까지
월동한다. ↔ 1.2m

Nymphaea 'Hollandia' 수련 '홀란디아'

Nymphaea 'James Brydon' 수련 '제임스 브리던' 🏆

Nymphaea 'Gloire du Temple-sur-Lot' 수련 '글로아 두 템플서롯'

Nymphaea 'Indiana' 수련 '인디아나'

Nymphaea 'Laydekeri Fulgens' 수련 '라이데케리 풀겐스'

Nymphaea 'Laydekeri Lilacea' 수련 '라이데케리 릴라케아'

Nymphaea 'Marilacea Chromatella'
수련 '마릴라케아 크로마텔라' 🌸

Nymphaea 'Masaniello' 수련 '마사니엘로'

Nymphaea 'Madame Bory Latour-Marliac'
수련 '마담 보리 라투르–마릴리크'

Nymphaea 'Moorei' 수련 '모오레이'

Nymphaea 'Marliacea Flammea' 수련 '마릴라케아 플라메아'

Nymphaea 'Madame Wilfon Gonnere'
수련 '마담 윌프론 고니에르'

Nymphaea 'Marliacea Rosea' 수련 '마릴라케아 로세아'

Nymphaea 'Neptune' 수련 '넵튠'

Nymphaea odorata 미국수련

Nymphaea odorata 미국수련
낙엽다년초, 흰색의 꽃이 피고 향기가 좋으며 −40℃
까지 월동한다. ↔ 1.8m

Nymphaea 'Odorata Sulphurea Grandiflora'
수련 '오도라타 술푸레아 그란디플로라'
낙엽다년초, 연한 노란색 꽃이 피고 향기가 좋으며
−40℃까지 월동한다. ↔ 1.8m

Nymphaea 'Perry's Fire Opal' 수련 '페리스 파이어 오팔'

Nymphaea 'Pygmaea Rubra' 수련 '피그마에아 루브라'

Nymphaea 'Perry's Fire Opal'
수련 '페리스 파이어 오팔'
낙엽다년초, 진한 분홍색의 꽃은 여러 개의 꽃잎이
모여 풍성하게 피며 −40℃까지 월동한다. ↔ 1.8m

Nymphaea 'Pygmaea Rubra'
수련 '피그마에아 루브라'
낙엽다년초, 진한 분홍색의 작은 꽃이 핀다. 작은
연못에 식재하기 적당하며 −40℃까지 월동한다.
↕ ↔ 1m

Nymphaea 'Perry's Pink Heaven' 수련 '페리스 핑크 헤븐'

Nymphaea 'Perry's Red Star' 수련 '페리스 레드 스타'

N

Nymphaea 'Odorata Sulphurea Grandiflora'
수련 '오도라타 술푸레아 그란디플로라'

Nymphaea 'Paul Hariot' 수련 '폴 해리엇'

Nymphaea 'Perry's Pink' 수련 '페리스 핑크'

Nymphaea 'Perry's Red Wonder' 수련 '페리스 레드 원더'

293

Nymphaea 'Rene Gerard' 수련 '르네 제라드'

Nymphaea 'Rose Arey' 수련 '로즈 어레이'

Nymphaea tetragona 수련

Nymphaea 'Rose Arey' 수련 '로즈 어레이'
낙엽다년초, 밝은 분홍색의 꽃이 피며 −40℃까지
월동한다. ↔ 1.5m

Nymphaea 'Sioux' 수련 '수'
낙엽다년초, 담황색의 꽃은 펼쳐지면서 점차
붉은색으로 변해가며 −40℃까지 월동한다.
↔ 50cm

Nymphaea tetragona 수련
낙엽다년초, 흰색의 작은 꽃은 정오 즈음부터
피었다가 어두워지기 전 오므라 들며 −29℃까지
월동한다. ↔ 1.8m

Nymphaea tetragona var. _minima_ 각시수련
낙엽다년초, 국내 멸종위기종으로 꽃과 잎이 매우
작아 소규모 연못이나 실내에 심으면 좋으며 −40℃
까지 월동한다. ↔ 40cm

**_Nymphaea_ 'Tuberosa Richardsonii'
수련 '투베로사 리카르드소니'**
낙엽다년초, 모란꽃을 닮은 깨끗한 흰색 꽃이 피며
−40℃까지 월동한다. ↔ 2.2m

Nymphaea 'Rose Magnolia' 수련 '로즈 마그놀리아'

Nymphaea tetragona var. *minima* 각시수련

Nymphaea 'William Falconer' 수련 '윌리엄 팰커너'

Nymphaea 'Sioux' 수련 '수'

Nymphaea 'Tuberosa Richardsonii' 수련 '투베로사 리카르드소니'

Nymphaea 'Yellow Sensation' 수련 '옐로 센세이션'

Nymphoides peltata 노랑어리연꽃

Nyssa sylvatica 니사 실바티카

Nymphoides 노랑어리연꽃속

Menyanthaceae 조름나물과

전 세계에 약 20종이 분포하며 수생, 다년초로 자란다.
잎은 수면위에 둥근 카펫을 조각조각 깔아놓은 듯한
모양이다.

Nymphoides indica 어리연꽃
낙엽다년초, 물 위에 떠서 자라고 솜털처럼 하늘하늘한
작은 흰색 꽃이 피며 −18℃까지 월동한다. ↔ 2m

Nymphoides peltata 노랑어리연꽃
낙엽다년초, 물 위에 떠서 자라고 노란색의 꽃이
피며 −29℃까지 월동한다. ↔ 2m

Nymphoides indica 어리연꽃

Nyssa 니사속

Cornaceae 층층나무과

동아시아, 동북아메리카 등지에 약 5종이 분포하며
낙엽, 교목으로 자란다. 잎은 단엽으로 마주나기하며
1cm의 녹색 꽃과 달걀 모양의 열매가 달린다.

Nyssa sylvatica 니사 실바티카
낙엽활엽교목, 습기에 강해서 연못가 등에 식재하면
잘 자란다. 노란색에서 주황색으로 변해가는 단풍이
매력적이며 −40℃까지 월동한다.
↕ 20m ↔ 10m

N

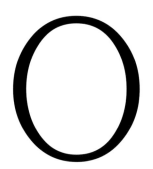

O

Oenanthe 미나리속

Apiaceae 산형과

북반구, 남아프리카, 호주 등지에 약 30종이 분포하며 수생, 다년초로 자란다. 어긋나게 붙는 깃 모양의 잎과 별 모양의 흰색 꽃이 특징이다.

Oenanthe javanica 미나리
낙엽다년초, 습지에 활용하기 적당하고 잎은 식용 가능하며 −34℃까지 월동한다.
↕ 40cm ↔ 90cm

Oenanthe javanica 'Flamingo'
미나리 '플라밍고'
낙엽다년초, 잎의 가장자리에 흰색과 분홍색 무늬가 발달하는 점이 특징으로 −34℃까지 월동한다. ↕ 40cm ↔ 90cm

Oenanthe javanica 'Flamingo' 미나리 '플라밍고'

Oenothera 달맞이꽃속

Onagraceae 바늘꽃과

북아메리카에 약 125종이 분포하며 일년초·이년초·다년초로 자란다. 다발을 이루는 줄기는 직립하며 자라고 창 모양의 줄기와 로젯 형태의 얇고 크게 자라는 잎이 특징이다.

Oenothera macrocarpa 왕달맞이꽃 🌡
반상록다년초, 낮은 키에 노란색으로 피는 큰 꽃이 매력적이며 −15℃까지 월동한다.
↕ 15cm ↔ 50cm

Oenothera speciosa 'Alba'
분홍낮달맞이꽃 '알바'
반상록다년초, 흰색으로 피는 꽃이 특징으로 양지바른 곳에서 잘 자라며 −34℃까지 월동한다.
↕ ↔ 60cm

Oenothera speciosa 'Rosea'
분홍낮달맞이꽃 '로세아'
반상록다년초, 장밋빛 분홍색을 띠는 꽃이 아름답다. 건조에 강해서 척박지에서도 잘 자라며 −34℃까지 월동한다. ↕ ↔ 30cm

Oenanthe javanica 미나리

Oenothera macrocarpa 왕달맞이꽃 🌡

Oenothera speciosa 'Alba' 분홍낮달맞이꽃 '알바'

Oenothera speciosa 'Rosea' 분홍낮달맞이꽃 '로세아'

Onoclea orientalis 개면마(전초, 포자잎)

Onoclea 야산고비속

Onocleaceae 야산고비과

동아시아, 동북아메리카 등지에 3종이 분포하며 낙엽,
양치식물로 자란다. 포자가 달리는 포자엽이 따로
올라오는 것이 특징이다.

Onoclea orientalis 개면마

낙엽다년초, 잎이 넓고 큰 대형종으로 겨울철
영양엽은 시들고 포자엽만이 남아있는 점이 특징이
다. 그늘진 곳에서도 잘 자라며 −34℃까지 월동한다.
↕50cm

Onoclea sensibilis var. interrupta 야산고비

Onoclea sensibilis var. interrupta 야산고비

낙엽다년초, 번식력이 강하고 양지에서도 잘 자란다.
습지 주변에 군락을 형성하면 좋은 연출을 할 수
있으며 −34℃까지 월동한다. ↕45cm

Ophiopogon 맥문아재비속

Liliaceae 백합과

한국, 중국, 일본, 동아시아 등지에 약 4종이 분포하며
상록, 다년초로 자란다. 땅속 줄기는 짧고 굵다.
잎은 지표면에서 모여나며 선형으로 가죽질인 점이
특징이다.

Ophiopogon jaburan 맥문아재비

상록다년초, 광택이 있는 긴 선형의 잎과 꽃대 끝에
모여 피는 흰색 꽃이 매력적이다. 그늘진 곳에서도
잘 자라며 −12℃까지 월동한다. ↕60cm

Ophiopogon japonicus 소엽맥문동

상록다년초, 잎이 가늘고 길다. 광택이 있는 보라색
열매가 매력적이며 −18℃까지 월동한다.
↕40cm ↔30cm

Ophiopogon japonicus 'Kyoto Dwarf' 소엽맥문동 '교토 드와프'

상록다년초, 잎이 가늘고 짧으며 번식력이 강하다.
바닥 포장재 사이에 잔디 대신 이용할 수 있으며
−18℃까지 월동한다. ↕↔10cm

Ophiopogon japonicus 소엽맥문동

Ophiopogon jaburan 맥문아재비

Ophiopogon japonicus 'Kyoto Dwarf' 소엽맥문동 '교토 드와프'

Ophiopogon japonicus 'Tears of Gold'
소엽맥문동 '티어스 오브 골드'

Ophiopogon planiscapus 'Kokuryū' 작은잎맥문아재비 '코쿠류' ⊕

Ophiopogon japonicus 'Tears of Gold'
소엽맥문동 '티어스 오브 골드'
상록다년초. 황금색으로 드러나는 가는 잎의
관상가치가 뛰어나며 −15℃까지 월동한다.
↕ ↔ 30cm

Ophiopogon planiscapus 'Kokuryū'
작은잎맥문아재비 '코쿠류' ⊕
상록다년초. 검정색에 가까운 어두운 자주색 잎이
특징으로 자작나무와 같이 흰색 수피를 가진 나무
아래에 식재하면 뛰어난 대비 효과를 얻을 수 있으며
−15℃까지 월동한다. ↕ ↔ 30cm

Oplopanax 땃두릅나무속

Araliaceae 두릅나무과

동북아시아. 남아메리카 등지에 3종이 분포하며 낙엽,
관목으로 자란다. 줄기와 잎에 가시가 많이 발달하고
잎은 손바닥 모양이다. 꽃은 줄기 끝에 붙고 우산
모양을 이룬다.

Oplopanax elatus 땃두릅나무
낙엽활엽관목. 고산지대의 서늘하면서 양지바른 곳에
자생한다. 잎은 넓은 손바닥 모양으로 갈라지고
줄기에는 가시가 빽빽하게 발달하며 −34℃까지
월동한다. ↕ 1m

Oplopanax elatus 땃두릅나무

Origanum kopetdaghense 러시안오레가노

Origanum 오레가노속

Lamiaceae 꿀풀과

지중해, 남서아시아 등지에 약 20종이 분포하며
낙엽·상록, 다년초로 자란다. 매트 형태로 포복하며
자란다. 분홍색, 보라색의 꽃이 피며 향기가 좋다.

Origanum kopetdaghense 러시안오레가노
낙엽다년초. 하늘을 향해 길게 자라는 줄기 끝에 연한
분홍색의 작은 꽃들이 모여 자란다. 잎을 문지르면
진한 허브향이 나며 −34℃까지 월동한다.
↕ 80cm ↔ 20cm

Origanum vulgare 'Compactum' 오레가노 '콤팍툼'

Origanum vulgare 'Aureum'
오레가노 '아우레움' ⊕
낙엽다년초. 낮은 매트형으로 자라면서 황금색의
잎을 가진 점이 특징이며 −21℃까지 월동한다.
↕ 80cm ↔ 20cm

Origanum vulgare 'Compactum'
오레가노 '콤팍툼'
낙엽다년초. 단정하게 자라면서 연한 분홍색의 꽃을
피우며 −34℃까지 월동한다. ↕ ↔ 50cm

Origanum vulgare 'Aureum' 오레가노 '아우레움' ⊕

Orixa japonica 상산(수형, 잎)

Orostachys japonica 바위솔

Orostachys minutus 좀바위솔

Orixa 상산속

Rutaceae 운향과

한국, 중국, 일본 등지에 한 종이 분포하며 낙엽, 관목으로 자란다. 암수딴그루이고 가시가 없다. 꽃은 홑꽃이고 화서는 잎 사이나 잎 아래에서 난다. 암꽃은 한 개만 달리는 것이 특징이다.

Orixa japonica 상산
낙엽활엽관목. 지면에서 여러 줄기가 올라와 둥근 수형을 이룬다. 잎과 열매에서 아주 진한 향기가 나며 −29℃까지 월동한다. ↕2.5m ↔ 4m

Orostachys 바위솔속

Crassulaceae 돌나물과

한국, 북한, 중국, 러시아, 일본 등지에 약 10종이 분포하며 다년초로 자란다. 촘촘하게 구형으로 발달하는 다육질 잎과 짧은 줄기에 빼곡히 피는 별 모양의 꽃이 특징이다.

Orostachys iwarenge 연화바위솔
상록다년초. 식물체 전체가 은회색을 띠는 점이 특징이다. 꽃대가 곧추자라 흰색의 꽃이 피며 −34℃까지 월동한다. ↕15cm

Orostachys japonica 바위솔
상록다년초. 하늘을 향해 자라는 좁고 길쭉한 꽃차례에 흰색의 작은꽃들이 빽빽하게 핀다. 건조한 암석지나 기와지붕에서 잘 자라서 '와송'이라고 부르기도 하며 −34℃까지 월동한다. ↕15cm

Orostachys minutus 좀바위솔
상록다년초. 주로 산악의 바위틈에 자란다. 잎은 두툼하고 끝이 뾰족하다. 흰색의 꽃은 총상으로 피며 −34℃까지 월동한다. ↕15cm

Orostachys sikokianus 난쟁이바위솔
상록다년초. 높은 산의 암석지 주변에서 자란다. 다육질의 작은 잎은 붉은색을 띠고 흰색의 작은 꽃들은 짧은 꽃대에 앙증맞게 모여 피며 −34℃까지 월동한다. ↕15cm

Orostachys iwarenge 연화바위솔

Orostachys sikokianus 난쟁이바위솔

Osmanthus × *burkwoodii* 버크우드목서 🌱 (꽃, 수형)

Osmanthus 목서속

Oleaceae 물푸레나무과

아시아, 태평양군도, 미국 등지에 약 20종이 상록. 관목·소교목으로 자란다. 잎겨드랑이에서 작은 꽃이 피며 좋은 향기가 난다.

Osmanthus × *burkwoodii* 버크우드목서 🌱
상록활엽관목, 광택이 있는 작은 잎들이 빽빽하게 자라서 단정한 수형을 이룬다. 흰색의 꽃이 봄에 피고 향기가 좋으며 −15℃까지 월동한다. ↕ ↔ 3m

Osmanthus decorus 좁은잎목서

Osmanthus delavayi 드라베목서 🌱

Osmanthus fragrans var. *aurantiacus* 금목서(수형, 꽃)

Osmanthus decorus 좁은잎목서
상록활엽관목, 광택이 있는 길쭉하고 좁은 타원 모양의 잎이 특징이다. 흰색의 꽃에서는 좋은 향기가 나며 −15℃까지 월동한다. ↕ 3m ↔ 5m

Osmanthus delavayi 드라베목서 🌱
상록활엽소교목, 작은 잎의 가장자리에는 잔톱니가 발달하고 드물게 달리는 나팔 모양의 흰색 꽃은 향기로우며 −15℃까지 월동한다. ↕ 6m ↔ 4m

Osmanthus fragrans var. *aurantiacus* 금목서
상록활엽소교목, 잎의 가장자리에 톱니가 거의 없으며 가을철 주황색을 띤 황금색 꽃의 향기는 멀리까지 퍼진다. 정원에 향기 소재로 많이 활용되며 −12℃까지 월동한다. ↕ ↔ 6m

Osmanthus heterophyllus 'Aureomarginatus' 구골나무 '아우레오마르기나투스'
상록활엽소교목, 잎의 가장자리에 발달하는 황금색 무늬와 날카로운 가시가 특징이며 −15℃까지 월동한다. ↕ ↔ 5m

Osmanthus heterophyllus 'Aureomarginatus' 구골나무 '아우레오마르기나투스'

Osmanthus heterophyllus 'Goshiki' 구골나무 '고시키' 🌱 (잎, 수형)

Osmanthus heterophyllus 'Goshiki' 구골나무 '고시키' 🌱
상록활엽관목, 뾰족한 잎에 발달하는 노란색의 불규칙한 무늬가 매력적이며 −15℃까지 월동한다. ↕ ↔ 3m

Osmanthus heterophyllus 'Myrtifolius' 구골나무 '미르티폴리우스'
상록활엽소교목, 광택이 있는 잎의 가장자리는 밋밋하고 끝이 뾰족한 점이 특징으로 −15℃까지 월동한다. ↕ 8m

Osmanthus heterophyllus 'Rotundifolius' 구골나무 '로툰디폴리우스'
상록활엽관목, 잎의 가장자리가 밋밋하며 끝부분이 아래로 말리는 점이 특징이며 −15℃까지 월동한다. ↕ ↔ 3m

Osmanthus heterophyllus 'Myrtifolius' 구골나무 '미르티폴리우스'

Osmanthus heterophyllus 'Rotundifolius' 구골나무 '로툰디폴리우스'

Osmanthus heterophyllus 'Sasaba' 구골나무 '사사바'

Osmanthus heterophyllus 'Variegatus'
구골나무 '바리에가투스' 🌑

Osmanthus heterophyllus 'Sasaba'
구골나무 '사사바'

상록활엽관목, 잎의 거치가 가시처럼 크고 뾰족하게
발달하며 −15℃까지 월동한다.   ↕ 1.8m ↔ 1.2m

Osmanthus heterophyllus 'Variegatus'
구골나무 '바리에가투스' 🌑

상록활엽관목, 거치가 불규칙한 잎 표면에 흰색 무늬가
다양한 모양으로 발달하며 −15℃까지 월동한다.
↕ ↔ 2.5m

Osmanthus yunnanensis 운남목서 🌑

상록활엽교목, 길쭉한 잎의 가장자리는 밋밋하고
모여서 피는 하얀색의 작은 꽃들은 향기가 좋으며
−12℃까지 월동한다.   ↕ 12m ↔ 8m

Osmunda cinnamomea var. *forkiensis* 꿩고비

Osmunda 고비속

Osmundaceae 고비과

전 세계에 약 20여종이 분포하며 낙엽, 양치식물로
자란다. 포자가 달리는 포자엽이 따로 올라오거나
영양엽의 일부분을 차지하며 포자가 달리는 것이
특징이다.

Osmunda cinnamomea var. *forkiensis* 꿩고비

낙엽다년초, 왕관처럼 펴지는 영양엽의 중간에
포자엽이 길쭉하게 발달한다. 약간 그늘지고 습기가
많은 곳에서 잘 자라며 −40℃까지 월동한다.
↕ 90cm ↔ 60cm

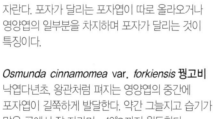

Osmunda claytoniana 음양고비

Osmunda claytoniana 음양고비

낙엽다년초, 꿩고비와 유사하나 포자엽이 따로
올라오지 않고 영양엽의 1/3 지점에 포자가 달리는
점이 특징이다. 양지바르고 습기가 많은 곳에서 잘
자라며 −40℃까지 월동한다.   ↕ 90cm ↔ 60cm

Osmunda japonica 고비

낙엽다년초, 영양엽 가운데에 포자엽이 따로
올라온다. 다소 그늘지고 습기가 많은 곳에서
잘자라고 솜털에 쌓여 나오는 어린순은 나물로도
이용 가능하며 −40℃까지 월동한다.   ↕ 1m

Osmanthus yunnanensis 운남목서 🌑

Osmunda japonica 고비(전초, 새순)

Osmunda regalis 왕관고비 🏆
낙엽다년초. 왕관처럼 화려하게 펼쳐지는 잎이
매력적이며 뿌리줄기는 나무고사리의 줄기처럼
굵어진다. 양지바르고 습한 곳에서 잘 자라며
−21℃까지 월동한다. ↕ ↔ 90cm

Oxydendrum 옥시덴드룸속

Ericaceae 진달래과

동북아메리카에 1종이 분포하며 낙엽, 관목·소교목으로
자란다. 붉은색에서 회색의 수피를 가진다. 가을철 붉게
단풍이 들고 항아리 모양의 꽃을 피운다.

Oxydendrum arboreum 옥시덴드룸 아르보레움
낙엽활엽교목. 길쭉한 타원 모양의 잎은 가을철
진붉은색으로 단풍이 든다. 방울 모양의 작은 꽃들은
줄기 끝에 약간 처지듯이 모여 피며 −29℃까지
월동한다. ↕ 12m ↔ 8m

Osmunda regalis 왕관고비 🏆 (전초, 새순)

Oxydendrum arboreum 옥시덴드룸 아르보레움

P

P

Pachysandra terminalis 수호초

Pachysandra 수호초속

Buxaceae 회양목과

중국, 일본 등지에 약 4종이 분포하며 반상록·상록, 다년초·반관목으로 자란다. 녹색 줄기에 타원형의 광택이 있는 잎이 난다.

Pachysandra terminalis 수호초
상록다년초, 낮고 촘촘하게 자라며 짧은 꽃대에 형성되는 흰색 꽃이 매력적이다. 그늘진 곳의 지표면을 피복하는데 좋으며 −26℃까지 월동한다.
↕30cm ↔ 45cm

Pachysandra terminalis 'Green Carpet' 수호초 '그린 카펫'
상록다년초, 녹색 카펫을 깔은 것처럼 원종보다 더 촘촘하고 낮게 자라는 점이 특징이며 −23℃까지 월동한다. ↕20cm ↔ 45cm

Pachysandra terminalis 'Variegata' 수호초 '바리에가타' 🏆

Pachysandra terminalis 'Variegata' 수호초 '바리에가타' 🏆
상록다년초, 잎 가장자리에 크림색 무늬가 발달하는 점이 특징이다. 그늘진 곳의 하부식재로 좋으며 −18℃까지 월동한다. ↕30cm ↔ 45cm

Paeonia 작약속

Paeoniaceae 작약과

유럽, 아시아 온대, 미국 남서부, 중국 등지에 약 33종이 분포하며 다년초·관목으로 자란다. 잎은 겹잎이며 어긋나게 달린다. 꽃은 크며 꽃잎은 5~20장 정도 난다.

Paeonia delavayi f. *lutea* 루테아모란
낙엽활엽관목, 컵 모양의 노란색 꽃이 피며 −23℃까지 월동한다. ↕2m ↔ 1.2m

Paeonia 'Cherry Hill' 작약 '체리 힐'

Paeonia 'China Rose' 작약 '차이나 로즈'

Paeonia 'Defender' 작약 '디펜더'

Pachysandra terminalis 'Green Carpet' 수호초 '그린 카펫'

Paeonia delavayi f. *lutea* 루테아모란

Paeonia 'High Noon' 모란 '하이 눈'

Paeonia 'Evening World' 작약 '이브닝 월드'

Paeonia japonica 백작약

Paeonia 'Golden Vanitie' 모란 '골든 바니티에'
낙엽활엽관목. 황금색으로 피는 얇은 반겹꽃이
특징이며 −23℃까지 월동한다. ↕ ↔ 1.2m

Paeonia japonica 백작약
낙엽다년초. 컵 모양의 흰색 꽃이 피고 그늘진 곳에서
잘 자라며 −23℃까지 월동한다. ↕ ↔ 70cm

Paeonia lactiflora 'Krinkled White' 적작약 '크링클드 화이트'
낙엽다년초. 하얀색 꽃잎의 가장자리가 불규칙하고
얕게 갈라진 점이 특징이다. 꽃의 향기가 좋으며
−40℃까지 월동한다. ↕ ↔ 80m

Paeonia lactiflora 'Nymphe' 적작약 '님프'
낙엽다년초. 연한 분홍색 꽃과 꽃잎 중앙에 반원형으로
소복하게 발달하는 노란색 수술군이 매력적이다.
꽃의 향기가 좋으며 −40℃까지 월동한다. ↕ ↔ 1m

Paeonia lactiflora 'Krinkled White' 적작약 '크링클드 화이트'
(꽃, 전초)

Paeonia 'Golden Vanitie' 모란 '골든 바니티에'

Paeonia 'Jin Zan Ci Wang' 작약 '진 잔 시 왕'

Paeonia 'Harvest' 모란 '하비스트'

Paeonia 'John Harvard' 작약 '존 하버드'

Paeonia lactiflora 'Nymphe' 적작약 '님프'(전초, 꽃)

Paeonia lactiflora 'Pink Cameo' 적작약 '핑크 카메오'

Paeonia lactiflora 'Pink Cameo'
적작약 '핑크 카메오'
낙엽다년초, 바깥쪽 꽃잎은 진한 분홍색, 안쪽에는
무수히 많이 갈라진 연분홍색의 꽃잎이 발달하며
−40℃까지 월동한다. ↕↔75cm

Paeonia lactiflora 'Scarlet O'Hara'
적작약 '스칼릿 오하라'
낙엽다년초, 중앙의 노란색 수술과 대조를 이루는
강렬한 붉은색 꽃이 피며 −40℃까지 월동한다.
↕↔90cm

Paeonia lactiflora 'Adolphe Rousseau' 적작약 '아돌프 루소'

Paeonia lactiflora 'Festiva Maxima' 적작약 '페스티바 막시마'

Paeonia 'Leda' 모란 '레다'
낙엽활엽관목, 연보라에서 분홍색 반겹꽃이 피고 온화한
향기가 있으며 −34℃까지 월동한다. ↕↔90cm

Paeonia 'Prairie Moon' 작약 '프레리 문'
낙엽다년초, 컵 모양의 연한 노란색 꽃이 피고 향기가
좋으며 −40℃까지 월동한다. ↕90cm ↔75cm

Paeonia 'Lian Tai' 작약 '리안 타이'

Paeonia 'Red Rascal' 모란 '레드 라스컬'
낙엽활엽관목, 종잇장처럼 얇은 붉은색 꽃이
화려하게 피며 −34℃까지 월동한다. ↕↔90cm

Paeonia suffruticosa 'He Bai' 모란 '히 바이'
낙엽활엽관목, 흰색의 반겹꽃으로 피며 꽃잎의
가장자리는 얕게 갈라지는 특징이 있다. 꽃의 중앙
수술군 가까이에는 자주색 무늬가 발달하며 −34℃
까지 월동한다. ↕↔2.2m

Paeonia suffruticosa 'Renkaku' 모란 '렌카쿠'
낙엽활엽관목, 종잇장처럼 얇게 겹으로 피는 하얀색
꽃이 특징으로 중앙부의 노란색 수술군과의 조화가
아름다우며 −34℃까지 월동한다. ↕↔2.2m

Paeonia tenuifolia 고사리작약
낙엽다년초, 고사리처럼 가늘게 갈라지는 잎이
특징이다. 진한 붉은색 꽃이 매력적이며 −34℃까지
월동한다. ↕60cm

Paeonia lactiflora 'Scarlet O'Hara' 적작약 '스칼릿 오하라'

Paeonia lactiflora 'Heirloom' 적작약 '헤어룸'

Paeonia 'Monsieur Jules Elie' 작약 '무슈 쥘 엘리'

Paeonia 'Leda' 모란 '레다'

Paeonia lactiflora 'Sorbet' 적작약 '소르베'

Paeonia 'Nathalie' 작약 '나탈리'

P

Paeonia 'Prairie Moon' 작약 '프레리 문'

Paeonia 'Souvenir De Maxime Cornu'
모란 '수버니어 드 막심 코르뉴'

Paeonia suffruticosa 'Xue liau' 모란 '쉐 리아우'

Paeonia 'Red Rascal' 모란 '레드 라스컬'

Paeonia 'Spring Carnival' 모란 '스프링 카니발'

Paeonia suffruticosa 'Yellow Heaven' 모란 '옐로 헤븐'

Paeonia suffruticosa 'He Bai' 모란 '히 바이'

Paeonia tenuifolia 고사리작약

Paeonia 'Satin Rouge' 모란 '새틴 루주'

Paeonia suffruticosa 'Joseph Rock' 모란 '조지프 록'

Paeonia 'White Innocence' 작약 '화이트 이노센스'

Paeonia × *smouthii* 스모우티모란

Paeonia suffruticosa 'Renkaku' 모란 '렌카쿠'

Paeonia 'Zephyrus' 모란 '제피러스'

Panicum virgatum 'Rotstrahlbusch' 큰개기장 '랏스트랄부시'

Panicum 기장속

Graminaceae 벼과

전 세계 열대지역에 약 470종이 분포하며 낙엽·상록,
일년초·다년초로 자란다.

Panicum virgatum 'Rotstrahlbusch'
큰개기장 '랏스트랄부시'
낙엽다년초. 다른 품종에 비해 직립하여 자라는
점이 특징이다. 잎은 처음부터 끝부분이 붉은색을
띠다가 가을철에 전체가 붉은색으로 물들며 −29℃
까지 월동한다. ↕ 1.4m

Panicum virgatum 'Shenandoah' 큰개기장 '셰넌도어' ✿

Panicum virgatum 'Shenandoah'
큰개기장 '셰넌도어' ✿
낙엽다년초. 잎은 처음에 녹색으로 나오지만 점차
끝부분이 진붉은색으로 변하는 특징이 있다. 이삭은
분홍색에서 진홍색으로 발달하며 −29℃까지
월동한다. ↕ ↔ 1.2m

Panicum virgatum 'Squaw' 큰개기장 '스쿼'

Panicum virgatum 'Squaw'
큰개기장 '스쿼'
낙엽다년초. 잎은 처음 나올 때부터 단풍이 들 때까지
녹색인 점이 특징이다. 이삭은 분홍에서 진홍색을
띠며 −29℃까지 월동한다. ↕ ↔ 1.2m

P

Papaver nudicaule 'Wonderland Orange'
아이슬랜드포피 '원더랜드 오렌지'

Papaver 양귀비속

Papaveraceae 양귀비과

유럽에서 온대 아시아, 남아프리카, 호주, 북아메리카,
북극 등지에 약 70종이 분포하며 일년초 · 이년초 ·
다년초로 자란다. 로제트형으로 퍼져 자라는 식물체의
중앙에서 꽃대가 올라와 하늘거리는 얇은 꽃을
피운다.

Papaver orientale 오리엔탈양귀비

Papaver radicatum var. pseudoradicatum f. albiflorum
흰두메양귀비

Papaver nudicaule 'Wonderland Orange' 아이
슬랜드포피 '원더랜드 오렌지'
낙엽다년초, 하늘거리는 주황색 꽃이 피며 −29℃
까지 월동한다. ↕60cm ↔ 30cm

Papaver orientale 오리엔탈양귀비
반상록다년초, 꽃의 중앙부에 검은 반점이 있는
주황색 꽃을 피운다. 잎과 줄기 전체에 털이 발달하며
−40℃까지 월동한다. ↕↔90cm

Paris verticillata 삿갓나물

**Papaver radicatum var. pseudoradicatum
f. albiflorum 흰두메양귀비**
낙엽다년초, 크림색을 띠는 흰색의 꽃이 가느다란
꽃줄기 끝에 한송이씩 피는 모습이 아름다우며
−40℃까지 월동한다. ↕30cm ↔ 10cm

Paris 삿갓나물속

Liliaceae 백합과

유럽, 코카서스, 히말라야, 아시아 등지에 약 20종이
분포하며 다년초로 자란다. 진녹색의 잎은 달걀 모양
으로 꽃은 거미나 별 모양을 닮은 점이 특징이다.

Paris verticillata 삿갓나물
낙엽다년초, 6~8개의 잎이 돌려나기하고 꽃은
6~7월에 연한 녹색으로 피며 −29℃까지 월동한다.
↕40cm ↔ 15cm

Parnassia 물매화속

Parnassiaceae 물매화과

북반구에 약 15종이 다년초로 자란다. 로제트형의
식물체에서 넓은 난형, 심장형의 잎이 발달하고
다섯 장의 꽃잎을 가진 흰색의 꽃이 특징이다.

Parnassia palustris 물매화
낙엽다년초, 습기가 있는 곳에서 잘 자라고 흰색 꽃과
이슬방울처럼 달리는 수술이 매력적이며 −34℃까지
월동한다. ↕20cm ↔ 10cm

Parnassia palustris 물매화

Parthenocissus quinquefolia 'Monham' 미국담쟁이덩굴 '몬함'

Parrotia persica 파로티아 페르시카(수형. 수피)

Parthenocissus 담쟁이덩굴속

Vitaceae 포도과

히말라야, 동아시아, 북아메리카 등지에 약 10종이
분포하며 낙엽, 덩굴식물로 자란다. 일부종은 덩굴손
이 꼬이기도 하지만 보통은 덩굴손이 갈라지고
빨판으로 붙으며 생육한다.

Parthenocissus henryana 은선담쟁이덩굴 ❦
낙엽활엽덩굴, 잎의 맥을 따라 흰색의 무늬가
발달하는 점이 특징이다. 붉은색으로 단풍이 들며
−23℃까지 월동한다. ↕10m

Parthenocissus quinquefolia 미국담쟁이덩굴
낙엽활엽덩굴, 다섯 장으로 완전히 갈라지는 잎이
특징이다. 가을철에는 진붉은색으로 단풍이 들며
−40℃까지 월동한다. ↕15m

Parthenocissus quinquefolia 'Monham' 미국담쟁이덩굴 '몬함'
낙엽활엽덩굴, 잎 전체적으로 흰색 무늬가 불규칙하게
발달하는 점이 특징이다. 어두운 곳이나 녹색 배경에
식재하면 주변을 밝혀주는 효과가 있으며 −40℃까지
월동한다. ↕15m

Parthenocissus tricuspidata 담쟁이덩굴
낙엽활엽덩굴, 잎의 가장자리가 크게 세 갈래로
갈라지거나 얕게 갈라지는 특징이 있다. 벽면이나
나무줄기에 부착하여 자란다. 가을철 붉게 물드는
단풍이 아름다우며 −34℃까지 월동한다. ↕20m

Parrotia 파로티아속

Hamamelidaceae 조록나무과

코카서스, 북이란 등지에 1종이 분포하며 낙엽교목
으로 자란다. 단풍이 황색이나 붉은색으로 물든다.

Parrotia persica 파로티아 페르시카
낙엽교목, 신초가 적자색을 띠고 가을철 오렌지색,
적색의 단풍이 아름다우며 −34℃까지 월동한다.
↕12m ↔9m

Parthenocissus henryana 은선담쟁이덩굴 ❦

Parthenocissus quinquefolia 미국담쟁이덩굴

Parthenocissus tricuspidata 담쟁이덩굴(잎. 수형)

Patrinia rupestris 돌마타리

Patrinia saniculifolia 금마타리

Patrinia 마타리속

Valerianaceae 마타리과

동아시아, 시베리아 등지에 약 15종이 분포하며 다년초로 자란다. 여름에 다섯 갈래로 갈라져 노란색 또는 흰색의 꽃이 피고 독특한 냄새가 난다.

Patrinia rupestris 돌마타리

낙엽다년초, 고산의 바위틈에 자생하고 7~9월에 노란색의 꽃이 핀다. 향기롭지 않은 독특한 냄새를 풍기며 −29℃까지 월동한다.　↕1m

Patrinia scabiosifolia 마타리

Patrinia villosa 뚝갈

Patrinia saniculifolia 금마타리

낙엽다년초, 높은 산 바위틈에 낮게 자란다. 아래쪽의 잎은 둥글며 가장자리가 얕게 갈라진다. 우산 모양으로 둥글게 모여 피는 노란색 꽃이 매력적이며 −29℃까지 월동한다.　↕50cm

Patrinia scabiosifolia 마타리

낙엽다년초, 마타리속 식물 중 키가 가장 크고 양지바른 척박지에서도 잘 자란다. 높게 올라오는 노란색 꽃이 매력적이며 −29℃까지 월동한다.
↕1.5m

Patrinia villosa 뚝갈

낙엽다년초, 척박지에 잘 자라고 야생정원에 적합하다. 7~8월경 흰색의 꽃이 피고
−29℃까지 월동한다.　↕↔90cm

Paulownia 오동나무속

Scrophulariaceae 현삼과

동아시아에 약 6종이 분포하며 낙엽, 교목으로 자란다. 전체에 털이 발달한다. 잎은 마주나기하고 난형이며 3~5개로 갈라진다.

Paulownia coreana 오동나무

Paulownia tomentosa 참오동나무 ⓦ

Paulownia coreana 오동나무

낙엽활엽교목. 잎이 넓고 생장이 빠르다. 나팔 모양의 꽃잎 안쪽에는 줄무늬가 없고 향기가 좋으며 −29℃까지 월동한다.　↕15m ↔10m

Paulownia tomentosa 참오동나무 ⓦ

낙엽활엽교목. 꽃잎 안쪽에 줄무늬가 있으며 −15℃까지 월동한다.　↕12m ↔10m

Pennisetum 수크령속

Poaceae 벼과

전 세계에 약 120종이 분포하며 일년초 · 다년초로 자란다. 잎은 선형이며 강아지풀처럼 생긴 이삭의 관상가치가 높다.

Pennisetum alopecuroides 'Hameln' 수크령 '하멜른'

낙엽다년초, 늦여름부터 흰색의 이삭이 아름답게 연출되며 −29℃까지 월동한다.　↕↔75cm

Pennisetum alopecuroides 'Hameln' 수크령 '하멜른'

P

313

Pennisetum alopecuroides 'Little Bunny' 수크령 '리틀 버니'

Pennisetum alopecuroides 'Little Honey' 수크령 '리틀 허니'

Penstemon alpinus 펜스테몬 알피누스

Pennisetum alopecuroides 'Little Bunny' 수크령 '리틀 버니'

낙엽다년초, 늦여름부터 흰색의 이삭이 군락을 형성하면서 키가 작고 단정하게 자라며 −29℃까지 월동한다. ↕ 45cm ↔ 60cm

Pennisetum alopecuroides 'Little Honey' 수크령 '리틀 허니'

낙엽다년초, 키가 매우 작고 잎에 흰색 무늬가 들어있으며 −29℃까지 월동한다. ↕ ↔ 30cm

Pennisetum alopecuroides 'Moudry' 수크령 '모우드리'

낙엽다년초, 매우 부드러운 느낌의 검붉은 이삭이 아름다우며 −29℃까지 월동한다.
↕ 75cm ↔ 60cm

Pennisetum villosum 털수크령 ❀

낙엽다년초, 흰색으로 발달하는 5cm 정도의 이삭이 매력적이다. 양지바른 곳에서 잘 자라며 −12℃까지 월동한다. ↕ ↔ 60cm

Penstemon digitalis 펜스테몬 디기탈리스

낙엽다년초, 종 모양으로 생긴 흰색 꽃이 하늘을 향해 곧게 자라는 꽃대에 층층이 모여 달리며 −40℃까지 월동한다. ↕ 1m ↔ 45cm

Penstemon digitalis 'Husker Red' 펜스테몬 디기탈리스 '허스커 레드'

낙엽다년초, 붉은색을 띠는 잎과 연한 와인빛을 띠는 꽃이 매력적이며 −40℃까지 월동한다. ↕ 90cm

Pennisetum alopecuroides 'Moudry' 수크령 '모우드리'

Penstemon 펜스테몬속

Scrophulariaceae 현삼과

북, 중앙아메리카 등지에 약 250종이 분포하며 낙엽·반상록·상록, 다년초·반관목으로 자란다. 잎은 마주나기 또는 어긋나기하고 꽃은 종 모양이다.

Penstemon alpinus 펜스테몬 알피누스

낙엽다년초, 키가 작고 건조에 강해 암석원에 식재 하기에 적당하다. 보라색의 꽃이 아름다우며 −34℃까지 월동한다. ↕ 30cm

Penstemon digitalis 'Husker Red' 펜스테몬 디기탈리스 '허스커 레드'

Pennisetum villosum 털수크령 ❀

Penstemon digitalis 펜스테몬 디기탈리스

Penstemon fruticosus 펜스테몬 프루티코수스

Penstemon grandiflorus 펜스테몬 그란디플로루스

Penstemon fruticosus 펜스테몬 프루티코수스

낙엽다년초, 바닥에 낮게 피는 보라색 꽃이
매력적이다. 키가 작고 건조에 강해 암석원에
식재하기 적합하며 −29℃까지 월동한다.
↕↔ 40cm

Penstemon grandiflorus
펜스테몬 그란디플로루스

낙엽다년초, 전체적으로 털이 없고 매끈하다.
보라색의 큰 꽃이 피고 −40℃까지 월동한다.
↕ 1.2m ↔ 45cm

Penthorum 낙지다리속

Penthoraceae 낙지다리과

전 세계에 2종이 분포하고 다년초로 자란다.
잎은 어긋나기하고 피침 모양으로 가장자리에
톱니가 발달한다.

Penthorum chinense 낙지다리

낙엽다년초, 물가에서 잘 자라고 가을철 붉게 단풍이
든다. 화서가 낙지의 다리를 닮았으며 −29℃까지
월동한다. ↕ 90cm

Persicaria 여뀌속

Polygonaceae 마디풀과

전 세계에 약 80종이 분포하며 일년초·다년초, 반관목
으로 자란다. 잠식성이 강하고 초엽은 긴 잎자루가
있으며 마디없는 작은 잎은 덩굴줄기에 마주나기 한다.

Persicaria virginiana 'Painter's Palette'
버지니아이삭여뀌 '페인터스 팔레트'

Persicaria virginiana 'Painter's Palette'
버지니아이삭여뀌 '페인터스 팔레트'

낙엽다년초, 넓은 타원 모양의 잎 중앙부에 짙은
적갈색 무늬가 V자형으로 발달한다. 잎 전체적으로는
페인트를 흩뿌린듯한 노란색의 불규칙한 무늬가
매력적이며 −35℃까지 월동한다. ↕↔ 90cm

Penthorum chinense 낙지다리(꽃, 전초)

Petasites 머위속

Asteraceae 국화과

유럽, 아시아, 북아메리카 등지에 약 15종이 분포하며
낙엽, 다년초로 자란다. 뿌리 주변의 잎은 긴 잎자루에
심장 또는 신장 모양으로 발달하며 가장자리에는 얕은
톱니가 발달하는 점이 특징이다.

Petasites japonicus 머위

낙엽다년초, 우산 모양의 넓은 잎이 긴줄기 끝에 나고
이른 봄에 작은 꽃들이 구형으로 모여 핀다.
어린잎과 긴 줄기를 식용할 수 있으며 −29℃까지
월동한다. ↕ 1.1m ↔ 1.5m

Petasites japonicus subsp. *giganteus* 'Nishiki-Buki' 큰잎머위 '니시키부키'

낙엽다년초, 노란색 불규칙한 무늬가 있는 넓은 잎이
특징이며 −29℃까지 월동한다. ↕↔ 1.2m

Petasites japonicus 머위

Petasites japonicus subsp. *giganteus* 'Nishiki-Buki'
큰잎머위 '니시키부키'

315

Peucedanum japonicum 갯기름나물

Peucedanum 기름나물속

Apiaceae 산형과

유라시아, 열대, 남아프리카, 아시아 등지에 약 170종
이 분포하며 이년초 · 다년초 · 관목으로 자란다. 잎은
3출엽으로 깃털 모양 겹잎이며 작은 잎에는 이 모양의
톱니가 발달하고 흰색의 꽃이 우산 모양으로 핀다.

Peucedanum japonicum 갯기름나물
낙엽다년초, 바닷가 바위틈에 자생하고 잎이 넓다.
잎에 물기가 묻으면 기름에 분리되듯이 물방울이
맺히거나 도르르 흘러내리는 점이 특징이다. 키가
크고 어린 잎은 식용하며 −29℃까지 월동한다.
↕ 1m

Phacelurus 모새달속

Poaceae 벼과

아시아, 인도, 지중해 등지에 약 4종이 분포하며
다년초로 자란다. 줄기에 잎이 많고 중간맥이 크며
화서는 손바닥 모양과 비슷하다.

Phacelurus latifolius 모새달

Phacelurus latifolius 모새달
낙엽다년초, 바닷가에 자생하고 억새와 닮았으나
열매는 길고 단단하면서 마디가 발달하는 점이 다르며
−18℃까지 월동한다. ↕ 1.3m

Phalaris 갈풀속

Poaceae 벼과

북부 온대에 약 15종이 분포하며 일년초 · 다년초로
자란다. 잎은 선 모양으로 평평하고 이삭 모양의
작은화서가 모여서 원추모양의 화서를 이룬다.

Phalaris arundinacea var. *picta* 흰줄갈풀
낙엽다년초, 잎의 세로방향으로 발달하는 흰색
무늬가 특징이다. 연못 주변의 축축한 토양에서 잘
자라며 −40℃까지 월동한다. ↕ 1.5m

Phalaris arundinacea var. *picta* 흰줄갈풀

Phellodendron amurense 황벽나무

Phellodendron 황벽나무속

Rutaceae 운향과

동아시아에 약 10종이 분포하며 낙엽, 교목으로
자란다. 3~6쌍의 작은 잎이 큰 깃꼴형으로 달리고
외피는 코르크층이 발달한다.

Phellodendron amurense 황벽나무
낙엽활엽교목, 수피는 두껍고 푹신거리며 껍질
안쪽은 밝은 노란색으로 −40℃까지 월동한다.
↕ 14m ↔ 8m

Phellodendron amurense 황벽나무

P

Philadelphus coronarius 'Aureus' 향고광나무 '아우레우스' 🏵

Philadelphus 'Manteau d'Hermine' 고광나무 '망토 드허민' 🏵

Philadelphus 고광나무속

Saxifragaceae 범의귀과

동유럽, 히말라야, 동아시아, 북·중앙아메리카 등지에 약 40종이 분포하며 낙엽, 관목으로 자란다. 꽃은 향기롭고 네 개의 꽃잎이 십자형으로 나며 컵 또는 그릇 모양으로 생긴 점이 특징이다.

Philadelphus coronarius 'Aureus'
향고광나무 '아우레우스' 🏵
낙엽활엽관목, 햇빛에 노출된 부분의 잎이 밝은 황금색으로 드러나는 점이 특징이며 −21℃까지 월동한다. ↕2.5m ↔ 1.5m

Philadelphus schrenkii 고광나무

Phlomis cashmeriana 캐시미어세이지

Philadelphus 'Manteau d'Hermine'
고광나무 '망토 드허민' 🏵
낙엽활엽관목, 장미꽃을 닮은 흰색 겹꽃이 특징이며 −20℃까지 월동한다. ↕75cm ↔ 1.5m

Philadelphus schrenkii 고광나무
낙엽활엽관목, 흰색으로 피는 꽃에서는 향기로운 냄새가 난다. 잎의 가장자리에는 불규칙하게 드문드문 발달하는 톱니가 있으며 −40℃까지 월동한다. ↕ ↔ 1.8m

Phlomis 속단속

Lamiaceae 꿀풀과

유럽, 북아프리카, 아시아 등지에 약 100종이 분포하며 낙엽·상록, 다년초·관목·반관목으로 자란다. 잎은 마주나고 난형으로 연한 녹색을 띠며 자주색 털이 있다.

Phlomis grandiflora 큰꽃세이지

Phlomis russelia 터키세이지 🏵

Phlomis cashmeriana 캐시미어세이지
낙엽다년초, 전초에 흰 잔털이 있어 잿빛을 띤다. 보라빛을 띠는 분홍색 꽃이 층층이 모여 피며 −23℃까지 월동한다. ↕90cm ↔ 60cm

Phlomis grandiflora 큰꽃세이지
낙엽다년초, 키가 크고 전초에 흰 잔털이 발달한다. 노란색의 큰 꽃이 층층이 피며 −18℃까지 월동한다. ↕ ↔ 1.8m

Phlomis russelia 터키세이지 🏵
낙엽다년초, 잎 뒷면에 흰 잔털이 있으며 연한 노란색의 꽃이 층을 이루며 피고 −23℃까지 월동한다. ↕1m ↔ 50cm

Phlomis umbrosa 속단
낙엽다년초, 우리나라 자생종으로 분홍색의 꽃이 층층이 핀다. 다소 그늘진 곳에서도 잘 자라서 숲속정원에 잘 어울리며 −23℃까지 월동한다. ↕1.5m

P

Phlomis umbrosa 속단

Phlox 풀협죽도속

Polemoniaceae 꽃고비과

북아메리카에 약 67종이 분포하며 상록·낙엽,
다년초로 자란다. 줄기 끝에 꽃이 총상화서로 피고
다양한 색깔의 품종이 육종되어 있다.

Phlox carolina 'Bill Baker'
플록스 캐롤리나 '빌 베이커'
낙엽다년초, 다섯 갈래로 갈라지는 분홍색 꽃이 수관
가득 핀다. 양지바른 곳에서 잘 자라며 -34℃까지
월동한다. ↕45cm ↔30cm

Phlox paniculata 'Fondant Fancy'
풀협죽도 '폰던트 팬시'
낙엽다년초, 꽃 중심부가 진한 분홍색을 띠는
분홍색 꽃이 매력적이다. 작은 꽃들이 꽃대 끝에
촘촘하게 모여 피며 -40℃까지 월동한다.
↕↔50cm

Phlox 'Bartwelve' 플록스 '바트웰브'

Phlox divaricata subsp. *laphamii* 'Chattahoochee'
플록스 디바리카타 라파미 '채터후치'

Phlox carolina 'Bill Baker' 플록스 캐롤리나 '빌 베이커'

Phlox 'Bareleven' 플록스 '배럴레븐'

Phlox carolina 'Miss Lingard' 플록스 캐롤리나 '미스 링가드' 🏆

Phlox douglasii 'Apollo' 플록스 도우글라시 '아폴로'

P

Phlox douglasii 'May Snow' 플록스 도우글라시 '메이 스노우'

Phlox maculata 'Natascha' 플록스 마쿨라타 '나타샤'

Phlox paniculata 'Frosted Elegance' 풀협죽도 '프로스티드 엘레간스'

낙엽다년초, 잎 가장자리에 서리가 내린 듯 불규칙하게 발달하는 흰색 무늬가 매력적이다. 꽃은 연한 보라색으로 중심부는 진한 분홍색을 띠며 −40℃까지 월동한다.　↕ 1.5 ↔ 50cm

Phlox douglasii 'Ochsenblut' 플록스 도우글라시 '옥슨블루트'

Phlox douglasii 'Rosea' 플록스 도우글라시 '로세아'

Phlox paniculata 'Grenadine Dream'
풀협죽도 '그레나딘 드림'

Phlox paniculata 'Fondant Fancy' 풀협죽도 '폰던트 팬시'

Phlox paniculata 'Eva Collum' 풀협죽도 '에바 컬럼' ●　　*Phlox paniculata* 'Juliglut' 풀협죽도 '율리글루트'　　*Phlox paniculata* 'Frosted Elegance' 풀협죽도 '프로스티드 엘레간스'

Phlox paniculata 'Miss Pepper' 풀협죽도 '미스 페퍼' ❀

Phlox paniculata 'Peppermint Twist' 풀협죽도 '페퍼민트 트위스트'

Phlox paniculata 'Sweet Summer' 풀협죽도 '스위트 서머'

Phlox paniculata 'Miss Pepper'
풀협죽도 '미스 페퍼' ❀
낙엽다년초, 다섯 갈래로 깊게 갈라진 작은 분홍색
꽃들이 줄기 끝에 둥글게 모여 핀다. 꽃잎 중심부는
진한 분홍색을 띠며 −34℃까지 월동한다.
↕ 1m ↔ 50cm

Phlox paniculata 'Peppermint Twist'
풀협죽도 '페퍼민트 트위스트'
낙엽다년초, 흰색 바탕에 다섯 개의 진한 분홍색 꽃잎
모양의 무늬가 발달하는 점이 특징이며 −34℃까지
월동한다. ↕↔ 60cm

Phlox paniculata 'Purple Kiss'
풀협죽도 '퍼플 키스'
낙엽다년초, 줄기 끝에 보라색 작은 꽃들이 둥글게
모여 피는 점이 특징이다. 꽃잎 중심부는 옅은 흰색과
진한 보라색 무늬가 발달하며 −34℃까지 월동한다.
↕ 40cm ↔ 60cm

Phlox paniculata 'Strawberry Daiquiri'
풀협죽도 '스트로베리 다이쿠이리'
낙엽다년초, 진한 분홍색으로 줄기끝에 모여 피는
꽃이 매력적이다. 꽃잎의 중심부는 더 진한
분홍색이며 −34℃까지 월동한다.
↕ 40cm ↔ 35cm

Phlox paniculata 'Sweet Summer'
풀협죽도 '스위트 서머'
낙엽다년초, 밝은 분홍색으로 줄기끝에 모여 피는
꽃이 매력적이다. 꽃잎 중심부는 진한 분홍색을 띠며
−34℃까지 월동한다. ↕ 45cm ↔ 40cm

Phlox paniculata 'White Admiral'
풀협죽도 '화이트 어드미럴' ❀
낙엽다년초, 꽃대 끝에 순백색의 꽃이 풍성하게
모여 피며 −34℃까지 월동한다. ↕ 1m ↔ 50cm

Phlox paniculata 'Windsor' 풀협죽도 '윈저'
낙엽다년초, 진한 분홍색의 꽃이 줄기 끝에 모여
핀다. 꽃 중심부는 더 진한 선홍색을 띠며
−34℃까지 월동한다. ↕ 1m ↔ 50cm

Phlox paniculata 'White Admiral' 풀협죽도 '화이트 어드미럴' ❀

Phlox paniculata 'Purple Kiss' 풀협죽도 '퍼플 키스'

Phlox paniculata 'Strawberry Daiquiri'
풀협죽도 '스트로베리 다이쿠이리'

Phlox paniculata 'Windsor' 풀협죽도 '윈저'

Phlox paniculata 'Blue Paradise' 풀협죽도 '블루 파라다이스'

Phlox paniculata 'David' 풀협죽도 '데이비드' ❤

Phlox paniculata 'Dodo Hanbury Forbes'
풀협죽도 '도도 핸버리 포브스'

Phlox paniculata 'Flamingo' 풀협죽도 '플라밍고' ❤

Phlox paniculata 'Goldmine' 풀협죽도 '골드마인'

Phlox paniculata 'Katarina' 풀협죽도 '카타리나'

Phlox paniculata 'Little Laura' 풀협죽도 '리틀 로라'

Phlox paniculata 'Mother of Pearl' 풀협죽도 '머더 오브 펄' ❤

Phlox paniculata 'Norah Leigh' 풀협죽도 '노라 리' ❤

Phlox paniculata 'Prince of Orange'
풀협죽도 '프린스 오브 오렌지' ❷

Phlox stolonifera 'Montrose Tricolor'
스톨로니페라플록스 '몬트로즈 트라이컬러'

Phlox subulata 'Emerald Cushion Blue'
꽃잔디 '에메랄드 쿠션 블루'

Phlox subulata 'Marjorie' 꽃잔디 '마저리'

Phlox stolonifera 'Montrose Tricolor'
스톨로니페라플록스 '몬트로즈 트라이컬러'
낙엽다년초, 낮게 포복성으로 자라며 가는 잎에
불규칙적으로 발달하는 흰색 무늬가 특징이다.
꽃은 연한 보라색으로 피며 −34℃까지 월동한다.
↕15cm ↔30cm

Phlox subulata 'Betty' 꽃잔디 '베티'
낙엽다년초, 낮게 지표면을 덮으면서 자라고
별 모양을 닮은 연분홍색의 작은 꽃이 매력적이며
−40℃까지 월동한다. ↕15cm ↔50cm

Phlox subulata 'Nettleton Variation' 꽃잔디 '네틀톤 베리에이션'

Phlox subulata 'Oakington Blue Eyes'
꽃잔디 '오킹턴 블루 아이스'
낙엽다년초, 지표면에 포복하면서 파란빛을 띠는
보라색 꽃이 매력적이며 −40℃까지 월동한다.
↕15cm ↔60cm

P

Phlox paniculata 'Red Magic' 풀협죽도 '레드 매직'

Phlox 'Strawberry Daiquiry' 플록스 '스트로베리 다이커리'

Phlox paniculata 'Violetta Gloriosa'
풀협죽도 '비올레타 글로리오사'

Phlox subulata 'Betty' 꽃잔디 '베티'

Phlox subulata 'Oakington Blue Eyes' 꽃잔디 '오킹턴 블루 아이스'

Phlox subulata 'Scarlet Flame' 꽃잔디 '스칼렛 플레임'

Phlox subulata 'Tamaongalei'
꽃잔디 '타마옹갈레이'
낙엽다년초, 흰 테두리를 가진 화려한 분홍색 꽃이
피며 −40℃까지 월동한다.　↕ 15cm ↔ 45cm

Phlox subulata 'Tamaongalei' 꽃잔디 '타마옹갈레이'

Phlox subulata 'White Delight' 꽃잔디 '화이트 딜라이트'

Phormium tenax 'Variegatum' 신서란 '바리에가툼' ⓥ

Phormium tenax 'Veitchianum' 신서란 '베이트키아눔'

Phormium 신서란속

Liliaceae 백합과

뉴질랜드에 2종이 분포하며 상록, 다년초로 자란다.
긴 잎들이 모여 나며 V자형을 이룬다. 꽃에는 녹색,
노란색의 미세한 줄무늬가 있는 점이 특징이다.

Phormium tenax 'Variegatum'
신서란 '바리에가툼' ⓥ
상록다년초, 잎의 가장자리에 크림색 무늬가
발달한다. 정형적인 정원의 소재로 훌륭하며
−9℃까지 월동한다.　↕ ↔ 1.5m

Phormium tenax 'Veitchianum'
신서란 '베이트키아눔'
상록다년초, 잎 중앙의 노란색 무늬가 특징이며
−9℃까지 월동한다.　↕ ↔ 1.8m

Photinia 홍가시나무속

Rosaceae 장미과

히말라야, 동남아시아 등지에 약 60종이 분포하며
낙엽·상록, 관목·교목으로 자란다. 잎은 어긋나게
붙으며 가장자리에는 톱니가 발달하고 턱잎은 일찍
떨어진다. 꽃은 흰색이고 꽃잎은 다섯 장이다.

Photinia serratifolia 중국홍가시나무

Photinia × *fraseri* 'Red Robin'
프레이저홍가시나무 '레드 로빈' ⓥ
상록활엽관목, 붉은색 신엽이 아름답고 전정에 강해
수벽으로 이용하기 적당하며 −15℃까지 월동한다.
↕ ↔ 3.5m

Photinia serratifolia 중국홍가시나무
상록활엽교목, 길쭉한 타원 모양의 잎은 광택이
있으며 가장자리에는 톱니가 발달한다. 전체적으로
둥근 수관을 덮는 흰색 꽃이 아름다우며 −15℃까지
월동한다.　↕ 6m ↔ 5m

P

Photinia × *fraseri* 'Red Robin' 프레이저홍가시나무 '레드 로빈' ⓥ

Phragmites australis 'Variegatus' 갈대 '바리에가투스'

Phragmites 갈대속

Poaceae 벼과

전 세계에 약 4종이 분포하며 다년초로 자란다. 잎은 평평한 선형으로 회녹색을 띠며 튼튼한 줄기를 가진다.

Phragmites australis 'Variegatus'
갈대 '바리에가투스'
낙엽다년초. 물가에서 잘 자라고 잎에 노란색 무늬가 있으며 −34℃까지 월동한다. ↕3m

Phragmites japonica 달뿌리풀
낙엽다년초. 유속이 빠른 물가에서 잘 자란다. 줄기가 옆으로 길게 뻗으며 마디마다 뿌리가 발생하고 −34℃까지 월동한다. ↕90cm ↔ 1.5m

Phragmites japonicus 'Misan Silver'
달뿌리풀 '미산 실버'
낙엽다년초. 잎 가장자리에 세로 방향으로 흰색 줄무늬가 있는 점이 특징이다. 번식력이 매우 빠르고 양지바른 곳의 녹색 배경에 식재하면 훌륭한 연출을 할 수 있으며 −34℃까지 월동한다.
↕90cm ↔ 1.5m

Phragmites japonicus 'Misan Silver' 달뿌리풀 '미산 실버'

Phyllostachys 왕대속

Poaceae 벼과

동아시아, 히말라야 등지에 약 80종이 분포하며 상록, 대나무류로 자란다. 줄기가 직립하고 장타원형의 잎들이 어긋나기로 달린다.

Phyllostachys nigra 오죽 ☻
상록대나무. 마디가 있는 검은색 줄기가 매력적으로 겨울정원에 흰색 소재와 함께 어울려 식재하면 좋으며 −15℃까지 월동한다. ↕5m ↔ 3m

Phyllostachys nigra 오죽 ☻

Physocarpus 산국수나무속

Rosaceae 장미과

동아시아, 북아메리카 등지에 약 10종이 분포하며 낙엽, 관목으로 자란다. 줄기는 자라면서 껍질이 여러겹 벗겨진다. 잎은 난형또는 신장형으로 달린다.

Physocarpus opulifolius 'Diabolo'
양국수나무 '디아볼로' ☻
낙엽활엽관목. 진한 자주색의 잎에 연한 분홍색 꽃이 피며 −29℃까지 월동한다. ↕3m ↔ 5m

Physocarpus opulifolius 'Luteus'
양국수나무 '루테우스'
낙엽활엽관목. 봄부터 가을까지 노란색의 잎이 지속되어 양지바른 녹색 배경에 식재하면 주변을 환하게 밝혀주는 효과를 얻을 수 있으며 −21℃까지 월동한다. ↕ ↔ 4m

Physocarpus opulifolius 'Diabolo' 양국수나무 '디아볼로' ☻

Physocarpus opulifolius 'Luteus' 양국수나무 '루테우스'

Phragmites japonica 달뿌리풀

P

Physostegia virginiana 'Alba' 꽃범의꼬리 '알바'

Physostegia 꽃범의꼬리속

Lamiaceae 꿀풀과

동북아메리카에 약 12종이 분포하며 다년초로 자란다. 사각의 줄기와 톱니 모양의 잎이 교대로 마주난다.

Physostegia virginiana 'Alba'
꽃범의꼬리 '알바'
낙엽다년초, 곧추 자라는 화서에 흰색 꽃이 피며 −40℃까지 월동한다. ↕1.2m ↔ 60cm

Physostegia virginiana var. speciosa
'Variegata' 스페키오사꽃범의꼬리 '바리에가타'
낙엽다년초, 잎 가장자리에 발달하는 흰색무늬가 특징이다. 직립하는 꽃대 아래에서 올라가면서 분홍색 꽃이 피며 −40℃까지 월동한다.
↕1.2m ↔ 60cm

Physostegia virginiana var. speciosa 'Variegata'
스페키오사꽃범의꼬리 '바리에가타'

Picea abies 독일가문비나무

Picea 가문비나무속

Pinaceae 소나무과

북반구에 약 40종이 분포하며 상록, 침엽, 교목으로 자란다. 바늘같은 잎은 녹색, 은청색을 띤다.

Picea abies 독일가문비나무
상록침엽교목, 원추형으로 크게 자라고 열매는 길게 늘어지며 −40℃까지 월동한다. ↕40m ↔ 6m

Picea abies 'Inversa' 독일가문비나무 '인버사' ❶
상록침엽교목, 직립하는 줄기에 가지와 잎이 바닥을 향해 축 늘어지는 독특한 수형이 특징으로 −40℃ 까지 월동한다. ↕9m ↔ 6m

Picea abies 'Inversa' 독일가문비나무 '인버사' ❶

Picea abies 'Nidiformis' 독일가문비나무 '니디포르미스' ❶

Picea abies 'Nidiformis'
독일가문비나무 '니디포르미스' ❶
상록침엽관목, 잎과 가지가 촘촘하게 자라서 전체적으로 반원 모양의 수형을 형성하는 점이 특징으로 소규모 정원에 식재하면 좋으며 −40℃까지 월동한다. ↕2.4m ↔ 3.6m

Picea asperata 용가문비나무
상록침엽교목, 회색빛을 띠는 녹색의 바늘잎이 특징이다. 수형은 원추형으로 자라며 −40℃까지 월동한다. ↕12m ↔ 8m

Picea asperata 용가문비나무(잎, 수형)

P

Picea glauca var. albertiana 'Conica'
앨버트가문비나무 '코니카' 🌱

Picea jezoensis 가문비나무
상록침엽교목. 높은 곳에 자생하는 침엽수로 서늘한
환경에서 잘자란다. 전체적으로 파란색을 띠는
녹색이며 −40℃까지 월동한다. ↕30m ↔ 8m

Picea likiangensis 여강가문비나무
상록침엽교목. 원추형으로 자라고 묵은 잎은
진녹색이지만 신초는 은회색을 띠며 −34℃까지
월동한다. ↕27m ↔ 12m

Picea likiangensis 여강가문비나무(열매. 수형)

Picea omorika 세르비아가문비나무 🌱
상록침엽교목. 좁은 원뿔형으로 자라고 잎 앞면은
밝은 녹색이나 뒷면은 은회색을 띠며 −21℃까지
월동한다. ↕18m ↔ 6m

Picea orientalis 오리엔탈가문비나무 🌱
상록침엽교목. 짙은 녹색의 바늘잎과 원뿔 모양의
수형이 매력적이며 −21℃까지 월동한다.
↕30m ↔ 8m

Picea breweriana 브루어가문비나무(잎. 수형)

Picea breweriana 브루어가문비나무
상록침엽교목. 수형은 좁고 길쭉한 원뿔 모양으로
자란다. 가지는 아래로 축축 늘어지며 −21℃까지
월동한다. ↕12m ↔ 4m

Picea glauca var. albertiana 'Conica'
앨버트가문비나무 '코니카' 🌱
상록침엽교목. 진녹색의 바늘잎이 조밀하게 발달하여
단정한 원뿔 모양의 수형을 이루며 −21℃까지
월동한다. ↕6m ↔ 2.5m

Picea jezoensis 가문비나무

Picea omorika 세르비아가문비나무 🌱

P

Picea orientalis 오리엔탈가문비나무 🏆

Picea pungens 'Hoopsii' 은청가문비나무 '호오프시'

Picea pungens 'Hoopsii'
은청가문비나무 '호오프시' 🏆
상록침엽교목. 새로 나오는 은청색의 잎이
아름다우며 −43℃까지 월동한다. ↕12m ↔6m

Picea spinulosa 시킴가문비나무 🏆
상록침엽교목. 원뿔형의 수형으로 자라고 잎은
아래로 축축 처지는 것이 특징이며 −12℃까지
월동한다. ↕65m

Picea spinulosa 시킴가문비나무 🏆

Picrasma quassioides 소태나무

Picrasma 소태나무속

Simaroubaceae 소태나무과

동남아시아, 서인도, 중앙아메리카, 열대 남아메리카
등지에 약 8종이 분포하며 낙엽, 교목으로 자란다.
홀수우상복엽이며 소엽은 9〜13장이고 황록색의
작은 꽃들이 원추화서를 이룬다.

Picrasma quassioides 소태나무
낙엽활엽교목. 황록색의 꽃과 깃털 모양의 녹색잎이
매력적이다. 잎과 가지를 씹으면 매우 쓴맛이 나며
−29℃까지 월동한다. ↕8m ↔5m

Pieris 마취목속

Ericaceae 진달래과

동아시아, 북아메리카, 서인도 등지에 약 7종이 분포
하며 상록, 관목·반관목으로 자란다. 잎은 어긋나기
또는 돌려나기한다. 어린 잎은 유색을 띠며 점차
진녹색으로 바뀐다.

Pieris japonica 'Bisbee Dwarf' 마취목 '비즈비 드와프'

Pieris japonica 'Christmas Cheer' 마취목 '크리스마스 치어'

Pieris formosa var. forrestii 'Jermyns'
홍엽마취목 '저민스'
상록활엽관목. 항아리 모양의 흰색 꽃이 가지 끝에
모여 아래를 향해 핀다. 새잎은 붉은색을 띠며
−15℃까지 월동한다. ↕4m ↔2.5m

Pieris japonica 'Bisbee Dwarf'
마취목 '비즈비 드와프'
상록활엽관목. 꽃과 잎이 아주 작고 촘촘하여 키가
작게 자라며 −18℃까지 월동한다.
↕90cm ↔1.2m

Pieris japonica 'Christmas Cheer'
마취목 '크리스마스 치어'
상록활엽관목. 항아리 모양의 흰꽃이 피며 −18℃
까지 월동한다. ↕ ↔2.5m

P

Pieris formosa var. forrestii 'Jermyns' 홍엽마취목 '저민스'

Pieris japonica 'Compacta' 마취목 '콤팩타'

Pieris japonica 'Purity' 마취목 '퓨리티' ✿

Pieris japonica 'Variegata' 마취목 '바리에가타'

Pieris japonica 'Dorothy Wyckoff' 마취목 '도러시 와이코프'

Pieris japonica 'Valley Rose' 마취목 '밸리 로즈'

Pieris japonica 'White Cascade' 마취목 '화이트 캐스케이드'

Pieris japonica 'Compacta' 마취목 '콤팩타'
상록활엽관목. 잎이 촘촘하게 자라서 둥글고 단정한 수형을 이루는 점이 특징이며 −15℃까지 월동한다. ↕ 1.2m ↔ 1.5m

Pieris japonica 'Dorothy Wyckoff' 마취목 '도러시 와이코프'
상록활엽관목. 붉은색 꽃대에 작은 항아리 모양의 흰색꽃이 촘촘하게 달린다. 꽃에서는 구수한 냄새가 나며 −15℃까지 월동한다. ↕ ↔ 1.8m

Pieris japonica 'Flamingo' 마취목 '플라밍고'
상록활엽관목. 항아리 모양의 붉은색 꽃이 풍성하게 피며 −15℃까지 월동한다. ↕ ↔ 2m

Pieris japonica 'Purity' 마취목 '퓨리티' ✿
상록활엽관목. 순백색에 가까운 항아리 모양의 꽃이 수관 전체를 덮는 모습이 아름다우며 −15℃까지 월동한다. ↕ ↔ 1m

Pieris japonica 'Valley Rose' 마취목 '밸리 로즈'
상록활엽관목. 항아리 모양의 장미빛 붉은색 꽃이 아래를 향해 모여 피며 −15℃까지 월동한다. ↕ ↔ 2.4m

Pieris japonica 'Valley Valentine' 마취목 '밸리 발렌타인' ✿
상록활엽관목. 항아리 모양의 진한 붉은색으로 꽃이 피며 −15℃까지 월동한다. ↕ ↔ 2.5m

Pieris japonica 'Variegata' 마취목 '바리에가타'
상록활엽관목. 잎의 아랫쪽이 점점 가늘어지는 모양으로 끝부분과 가장자리에 얇은 흰색무늬가 발달하는 점이 특징이며 −15℃까지 월동한다. ↕ ↔ 1.5m

Pieris japonica 'White Cascade' 마취목 '화이트 캐스케이드'
상록활엽관목. 항아리 모양의 흰꽃이 풍성하게 피며 −15℃까지 월동한다. ↕ 1.5m ↔ 2.5m

Pieris japonica 'White Rim' 마취목 '화이트 림'
상록활엽관목. 잎의 가장자리에 흰색 무늬가 불규칙하게 발달하며 −15℃까지 월동한다. ↕ ↔ 1.5m

Pieris ryukyuensis 류큐마취목
상록활엽관목. 잎은 가죽질로 두껍고 꽃자루에 항아리 모양의 흰색꽃이 아래를 향해 피며 −15℃까지 월동한다. ↕ ↔ 2.4m

Pieris japonica 'White Rim' 마취목 '화이트 림'

Pieris japonica 'Flamingo' 마취목 '플라밍고'

Pieris japonica 'Valley Valentine' 마취목 '밸리 발렌타인' ✿

Pieris ryukyuensis 류큐마취목

P

Pilosella aurantiaca 주황알프스민들레

Pilosella officinarum 알프스민들레

Pilosella 알프스민들레속

Asteraceae 국화과

북반구에 약 18종이 분포하며 다년초로 자란다. 민들레 같은 두상화서, 솜털같은 부드러운 잎이 특징이다.

Pilosella aurantiaca 주황알프스민들레
낙엽다년초, 오렌지 빛을 띠는 황금색 꽃과 억센 털이 많은 잎이 매력적이다. 방석 모양처럼 옆으로 퍼지면서 매우 왕성하게 자라며 −34℃까지 월동한다. ↕20cm ↔30cm

Pilosella officinarum 알프스민들레
낙엽다년초, 연한 노란색 민들레를 닮은 꽃이 아름답고 번식력이 매우 강해 방석 모양으로 빠르게 퍼지며 −34℃까지 월동한다. ↕40cm ↔20cm

Pinellia 반하속

Araceae 천남성과

한국, 중국, 일본 등지에 6종이 분포하며 다년초로 자란다. 잎은 손바닥처럼 세 갈래로 갈라지고 기저부의 잎은 달걀 모양 또는 심장 모양이다.

Pinellia tripartita 대반하
낙엽다년초, 세 갈래로 갈라진 넓은 잎의 관상가치가 높으며 뱀을 닮은 꽃이 하늘을 향해 핀다. 그늘진 곳에서도 잘 자라서 숲속정원과 같은 야생의 느낌을 연출하기 위한 소재로 훌륭하며 −29℃까지 월동한다. ↕ ↔45cm

Pinellia tripartita 대반하

Pinus 소나무속

Pinaceae 소나무과

북반구, 중앙아메리카, 유럽, 북아프리카, 서남아시아 등지에 약 120종이 분포하며 상록, 침엽, 교목·관목으로 자란다. 껍질은 종종 균열이 생기고 일부종은 불규칙한 판 모양으로 나눠진다.

Pinus bungeana 백송
상록침엽교목, 바늘잎이 세 장씩 모여 나고 어릴 때는 비늘 모양의 연녹색 껍질이 얇게 벗겨지다가 점차 흰색의 수피로 변해가는 것이 특징이며 −34℃까지 월동한다. ↕15m ↔ 6m

Pinus densiflora 소나무
상록침엽교목, 척박지에서도 잘 생육하고 작은 조각으로 벗겨진 붉은색 수피가 아름다우며 −40℃까지 월동한다. ↕25m ↔ 7m

Pinus densiflora 소나무

Pinus densiflora f. *multicaulis* 반송
상록침엽소교목, 뿌리근처에서 부터 여러 개의 줄기로 자라 둥그런 수형을 이루며 −40℃까지 월동한다. ↕ ↔ 5m

Pinus densiflora f. *pendula* 처진소나무
상록침엽관목, 아래를 향해 축 늘어진 수형이 특징으로 −40℃까지 월동한다. ↕3m ↔ 2m

Pinus densiflora f. *pendula* 처진소나무

Pinus bungeana 백송   *Pinus densiflora* f. *multicaulis* 반송

Pinus koraiensis 잣나무

Pinus parviflora 섬잣나무

Pinus parviflora 'Glauca Nana' 섬잣나무 '글라우카 나나'

Pinus strobus 'Fastigiata' 스트로브잣나무 '파스티기아타'

Pinus koraiensis 잣나무
상록침엽교목, 진한 녹색에 잿빛을 띠며 소나무보다
큰 열매가 달리고 −34℃까지 월동한다. ↕30m

Pinus palustris 대왕소나무
상록침엽교목, 65cm까지 길게 자라는 바늘잎은
세 개씩 모여 나고 아래로 휘어지는 특징이 있으며
−15℃까지 월동한다. ↕30m

Pinus parviflora 섬잣나무
상록침엽교목, 잣나무에 비해 잎이 다소 짧으며
울릉도에서 자생하지만 내륙에서도 잘 자라며 −35℃
까지 월동한다. ↕20m ↔ 8m

Pinus parviflora 'Glauca Nana'
섬잣나무 '글라우카 나나'
상록침엽관목, 잎이 짧고 키가 작으며 전체적으로
회색빛을 띤다. 전정에 강해 토피어리 등으로 이용
하며 −34℃까지 월동한다. ↕ ↔ 3m

Pinus strobus 'Contorta'
스트로브잣나무 '콘토르타'
상록침엽교목, 잎이 곱슬머리처럼 꼬이는 특징이
있으며 −40℃까지 월동한다. ↕12m ↔ 9m

Pinus strobus 'Fastigiata'
스트로브잣나무 '파스티기아타'
상록침엽교목, 하늘을 향해 좁게 자라는 수형으로
−40℃까지 월동한다. ↕12m ↔ 3m

Pinus strobus 'Witches' Broom'
스트로브잣나무 '위치스 브룸'
상록침엽관목, 잎과 가지가 촘촘하게 자라서 둥근
수형을 이루는 점이 특징으로 소규모 정원에 잘
어울리며 −40℃까지 월동한다. ↕ ↔ 2m

Pinus palustris 대왕소나무

Pinus strobus 'Contorta' 스트로브잣나무 '콘토르타'

Pinus strobus 'Witches' Broom' 스트로브잣나무 '위치스 브룸'

Pinus sylvestris 구주소나무

Pinus thunbergii 곰솔

Pinus sylvestris 구주소나무
상록침엽교목, 곧고 크게 자라고 붉은색의 아름다운
수피는 작은 조각으로 벗겨지며 −40℃까지
월동한다. ↕30m ↔ 9m

Pinus sylvestris 'Beuvronensis'
구주소나무 '베우브로넨시스' ❷
상록침엽관목, 키가 작고 조밀하게 자라는 수형이
특징으로 −21℃까지 월동한다. ↕ ↔ 1.2m

Pinus thunbergii 곰솔
상록침엽교목, 소나무에 비해 잎이 길고 거칠면서
수피는 흑갈색을 띤다. 염분에 강해 바닷가 인근에
심으면 좋으며 −29℃까지 월동한다.
↕25m ↔ 8m

Pinus thunbergii 'Ogon' 곰솔 '오곤'
상록침엽교목, 햇빛을 받는 바깥쪽 잎이 황금색으로
드러나는 점이 매력적이며 −29℃까지 월동한다.
↕9m ↔ 6m

Pinus wallichiana 부탄소나무 ❷
상록침엽교목, 길게 아래로 처진 회녹색 잎의 질감이
부드럽다. 바나나 모양의 긴 열매가 달리며 −29℃
까지 월동한다. ↕ 35m ↔12m

Pinus thunbergii 'Ogon' 곰솔 '오곤'

Pinus sylvestris 'Beuvronensis' 구주소나무 '베우브로넨시스' ❷   *Pinus wallichiana* 부탄소나무 ❷

Pittosporum tobira 돈나무 🌱

Pittosporum 돈나무속

Pittosporaceae 돈나무과

호주, 남부 아프리카, 남·동아시아, 태평양 섬 등지에
약 200종이 분포하며 상록, 관목 · 교목으로 자란다.
잎은 광택이 나고 가죽같이 두툼하다.

Pittosporum tobira 돈나무 🌱
상록활엽관목, 제주도와 남해안 일대에 자생한다.
흰색으로 피는 꽃은 향기가 좋으며 점차 노란색으로
변한다. 수형은 둥근 모양으로 단정하게 자라며
−12℃까지 월동한다. ↕5m ↔ 3m

Pittosporum tobira 'Variegatum'
돈나무 '바리에가툼' 🌱
상록활엽관목, 잎 가장자리에 불규칙하게 발달하는
흰색 무늬가 아름다우며 −12℃까지 월동한다.
↕↔ 2.5m

Pittosporum tobira 돈나무 🌱 (꽃, 열매)

Pittosporum tobira 'Variegatum' 돈나무 '바리에가툼' 🌱

Plantago asiatica 'Variegata' 질경이 '바리에가타'

Plantago 질경이속

Plantaginaceae 질경이과

전 세계에 약 200종이 분포하며 낙엽 · 상록, 일년초 ·
이년초 · 다년초 · 관목으로 자란다. 로제트 모양의
뿌리잎 중앙에서 긴 꽃대가 올라온다.

Plantago asiatica 'Variegata'
질경이 '바리에가타'
낙엽다년초, 불규칙하게 발달하는 흰색 무늬가
특징으로 −40℃까지 월동한다. ↕↔ 30cm

Platycladus 측백나무속

Cupressaceae 측백나무과

동북아시아에 1종이 분포하며 상록, 침엽, 교목으로
자란다. 잎은 비늘처럼 나란히 포개져 달리고
손바닥을 펼친 모양이며 암수한그루이다.

Platycladus orientalis 'Aurea Nana'
측백나무 '아우레아 나나' 🌱
밝은 황금색의 잎과 둥글고 단정하게 자라는 수형이
매력적이며 −21℃까지 월동한다. ↕↔ 1.5m

Platycodon 도라지속

Campanulaceae 초롱꽃과

동아시아에 1종이 분포하며 다년초로 자란다.
잎은 달걀모양이고 꽃은 다섯 갈래로 갈라진
컵 모양이다.

Platycladus orientalis 'Aurea Nana' 측백나무 '아우레아 나나' 🌱

Platycodon grandiflorum 도라지 🌱
낙엽다년초, 넓은 컵 모양의 보라색 꽃이 피고 뿌리는
식용 가능하며 −34℃까지 월동한다. ↕60cm

Platycodon grandiflorum f. *albiflorum*
백도라지
낙엽다년초, 순백색으로 피는 꽃이 특징으로 −34℃
까지 월동한다. ↕60cm

Platycodon grandiflorum 도라지

Platycodon grandiflorum f. albiflorum 백도라지 🌱

P

Pleioblastus fortunei 흰줄무늬사사

Podocarpus macrophyllus 나한송

Pleioblastus 플레이오블라스투스속

Poaceae 벼과

중국, 일본 등지에 약 20종이 분포하며 상록, 대나무류로 자란다. 긴 선형의 잎이 어긋나게 붙으며 조밀하게 난다.

Pleioblastus fortunei 흰줄무늬사사
상록대나무, 세로 방향으로 발달한 흰색무늬가 특징이다. 번식력이 매우 강하며 −23℃까지 월동한다. ↕90cm ↔1.8m

Pleioblastus viridistriatus 노랑줄무늬사사 ⓦ
상록대나무, 황금색 무늬가 있는 잎이 매력적이며 −23℃까지 월동한다. ↕1m ↔1.5m

Podocarpus 나한송속

Podocarpaceae 나한송과

열대와 온대지역에 약 100종이 분포하며 상록, 침엽, 교목·관목으로 자란다. 잎은 나선형으로 달리고 종자는 과육의 끝에 일부 돌출되어 난다.

Podocarpus macrophyllus 나한송
상록침엽교목, 소나무 보다 넓은 부드러운 질감의 잎을 가지며 −15℃까지 월동한다. ↕15m ↔8m

Podocarpus macrophyllus 'Aureus' 나한송 '아우레우스'
상록침엽교목, 새로 나오는 잎이 황금색인 점이 매력으로 −15℃까지 월동한다. ↕8m ↔5m

Podocarpus macrophyllus 'Aureus' 나한송 '아우레우스'

Podophyllum 포도필룸속

Berberidaceae 매자나무과

중국, 대만 등지에 약 9종이 분포하며 다년초로 자란다. 우산 모양으로 잎이 갈라지고 잎의 정맥에 자줏빛 갈색 무늬가 있다.

Podophyllum peltatum 포도필룸 펠타툼
낙엽다년초, 가장자리가 깊게 갈라진 우산 모양의 넓은 잎이 발달한다. 잎 아래에서 흰색 꽃이 피며 −40℃까지 월동한다. ↕45cm ↔60cm

Pleioblastus viridistriatus 노랑줄무늬사사

Podophyllum peltatum 포도필룸 펠타툼

Polemonium caeruleum 참꽃고비

Polemonium 꽃고비속

Polemoniaceae 꽃고비과

유럽, 아시아, 북아메리카, 중앙아메리카 등지에 약 25종이 분포하며 일년초·다년초로 자란다. 불규칙적인 깃 모양의 잎이 기저부에 모여 나며 꽃대는 직립한다.

Polemonium caeruleum 참꽃고비
낙엽다년초, 곧고 단단한 줄기에 보라색의 꽃이 피며 −40℃까지 월동한다. ↕80cm ↔ 45cm

Pollia 나도생강속

Commelinaceae 닭의장풀과

아프리카, 남아시아, 북호주 등지에 약 21종이 분포하며 다년초로 자란다. 광택이 있는 청색의 둥근 열매가 달린다.

Pollia japonica 나도생강
낙엽다년초, 길쭉하고 넓은 잎은 줄기에 돌려나면서 붙는다. 하늘을 향해 길게 자란 줄기 끝에는 조그만 흰 꽃들이 모여 달린다. 가을철 보라색에서 검은색의 열매가 익으며 −12℃까지 월동한다. ↕ ↔ 90cm

Polygonatum odoratum var. *pluriflorum* 둥굴레

Polygonatum 둥굴레속

Liliaceae 백합과

유라시아, 북아메리카 등지에 약 50종이 분포하며 다년초로 자란다. 선형, 넓은 타원형, 난형의 잎에 평행맥이 있다.

Polygonatum odoratum var. *pluriflorum* 둥굴레
낙엽다년초, 끝부분이 연두색을 띠는 흰색 종 모양의 꽃이 피고 뿌리를 차, 약용으로 이용하며 −40℃까지 월동한다. ↕60cm ↔ 30cm

Polygonatum stenophyllum 층층둥굴레

Polygonatum odoratum var. *pluriflorum* f. *variegatum* 무늬둥굴레
낙엽다년초, 잎 가장자리에 발달하는 크림색 무늬가 매력적이며 −40℃까지 월동한다.
 ↕60cm ↔ 30cm

Polygonatum stenophyllum 층층둥굴레
낙엽다년초, 층을 이루며 돌려나는 긴 잎과 줄기 사이에 작은 종 모양의 꽃이 짧게 모여 달리며 −40℃까지 월동한다. ↕1.1m ↔ 30cm

Pollia japonica 나도생강

Polygonatum odoratum var. *pluriflorum* f. *variegatum* 무늬둥굴레

Polypodium vulgare 미역고사리

Polypodium 미역고사리속

Polypodiaceae 고란초과

미국, 중앙아메리카, 남아메리카 등지에 약 75종이 분포하며 상록, 양치류로 자라고 잎은 어긋나게 달린다.

Polypodium vulgare 미역고사리
상록다년초, 미역을 닮은 깊게 갈라지는 잎이 특징이며 −29℃까지 월동한다. ↕30cm

Polystichum 나도히초미속

Dryopteridaceae 관중과

전 세계에 약 200종이 분포하며 상록·낙엽, 양치류로 자란다. 잎은 깃털 모양이며 셔틀콕 모양으로 돌려나기 한다.

Polystichum tripteron 십자고사리
낙엽다년초, 십자 모양으로 잎이 갈라지며 −29℃까지 월동한다. ↕↔60cm

Polystichum polyblepharum 나도히초미
상록다년초, 왕관처럼 잎이 크게 펼쳐지고 전체적으로 비늘조각이 많으며 −12℃까지 월동한다. ↕↔90cm

Polystichum tripteron 십자고사리

Polystichum polyblepharum 나도히초미

Poncirus trifoliata 'Flying Dragon' 탱자나무 '플라잉 드래곤'

Poncirus 탱자나무속

Rutaceae 운향과

중국과 일본 등지에 1종이 분포하며 낙엽, 관목·소교목으로 자란다. 잎은 세 장으로 갈라지고 짙은 녹색, 향기로운 흰 꽃과 오렌지 같은 둥근 열매가 노랗게 익는다.

Poncirus trifoliata 'Flying Dragon'
탱자나무 '플라잉 드래곤'
낙엽활엽관목, 줄기와 가시가 용트림하듯 구불구불하게 자라고 골프공 크기의 향기가 좋은 열매가 달리며 −29℃까지 월동한다. ↕↔2.4m

Potentilla 양지꽃속

Rosaceae 장미과

북반구에 약 500종이 분포하며 일년초·이년초·다년초, 초본·관목으로 자란다. 다섯 장의 꽃잎이 접시 또는 컵 모양으로 피고 흰색, 노란색, 주황색, 분홍색 또는 붉은색을 띤다.

Potentilla fragarioides var. *major* 양지꽃
낙엽다년초, 노란색의 꽃이 무리지어 피며 −34℃까지 월동한다. ↕15cm ↔30cm

Potentilla fragarioides var. *major* 양지꽃

Potentilla frutocosa var. *rigida* 물싸리

Potentilla nepalensis 네팔양지꽃

Potentilla stolonifera var. *quelpaertensis* 제주양지꽃

Potentilla frutocosa var. *rigida* 물싸리
낙엽활엽관목, 잎은 어긋나며 홀수 깃꼴겹잎이다. 꽃은 노란색으로 피며 −34℃까지 월동한다. ↕1.5m

Potentilla nepalensis 네팔양지꽃
반상록다년초, 다섯 개로 갈라진 진한 분홍색 꽃이 매력적이며 −34℃까지 월동한다. ↕90cm ↔60cm

Potentilla stolonifera var. *quelpaertensis*
제주양지꽃
반상록다년초, 제주도에 자생하며 포복형으로 뻗어나가며 자란다. 양지꽃에 비해 잎이 작고 광택이 나는 점이 특징이며 −25℃까지 월동한다. ↕20cm

Pratia 프라티아속

Campanulaceae 초롱꽃과

호주, 뉴질랜드, 아프리카 열대, 남아메리카 등지에 약 20종이 분포하며 다년초로 자란다. 잎 가장자리에 작은 톱니가 발달하며 별 모양의 꽃이 핀다. 대부분 카펫 모양으로 바닥에 뻗으면서 자란다.

Pratia pedunculata 프라티아 페둔쿨라타
상록다년초, 낮은 매트를 형성하고 별 모양의 푸른색 꽃이 피며 −15℃까지 월동한다. ↕10cm ↔1.5m

Pratia pedunculata 프라티아 페둔쿨라타

Primula 앵초속

Primulaceae 앵초과

전 세계에 약 400종이 분포하며 다년초로 자란다.
잎은 도란형 또는 난형이고 꽃은 관 모양이나 종 모양
으로 핀다.

Primula allionii 'Julia' 프리물라 알리오니 '줄리아'

Primula allionii 'Pax' 프리물라 알리오니 '팍스'

Primula bulleyana 프리물라 불레이아나

Primula auricula 프리물라 아우리쿨라 🏆
낙엽다년초, 15~25cm의 밝은 노란색 꽃이 피고
향기가 좋으며 -32℃까지 월동한다.
↕ 20cm ↔ 25cm

Primula bulleyana 프리물라 불레이아나
낙엽다년초, 5~7개의 층을 이루며 오렌지 혹은
노란색의 꽃이 피며 -34℃까지 월동한다. ↕↔ 60cm

Primula denticulata 프리물라 덴티쿨라타
낙엽다년초, 동그란 형태로 보라색의 꽃이 피며
-40℃까지 월동한다. ↕↔ 45cm

Primula allionii 'Anna Griffith'
프리물라 알리오니 '안나 그리피스'

Primula allionii 'Snowflake' 프리물라 알리오니 '스노우플레이크'

Primula 'Dawn Ansell' 프리물라 '돈 앤설'

Primula allionii 'Elizabeth Earle'
프리물라 알리오니 '엘리자베스 얼'

Primula allionii 'Viscountess Byng'
프리물라 알리오니 '바이카운테스 빙'

Primula allionii 'Gavin Brown' 프리물라 알리오니 '개빈 브라운'

Primula auricula 프리물라 아우리쿨라 🏵

Primula denticulata 프리물라 덴티쿨라타

P

Primula denticulata 'Ronsdorf' 프리뮬라 덴티쿨라타 '론스도르프'

Primula Gold-laced Group 프리뮬라 골드레이스드 그룹

Primula japonica 일본앵초

Primula denticulata var. *alba* 프리뮬라 덴티쿨라타 알바

Primula 'Guinevere' 프리뮬라 '기네비어' 🏵

Primula japonica 일본앵초
낙엽다년초, 붉은색 또는 보라색의 꽃이 층을 이루며 돌려나고 −40℃까지 월동한다. ↕ ↔ 45cm

Primula jesoana 큰앵초
낙엽다년초, 숲속의 그늘진 곳에서 잘 자라고 거치가 있는 넓은 잎을 가지고 있다. 5월경 보라색의 꽃이 층층이 피어 올라가며 −35℃까지 월동한다.
↕ ↔ 30cm

Primula denticulata var. *alba*
프리뮬라 덴티쿨라타 알바
낙엽다년초, 동그란 형태로 흰색의 꽃이 피며 −40℃ 까지 월동한다. ↕ ↔ 45cm

Primula elatior 프리뮬라 엘라티오르 🏵
낙엽다년초, 연한 노란색의 꽃이 모여 피고 꽃잎 중심부는 진한 노란색을 띠며 −34℃까지 월동한다.
↕ 30cm ↔ 25cm

Primula 'Iris Mainwaring' 프리뮬라 '아이리스 매인워링'

Primula japonica 'Apple Blossom' 일본앵초 '애플 블로섬'

Primula elatior 프리뮬라 엘라티오르

Primula 'Janet Aldrich' 프리뮬라 '재닛 올드리치'

Primula 'Gigha' 프리뮬라 '기가'

Primula japonica 'Alba' 일본앵초 '알바'

Primula jesoana 큰앵초

Primula 'Lismore Jewel' 프리물라 '리즈모어 주얼'

Primula prolifera 프리물라 프롤리페라 ❤

Primula rosea 'Grandiflora' 프리물라 로세아 '그란디플로라'

Primula farinosa subsp. *modesta* var. *koreana* 설앵초

Primula pulverulenta 프리물라 풀베룰렌타 ❤

Primula 'Schneekissen' 프리물라 '슈니케슨'

Primula farinosa subsp. *modesta* var. *koreana* 설앵초
낙엽다년초, 고산지역의 서늘한 지역에서 잘 자란다.
꽃은 연한 보라색이며 잎에는 흰 가루가 덮혀있는 듯
하다. 전체적으로 작고 아담해서 암석원에 잘
어울리며 −34℃까지 월동한다. ↕ ↔ 30cm

Primula prolifera 프리물라 프롤리페라 ❤
낙엽다년초, 황금색 꽃송이는 층층이 올라가면서
피고 향기가 좋으며 −29℃까지 월동한다.
↕ ↔ 60cm

Primula pulverulenta 프리물라 풀베룰렌타 ❤
낙엽다년초, 줄기와 꽃자루가 분백색을 띠는 점이
특징이다. 층을 이루며 붉은색 꽃이 피고 −29℃까지
월동한다. ↕ 1m ↔ 60cm

Primula rosea 프리물라 로세아 ❤
낙엽다년초, 앙증맞을 정도로 작게 자라는 점이 특징
이다. 진분홍색의 꽃잎 중앙은 노란색을 띠며 −29℃
까지 월동한다. ↕ ↔ 20cm

Primula rosea 'Gigas' 프리물라 로세아 '기가스'
낙엽다년초, 장밋빛을 띠는 진분홍색 꽃이 매력적
이다. 원종보다도 작고 습기가 많은 토양에 잘자라며
−29℃까지 월동한다. ↕ 15cm ↔ 30cm

Primula sieboldii 앵초 ❤
낙엽다년초, 야산의 비옥하고 반그늘진 곳에서 자생
한다. 연한 보라색의 꽃이 꽃대 끝에서 모여 피며
−34℃까지 월동한다. ↕ 30cm ↔ 45cm

Primula 'Mauve Queen' 프리물라 '모브 퀸'

Primula rosea 프리물라 로세아 ❤

Primula rosea 'Gigas' 프리물라 로세아 '기가스'

Primula sieboldii 앵초 ❤

Primula sieboldii 'Mikado' 앵초 '미카도'

Primula 'Theodora' 프리뮬라 '테오도라'

Primula veris 프리뮬라 베리스 🏆

Primula veris 프리뮬라 베리스 🏆
낙엽다년초, 긴 꽃대끝에 노란색의 작은 꽃들이 모여
아래를 향해 핀다. 꽃의 향기가 좋으며 −15℃까지
월동한다. ↕ ↔ 25cm

Primula veris 'Sunset Shades' 프리뮬라 베리스 '선셋 셰이즈'

Primula veris 'Katy McSparron'
프리뮬라 베리스 '케이티 맥스패런'

Primula 'Victoriana Black and Gold'
프리뮬라 '빅토리아나 블랙 앤드 골드'

Prunella 꿀풀속

Lamiaceae 꿀풀과

유럽, 아시아, 북아프리카, 북아메리카 등지에 약 7종
이 분포하며 다년초로 자란다. 수상화서로 흰색, 분홍
색 또는 보라색의 꽃이 핀다.

Primula vulgaris 'Alba Plena' 프리뮬라 불가리스 '알바 플레나'

Prunella vulgaris subsp. *asiatica* f. *leucocephala* 흰꿀풀

Prunella grandiflora 'Bella Blue'
큰꽃꿀풀 '벨라 블루'
낙엽다년초, 파란빛을 띠는 연보라색 꽃이 핀다.
꿀풀보다 다소 큰 꽃을 피우는 점이 차이점이며
−34℃까지 월동한다. ↕ 20cm ↔ 25cm

Prunella vulgaris subsp. *asiatica*
f. *leucocephala* 흰꿀풀
낙엽다년초, 흰색의 작은 꽃들이 꽃대 끝에 빽빽이
모여 피는 점이 특징이며 −34℃까지 월동한다.
↕ 30cm

Prunella vulgaris subsp. *asiatica* 꿀풀
낙엽다년초, 보라색의 작은 꽃들이 꽃대 끝에 빽빽이
모여 핀다. 양지바른 곳에 군락으로 심으면 좋은
효과를 얻을 수 있으며 −34℃까지 월동한다. ↕ 30cm

Prunella vulgaris subsp. *asiatica* 꿀풀

Prunella grandiflora 'Bella Blue' 큰꽃꿀풀 '벨라 블루'

P

Prunus 벚나무속

Rosaceae 장미과

남아메리카 안데스, 동남아시아 등지에 약 200종이 분포하며 낙엽·상록, 관목·교목으로 자란다. 생육범위가 매우 넓다.

Prunus 'Amanogawa' 벚나무 '아마노가와' ✿
낙엽활엽교목, 좁고 곧은 수형으로 자란다. 분홍빛을 띠는 흰색의 꽃이 반겹으로 피고 향기가 좋으며 −21℃까지 월동한다. ↕ 8m ↔ 4m

Prunus avium 'Plena' 양벚나무 '플레나'

Prunus campanulata 'Superba' 대만벚나무 '수페르바'
낙엽활엽교목, 아래로 늘어진 종 모양의 진한 선홍색 꽃이 피며 −18℃까지 월동한다. ↕ ↔ 8m

Prunus glandulosa 산옥매
낙엽활엽관목, 줄기 전체에 분홍색 꽃이 피며 −29℃까지 월동한다. ↕ ↔ 1.5m

Prunus cerasifera 'Nigra' 자엽꽃자두 '니그라'

Prunus cerasifera 'Vesuvius' 자엽꽃자두 '베수비어스'

Prunus 'Amanogawa' 벚나무 '아마노가와' ✿

Prunus 'Fugenzo' 벚나무 '푸겐조' ✿

Prunus 'Accolade' 벚나무 '애컬레이드'

Prunus glandulosa 산옥매

Prunus armeniaca var. *ansu* 'Flore Pleno' 살구나무 '플로레 플레노'

Prunus campanulata 'Superba' 대만벚나무 '수페르바'(꽃, 수형)

Prunus glandulosa 'Alba Plena' 산옥매 '알바 플레나'

P

Prunus grayana 일본귀룽나무

Prunus 'Hokusai' 벚나무 '호쿠사이' ✿

Prunus incisa 'Pendula' 후지벚나무 '펜둘라' ✿

Prunus grayana 일본귀룽나무
낙엽활엽교목, 위로 곧추선 화서에 흰색의 꽃이 피며
–23℃까지 월동한다. ↕20m

Prunus incisa 'Pendula' 후지벚나무 '펜둘라' ✿
낙엽활엽소교목, 우산 모양의 수형으로 자라며 흰색
꽃이 피고 –21℃까지 월동한다. ↕5m ↔ 3m

Prunus japonica var. *nakaii* 이스라지
낙엽활엽관목, 작은 덤불 형태로 자라고 분홍빛을
띤 흰색꽃이 핀다. 앵두를 닮은 열매가 달리며
–29℃까지 월동한다. ↕↔ 2m

Prunus 'Kanzan' 벚나무 '칸잔' ✿
낙엽활엽교목, 분홍색 겹꽃들이 덩어리로 모여
풍성하게 피며 –29℃까지 월동한다. ↕↔ 10m

Prunus japonica var. *nakaii* 이스라지

Prunus incisa 'Futaemame' 후지벚나무 '후타에마메'

Prunus incisa 'Kojo-No-Mai' 후지벚나무 '코조노마이'

Prunus incisa 'Kikuhime' 후지벚나무 '키쿠히메'

Prunus incisa 'Sentaiya' 후지벚나무 '센타이야'

Prunus 'Kanzan' 벚나무 '칸잔' ✿ (수형, 꽃)

Prunus laurocerasus 월계귀룽나무

Prunus laurocerasus 'Otto Luyken' 월계귀룽나무 '오토 라위켄' ●

Prunus laurocerasus 월계귀룽나무
상록활엽교목. 넓고 광택이 나는 잎을 가지며 위로
곧추 자라는 화서에 흰색 꽃이 피고 −15℃까지
월동한다.　↕8m ↔ 10m

Prunus laurocerasus 'Otto Luyken'
월계귀룽나무 '오토 라위켄' ●
상록활엽관목. 키가 작고 둥그런 수형으로 자라고
위로 곧추 자라는 화서에 흰색의 꽃이 피며 −15℃
까지 월동한다.　↕1m ↔ 1.5m

Prunus maackii 개벚지나무

Prunus lannesiana 'Beni Yoshino' 오시마벚나무 '베니 요시노'

Prunus lannesiana 'Ranran' 오시마벚나무 '란란'

Prunus maackii 개벚지나무
낙엽활엽교목. 황갈색으로 매끈하게 벗겨지는 수피의
관상가치가 높아서 겨울정원에 잘 어울리며 −43℃
까지 월동한다.　↕10m ↔ 8m

Prunus laurocerasus 'Camelliifolia' 월계귀룽나무 '카멜리폴리아'

Prunus laurocerasus 'Magnoliifolia'
월계귀룽나무 '마그놀리폴리아'

Prunus laurocerasus 'Zabeliana' 월계귀룽나무 '자벨리아나'

Prunus 'Mikurumagaeshi' 벚나무 '미쿠루마가에시'

Prunus 'Moerheimii' 벚나무 '모이르헤이미'

Prunus mume 매실나무

Prunus mume 'Beni-chidori' 매실나무 '베니치도리' 🌓

Prunus mume 'Okina-ume' 매실나무 '오키나우메'

Prunus mume 'Omoi-no-Mama' 매실나무 '오모이노마마'

Prunus mume 'Tortuous Dragon' 매실나무 '토투우스 드래곤'

Prunus mume 매실나무

낙엽활엽교목, 이른 봄에 향기가 좋은 흰색의 꽃이
피며 −23℃까지 월동한다.   ↕9m ↔ 6m

Prunus mume 'Beni-chidori'
매실나무 '베니치도리' 🌓

낙엽활엽관목, 붉은색의 꽃과 향기가 좋으며 −15℃
까지 월동한다.   ↕↔ 2.5m

Prunus mume 'Tortuous Dragon'
매실나무 '토투우스 드래곤'

낙엽활엽교목, 꼬여 자라는 줄기가 매력적이고
−23℃까지 월동한다.   ↕↔ 9m

Prunus nipponica var. *kurilensis* 'Ruby'
쿠릴일본고산벚나무 '루비'

낙엽활엽관목, 연분홍색의 꽃이 조밀하게 피고 루비를
닮은 둥근 열매가 달린다. 작은 정원에 심으면 좋으며
−34℃까지 월동한다.   ↕3m ↔ 1.5m

Prunus mume 'Yae Kankobai' 매실나무 '야에 칸코바이'

Prunus mume 'Fuji-botan' 매실나무 '후지보탄'

Prunus mume 'Goshiki-Ume' 매실나무 '고시키우메'

Prunus mume 'Kyokoh' 매실나무 '쿄코'

Prunus 'New Port' 매실나무 '뉴 포트'

Prunus nipponica var. *kurilensis* 'Ruby'
쿠릴일본고산벚나무 '루비'

P

Prunus 'Ojochin' 벚나무 '오조친'

Prunus 'Okame' 벚나무 '오카메'

Prunus 'Okumiyako' 벚나무 '오쿠미야코'

Prunus padus 'Colorata' 귀룽나무 '콜로라타' 🏆

Prunus padus 귀룽나무

Prunus padus 귀룽나무
낙엽활엽교목, 산지의 개울가나 습기가 많은 토양에서
자생하며 아주 이른 봄부터 녹색 잎을 내는 점이 특징
이다. 흰색의 작은 꽃들이 꼬리 모양 화서에 길게
달리며 −40℃까지 월동한다. ↕15m ↔ 10m

Prunus padus 'Colorata' 귀룽나무 '콜로라타' 🏆
낙엽활엽교목, 자주색의 잎과 줄기를 가지며 길게
자라는 화서에 분홍색 꽃이 피고 −21℃까지
월동한다. ↕12m ↔ 8m

Prunus 'Pandora' 벚나무 '판도라'

Prunus persica 'Purpurea' 복사나무 '푸르푸레아'

Prunus persica 'Red Baron' 복사나무 '레드 배런'

Prunus persica 'Terute Shiro' 복사나무 '테루테 시로'

Prunus persica 'Versicolor' 복사나무 '버시컬러'

P

Prunus 'Pink Champagne' 벚나무 '핑크 샴페인'

Prunus 'Sakurambo' 벚나무 '사쿠람보'

Prunus 'Shirotae' 벚나무 '시로타에'

Prunus 'Pink Shell' 벚나무 '핑크 쉘'

Prunus salicina var. *columnaris* 열녀목

낙엽활엽교목. 좁고 곧게 자라는 수형으로
−29℃까지 월동한다. ↕12 ↔5m

Prunus serrula 티베트벚나무

낙엽활엽교목. 적갈색으로 매끈하게 벗겨지는
수피가 아름다워 겨울정원에 이용하기 적합하며
−23℃까지 월동한다. ↕10m ↔ 6m

Prunus serrula 티베트벚나무

Prunus spinosa 'Purpurea' 가시자두 '푸르푸레아'

Prunus salicina var. *columnaris* 열녀목

Prunus 'Senriko' 벚나무 '센리코'

Prunus 'Taoyame' 꽃벚나무 '타오야메'

Prunus subhirtella 'Autumnalis' 춘추벚나무 '아우툼날리스'

Prunus subhirtella 'Autumnalis' 춘추벚나무 '아우툼날리스'

Prunus tenella 'Fire Hill' 러시아아몬드 '파이어 힐'

Pseudotsuga menziesii 미송

Prunus tomentosa 'Leucocarpa' 앵도나무 '레우코카르파'

Prunus 'Umineko' 벚나무 '우미네코'

Pseudotsuga menziesii 미송

Prunus subhirtella 'Autumnalis'
춘추벚나무 '아우툼날리스'
낙엽활엽교목, 봄, 가을 두번 개화하는 연한 분홍색
꽃이 특징으로 −29℃까지 월동한다. ↕ ↔ 8m

Prunus tomentosa 'Leucocarpa'
앵도나무 '레우코카르파'
낙엽활엽관목, 흰색으로 익는 작은 열매가 특징으로
먹을 수 있으며 −45℃까지 월동한다.
↕ 2.4m ↔ 3m

Pseudolarix 금전송속

Pinaceae 소나무과

중국에 1종이 분포하며 낙엽, 침엽으로 자란다.
황금빛을 띠는 갈색으로 단풍이 드는 점이 특징이다.

Pseudolarix amabilis 금전송 🏆
낙엽침엽교목, 잎갈나무와 비슷하지만 잎이 길고
넓은 차이점이 있다. 부드러운 질감의 잎은 봄철
연녹색에서 가을철 황금빛을 띠는 갈색으로 단풍이
든다. 솔방울을 닮은 큰 구과가 달리고 −34℃까지
월동한다. ↕ 20m ↔ 12m

Pseudotsuga 미송속

Pinaceae 소나무과

중국, 대만, 일본, 북서아메리카와 멕시코 등지에 약
8종이 분포하며 상록, 침엽·교목으로 자란다. 선형의
잎은 끝이 뾰족하고 비늘이 많은 봉오리를 형성한다.

Pseudotsuga menziesii 미송
상록침엽교목, 원줄기는 하늘을 향해 곧게 자라고
짙푸른 바늘잎이 달린 가지는 다소 아래로 처지면서
자라며 −34℃까지 월동한다. ↕ 50m ↔ 10m

Pseudotsuga menziesii Pendula Group
미송 펜둘라 그룹
상록침엽교목, 아래를 향해 처지는 특징이 있어
물이 흐르는 개울이나 연못가 양지바른 곳에 식재하면
잘 어울리며 −34℃까지 월동한다. ↕ 10m ↔ 5m

Prunus 'Taki-Nioi' 벚나무 '타키니오이'

Prunus 'Tangshi' 벚나무 '탕시'

Pseudolarix amabilis 금전송 🏆

Pseudotsuga menziesii Pendula Group 미송 펜둘라 그룹

Pteris multifida 봉의꼬리

Pteris 봉의꼬리속

Pteridaceae 봉의꼬리과

전 세계의 열대 및 아열대지역을 중심으로 약 250
종이 분포하며 양치식물로 자란다. 뿌리줄기는 짧고
직립하거나 포복한다. 가장자리가 일정하지 않은
잎편을 갖는 점이 특징이다.

Pteris multifida 봉의꼬리
상록다년초. 잎이 봉황의 꼬리처럼 길게 발달하는
점이 특징이다. 그늘지고 습기가 많은 바위틈에
식재하면 잘 자라며 −15℃까지 월동한다.
‖ 45cm ↔ 20cm

Pterocarya 중국굴피나무속

Juglandaceae 가래나무과

코카서스에서 일본까지 아시아 전역에 약 10종이
분포하며 낙엽, 교목으로 자란다. 날개가 달린 열매가
돌려나 길게 달린다.

Pterocarya stenoptera 중국굴피나무
낙엽활엽교목. 깃털 모양 겹잎의 중축에 자라며 중축에
날개가 발달하는 날개가 특징으로 가을철에는 노랗게
단풍이 든다. 날개가 달린 열매는 포도송이처럼 아래로
늘어지며 −23℃까지 월동한다. ‖ 25m ↔ 15m

Pulmonaria 풀모나리아속

Boraginaceae 지치과

유럽, 아시아 등지에 약 14종이 분포하며 낙엽·상록,
다년초로 자란다. 은색잎에 털이 많으며 꽃이 진 후
새로운 여름잎이 생긴다.

Pterocarya stenoptera 중국굴피나무(열매, 수형)

Pulmonaria angustifolia 좁은잎풀모나리아 ⓥ
낙엽다년초. 잎에 흰색의 얼룩무늬가 있고 연한 보라
색의 꽃이 피며 −40℃까지 월동한다. ‖ 25cm

Pulmonaria 'Blue Ensign'
풀모나리아 '블루 엔슨' ⓥ
낙엽다년초. 파란색으로 꽃을 피우는 점이 특징으로
다소 그늘진 곳에서도 잘 자라며 −40℃까지
월동한다. ‖ 35cm ↔ 45cm

Pulmonaria angustifolia 좁은잎풀모나리아 ⓥ

Pulmonaria 'Blue Ensign' 풀모나리아 '블루 엔슨' ⓥ

Pulmonaria longifolia 'Majeste'
긴잎풀모나리아 '마제스트'
낙엽다년초. 잎에 흰색 무늬가 있고 붉은색 꽃이 피며
−40℃까지 월동한다. ‖ 30cm ↔ 45cm

Pulsatilla 할미꽃속

Ranunculaceae 미나리아재비과

유라시아, 북아메리카 등지에 약 30종이 분포하며
낙엽, 다년초로 자란다. 봄과 초여름에 부드러운 털이
있는 종 모양의 꽃이 핀다. 열매는 은빛의 부드러운
깃털 모양으로 달린다.

Pulsatilla ambigua 몽고할미꽃
낙엽다년초. 앞을 향해 보라색 꽃이 피며 −34℃까지
월동한다. ‖ 20cm ↔ 10cm

Pulmonaria longifolia 'Majeste' 긴잎풀모나리아 '마제스트'

P

Pulsatilla ambigua 몽고할미꽃

Pulsatilla chinensis 중국할미꽃
낙엽다년초, 보라색의 꽃이 위를 향해 피고 전초에
흰 잔털이 밀생하며 −34℃까지 월동한다.
↕ 20cm ↔ 10cm

Pulsatilla halleri 할러할미꽃 ⚇
낙엽다년초, 위를 향해 보라색 꽃이 피며 −34℃까지
월동한다. ↕ 20cm ↔ 15cm

Pulsatilla halleri subsp. slavica
슬라보니아할미꽃 ⚇
낙엽다년초, 앞을 향해 연한 보라색 꽃이 피며
−34℃까지 월동한다. ↕ ↔ 50cm

Pulsatilla koreana 할미꽃
낙엽다년초, 아래를 향해 적갈색 꽃이 피고 솜처럼
날리는 종자가 달리며 −34℃까지 월동한다.
↕ ↔ 40cm

Pulsatilla halleri 할러할미꽃 ⚇

Pulsatilla halleri subsp. slavica 슬라보니아할미꽃 ⚇

Pulsatilla tongkangensis 동강할미꽃
낙엽다년초, 강원도 동강 주변에 자생하고 보라색에서
흰색까지 다양한 색의 꽃이 피며 −34℃까지
월동한다. ↕ 15cm ↔ 10cm

Pulsatilla vulgaris 유럽할미꽃 ⚇
낙엽다년초, 보라색으로 피는 꽃이 매력적으로 잎과
줄기에는 솜털이 빽빽하게 자라며 −40℃까지
월동한다. ↕ ↔ 20cm

Pulsatilla tongkangensis 동강할미꽃

Pulsatilla vulgaris 유럽할미꽃 ⚇

Pulsatilla vulgaris 'Heiler hybrids'
유럽할미꽃 '하일러 하이브리즈'
낙엽다년초, 붉은색, 분홍색, 보라색, 흰색 등
다양한 색으로 꽃이 피며 −40℃까지 월동한다.
↕ ↔ 20cm

P

Pulsatilla chinensis 중국할미꽃

Pulsatilla koreana 할미꽃

Pulsatilla vulgaris 'Heiler hybrids'
유럽할미꽃 '하일러 하이브리즈'

Pulsatilla grandis 'Papageno' 큰유럽할미꽃 '파파게노'

Pyracantha 'Harlequin' 피라칸타 '할리퀸'

Pyrrosia hastata 세뿔석위

Pulsatilla vulgaris var. *rubra* 붉은유럽할미꽃

Pyracantha 'Mohave' 피라칸타 '모하비'

Pyrrosia lingua 석위

Pulsatilla grandis 'Papageno' 큰할미꽃 '파파게노'
낙엽다년초, 흰색, 분홍색, 빨간색 등 색이 다양하고
꽃잎이 가늘게 많이 갈라지는게 특징이며 −40℃까지
월동한다. ↕ ↔ 20cm

Pulsatilla vulgaris var. *rubra* 붉은유럽할미꽃
낙엽다년초, 붉은색 꽃이 아래를 향해 피며
−40℃까지 월동한다. ↕ ↔ 20cm

Pyracantha 피라칸타속
Rosaceae 장미과

유럽 남부, 서남아시아, 중국, 대만 등지에 약 7종이
분포하며 상록, 관목·교목으로 자란다. 열매는 빨간색,
주황색 혹은 노랑색으로 익는다.

Pyracantha angustifolia 피라칸타
상록활엽관목. 열매가 붉은색으로 풍성하게 달리고
전정에 강해 생울타리로 이용하기 적합하며
−29℃까지 월동한다. ↕ ↔ 3m

Pyracantha 'Harlequin' 피라칸타 '할리퀸'
상록활엽관목. 잎 가장자리에 불규칙적으로 발달하는
크림색 무늬가 특징이며 −23℃까지 월동한다.
↕ 1.5m ↔ 2m

Pyracantha 'Mohave' 피라칸타 '모하비'
상록활엽관목. 주황색을 띠는 붉은 열매가 수관
전체에 빽빽하게 달려 관상가치가 높으며
−23℃까지 월동한다. ↕ 4m ↔ 5m

Pyracantha 'Soleil D'or' 피라칸타 '솔레일 도르'
상록활엽관목, 밝은 노란색의 열매가 달리고
−23℃까지 월동한다. ↕ 3m ↔ 2,5m

Pyrrosia 석위속
Polypodiaceae 고란초과

아메리카 대륙, 동아시아 등지에 약 100종이
분포하며 상록, 양치류로 자란다. 잎은 선형에서
둥근형이며 뒷면은 빽빽한 털이 있다.

Pyrrosia hastata 세뿔석위
상록다년초, 그늘진 숲속이나 바위주변, 돌담에
주로 자생하고 십자 모양의 잎이 나며 −18℃까지
월동한다. ↕ ↔ 30cm

Pyrrosia lingua 석위
상록다년초, 줄기가 뻗으면서 바위나 나무 등에 붙어
자라고 긴 버들잎처럼 생긴 잎이 나며 −18℃까지
월동한다. ↕ ↔ 30cm

Pyrus 배나무속
Rosaceae 장미과

유럽, 아시아 동서부, 북아프리카 등지에 약 30종이
분포하며 낙엽, 관목·교목으로 자란다.
꽃은 총상화서로 흰색이나 분홍색으로 핀다.

Pyrus calleryana var. *fauriei* 콩배나무
낙엽활엽교목, 배를 닮은 콩알만한 열매가 달리는 점이
특징이다. 봄철 흰색의 꽃과 가을철 노란색으로 물드는
단풍이 아름다우며 −34℃까지 월동한다. ↕ 12m

Pyracantha angustifolia 피라칸타

Pyracantha 'Soleil D'or' 피라칸타 '솔레일 도르'

Pyrus calleryana var. *fauriei* 콩배나무

P

Q

Quercus 참나무속

Fagaceae 참나무과

북반구에 약 600종이 폭넓게 분포하며 낙엽·반상록·
상록, 관목·교목으로 자란다. 갈라지는 수피와 달걀
모양의 열매가 특징이다.

Quercus acuta 붉가시나무
상록활엽교목. 거치없이 잎에 광택이 나는 것이
특징이며 −12℃까지 월동한다. ↕10m ↔ 6m

Quercus acutissima 상수리나무
낙엽활엽교목. 수피가 거칠고 노란색 단풍이
특징이며 −29℃까지 월동한다. ↕18m ↔ 10m

Quercus acuta 붉가시나무

Quercus cerris 'Argenteovariegata'
터키참나무 '아르겐테오바리에가타'

Quercus cerris 'Argenteovariegata'
터키참나무 '아르겐테오바리에가타'
낙엽활엽교목. 잎은 거치가 깊고 크며 가장자리의
화려한 무늬가 특징이며 −23℃까지 월동한다.
↕30m ↔ 15m

Quercus dentata 'Aurea' 떡갈나무 '아우레아'
낙엽활엽교목. 잎이 밝은 황금색으로 화려하며
−29℃까지 월동한다. ↕5m ↔ 3m

Quercus dentata 'Aurea' 떡갈나무 '아우레아'

Quercus dentata 'Pinnatifida' 떡갈나무 '피나티피다'

Quercus dentata 'Pinnatifida'
떡갈나무 '피나티피다'
낙엽활엽교목. 잎의 거치가 매우 깊고 가늘며
−29℃까지 월동한다. ↕5m ↔ 3m

Quercus glauca 종가시나무
상록활엽교목. 잎의 윗부분에 날카로운 톱니가
발달하고 광택이 있다. 남부지방에서 녹음수로 많이
이용하며 −12℃까지 월동한다. ↕12m ↔ 9m

Quercus acutissima 상수리나무

Quercus glauca 종가시나무

Quercus myrsinifolia 가시나무

Quercus myrsinifolia 가시나무
상록활엽교목. 잎이 좁은 긴 타원형이며 −12℃까지
월동한다. ↕ 20m ↔ 20m

Quercus palustris 대왕참나무 ♀
낙엽활엽교목. 잎 가장자리에 파도 모양의 깊은
결각이 발달한다. 붉게 물드는 단풍이 특징이며
−34℃까지 월동한다. ↕ 18m ↔ 12m

Quercus robur 유럽참나무
낙엽활엽교목. 잎 가장자리의 거치가 둔하다. 수형이
넓고 둥글어 녹음수로 많이 이용하며 −34℃까지
월동한다. ↕ 15m ↔ 12m

Quercus rubra 루브라참나무
낙엽활엽교목. 잎 가장자리에 파도 모양의 결각이
발달하고 주황색으로 물드는 단풍이 특징이며
−40℃까지 월동한다. ↕ 23m ↔ 18m

Quercus variabilis 굴참나무
낙엽활엽교목. 길쭉한 잎의 뒷면은 은빛을 띤다.
수피에 깊고 두꺼운 코르크가 발달하며 −34℃까지
월동한다. ↕ 27m ↔ 23m

Quercus robur 유럽참나무

Quercus palustris 대왕참나무 ♀

Quercus rubra 루브라참나무

Quercus variabilis 굴참나무

Q

353

R

Ranunculus 미나리아재비속

Ranunculaceae 미나리아재비과

전 세계에 약 400종이 분포하며 낙엽·상록, 일년초·
이년초·다년초로 자란다. 잎은 지표면에서 로제트형
이거나 줄기를 감싸며 꽃잎은 대부분 다섯 장인 점이
특징이다.

Ranunculus borealis 구름미나리아재비
낙엽다년초, 고산성으로 키가 작으며 전체에 털이
있다. 노란꽃이 피고 암석원에 적합하며 −34℃까지
월동한다. ↕15cm ↔30cm

Ranunculus ficaria 'Brazen Hussy'
라넌큘러스 피카리아 '브레이즌 허시'
낙엽다년초, 작고 낮게 자란다. 자주색 잎과 반짝이는
노란색 꽃이 특징이며 −34℃까지 월동한다.
↕15cm ↔45cm

Ranunculus ficaria 'Brazen Hussy'
라넌큘러스 피카리아 '브레이즌 허시'

Ranunculus gramineus
라넌큘러스 그라미네우스 🌱
낙엽다년초, 벼과식물처럼 좁고 긴 잎이 특징이며
−15℃까지 월동한다. ↕30cm ↔30cm

Ranunculus gramineus 라넌큘러스 그라미네우스 🌱

Rhamnella 까마귀베개속

Rhamnaceae 갈매나무과

동아시아에 약 8종이 분포하며 낙엽, 관목·교목으로
자란다. 잎은 어긋나게 붙으며 가장자리에 작은 톱니
가 발달하며 깃털 모양의 잎맥과 타원형의 검은색
열매가 특징이다.

Rhamnella franguloides 까마귀베개
낙엽활엽관목, 부드러운 느낌의 잎과 노란색 단풍이
특징이며 −18℃까지 월동한다. ↕8m ↔5m

Ranunculus borealis 구름미나리아재비

Rhamnella franguloides 까마귀베개

Rhaphiolepis × delacourii 델라쿠르다정큼나무

Rhaphiolepis 다정큼나무속

Rosaceae 장미과

아시아에 약 15종이 분포하며 상록, 관목·교목으로
자란다. 잎은 호생으로 가죽질이고 광택이 나는 진한
녹색이며 열매는 한 개의 씨앗을 가지는 것이 특징이다.

Rhaphiolepis × delacourii 델라쿠르다정큼나무
상록활엽관목, 진한 분홍색 꽃이 피고 둥근 수형이
특징이며 −12℃까지 월동한다. ↕1.8m ↔ 2.4m

Rhaponticums 뻐꾹채속

Asteraceae 국화과

아시아에 1종이 분포하며 다년초로 자란다.
전체에 솜털이 발달하며 잎은 깃꼴 모양이다.

Rhaponticum uniflorum 뻐꾹채
낙엽다년초, 잎에 백색 털이 밀생하며 가장자리가
깊게 갈라진다. 줄기 끝에 통 모양으로 피는 홍자색
꽃이 특징이며 −29°C까지 월동한다. ↕70cm

Rheum palmatum 터키대황

Rheum 대황속

Polygonaceae 마디풀과

유럽, 중앙아시아, 중국 등지에 약 50종이 분포하며
다년초로 자란다. 뿌리 부근에서 올라온 큰잎과
원추형의 꽃이 특징이다.

Rheum palmatum 터키대황
낙엽다년초, 잎이 넓고 크며 깊게 갈라진다. 곧고
크게 자라는 붉은색 꽃이 피며 −29℃까지 월동한다.
↕1.8m ↔ 1m

Rhododendron 진달래속

Ericaceae 진달래과

유럽, 아시아, 호주, 북아메리카 등지에 약 900종이
분포하며 낙엽·상록, 관목·교목으로 자란다.
화려하고 때론 강한 향기가 나는 꽃이 특징이다.

Rhododendron 'Aloha' 만병초 '알로하'
상록활엽관목, 한송이에 약 19개의 연한 홍자색
깔때기 모양의 꽃이 피며 −23℃까지 월동한다.
↕90cm

Rhododendron 'Anna H. Hall'
만병초 '안나 에이치 홀'
상록활엽관목, 한송이에 14~15개의 흰색 또는
연분홍색 종 모양의 꽃이 피며 −34℃까지 월동한다.
↕1.8m ↔ 1.5m

Rhododendron 'Anna Rose Whitney'
만병초 '안나 로즈 휘트니'
상록활엽관목, 한송이에 12~21개 피는 꽃은 진한
빨간색에 분홍색이나 갈색 반점이 있으며
−21℃까지 월동한다. ↕ ↔ 3.7m

R

Rhaponticum uniflorum 뻐꾹채

Rhododendron 'Aloha' 만병초 '알로하'

Rhododendron 'Anna H. Hall' 만병초 '안나 에이치 홀'

Rhododendron 'Anna Rose Whitney' 만병초 '안나 로즈 휘트니'

Rhododendron argyrophyllum 은협만병초

Rhododendron atlanticum 해안철쭉

Rhododendron aureum 노랑만병초

Rhododendron argyrophyllum 은협만병초
상록활엽관목. 한송이에 8~12개의 분홍빛을 띠는
흰색 꽃이 피며 −18℃까지 월동한다.
↕7m ↔ 2m

Rhododendron atlanticum 해안철쭉
낙엽활엽관목. 나팔 모양의 긴 꽃이 분홍색 꽃봉오리
에서 흰색으로 피며 −34℃까지 월동한다.
↕90cm ↔ 1.5m

Rhododendron aureum 노랑만병초
상록활엽관목. 백두산의 고산지역에 주로 분포하며
설악산 일부 지역에도 자생한다. 5~8개의 연한
노란색 꽃이 피며 −34℃까지 월동한다.
↕50cm ↔ 1m

Rhododendron 'Babette' 만병초 '바베트'
상록활엽관목. 한 송이에 8~11개 피는 꽃은
전체적으로 연한 노란색이며 꽃잎의 바깥부분
아랫쪽이 강렬한 붉은빛으로 −23℃까지 월동한다.
↕ ↔ 1.2m

Rhododendron barbatum 가시만병초
상록활엽관목. 잎자루에 가시같은 긴 선모가 있는 것
이 특징으로 한송이에 10~20개의 강렬한 붉은색
종 모양의 꽃이 피며 −15℃까지 월동한다. ↕8m

Rhododendron 'Barmstedt'
만병초 '바름슈테트'
상록활엽관목. 한 송이에 18~22개의 진한 자줏빛에
서 분홍색 꽃이 피며 −23℃까지 월동한다.
↕1.2m ↔ 1.5m

Rhododendron barbatum 가시만병초

Rhododendron 'Bashful' 만병초 '배시풀' ✿
상록활엽관목. 한 송이에 16개 정도 피는 분홍색 꽃은
꽃잎 안쪽이 연한 분홍색으로 중앙은 자주색을 띠며
−21℃까지 월동한다. ↕ ↔ 1m

Rhododendron 'Blewbury'
만병초 '블루버리' ✿
상록활엽관목. 한 송이에 18~20개의 연한 분홍을
띤 흰색 꽃이 피며 −18℃까지 월동한다. ↕ ↔ 2m

Rhododendron 'Bashful' 만병초 '배시풀' ✿

Rhododendron 'Babette' 만병초 '바베트'

Rhododendron 'Barmstedt' 만병초 '바름슈테트'

Rhododendron 'Blewbury' 만병초 '블루버리' ✿

R

Rhododendron Blue Tit Group 만병초 블루 티트 그룹

Rhododendron 'Blue Peter'
만병초 '블루 피터' 🏆
상록활엽관목, 한 송이에 15개 피는 연한 보라색 꽃은
꽃잎 가장자리가 물결 모양이며 −23℃까지
월동한다. ↕3m ↔ 2.5m

Rhododendron brachycarpum 만병초
상록활엽관목, 설악산, 태백산, 울릉도 등 높은 산에
드물게 자란다. 흰색의 꽃 안쪽에 녹색의 점무늬가
발달하며 −29℃까지 월동한다. ↕ ↔ 2.5m

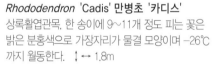

Rhododendron 'Boule De Neige' 만병초 '불 드 네즈'

Rhododendron 'Cadis' 만병초 '카디스'
상록활엽관목, 한 송이에 9~11개 정도 피는 꽃은
밝은 분홍색으로 가장자리가 물결 모양이며 −26℃
까지 월동한다. ↕ ↔ 1.8m

Rhododendron 'Blue Diamond' 만병초 '블루 다이아몬드'

Rhododendron 'Blue Ensign' 만병초 '블루 엔슨'

Rhododendron 'Blue Diamond'
만병초 '블루 다이아몬드'
상록활엽관목, 한 송이에 5개의 밝은 보라색 꽃이
피며 −21℃까지 월동한다. ↕ ↔ 1.5m

Rhododendron 'Blue Jay' 만병초 '블루 제이'
상록활엽관목, 한 송이에 15개의 보라색 꽃이 피고
꽃잎 안쪽 윗부분에 진한 자주색 무늬가 있으며
−23℃까지 월동한다. ↕2m ↔ 1.5m

Rhododendron brachycarpum 만병초(설악산)

Rhododendron 'Blue Jay' 만병초 '블루 제이'

Rhododendron 'Blue Peter' 만병초 '블루 피터' 🏆

Rhododendron brachycarpum 만병초(울릉도)

Rhododendron 'Cadis' 만병초 '카디스'

Rhododendron campanulatum 종화만병초

Rhododendron 'Carmen' 만병초 '카르멘' ✿

Rhododendron campanulatum
종화만병초
상록활엽관목,한 송이에 6~18개의 연한 분홍빛이
도는 흰색 꽃이 피며 −21℃까지 월동한다. ↕4.5m

Rhododendron 'Carmen' 만병초 '카르멘' ✿
상록활엽관목, 종 모양의 검붉은색 꽃이 피며
−21℃까지 월동한다. ↕40cm ↔50cm

Rhododendron 'Crest' 만병초 '크레스트' ✿

Rhododendron 'Crete' 만병초 '크레타'

Rhododendron 'Caroline Gable' 아잘레아 '캐럴라인 게이블'

Rhododendron 'Crest' 만병초 '크레스트' ✿
상록활엽관목, 한 송이에 12개의 밝은 초록빛이 도는
노란색 꽃이 피며 −21℃까지 월동한다. ↕↔4m

Rhododendron 'Crete' 만병초 '크레타'
상록활엽관목, 한 송이에 12개 피는 꽃은 연한
분홍빛이 도는 흰색으로 깔때기 모양이며 −26℃
까지 월동한다. ↕↔1m

Rhododendron 'Crimson Pippin'
만병초 '크림슨 피핀'
상록활엽관목, 한 송이에 10~11개의 강렬한 붉은색
꽃이 피며 −23℃까지 월동한다. ↕↔1.8m

Rhododendron 'Cunningham's White'
만병초 '커닝햄스 화이트'
상록활엽관목, 한 송이에 7~8개 피는 깔때기 모양
흰색 꽃은 안쪽에 자주색 점무늬가 발달하며
−26℃까지 월동한다. ↕2.5m ↔4m

Rhododendron 'Crimson Pippin' 만병초 '크림슨 피핀'

Rhododendron 'Cunningham's White' 만병초 '커닝햄스 화이트'

Rhododendron 'Cynthia' 만병초 '신시아' ✿

Rhododendron 'Cynthia' 만병초 '신시아' ✿
상록활엽관목, 한 송이에 24개의 진한 붉은색 꽃이
피며 −26℃까지 월동한다. ↕↔8m

Rhododendron 'Daphnoides'
만병초 '다프노이데스'
상록활엽관목, 한 송이에 20개씩 피는 연한 분홍색
꽃의 안쪽에 주황색 점무늬가 발달하며 −29℃까지
월동한다. ↕↔1.5m

Rhododendron 'Daphnoides' 만병초 '다프노이데스'

Rhododendron 'Daviesii' 아잘레아 '다비에시'

R

Rhododendron 'Doc' 만병초 '닥'

Rhododendron 'Dreamland' 만병초 '드림랜드' ♥

Rhododendron 'English Roseum' 만병초 '잉글리시 로세움'

Rhododendron 'Ginny Gee' 만병초 '지니 지' ♥

Rhododendron 'Golden Torch' 만병초 '골든 토치'

Rhododendron 'Doc' 만병초 '닥'
상록활엽관목, 한 송이에 9개 정도 피는 깔때기 모양
꽃은 밝은 분홍색으로 가장자리는 진한 분홍색의
물결 모양이며 −26℃까지 월동한다. ↕ ↔ 1.2m

Rhododendron 'Dreamland'
만병초 '드림랜드' ♥
상록활엽관목, 한 송이에 주름이 있는 연분홍색 꽃이
22개 정도 피며 −23℃까지 월동한다.
↕ 1.5m ↔ 1m

Rhododendron 'Elizabeth'
만병초 '엘리자베스'
상록활엽관목, 넓은 종 모양으로 5개씩 모여 피는
꽃은 간혹 가을에도 피며 −18℃까지 월동한다.
↕ ↔ 1.5m

Rhododendron 'Elisabeth Hobbie'
만병초 '엘리자베스 하비' ♥
상록활엽관목, 한 송이에 5~10개의 강렬한 붉은색
꽃이 피며 −21℃까지 월동한다. ↕ ↔ 1m

Rhododendron 'Fantastica'
만병초 '판타스티카' ♥
상록활엽관목, 한 송이에 18~20개의 밝은 분홍색
꽃이 피며 −26℃까지 월동한다. ↕ ↔ 1.5m

Rhododendron 'Ginny Gee'
만병초 '지니 지' ♥
상록활엽관목, 넓은 깔때기 모양의 연한 분홍색 꽃이
피며 −23℃까지 월동한다. ↕ 50cm ↔ 1m

Rhododendron 'Elizabeth' 만병초 '엘리자베스'

Rhododendron 'Elisabeth Hobbie'
만병초 엘리자베스 하비'

Rhododendron 'Fantastica' 만병초 '판타스티카' ♥

Rhododendron 'Gumpo' 아잘레아 '굼포'

Rhododendron 'Helen Close' 아잘레아 '헬렌 클로즈'

Rhododendron 'Hinomayo' 아잘레아 '히노마요'

Rhododendron 'Homebush' 아잘레아 '홈부시'

Rhododendron 'Ivory Coast' 만병초 '아이보리 코스트'

Rhododendron 'Hachmann's Polaris' 만병초 '해크맨스 폴라리스' 🌱

Rhododendron irroratum 노주만병초

Rhododendron 'John Cairns' 아잘레아 '존 케언스'

Rhododendron 'Hachmann's Polaris' 만병초 '해크맨스 폴라리스' 🌱

상록활엽관목, 한 송이에 18~20개의 분홍색 꽃은 가장자리가 물결 모양으로 −26℃까지 월동한다. ↕ ↔ 1.5m

Rhododendron 'Hallelujah' 만병초 '할렐루야'

상록활엽관목, 한 송이에 10개의 종 모양 붉은색 꽃이 피며 −26℃까지 월동한다. ↕ ↔ 1.5m

Rhododendron 'Horizon Monarch' 만병초 '호라이즌 모나크' 🌱

상록활엽관목, 한 송이에 15개 정도 모여 피는 노란색 꽃은 중앙에 자주색 점 무늬가 있으며 −15℃까지 월동한다. ↕ ↔ 1.8m

Rhododendron irroratum 노주만병초

낙엽활엽관목, 한 송이에 15개 정도 모여 피는 분홍색 종 모양의 꽃은 안쪽에 화려한 자주색 점 무늬가 있거나 없으며 −18℃까지 월동한다. ↕ 8m ↔ 2,5m

Rhododendron 'Ivory Coast' 만병초 '아이보리 코스트'

상록활엽관목, 한 송이에 5~7개의 깨끗한 흰색 꽃이 피며 −29℃까지 월동한다. ↕ ↔ 1m

Rhododendron 'Kalinka' 만병초 '칼링카'

상록활엽관목, 한 송이에 12~16개의 분홍색 꽃은 안쪽에 노란색 점 무늬가 있으며 봉오리는 진한 붉은색으로 −26℃까지 월동한다. ↕ ↔ 2m

Rhododendron 'Kalinka' 만병초 '칼링카'

Rhododendron 'Hallelujah' 만병초 '할렐루야'

Rhododendron 'Ken Janeck' 만병초 '켄 자네크'

Rhododendron 'Horizon Monarch' 만병초 '호라이즌 모나크' 🌱

Rhododendron indicum 'Balsaminiflorum' 영산홍 '발사미니플로룸'

R

Rhododendron 'Klondyke' 아잘레아 '클론다이크' 🏆

Rhododendron 'Leo' 만병초 '리오'

Rhododendron 'Mary Fleming' 만병초 '메리 플레밍'

Rhododendron 'Lampion' 만병초 '램피언'

Rhododendron 'Lord Roberts' 만병초 '로드 로버츠' 🏆

Rhododendron 'Ken Janeck'
만병초 '켄 자네크'
상록활엽관목, 한 송이에 13~17개의 분홍색 넓은
나팔 모양 꽃이 피며 −26℃까지 월동한다.
↕ 1m ↔ 1.5m

Rhododendron 'Lampion' 만병초 '램피언'
상록활엽관목, 한 송이에 5~7개의 종 모양 꽃은
강렬한 붉은색이며 −23℃까지 월동한다.
↕ 1m ↔ 80cm

Rhododendron 'Leo' 만병초 '리오'
상록활엽관목, 한 송이에 20~25개의 종 모양 진한
붉은색 꽃이 피며 −21℃까지 월동한다.
↕ ↔ 1.5m

Rhododendron 'Lord Roberts'
만병초 '로드 로버츠' 🏆
상록활엽관목, 한 송이에 12~22개의 깔때기 모양
어두운 붉은색 꽃이 피며 −26℃까지 월동한다.
↕ ↔ 2.5m

Rhododendron luteum 노랑철쭉
낙엽활엽관목, 한 송이에 7~17개의 밝은 노란색
꽃이 피고 향기가 좋으며 −23℃까지 월동한다.
↕ ↔ 4m

Rhododendron 'Madame Masson'
만병초 '마담 마송' 🏆
상록활엽관목, 별 모양의 흰색 꽃은 꽃잎에 연두색
무늬가 있으며 −26℃까지 월동한다. ↕ ↔ 2.5m

Rhododendron 'Mary Fleming'
만병초 '메리 플레밍'
상록활엽관목, 종 모양의 분홍색을 띤 크림색 꽃이
피며 −26℃까지 월동한다. ↕ 1.2m ↔ 1.5m

Rhododendron maximum 미국만병초
상록활엽관목, 종 모양의 분홍색을 띤 흰색 꽃은
안쪽에 연두색 무늬가 있으며 −32℃까지 월동한다.
↕ 4.5m ↔ 3.5m

Rhododendron luteum 노랑철쭉

R

Rhododendron 'Louise Dowdle' 아잘레아 '루이즈 다우들'

Rhododendron 'Madame Masson' 만병초 '마담 마송' 🏆

Rhododendron maximum 미국만병초

Rhododendron micranthum 꼬리진달래

Rhododendron mucronulatum 진달래

Rhododendron mucronulatum 'Cornell Pink'
진달래 '코넬 핑크' ⚘

Rhododendron 'Odee Wright' 만병초 '오디 라이트'

Rhododendron micranthum 꼬리진달래
상록활엽관목, 암석지대에 주로 자생하고 흰색의
작은 꽃이 모여 피며 −32℃까지 월동한다.
↕ 2.5m ↔ 2m

Rhododendron 'Morgenrot'
만병초 '모르겐로트'
상록활엽관목, 한 송이에 16〜18개의 꽃은 연한
붉은색으로 피며 −21℃까지 월동한다.
↕ 1.5m ↔ 1.8m

Rhododendron 'Morning Magic'
만병초 '모닝 매직'
상록활엽관목, 한 송이에 16개의 종 모양 꽃은
분홍빛을 띠는 흰색이며 −21℃까지 월동한다.
↕ ↔ 1.5m

Rhododendron mucronulatum 진달래
낙엽활엽관목, 이른 봄에 연한 자주색 꽃이 피며
−34℃까지 월동한다. ↕ 2m ↔ 1.2m

Rhododendron mucronulatum
'Cornell Pink' 진달래 '코넬 핑크' ⚘
낙엽활엽관목, 밝은 분홍색 꽃이 피며 −29℃까지
월동한다. ↕ 2.5m ↔ 1.5m

Rhododendron mucronulatum f. *albiflorum*
흰진달래
낙엽활엽관목, 깨끗한 흰색 꽃이 피며 −29℃까지
월동한다. ↕ 2m ↔ 1.2m

Rhododendron 'Nancy Evans'
만병초 '낸시 에번스' ⚘
상록활엽관목, 한 송이에 19개의 진한 밝은 노란색
꽃이 피며 −15℃까지 월동한다. ↕ ↔ 1.5m

Rhododendron 'Narcissiflorum'
아잘레아 '나르키시플로룸' ⚘
낙엽활엽관목, 수선화를 닮은 노란색의 꽃이
아름다우며 −26℃까지 월동한다. ↕ ↔ 2.5m

Rhododendron 'Morgenrot' 만병초 '모르겐로트'

Rhododendron 'Morning Magic' 만병초 '모닝 매직'

Rhododendron mucronulatum f. *albiflorum* 흰진달래

Rhododendron 'Nancy Evans' 만병초 '낸시 에번스' ⚘

Rhododendron 'Narcissiflorum' 아잘레아 '나르키시플로룸' ⚑

Rhododendron 'Palestrina' 아잘레아 '팔레스트리나'

Rhododendron 'Patty Bee'
만병초 '패티 비' ⚑
상록활엽관목, 한 송이에 6개의 깔때기 모양 노란색 꽃이 피며 −21℃까지 월동한다.   ↕ ↔ 1m

Rhododendron 'Percy Wiseman'
만병초 '퍼시 와이즈만' ⚑
상록활엽관목, 한 송이에 13∼15개의 연한 분홍색에서 연한 노란색 꽃이 피며 −21℃까지 월동한다.   ↕ ↔ 2.5m

Rhododendron 'Patty Bee' 만병초 '패티 비' ⚑

Rhododendron 'Percy Wiseman' 만병초 '퍼시 와이즈만' ⚑

Rhododendron 'Pink Drift' 만병초 '핑크 드리프트'

Rhododendron 'Pink Drift'
만병초 '핑크 드리프트'
상록활엽관목, 이른 봄에 깔때기 모양의 분홍색 꽃이 피며 −23℃까지 월동한다.   ↕ ↔ 60cm

Rhododendron 'PJM Group'
만병초 피제이엠 그룹
상록활엽관목, 가장자리에 물결이 있는 깔때기 모양의 꽃은 보라색으로 피며 −32℃까지 월동한다.   ↕ 1.8m ↔ 2m

Rhododendron 'PJM Group' 만병초 피제이엠 그룹

Rhododendron ponticum 유럽만병초

Rhododendron ponticum 'Variegatum' 유럽만병초 '바리에가툼'

Rhododendron ponticum 유럽만병초
상록활엽관목, 한 송이에 6∼20개의 가장자리가 물결 모양인 분홍색 꽃이 피며 −21℃까지 월동한다.   ↕ 1m ↔ 1.5m

Rhododendron ponticum 'Variegatum'
유럽만병초 '바리에가툼'
상록활엽관목, 분홍색의 꽃이 피고 잎 가장자리의 흰 무늬가 화려하며 −18℃까지 월동한다.   ↕ ↔ 2m

Rhododendron 'Praecox' 만병초 '프라이콕스'

Rhododendron 'Prince Camille de Rohan' 만병초 '프린스 카미유 드 로한'

Rhododendron 'President Roosevelt' 만병초 '프레지던트 루즈벨트'

Rhododendron 'Princess Anne' 만병초 '프린세스 앤' 🌱

Rhododendron racemosum 액화만병초 🌱

Rhododendron 'President Roosevelt'
만병초 '프레지던트 루즈벨트'
상록활엽관목, 한 송이에 17~24개의 꽃은 흰색 바탕에 테두리가 강렬한 붉은색이고 잎 중앙의 노란색 무늬가 아름다우며 −18℃까지 월동한다. ↕ ↔ 2.5m

Rhododendron 'Princess Anne'
만병초 '프린세스 앤' 🌱
상록활엽관목, 한 송이에 4~5개의 깔때기 모양 꽃은 녹색에서 노란색이며 −21℃까지 월동한다.
↕ 1.5m ↔ 1m

Rhododendron racemosum 액화만병초 🌱
상록활엽관목, 이른 봄에 작은 연분홍색의 꽃이 피며 −23℃까지 월동한다. ↕ 2.5m ↔ 1m

Rhododendron 'Ruth Lyons'
만병초 '루스 라이언스'
낙엽활엽관목, 한 송이에 7~10개의 깔때기 모양 분홍색 꽃이 피며 −18℃까지 월동한다.
↕ 1.5m ↔ 1m

Rhododendron 'Scarlet Wonder'
만병초 '스칼렛 원더' 🌱
상록활엽관목, 한 송이에 5~7개의 강렬한 붉은색 꽃이 피며 −23℃까지 월동한다. ↕ ↔ 1.5m

Rhododendron schlippenbachii 철쭉
낙엽활엽관목, 연한 분홍색의 꽃이 피고 도란형의 잎은 다섯 장씩 모여 달리며 −29℃까지 월동한다.
↕ ↔ 8m

Rhododendron 'Rainbow' 만병초 '레인보우'

Rhododendron 'Ruth Lyons' 만병초 '루스 라이언스'

Rhododendron 'Scarlet Wonder' 만병초 '스칼렛 원더' 🌱

Rhododendron 'Rosebud' 아잘레아 '로즈버드'

Rhododendron 'Ruth May' 아잘레아 '루스 메이'

Rhododendron schlippenbachii 철쭉

R

Rhododendron 'Schneewolke' 만병초 '스니볼크'

Rhododendron 'Seta' 만병초 '세타'

Rhododendron smirnowii 스미노프만병초

Rhododendron 'Seta' 만병초 '세타'
상록활엽관목. 긴 종모양으로 흰 바탕에 연한 분홍색 꽃이 피며 −15℃까지 월동한다.
↕60cm ↔ 90cm

Rhododendron 'Shamrock' 만병초 '샴록' ♈
상록활엽관목. 한 송이에 8∼9개의 밝은 노란색 꽃이 피며 −21℃까지 월동한다. ↕ ↔ 60cm

Rhododendron 'Shrimp Girl' 만병초 '슈림프 걸'
상록활엽관목. 연한 분홍색 종 모양의 꽃이 피며 −18℃까지 월동한다. ↕60cm ↔ 90cm

Rhododendron smirnowii 스미노프만병초
상록활엽관목. 한 송이에 6∼15개의 종 모양으로 피는 분홍색 꽃은 꽃잎 안쪽에 주황색 점 무늬가 있으며 −26℃까지 월동한다. ↕ ↔ 1.8m

Rhododendron 'Solidarity' 만병초 '솔리데리티'
상록활엽관목. 한 송이에 12∼13개의 가장자리가 물결 모양인 분홍색 꽃이 피며 −26℃까지 월동한다.
↕1.2m ↔ 1.8m

Rhododendron 'Shamrock' 만병초 '샴록' ♈

Rhododendron 'Silver Sixpence' 만병초 '실버 식스펜스'

Rhododendron 'Shrimp Girl' 만병초 '슈림프 걸'

Rhododendron 'Silver Slipper' 아잘레아 '실버 슬리퍼'

Rhododendron 'Solidarity' 만병초 '솔리데리티'

R

367

Rhododendron 'Susan' 만병초 '수잔'

Rhododendron thomsonii 톰슨만병초

Rhododendron 'Unique' 만병초 '유니크'

Rhododendron 'Taurus' 만병초 '타우루스' 🏆

Rhododendron 'Tiana' 만병초 '티아나'

Rhododendron 'Susan' 만병초 '수잔'
상록활엽관목. 한 송이에 12~16개 깔때기 모양의 밝은 보라색 꽃이 피며 −21℃까지 월동한다.
↕ ↔ 2.5m

Rhododendron 'Taurus' 만병초 '타우루스' 🏆
상록활엽관목. 한 송이에 16개 종 모양의 밝은 붉은색 꽃이 핀다. 겨울 눈이 붉은색으로 매력적이며 −21℃까지 월동한다. ↕ 2.4m ↔ 1.8m

Rhododendron 'Teddy Bear' 만병초 '테디 베어'
상록활엽관목. 한 송이에 가장자리가 물결 모양인 연한 분홍색 꽃이 8~10개 정도 피며 −23℃까지 월동한다. ↕ ↔ 1.5m

Rhododendron thomsonii 톰슨만병초
상록활엽관목. 한 송이에 3~12개로 종 모양의 강렬한 붉은색 꽃이 피며 −15℃까지 월동한다.
↕ 4m ↔ 3m

Rhododendron 'Tiana' 만병초 '티아나'
상록활엽관목. 한 송이에 주름이 발달한 흰색 꽃이 16개 정도 피며 꽃잎 안쪽에 진한 자주색 무늬가 있고 −21℃까지 월동한다. ↕ ↔ 1.8m

Rhododendron 'Titian Beauty' 만병초 '티션 뷰티'
상록활엽관목. 한 송이에 종 모양의 밝은 붉은색 꽃이 9개 정도 피며 −21℃까지 월동한다.
↕ ↔ 1.5m

Rhododendron 'Unique' 만병초 '유니크'
상록활엽관목. 한 송이에 14개의 깔때기 모양 크림색 꽃이 피며 −21℃까지 월동한다. ↕ ↔ 2.5m

Rhododendron viscosum 습지철쭉 🏆
낙엽활엽관목. 습한 토양에서도 잘 자라며 한 송이에 3~12개의 가늘고 긴 깔때기 모양의 흰색 꽃이 피고 향기가 좋으며 −29℃까지 월동한다.
↕ ↔ 2.5m

Rhododendron 'Teddy Bear' 만병초 '테디 베어'

Rhododendron 'Vernus' 만병초 '베르누스'

Rhododendron 'Tessa' 만병초 '테사'

Rhododendron 'Titian Beauty' 만병초 '티션 뷰티'

Rhododendron viscosum 습지철쭉 🏆

Rhododendron 'Vulcan's Flame' 만병초 '벌컨스 플레임'

Rhododendron watsonii 무병만병초

Rhododendron 'Wigeon' 만병초 '위전'

Rhododendron 'Vulcan's Flame'
만병초 '벌컨스 플레임'
상록활엽관목, 한 송이에 12~15개의 깔때기 모양 밝은 붉은색 꽃이 피고 따뜻한 지역에서 잘 개화하며 −26℃까지 월동한다. ↕ ↔ 2.4m

Rhododendron watsonii 무병만병초
상록활엽관목, 잎은 길지만 잎자루가 거의 없는 것이 특징으로 한 송이에 10~16개의 흰색 또는 분홍빛이 도는 흰색 꽃이 피며 −15℃까지 월동한다.
↕ 6m ↔ 4m

Rhododendron 'White Jade' 아잘레아 '화이트 제이드'

Rhododendron 'Winsome' 만병초 '윈섬' ✿

Rhododendron 'Vulcan' 만병초 '벌컨'

Rhododendron 'Wheatley' 만병초 '휘틀리'
상록활엽관목, 한 송이에 16개의 가장자리 주름이 발달한 분홍색 꽃이 피며 −26℃까지 월동한다.
↕ ↔ 3m

Rhododendron 'Wigeon' 만병초 '위전'
상록활엽관목, 한 송이에 5개의 깔때기 모양 진한 분홍색 꽃이 피며 꽃잎 안쪽에 붉은색 점 무늬가 있으며 −21℃까지 월동한다. ↕ ↔ 1.2m

Rhododendron 'Winsome' 만병초 '윈섬' ✿
상록활엽관목, 한 송이에 4~6개의 진한 자주색을 띠는 분홍색 꽃이 피며 −18℃까지 월동한다.
↕ ↔ 1.5m

Rhododendron 'Yaku Prince'
만병초 '야쿠 프린스'
상록활엽관목, 한 송이에 14개의 깔때기 모양 자주색 꽃이 피며 −23℃까지 월동한다. ↕ ↔ 90cm

Rhododendron 'Wheatley' 만병초 '휘틀리'

Rhododendron 'Yaku Angel' 만병초 '야쿠 에인절'

Rhododendron 'Vintage Rose' 만병초 '빈티지 로즈'

Rhododendron 'Virginia Richards Group' 만병초 버지니아 리처즈 그룹

Rhododendron 'Yaku Prince' 만병초 '야쿠 프린스'

R

Rhododendron 'Yaku Princess' 만병초 '야쿠 프린세스'

Rhododendron 'Yaku Sunrise' 만병초 '야쿠 선라이즈'

Rhododendron 'Yaku Princess'
만병초 '야쿠 프린세스'
상록활엽관목, 한 송이에 가장자리가 물결 모양인
자주빛이 도는 연한 분홍색의 꽃이 15개 정도 피며
−26℃까지 월동한다. ↕ ↔ 1.2m

Rhododendron 'Yaku Sunrise'
만병초 '야쿠 선라이즈'
상록활엽관목, 한 송이에 10개의 넓은 종 모양 분홍색
꽃이 피며 −23℃까지 월동한다. ↕ ↔ 1.2m

Rhododendron yakushimanum
야쿠시마만병초 🏆
상록활엽관목, 전체적으로 키가 작고 털이 많으며
흰색 혹은 연한 분홍색의 꽃이 매우 많이 핀다.
암석원 등에 이용하며 −29℃까지 월동한다.
↕ ↔ 1.5m

Rhododendron yunnanense 운남만병초
상록활엽관목, 연한 분홍색의 꽃은 둥글게 모여 피며
−18℃까지 월동한다. ↕ 8m ↔ 4m

Rhododendron yunnanense 운남만병초

Rhodotypos 병아리꽃나무속

Rosaceae 장미과

중국, 일본 등지에 1종이 분포하며 낙엽, 관목으로 자
란다. 서로 마주나는 달걀 모양의 잎은 가장자리에 날
카로운 톱니 모양의 거치가 발달한다. 꽃잎이 다섯 장
인 흰색 꽃과 광택이 있는 검정색 열매가 특징이다.

Rhodotypos scandens 병아리꽃나무
낙엽활엽관목, 흰색 꽃이 피고 부드러운 느낌의
잎을 가진다. 팥알 크기의 검정 열매가 3~4개씩
달리며 −34℃까지 월동한다. ↕ ↔ 1.5m

Rhus 붉나무속

Anacardiaceae 옻나무과

북미, 남아프리카, 동아시아, 호주 등지에 약 200종이
분포하며 낙엽·상록, 관목·교목·덩굴식물로 자란다.
손바닥 모양의 잎, 원추형의 꽃과 구형의 빨간 열매가
특징이다.

Rhus javanica 붉나무
낙엽활엽관목, 잎의 중축에 날개가 발달하고
주황색에서 붉은색으로 물드는 단풍이 특징이며
−34℃까지 월동한다. ↕ ↔ 3m

Rhododendron yakushimanum 야쿠시마만병초 🏆

Rhodotypos scandens 병아리꽃나무

Rhus javanica 붉나무

Rhus typhina 미국붉나무

Ribes fasciculatum var. *chinense* 까마귀밥나무

Rhus radicans 'Variegata'
덩굴옻나무 '바리에가타'
낙엽활엽관목, 세 장씩 달리는 잎 가장자리에
흰 무늬가 있으며 −34℃까지 월동한다.
↕ 1.2m ↔ 1m

Rhus typhina 미국붉나무
낙엽활엽관목, 불타는 듯 진하게 물드는 붉은
단풍이 매력적이며 −34℃까지 월동한다. ↕ ↔ 8m

Ribes 까치밥나무속

Saxifragaceae 범의귀과

온대 북부, 남아메리카 등지에 약 150종이 분포하며
낙엽 · 상록, 관목으로 자란다. 열매는 구형이나
난형으로 색은 붉은색 또는 검정색에서 녹색 또는
흰색으로 변하는 점이 특징이다.

Ribes fasciculatum var. chinense
까마귀밥나무
낙엽활엽관목, 노란색 단풍과 붉게 익는 앵두 크기의
열매가 매력적이며 −23℃까지 월동한다.
↕ ↔ 1.5m

Ribes odoratum 크로바커런트
낙엽활엽관목, 붉은색 단풍과 검게 익는 열매가
매력적이며 −34℃까지 월동한다. ↕ ↔ 2.5m

Ribes sanguineum 'King Edward Vii'
홍화커런트 '킹 에드워드 세븐'
낙엽활엽관목, 나무 전체에 피는 붉은색 종 모양의
꽃이 매력적이며 −23℃까지 월동한다.
↕ 2.5m ↔ 1.5m

Ribes odoratum 크로바커런트

Rhus radicans 'Variegata' 덩굴옻나무 '바리에가타'

Ribes sanguineum 'King Edward Vii' 홍화커런트 '킹 에드워드 세븐'

R

Robinia hispida 꽃아까시나무

Robinia 아까시나무속

Fabaceae 콩과

북아메리카에 약 20종이 분포하며 낙엽, 관목·교목으로 자란다. 어긋나는 우상의 잎과 땅콩같은 꽃이 무리지어 매달려서 피는 점이 특징이다.

Robinia hispida 꽃아까시나무
낙엽활엽관목, 키가 작게 자라며 줄기에 잔가시가 발달한다. 분홍색 꽃이 매력적이며 −29℃까지 월동한다. ↕ ↔ 2.5m

Robinia × margaretta 'Pink Cascade'
분홍아까시나무 '핑크 캐스케이드'(꽃, 수형)

Robinia × margaretta 'Pink Cascade'
분홍아까시나무 '핑크 캐스케이드'
낙엽활엽교목, 분홍색 꽃이 피며 향기가 좋고 −29C까지 월동한다. ↕ 10m ↔ 5m

Robinia pseudoacacia 'Frisia'
아까시나무 '프리시아'
낙엽활엽교목, 밝은 황금색으로 드러나는 화사한 잎이 아름다우며 −34℃까지 월동한다.
↕ 12m ↔ 8m

Rodgersia aesculifolia 칠엽도깨비부채 ♥

Rodgersia 도깨비부채속

Saxifragaceae 범의귀과

한국, 중국, 일본, 버마 등지에 약 6종이 분포하며 다년초로 자란다. 잎은 크고 엽병이 길며 손바닥 모양으로 때론 황동색으로 물들고 기저의 잎이 있는 점이 특징이다.

Rodgersia aesculifolia 칠엽도깨비부채 ♥
낙엽다년초, 칠엽수의 잎을 닮은 커다란 잎과 붉은 갈색 줄기가 매력이다. 크림색 꽃이 피며 −29℃까지 월동한다. ↕ 2.5m ↔ 1.5m

Rodgersia pinnata 깃도깨비부채
낙엽다년초, 붉은빛의 꽃차례가 매력적이며 −29℃ 까지 월동한다. ↕ ↔ 1.5m

Rodgersia podophylla 도깨비부채
낙엽다년초, 잎이 청동색에서 점차 붉은 청동색으로 변하며 −29℃까지 월동한다. ↕ 1.5m ↔ 2.5m

Rodgersia pinnata 깃도깨비부채

Robinia pseudoacacia 'Frisia' 아까시나무 '프리시아'

Rodgersia podophylla 도깨비부채

Rosa 장미속

Rosaceae 장미과

아시아, 유럽, 북아프리카, 북아메리카 등지에 약 150종이 분포하며 낙엽·반상록, 관목, 덩굴, 다년초로 자란다. 줄기에는 가시가 있으며 각각의 잎은 5~8개의 톱니가 있는 점이 특징이다.

Rosa banksiae 'Lutea' 목향장미 '루테아' ❼ (꽃, 수형)

Rosa banksiae 'Lutea' **목향장미 '루테아'** ❼
낙엽활엽덩굴, 줄기는 녹색으로 가시가 없고 길게 자란다. 노란색의 작고 겹진 꽃이 나무 전체에 가득히 피며 −15℃까지 월동한다. ↕12m ↔ 4m

Rosa maximowicziana 'Nunbul'
용가시나무 '눈불'
낙엽활엽관목, 길게 늘어지며 자라고 작은 붉은색 꽃은 향기가 좋으며 −23℃까지 월동한다.
↕3m ↔ 2m

Rosa 'Ausbord' 장미 '오스보드'

Rosa 'Auschar' 장미 '오샤르'

Rosa 'Ausmary' 장미 '오스마리'

Rosa maximowicziana 'Nunbul' 용가시나무 '눈불'

Rosa bonica 'Meidomonac' 로사 보니카 '마이도모나크' 🌳

Rosa 'Fantin-Latour' 장미 '팡탱 라투르' 🌳

Rosa multiflora 찔레꽃

Rosa chinensis 'Old Blush China' 월계화 '올드 블러쉬 차이나'

Rosa 'Golden Chersonese' 장미 '골든 케르소네스'

Rosa multiflora 찔레꽃

낙엽활엽관목, 덤불 형태로 전체에 흰색 꽃이 피고
향기가 좋으며 −40℃까지 월동한다. ↕8m ↔4m

Rosa rugosa 해당화

낙엽활엽관목, 바닷가 모래밭에 자생한다. 분홍색
꽃이 피고 둥글고 납작한 주황색 열매가 달리며
−46℃까지 월동한다. ↕ ↔ 1.5m

Rosa 'Climbing Cecile Brunner' 장미 '클라이밍 시실 브루너' 🌳

Rosa 'Helen Knight' 장미 '헬렌 나이트'

Rosa 'Cocktail' 장미 '칵테일'

Rosa iceberg 'Korbin' 장미 '코빈' 🌳

Rosa 'Phyllis Bide' 장미 '필리스 바이드' 🌳

Rosa 'Dublin Bay' 장미 '더블린 베이' 🌳

Rosa 'Meg' 장미 '메그'

Rosa 'Poulbells' 장미 '포울벨스'

Rosa 'Pompon De Paris' 장미 '폼폰 드 파리스'

Rosa 'Pink Grootendorst' 장미 '핑크 그루텐도스트'

Rosa 'Zephirine Drouhin' 장미 '제피린 드루앙'

Rosa 'Prosperity' 장미 '프로스페리티' ❶

Rosa 'Snowgoose' 장미 '스노우구스'

Rosmarinus 로즈마리속

Lamiaceae 꿀풀과

지중해에 2종이 분포하며 상록 관목으로 자란다. 선형의 잎은 향기가 좋으며 잎겨드랑이에서 피는 꽃은 꽃잎이 두 장이다.

Rosmarinus officinalis 로즈마리
상록활엽관목, 전체에서 좋은 향기가 난다. 잎은 가늘고 길쭉한 모양으로 꽃잎이 두 장인 파란꽃이 피고 −12°C까지 월동한다. ↕2m ↔ 1.5m

Rosmarinus officinalis Prostratus Group 로즈마리 프로스트라투스 그룹
상록활엽관목, 가지가 구불구불하고 향기나는 잎은 촘촘하게 자라며 −12°C까지 월동한다. ↕50cm ↔ 1.5m

Rosa rugosa 해당화

Rosa 'Stanwell Perpetual' 장미 '스탠웰 퍼페츄얼' ❶

Rosa rugosa 'Alba' 흰해당화

Rosa 'Dickooky' 장미 '디쿠키'

Rosmarinus officinalis 로즈마리

Rosa rugosa 'Hansa' 해당화 '한사'

Rosa 'White Wings' 장미 '화이트 윙스'

Rosmarinus officinalis Prostratus Group 로즈마리 프로스트라투스 그룹

Rubus cockburnianus 'Goldenvale' 중국복분자딸기 '골든베일'

Rudbeckia bicolor 원추천인국 ●

Rudbeckia laciniata var. *hortensis* 겹삼잎국화

Rubus coreanus 복분자딸기

Rudbeckia fulgida var. *speciosa* 스페키오사루드베키아

Ruta graveolens 루

Rubus 산딸기속

Rosaceae 장미과

전 세계에 약 250종이 분포하며 낙엽·상록. 관목·
덩굴식물로 자란다. 거치가 있는 작은 잎이 특징이다.

Rubus cockburnianus 'Goldenvale'
중국복분자딸기 '골든베일'
낙엽활엽관목, 줄기가 아치형으로 고사리를 닮은
잎은 밝은 노란색에서 늦여름 황녹색으로 변하며
−18℃까지 월동한다. ↕ ↔ 2.5m

Rubus coreanus 복분자딸기
낙엽활엽관목, 겨울철 흰색 분을 발라 놓은 듯한
수피와 검게 익는 열매가 특징이며 −29℃까지
월동한다. ↕ ↔ 2.5m

Rubus thibetanus 'Silver Fern'
티베트복분자딸기 '실버 펀'
낙엽활엽관목, 잎은 은회색으로 고사리를 닮았으며
잎이지고 드러나는 은백색의 아치형 줄기가
매력적으로 겨울정원에 적합하며 −29℃까지
월동한다. ↕ ↔ 2.5m

Rudbeckia 원추천인국속

Asteraceae 국화과

북아메리카 등지에 약 20종이 분포하며
일년초·이년초·다년초로 자란다. 뚜렷한 잎맥과
잎 가장자리에 발달하는 톱니가 특징이다.

Rudbeckia bicolor 원추천인국
낙엽다년초, 꽃의 가장자리는 노란색이며 안쪽은
자갈색으로 −40℃까지 월동한다. ↕ 90cm

Rudbeckia fulgida var. *speciosa*
스페키오사루드베키아 ●
낙엽다년초, 해바라기를 닮은 노란색 꽃이 피며
−40℃까지 월동한다. ↕ ↔ 60cm

Rudbeckia fulgida var. *sullivantii* 'Goldsturm'
설리번트루드베키아 '골드스텀' ●
낙엽다년초, 화려한 노란색 꽃이 오랫동안 피고
도로 가장자리나 사면 등 척박지에 가능하며
−40℃까지 월동한다. ↕ 1m ↔ 50cm

Rudbeckia laciniata var. *hortensis*
겹삼잎국화
낙엽다년초, 척박지에 강하고 노란색의 작은 꽃이
겹으로 피며 −34℃까지 월동한다.
↕ 2m ↔ 1.2m

Ruta 운향속

Rutaceae 운향과

지중해, 동북 아프리카, 서남 아시아 등지에 약 8종이
분포하며 낙엽·상록, 다년초·관목으로 자란다.
전체에서 특유의 냄새가 나며 취산화서의 노란색
꽃이 특징이다.

Ruta graveolens 루
낙엽다년초, 식물 전체에서 특유의 향이 나며
노란색의 꽃이 피고 −34℃까지 월동한다.
↕ 60cm ↔ 45cm

Ruta graveolens 'Variegata' 루 '바리에가타'
낙엽다년초, 잎에 불규칙한 흰색 무늬가 있으며
−29℃까지 월동한다. ↕ ↔ 60cm

Rubus thibetanus 'Silver Fern' 티베트복분자딸기 '실버 펀'

Rudbeckia fulgida var. *sullivantii* 'Goldsturm'
설리번트루드베키아 '골드스텀' ●

Ruta graveolens 'Variegata' 루 '바리에가타'

S

Sageretia 상동나무속

Rhamnaceae 갈매나무과

동남아시아, 북아메리카 등지에 약 10종이 분포하며
낙엽·상록, 관목·덩굴식물로 자란다. 작은 가지가
흔히 가시로 퇴화하며 잎은 작고 가죽질로 깃털 모양
맥이 특징이다.

Sageretia thea 상동나무
낙엽활엽관목. 바닷가의 자갈밭이나 바위 주변에서
자란다. 가지가 비스듬히 누우며 잎은 광택이 있다.
꽃은 가지 끝이나 잎겨드랑이에 황록색으로 피며
−12°C 까지 월동한다. ↕2m

Sagittaria 보풀속

Alismataceae 택사과

유럽, 아시아, 아메리카 대륙 등지에 약 20종이
분포하며 일년초·다년초로 자란다. 꽃잎은 흰색으로
세 장인 것이 특징이다.

Sagittaria triflolia var. *edulis* 소귀나물

Sagittaria triflolia var. *edulis* 소귀나물
낙엽다년초. 연못에 주로 자라며 국내 보풀속
(*Sagittaria*) 중에서 잎이 가장 크게 자라며
−23℃까지 월동한다. ↕1m

Salix 버드나무속

Salicaceae 버드나무과

북반구 한대, 온대, 남반구 등지에 약 300종이 분포
하며 낙엽, 관목·교목으로 자란다. 잎은 어긋나기
하며 피침 모양 또는 둥근 모양이고 솜털이 많은 씨앗
이 특징이다.

Salix alba 'Dart's Snake' 흰버들 '다츠 스네이크'

Salix alba 'Dart's Snake' 흰버들 '다츠 스네이크'
낙엽활엽교목. 가지가 비틀어지며 −29℃까지
월동한다. ↕10m ↔ 8m

Salix babylonica 'Crispa' 수양버들 '크리스파'
낙엽활엽교목. 잎이 둥글게 말리는 모습이
매력적이며 −23℃까지 월동한다. ↕12m ↔ 8m

Salix caprea 호랑버들
낙엽활엽교목. 봄에 피는 노란색 꽃은 크고 풍성해서
보기 좋으며 −34℃까지 월동한다. ↕12m ↔ 8m

Salix babylonica 'Crispa' 수양버들 '크리스파'

Sageretia thea 상동나무

Salix caprea 호랑버들

Salix chaenomeloides 왕버들

Salix chaenomeloides 왕버들
낙엽활엽교목. 크게 자라는 대형목으로 회갈색의
나무껍질은 깊게 갈라지며 −34℃까지 월동한다.
↕ 20m ↔ 6m

Salix gracilistyla 갯버들
낙엽활엽관목. 봄철 은빛 솜털에 싸인 꽃이
매력적이며 −29℃까지 월동한다. ↕ 3m ↔ 4m

Salix gracilistyla 'Melanostachys'
갯버들 '멜라노스타키스' ❀
낙엽활엽관목. 봄에 피는 검은색 꽃이 특이하며
−29℃까지 월동한다. ↕ ↔ 4m

Salix integra 'Hakuro-Nishiki'
개키버들 '하쿠로 니시키' ❀
낙엽활엽관목. 봄철 잎이 분홍, 흰색, 초록으로
변하며 −29℃까지 월동한다. ↕ ↔ 2.5m

Salix irrorata 은청대버들 ❀
낙엽활엽관목. 자주색의 어린 새싹과 겨울철 분백색
수피가 매력적이며 −29℃까지 월동한다.
↕ 2.5m ↔ 4m

Salix gracilistyla 갯버들

Salix gracilistyla 'Melanostachys' 갯버들 '멜라노스타키스' ❀

Salix integra 'Hakuro-Nishiki' 개키버들 '하쿠로 니시키' ❀

Salix irrorata 은청대버들 ❀

Salix × *sepulcralis* 'Erythroflexuosa' 홍룡버들 ❀

Salix × *sepulcralis* 'Erythroflexuosa' 홍룡버들 ❀
낙엽활엽소교목. 용처럼 구불거리는 가지는
오렌지색에서 겨울철 붉은색으로 변하며 −29℃까지
월동한다. ↕ 4m ↔ 3m

Salix × *sepulcralis* var. *chrysocoma*
황금능수버들 ❀
낙엽활엽교목. 황금색의 줄기가 아래로 길게
늘어지면서 자라는 점이 특징이며 −29℃까지
월동한다. ↕ ↔ 15m

Salix × *sepulcralis* var. *chrysocoma* 황금능수버들 ❀

S

Salvia argentea 실버세이지 🌑

Salvia 배암차즈기속

Lamiaceae 꿀풀과

온대와 열대 등지에 약 900종이 분포하며 상록·낙엽,
일년초·이년초·다년초·관목으로 자란다. 네모난
줄기에 붙는 단엽 또는 우상복엽의 잎이 특징이다.

Salvia argentea 실버세이지 🌑
낙엽다년초, 흰색 꽃이 피며 잎에 털이 많고 은백색을
띠는 것이 특징이며 −12℃까지 월동한다.
↕1m ↔50cm

Salvia pratensis 살비아 프라텐시스

Salvia nemorosa 'Caradonna'
살비아 네모로사 '카라도나' 🌑
낙엽다년초, 작고 거친 잎에 자주색의 꽃이
총상화서로 피며 −34℃까지 월동한다. ↕ ↔50cm

Salvia pratensis 살비아 프라텐시스
낙엽다년초, 보라색 꽃이 직립하면서 모여 피며
−40℃까지 월동한다. ↕1m ↔50cm

Salvia pratensis 'Rose Rhapsody'
살비아 프라텐시스 '로즈 랩소디'
낙엽다년초, 총상화서로 빽빽이 피는 분홍색 꽃이
매력적이며 −34℃까지 월동한다. ↕ ↔50cm

Salvia sclarea 클라리세이지

Salvia sclarea 클라리세이지
낙엽다년초, 연분홍색의 꽃이 수북하게 모여 피며
−29℃까지 월동한다. ↕1m ↔50cm

Salvia sclarea 'Vatican White'
클라리세이지 '바티칸 화이트'
낙엽다년초, 향기가 좋은 순백색의 꽃이 하늘을 향해
빽빽하게 피며 −34℃까지 월동한다.
↕90cm ↔60cm

Salvia nemorosa 'Caradonna' 살비아 네모로사 '카라도나' 🌑   Salvia pratensis 'Rose Rhapsody' 살비아 프라텐시스 '로즈 랩소디'   Salvia sclarea 'Vatican White' 클라리세이지 '바티칸 화이트'

Sambucus canadensis 캐나다딱총나무

Sambucus nigra 'Aureomarginata' 블랙엘더베리 '아우레오마르기나타'

Sambucus williamsii var. *coreana* 딱총나무

Sambucus 딱총나무속

Caprifoliaceae 인동과

유라시아 북부, 동아프리카 열대, 호주, 아메리카대륙
등지에 약 25종이 분포하며 낙엽, 다년초·관목·교목
으로 자란다. 우상복엽으로 흰색에서 상아색의 꽃이
특징이다.

Sambucus canadensis 캐나다딱총나무
낙엽활엽관목, 여름철 우산 모양의 흰 꽃송이들이
큰 원을 그리며 핀다. 검정색 열매가 달리며
−40℃까지 월동한다. ↕ ↔ 3.5m

Sambucus canadensis 'Aurea'
캐나다딱총나무 '아우레아'
낙엽활엽관목, 잎이 노란색으로 나와 녹색으로
바뀌는 점이 특징으로 흰색 꽃이 매력적이며
−34℃까지 월동한다. ↕ 3.5m ↔ 3m

Sambucus chinensis 접골초
낙엽다년초, 약용으로 많이 이용되고 숲속 정원에
좋으며 −34℃까지 월동한다. ↕ 2m

Sambucus nigra 'Aureomarginata'
블랙엘더베리 '아우레오마르기나타'
낙엽활엽관목, 열매는 검정색으로 익고 잎 가장자리에
흰색 무늬가 있어 매력적이며 −34℃까지 월동한다.
↕ ↔ 3m

Sambucus nigra f. *laciniata*
레이스블랙엘더베리 ♀
낙엽활엽관목, 여름에 작은 크림색의 꽃이 피며
가늘고 깊게 갈라지는 잎이 특징으로 −29℃까지
월동한다. ↕ ↔ 4m

Sambucus racemosa 'Sutherland Gold'
레드엘더베리 '서덜랜드 골드' ♀
낙엽활엽관목, 황금색 깃 모양의 잎이 매력이다.
크림색의 꽃이 피고 붉은색 열매가 달리며
−20℃까지 월동한다. ↕ ↔ 4m

Sambucus williamsii var. *coreana* 딱총나무
낙엽활엽관목, 여러개로 올라오는 줄기 끝에
크림색의 꽃이 피며 붉은 열매가 매력적으로
−34℃까지 월동한다. ↕ 6m

Sanguinaria 상귀나리아속

Papaveraceae 양귀비과

북아메리카에 1종이 분포하며 낙엽, 다년초로
자란다. 흰색 또는 분홍색으로 꽃이 피고 암석원,
숲 정원에 식재하면 좋다.

Sanguinaria canadensis
상귀나리아 카나덴시스
낙엽다년초, 봄철 덜 펼쳐진 잎사이에서 수직으로
피는 흰색의 꽃이 매력적으로 음지에서 잘 자라며
−40°C까지 월동한다. ↕ ↔ 50cm

Sanguinaria canadensis f. *multiplex* 'Plena'
상귀나리아 카나덴시스 물티플렉스 '플레나' ♀
낙엽다년초, 흰색의 꽃이 겹으로 핀 후 신장형의 잎이
펼쳐지고 −40°C까지 월동한다. ↕ ↔ 50cm

Sambucus canadensis 'Aurea' 캐나다딱총나무 '아우레아'

Sambucus nigra f. *laciniata* 레이스블랙엘더베리 ♀

Sanguinaria canadensis 상귀나리아 카나덴시스

Sambucus chinensis 접골초

Sambucus racemosa 'Sutherland Gold'
레드엘더베리 '서덜랜드 골드' ♀

Sanguinaria canadensis f. *multiplex* 'Plena'
상귀나리아 카나덴시스 물티플렉스 '플레나' ♀

S

381

Sanguisorba hakusanensis 산오이풀

Sapindus mukorossi 무환자나무

Sanguisorba 오이풀속

Rosaceae 장미과

북반구에 약 18종이 분포하며 낙엽다년초로 자란다. 우상복엽으로 가장자리 톱니가 특징이다.

Sanguisorba hakusanensis 산오이풀
낙엽다년초. 고산지대에 자라고 길쭉하게 꼬리처럼 늘어지는 분홍색 꽃이 매력적이며 −34℃까지 월동한다. ↕90cm ↔ 80cm

Sanguisorba officinalis 오이풀
낙엽다년초. 타원 모양의 자주색 꽃이 피고 꽃꽂이로 도 사용하며 −34℃까지 월동한다. ↕80cm

Sapindus 무환자나무속

Sapindaceae 무환자나무과

전 세계 열대와 난온대지역에 약 12종이 분포하며 낙엽 · 상록, 관목 · 교목으로 자란다. 꽃은 작고 크림색이며 씨앗은 검정색, 노란색으로 익으며 열매의 펄프는 비누를 만드는데 이용된다.

Sapindus mukorossi 무환자나무
낙엽활엽교목. 깃털 모양의 넓은 잎은 가을에 노란색으로 단풍이 든다. 가지 끝에서 무리지어 피는 연두빛의 꽃은 향기가 좋다. 열매는 사찰에서 염주를 만드는데 이용하기도 하며 −12℃까지 월동한다. ↕25m

Sapium 오구나무속

Euphorbiaceae 대극과

열대, 온대 등지에 약 100종이 분포하며 관목 · 교목으로 자란다. 어긋나기로 달리며 깃털 모양 맥, 이삭 모양 화서가 특징이다.

Sapium sebiferum 오구나무
낙엽활엽교목. 잎의 모양이 까마귀 부리를 닮아서 붙은 이름이다. 가을 단풍이 아름다워 가로수나 공원수로 좋으며 −12℃까지 월동한다. ↕10m ↔ 6m

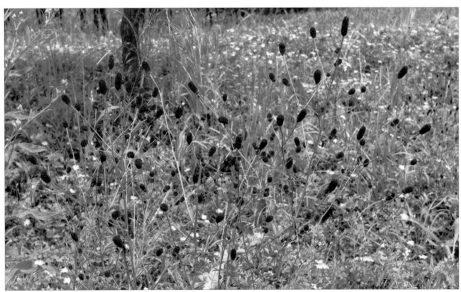

Sanguisorba officinalis 오이풀

Sapium sebiferum 오구나무

Saponaria ocymoides 바위비누풀 🌱

Saponaria 비누풀속

Caryophyllaceae 석죽과

유럽, 서남아시아 등지에 약 20종이 분포하며
일년초·다년초로 자란다. 꽃잎이 다섯 개로 두 개의
암술대가 있는 꽃이 특징이다.

Saponaria ocymoides 바위비누풀 🌱
낙엽다년초, 매트형으로 자라며 분홍색의 꽃이
매력적으로 −46℃까지 월동한다.
↕20cm ↔ 60cm

Saponaria ocymoides 'Snow Tip'
바위비누풀 '스노우 팁'
낙엽다년초, 햇볕이 잘드는 경사지나 바위틈에서
잘 자라며 밝은 흰꽃이 매력적으로 −46℃까지
월동한다. ↕20cm ↔ 60cm

Saponaria officinalis 비누풀
천연비누 원료로 이용되고 분홍색 꽃이 피어 4일간
유지되며 −29℃까지 월동한다. ↕1m ↔ 50cm

Saponaria ocymoides 'Snow Tip' 바위비누풀 '스노우 팁'

Sarcandra 죽절초속

Chloranthaceae 홀아비꽃대과

아시아에 3종이 분포하며 상록, 관목으로 자란다.
줄기는 대나무처럼 마디가 발달하고 잎은 마주나고
꽃은 가지 끝에서 모여 핀다.

Sarcandra glabra 죽절초
상록활엽관목, 멸종위기종으로 광택이 나는 잎과
겨우내 붙어있는 붉은 열매가 매력적이며 −12℃까지
월동한다. ↕ ↔ 1.5m

Saponaria officinalis 비누풀

Sarcandra glabra 죽절초

Sarcococca 사르코코카속

Buxaceae 회양목과

중국, 히말라야산맥, 서남아시아 등지에 약 14종이
분포하며 상록, 관목으로 자란다. 향기로운 꽃과
베리같은 열매가 특징이다.

Sarcococca confusa 사르코코카 콘푸사 🌱
상록활엽관목, 겨울에 피는 꽃의 향기가 좋으며 검은
열매가 달린다. 잎이 다른 종에 비해 짧으며 −18℃
까지 월동한다. ↕2.5m ↔ 1.5m

S

Sarcococca confusa 사르코코카 콘푸사 🌱

Sarcococca hookeriana 사르코코카 호오케리아나

Sarcococca hookeriana var. *digyna*
사르코코카 호오케리아나 디기나

Sarcococca hookeriana
사르코코카 호오케리아나
상록활엽관목. 겨울에 피는 꽃의 향기가 좋으며 검은
열매가 달린다. 잎이 다른 종에 비해 길쭉하며
−23℃까지 월동한다. ↕ 1.5m ↔ 1m

Sarcococca hookeriana var. *digyna*
사르코코카 호오케리아나 디기나
상록활엽관목. 겨울에 피는 꽃에서 바닐라 향기가
나고 검은 열매가 달리며 −18℃까지 월동한다.
↕ 1.5m ↔ 2.5m

Sarcococca ruscifolia 사르코코카 루스키폴리아

Sarcococca orientalis 사르코코카 오리엔탈리스
상록활엽관목. 겨울에 피는 분홍색을 띤 흰꽃에서
감미로운 향기가 나고 검정색 열매가 달리며
−18℃까지 월동한다. ↕ ↔ 1m

Sarcococca ruscifolia 사르코코카 루스키폴리아
상록활엽관목. 겨울에 피는 크림색의 꽃이 향긋하고
검정색 열매가 달리며 −18℃까지 월동한다.
↕ ↔ 1m

Sasa 조릿대속

Poaceae 벼과

한국, 중국, 일본 등지에 약 50종이 분포하며
대나무류로 자란다. 억센 털이 있는 잎집과 크고
두꺼운 잎이 특징이다.

Sasa palmata 제주조릿대
상록대나무. 제주도에 자생한다. 잎 가장자리가
마르면서 흰색의 무늬가 발달하고 가지가 갈라지지
않으며 −18℃까지 월동한다. ↕ 2.5m ↔ 4m

Sasa veitchii 비치조릿대
상록대나무. 늦가을과 겨울에 흰색 테두리가 있는
짙은 녹색의 잎이 매력적이며 −23℃까지 월동한다.
↕ 2.5m ↔ 4m

Sarcococca orientalis 사르코코카 오리엔탈리스

Sasa palmata 제주조릿대

Sasa veitchii 비치조릿대

S

Sassafras albidum 사사프라스 알비둠

Sassafras 사사프라스속

Lauraceae 녹나무과

중국, 대만, 북아메리카 등지에 3종이 분포하며
낙엽, 교목으로 자란다. 수피가 깊게 갈라지며 암수
딴그루이다.

Sassafras albidum 사사프라스 알비둠
낙엽활엽교목. 자라면서 세 갈래로 깊게 갈라지는
잎과 가을철 붉은 단풍이 매력이다. 염료나 요리에도
사용하며 −34℃까지 월동한다. ↕12m ↔ 8m

Saururus 삼백초속

Saururaceae 삼백초과

북아메리카, 동아시아 등지에 2종이 분포하며
다년초로 자란다. 전체에 털이 없으며 잎은 어긋나기
하고 달걀 모양의 심장형으로 이삭 모양의 화서가
특징이다.

Saururus chinensis 삼백초
낙엽다년초. 잎과 꽃, 뿌리가 흰색이라 삼백초라
불린다. 습기가 있는 곳에서 잘 자라며 꽃이 필 무렵
화서 하부의 잎들이 흰색으로 변하고 −29℃까지
월동한다. ↕1m

Saururus chinensis 삼백초

Saussurea pulchella 각시취

Saussurea 취나물속

Asteraceae 국화과

유라시아, 남아메리카 등지에 약 300종이 분포하며
이년초·다년초로 자란다. 잎은 어긋나게 붙으며
이 모양의 톱니가 발달한다.

Saussurea pulchella 각시취
낙엽다년초. 곧게선 원줄기 끝에서 줄기가 갈라지고
갈라진 줄기 끝에서 자주색 꽃이 피며 −34℃까지
월동한다. ↕1.5m

Saxifraga fortunei var. *incisolobata* 바위떡풀

Saxifraga stolonifera 바위취

Saxifraga 범의귀속

Saxifragaceae 범의귀과

북반구 산악지역에 약 440종이 분포하며 낙엽·상록·
반상록, 일년초·다년초로 자란다. 로젯트형의 식물체
는 꽃을 피운 후에는 고사한다.

Saxifraga fortunei var. *incisolobata*
바위떡풀
낙엽다년초. 습한 환경의 바위에 붙어서 잘 자란다.
심장형의 잎과 원추상으로 피는 흰색의 꽃이
매력이며 −29℃까지 월동한다. ↕35cm

Saxifraga stolonifera 바위취
상록다년초. 숲속의 반음지나 계곡주변의 바위에
붙어서 자란다. 풍성하게 퍼지는 신장형의 잎과
6장의 꽃잎으로 피는 꽃이 매력적이며 −29℃까지
월동한다. ↕ ↔ 50cm

Saxifraga 'Tricolor' 삭시프라가 '트라이컬러' ⊘
상록다년초. 잎 가장자리가 붉게 나와서 흰색으로
바뀌어 흰색, 분홍색, 녹색을 띠는 잎의 색상이
매력적이며 −29℃까지 월동한다. ↕ ↔ 30cm

S

Saxifraga 'Tricolor' 삭시프라가 '트라이컬러' ⊘

Saxifraga × urbium 삭시프라가 우르비움

Saxifraga × urbium 삭시프라가 우르비움
상록다년초, 건조하고 그늘진 곳에서 잘 자란다.
늦봄에 옅은 분홍색의 꽃이 피며 −40℃까지
월동한다. ↕50cm ↔ 1m

Scabiosa 체꽃속

Dipsacaceae 산토끼꽃과

지중해, 유럽, 코카서스, 아프리카, 아시아 등지에
약 80종이 분포하며 일년초·이년초·다년초로
자란다. 주로 근생엽을 가지며 잎은 단엽이며
두상화 형태로 핀다.

Scabiosa argentea 은빛체꽃
낙엽다년초, 첫 해는 로제트 모양을 형성하고
다음 해에는 꽃줄기가 올라와 흰색 또는 분홍색의
꽃이 피며 −40℃까지 월동한다. ↕1m ↔ 50cm

Scabiosa columbaria 'Misty Butterflies'
각시체꽃 '미스티 버터플라이스'

Scabiosa columbaria 'Misty Butterflies' 각시체꽃 '미스티 버터플라이스'
낙엽다년초, 꽃은 보라색이나 옅은 분홍색으로 핀다.
시든 꽃을 제거하면 오랜기간 동안 꽃을 볼 수 있으며
−29℃까지 월동한다. ↕ ↔ 30cm

Scabiosa japonica var. alpina 고산일본체꽃
낙엽다년초, 왜성종으로 암석원에 적합하다.
초여름부터 가을까지 하늘색의 꽃이 피며 −34℃까지
월동한다. ↕ ↔ 30cm

Scabiosa lucida 반들체꽃

Scabiosa tschiliensis 솔체꽃

Scabiosa lucida 반들체꽃
낙엽다년초, 잎은 광택이 나고 자주색의 꽃이 피며
−23℃까지 월동한다. ↕ ↔ 50cm

Scabiosa tschiliensis 솔체꽃
낙엽다년초, 여름철 하늘색 꽃이 가지와 줄기 끝에
두상화서로 피며 −34℃까지 월동한다. ↕90cm

Scabiosa argentea 은빛체꽃

Scabiosa japonica var. alpina 고산일본체꽃

Schisandra chinensis 오미자

Schisandra 오미자속

Schisandraceae 오미자과

전 세계에 약 10종이 분포하며 낙엽·상록, 덩굴식물로 자란다. 붉은색 또는 검은색의 열매가 달리며 암수딴그루인 점이 특징이다.

Schisandra chinensis 오미자
낙엽활엽덩굴. 꽃이 진 후 연녹색의 열매가 8월부터 10월까지 점차 붉게 익는다. 식용이나 약재로 이용하며 −34℃까지 월동한다. ↕10m

Schizophragma hydrangeoides 바위수국

Schizophragma hydrangeoides 'Moonlight'
바위수국 '문라이트' 🏆

Schizophragma 바위수국속

Saxifragaceae 범의귀과

한국, 중국, 일본 등지에 2종이 분포하며 낙엽, 덩굴식물로 자란다. 꽃은 수국과 비슷하지만 열매가 열리지 않는 바깥쪽 꽃이 있는 것이 특징이다.

Schizophragma hydrangeoides 바위수국
낙엽활엽덩굴. 바위나 나무에 붙어서 자란다. 여름철 흰색의 무성화가 있는 꽃이 피며 −29℃까지 월동한다. ↕12m ↔ 4m

Schizophragma hydrangeoides 'Moonlight' 바위수국 '문라이트' 🏆
낙엽활엽덩굴. 은빛 녹색잎에 크림색의 꽃이 피며 −29℃까지 월동한다. ↕12m ↔ 4m

Schoenoplectus 큰고랭이속

Cyperaceae 사초과

전 세계에 약 80종이 분포하며 상록, 반상록, 낙엽, 일년초·다년초로 자란다. 원통형이나 사각의 줄기에서 여름철 작은 꽃이 피는 점이 특징이다.

Schoenoplectus lacustris subsp. *tabernaemontani* 'Albescens' 큰고랭이 '알베스켄스'
반상록다년초. 원통형의 녹색 줄기에 발달하는 크림색의 세로줄 무늬가 매력으로 수변가에 식재하면 좋은 효과를 얻을 수 있으며 −29C까지 월동한다. ↕1m ↔50cm

Schoenoplectus lacustris subsp. *tabernaemontani* 'Zebrinus' 큰고랭이 '제브리누스'
반상록다년초. 곧고 길게 자라는 줄기에 얼룩처럼 발달하는 흰색의 가로무늬가 매력적이다. 수변가에서 잘 자라며 −29℃까지 월동한다. ↕1m ↔ 50cm

Schoenoplectus lacustris subsp. *tabernaemontani* 'Albescens'
큰고랭이 '알베스켄스(전초, 잎)

Schoenoplectus lacustris subsp. *tabernaemontani* 'Zebrinus'
큰고랭이 '제브리누스'

Sciadopitys 금송속

Cupressaceae 측백나무과

일본에 1종이 분포하며 상록, 침엽으로 자란다.
적갈색으로 벗겨지는 수피와 광택이 나는 선형의
잎이 특징이다.

Sciadopitys verticillata 금송 🏵

상록침엽교목, 길쭉한 원추형의 단정한 수형이 매력이
며 전체적인 질감이 부드럽다. 일본 특산식물로
남부지방에서 많이 이용하며 −23℃까지 월동한다.
↕ 12m ↔ 8m

Sciadopitys verticillata 금송 🏵

Scilla 무릇속

Liliaceae 백합과

유럽, 남아프리카, 아시아 등지에 약 90종이 분포하며
구근으로 자란다. 꽃대 위에 총상화서나 산방화서로
피는 작은 종 모양의 꽃이 특징이다.

Scilla bifolia 실라 비폴리아 🏵

낙엽다년초, 이른 봄에 꽃잎이 6장인 별 모양의
하늘색 꽃이 피며 −15℃까지 월동한다.
↕ 50cm ↔ 10cm

Scilla scilloides 무릇

낙엽다년초, 이른 봄 길쭉한 자주색 꽃이 하늘을 향해
직립하며 −34℃까지 월동한다. ↕ 50cm ↔ 10cm

Scilla bifolia 실라 비폴리아 🏵

Sciadopitys verticillata 금송 🏵

Scilla scilloides 무릇

Scopolia japonica 미치광이풀

Scirpus 고랭이속

Cyperaceae 사초과

전 세계에 약 100종이 분포하며 다년초로 자란다.
전체에 털이 없으며 잎은 선형으로 꽃은 줄기 끝이나
옆에 달리는 것이 특징이다.

Scirpus maritimus 매자기
낙엽다년초, 연못 가장자리나 얕은 물에서 군락으로
자란다. 줄기의 단면은 삼각형이며 −23℃까지
월동한다. ↕ 1.5m

Scopolia 미치광이풀속

Solanaceae 가지과

유럽 중남부, 시베리아, 히말라야, 한국, 중국, 일본 등
지에 약 5종이 분포하며 다년초로 자란다. 잎이 단엽
이며 가장자리가 둥글고 두꺼운 엽맥이 발달한다.

Scopolia japonica 미치광이풀
낙엽다년초, 잎 중간에 세 개씩 아래로 피는 진한
자주색 꽃이 매력이며 −34℃까지 월동한다. ↕ 60cm

Scutellaria 골무꽃속

Lamiaceae 꿀풀과

온대, 열대 산악 지역에 약 300종이 분포하며 다년초·
관목으로 자란다. 잎은 가장자리가 둥글지만 드물게
우상으로 갈라지거나 톱니가 있는 것이 특징이다.

Scutellaria baicalensis 황금
낙엽다년초, 약용으로 많이 재배되지만 여름에 피는
자주색 꽃이 매력이며 −34℃까지 월동한다. ↕ 60cm

Scutellaria orientalis 'Eastern Sun'
골무꽃 '이스턴 선'
낙엽다년초, 노란색의 작은 입술 모양 꽃들이 줄기
끝에서 모여 피며 −29℃까지 월동한다. ↕ ↔ 30cm

Scutellaria baicalensis 황금

Scirpus maritimus 매자기

Scutellaria orientalis 'Eastern Sun' 골무꽃 '이스턴 선'

S

389

Sedum acre 세둠 아크레

Sedum kamtschaticum 'Variegatum' 기린초 '바리에가툼' 🏆

Sedum 돌나물속

Crassulaceae 돌나물과

북반구 산악, 남아메리카 등지에 약 400종이 분포하며
낙엽·반상록·상록, 다년초·관목으로 자란다.
잎은 다육질이고 꽃은 별 모양으로 다섯 개의 꽃잎이
발달한다.

Sedum acre 세둠 아크레
상록다년초, 잎이 가늘고 키가 작다. 노란색의
별 모양 꽃이 빽빽이 피며 −34℃까지 월동한다.
↕10cm ↔ 1m

Sedum aizoon 가는기린초
낙엽다년초, 잎이 가늘고 노란꽃이 무리로 피며
−34℃까지 월동한다. ↕ ↔ 50cm

Sedum kamtschaticum 기린초 🏆
낙엽다년초, 다육질의 잎과 노란색의 꽃이
매력적이며 −40℃까지 월동한다. ↕30cm

Sedum kamtschaticum 'Variegatum'
기린초 '바리에가툼' 🏆
낙엽다년초, 잎 가장자리가 붉은색에서 흰색으로
변하며 −40℃까지 월동한다. ↕10cm ↔ 50cm

Sedum polytrichoides 바위채송화
낙엽다년초, 주로 바위에 붙어서 낮게 자란다. 잎이
가늘고 노란색 별 모양의 꽃이 매력적이며 −23℃
까지 월동한다. ↕10cm

Sedum polytrichoides 바위채송화

Sedum aizoon 가는기린초

Sedum kamtschaticum 기린초 🏆

Sedum rupestre 푸른세덤

Sedum spathulifolium 'Cape Blanco' 주걱세덤 '케이프 블랑코' 🏆

Sedum spathulifolium 'Purpureum' 주걱세덤 '푸르푸레움' 🏆

Sedum rupestre 푸른세덤
상록다년초, 전체적으로 푸른색을 띠는 초록색이지만
아래쪽은 붉은색을 띤다. 꽃줄기가 직립하면서
끝부분에 별 모양의 노란색 작은 꽃들이 모여 피는
것이 특징이며 −34℃까지 월동한다. ↕15cm

Sedum sarmentosum 돌나물
낙엽다년초, 잎이 짧고 다육질로 줄기가 옆으로
퍼지며 −40℃까지 월동한다. ↕15cm

Sedum spathulifolium 'Cape Blanco' 주걱세덤 '케이프 블랑코' 🏆
상록다년초, 회백색의 두툼한 잎이 로제트형으로
나와 퍼지며 −15℃까지 월동한다.
↕10cm ↔50cm

Sedum spathulifolium 'Purpureum' 주걱세덤 '푸르푸레움' 🏆
상록다년초, 촘촘하게 모여 자라는 흑자색의 두툼한
잎이 매력적이며 −15℃까지 월동한다.
↕10cm ↔50cm

Sedum spurium 스푸리움세덤
상록다년초, 다육질의 잎이 둥글고 분홍색 꽃이 피며
−29℃까지 월동한다. ↕15cm ↔30cm

Sedum takesimense 섬기린초
낙엽다년초, 울릉도 특산으로 건조에 강하고 노란색
꽃이 피며 −23℃까지 월동한다. ↕30cm

Sedum spurium 스푸리움세덤

Sedum sarmentosum 돌나물

Sedum takesimense 섬기린초

S

Selaginella stauntoniana 개부처손

Selaginella 부처손속

Selaginellaceae 부처손과

전 세계에 약 700종이 분포하며 상록 양치류이다.
길게 뻗으면서 자라는 줄기가 특징이다.

Selaginella stauntoniana 개부처손
상록다년초, 석회암 지대에서 자라고 암석원에
좋으며 −34℃까지 월동한다. ↕25cm

Selaginella tamariscina 바위손
상록다년초, 바위틈에서 자라며 퍼져나가는 잎이
매력적이다. 건조한 시기에는 신초를 중심으로 모든 잎이
오므라들어 최소의 생장을 한다. 수분이 충분한 시기가 되면
다시 펼쳐서 생육하고 −23℃까지 월동한다. ↕20cm

Selaginella tamariscina 바위손

Sempervivum arachnoideum 거미바위솔 🏆

Sempervivum 상록바위솔속

Crassulaceae 돌나물과

유럽과 아시아 등지에 약 40종이 분포하며 상록, 다년초로
자란다. 두껍고 끝이 뾰족한 로제트를 이루며 꽃이 핀
개체는 결실 후 고사한다.

Sempervivum arachnoideum 거미바위솔 🏆
상록다년초, 무리지어 자라는 잎 사이에 거미줄 같은
실이 발달한다. 암석원에 적합하며 −34℃까지
월동한다. ↕10cm ↔ 50cm

Sempervivum tectorum 셈페르비붐 텍토룸 🏆
상록다년초, 광택있는 다육질의 초록잎 가장자리에
붉은 색이 들어 있는 것이 매력적이며 −34℃까지
월동한다. ↕10cm ↔ 50cm

Senecio 금방망이속

Asteraceae 국화과

전 세계에 1,000종 이상이 분포하며 낙엽, 일년초 ·
이년초 · 다년초 · 덩굴식물 · 관목 · 소교목으로
자란다. 일부는 다육질이며 일반적으로 설상화와
통상화로 이루어진 국화과의 꽃 형태가 특징이다.

Sempervivum tectorum 셈페르비붐 텍토룸 🏆

Senecio flammeus 산솜방망이

Senecio flammeus 산솜방망이
낙엽다년초, 전체에 흰털이 밀생한다. 여름에 피는
적황색의 꽃이 매력적이며 −40℃까지 월동한다.
↕40cm

Senecio nemorensis 금방망이
낙엽다년초, 전체에 털이 없고 밝은 황색의 꽃이
산방화서로 핀다. 잎은 거치가 발달하며 −40℃까지
월동한다. ↕1m

Sequoia 세쿼이아속

Cupressaceae 측백나무과

미국 캘리포니아, 오레곤 등지에 1종이 분포하며
상록, 침엽으로 자란다. 두껍고 부드러운 붉은 수피가
특징이다.

Sequoia sempervirens 세쿼이아
상록침엽교목, 거대목으로 붉은 수피가 아름다우며
−18℃까지 월동한다. ↕100m ↔ 8m

Senecio nemorensis 금방망이

Sequoia sempervirens 세쿼이아(수형, 수피)

Sequoiadendron 거삼나무속

Cupressaceae 측백나무과

미국 캘리포니아, 오레곤 등지에 1종이 분포하며 상록, 침엽으로 자란다. 좁은 V자 모양의 잎과 두껍고 푹신푹신한 붉은색 수피가 특징이다.

Sequoiadendron giganteum 거삼나무 ⚘
상록침엽교목, 거대목으로 잎은 삼나무와 비슷하며 −19℃까지 월동한다. ↕100m ↔ 8m

Sequoiadendron giganteum 거삼나무 ⚘

Sequoiadendron giganteum 거삼나무 ⚘

Serissa 백정화속

Rubiaceae 꼭두서니과

동남아시아에 1종이 분포하며 상록관목으로 자란다. 짙은 녹색의 두꺼운 타원형 잎을 가지는 것이 특징이다.

Serissa japonica 백정화
상록활엽관목, 가지가 많이 갈라져서 퍼지면서 자란다. 흰색 또는 연분홍색의 꽃이 오랫동안 핀다. 전정에 강해 생울타리로도 좋으며 −18℃까지 월동한다. ↕1m ↔ 1.5m

Serissa japonica 백정화

Serissa japonica 'Variegata' 백정화 '바리에가타'

Serissa japonica 'Variegata' 백정화 '바리에가타'
상록활엽관목, 잎가장자리에 무늬가 있으며 −18℃까지 월동한다. ↕1m ↔ 1.5m

Serratula 산비장이속

Asteraceae 국화과

유럽과 북아프리카, 동아시아 등지에 약 70종이 분포하며 다년초로 자란다. 두상화가 원추화서로 피는 것이 특징이다.

Serratula coronata subsp. *insularis* 산비장이
낙엽다년초, 긴 줄기와 가지 끝에 분홍색으로 피는 꽃의 암술이 매력적이며 −34℃까지 월동한다. ↕1.5m

Serratula coronata subsp. *insularis* 산비장이

S

Silene acaulis 이끼장구채

Silene uniflora 실레네 우니플로라

Silene vulgaris 실레네 불가리스

Silene 장구채속

Caryophyllaceae 석죽과

북반구에 약 500종이 폭넓게 분포하며 낙엽·상록,
일년초·이년초·다년초로 자란다. 잎은 납작하고
꽃은 흰색, 자주색 또는 연분홍색. 꽃잎은 다섯 갈래,
열매는 난형 또는 타원형인 점이 특징이다.

Silene acaulis 이끼장구채
상록다년초, 바닥에 이끼처럼 쿠션형으로 낮게 자라며
분홍색 꽃이 소복이 핀다. 암석원에 적합하며
−46℃까지 월동한다. ↕3cm ↔ 30cm

Silene alpestris 고산장구채
상록다년초, 둥근 수형과 가는 가지 끝에 피는 흰 꽃이
매력적이다. 암석원에 적합하며 −34℃까지 월동한다.
↕10cm ↔ 30cm

Silene uniflora 실레네 우니플로라
반상록다년초, 배수가 양호한 곳에서 잘 자란다.
연두색의 꽃봉오리가 펴지며 피는 여러 송이의 흰 꽃이
매력적이며 −40℃까지 월동한다. ↕ ↔ 30cm

Silene vulgaris 실레네 불가리스
반상록다년초, 길게 올라온 꽃대에 피는 흰색 꽃이
매력적이며 −34℃까지 월동한다. ↕1m ↔ 50cm

Sinocalycanthus(Calycanthus) 함박꽃납매속(자주받침꽃속)

Calycanthaceae 받침꽃과

중국 동부에 1종이 분포하며 관목으로 자란다.
윤기있는 넓은 잎과 하얀색 꽃, 벌레집처럼 생긴
열매가 특징이다.

Sinocalycanthus chinensis (*Calycanthus chinensis*) 중국받침꽃
낙엽활엽관목, 동백꽃을 닮은 연분홍빛 흰색 꽃이
매력적이며 −23℃까지 월동한다. ↕ ↔ 4m

Silene alpestris 고산장구채

Sinocalycanthus chinensis (Calycanthus chinensis) 중국받침꽃

Sinojackia rehderiana 시노야키아 레데리아나

Sinojackia 시노야키아속

Styracaceae 때죽나무과

중국에 약 2종이 분포하며 낙엽, 관목·소교목으로 자란다. 총상화서로 작은 흰색의 꽃이 핀다.

Sinojackia rehderiana 시노야키아 레데리아나
낙엽활엽소교목, 늘어지는 별모양의 흰색 꽃과 노란색의 가을 단풍이 매력적이며 −23℃까지 월동한다. ↕↔6m

Sinojackia xylocarpa 시노야키아 크실로카르파(열매, 꽃)

Sinojackia xylocarpa 시노야키아 크실로카르파
낙엽활엽소교목, 아래를 향해 늘어지면서 피는 하얀색 별 모양의 꽃이 매력이다. 팽이를 닮은 은갈색 열매가 특징이며 −23℃까지 월동한다. ↕↔6m

Sisyrinchium 등심붓꽃속

Iridaceae 붓꽃과

아메리카 북부와 남부 등지에 약 90종이 분포하며 일년초·다년초로 자란다. 자주색, 노란색, 흰색의 꽃이 별 모양으로 피고, 꽃이 필 때 꽃줄기가 등심처럼 휘는 게 특징이다.

Sisyrinchium angustifolium 등심붓꽃
낙엽다년초, 잎이 가늘고 키가 작다. 보라색의 작은 꽃이 피며 −34℃까지 월동한다.

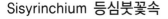

Sisyrinchium angustifolium 등심붓꽃

Skimmia japonica 스키미아 야포니카

Skimmia 스키미아속

Rutaceae 운향과

히말라야, 동남아시아, 중국, 일본 등지에 약 4종이 분포 하며 상록, 관목·교목으로 자란다. 주로 정생부위에 원추화서로 꽃이 피며 암수딴그루인 점이 특징이다.

Skimmia japonica 스키미아 야포니카
상록활엽관목, 향기나는 흰색 꽃이 피고 줄기 끝에 모여 달리는 붉은 열매가 아름답다. 그늘지는 정원에서 잘 자라며 −23℃까지 월동한다.
↕2.5m ↔1.5m

Skimmia japonica 스키미아 야포니카

S

Smilacina japonica 풀솜대

Smilacina 솜대속

Liliaceae 백합과

북아메리카, 아시아 등지에 약 25종이 분포하며
다년초로 자란다. 잎은 어긋나게 붙으며 긴 타원 모양
또는 긴 달걀 모양으로 세로맥이 발달하는 것이
특징이다.

Smilacina japonica 풀솜대
낙엽다년초, 원줄기 끝에 피는 흰꽃이 매력으로
그늘진 정원에 적합하며 −40℃까지 월동한다.
↕↔60cm

Smilacina racemosa 미국솜대
낙엽다년초, 줄기 끝에 소복하게 모여 피는 하얀색
꽃과 세로 방향의 주름진 맥을 가진 달걀 모양 잎이
매력적이며 −40℃까지 월동한다. ↕↔90cm

Solidago 미역취속

Asteraceae 국화과

북아메리카, 유라시아 등지에 약 100종이 분포하며
다년초로 자란다. 작고 가늘며 긴 두상화가 특징이다.

Solidago 'Goldenmosa' 솔리다고 '골든모사' ❀

Solidago 'Goldenmosa' 솔리다고 '골든모사' ❀
낙엽다년초, 잎은 좁고 연녹색으로 작고 밝은 노란색
의 꽃이 마치 깃털 모양처럼 핀다. 잎에 불규칙한
무늬가 있으며 −34℃까지 월동한다.
↕1m ↔50cm

Solidago virgaurea subsp. asiatica 미역취
낙엽다년초, 한줄기에 노란색 꽃이 산방형으로 핀다.
군락으로 심으면 효과가 좋으며 −34℃까지
월동한다. ↕1m

Smilacina racemosa 미국솜대

Solidago virgaurea subsp. asiatica 미역취

Sophora flavescens 고삼

Sorbus alnifolia 팥배나무

Sorbus commixta 마가목

Sophora 고삼속

Fabaceae 콩과

열대, 온대 등지에 약 50종이 분포하며 낙엽 · 상록,
다년초 · 관목 · 교목으로 자란다. 우상복엽으로
총상화서 또는 원추화서인 점이 특징이다.

Sophora flavescens 고삼
낙엽다년초, 길게 자라는 꽃대에 크림색의 꽃이 많이
피고 약용으로 많이 이용하며 −29℃까지 월동한다.
↕ 1m

Sorbaria 쉬땅나무속

Rosaceae 장미과

동아시아, 히말라야 등지에 약 10종이 분포하며 낙엽,
관목으로 자란다. 꽃잎이 다섯 개인 별 모양의 흰색 꽃과
줄기 끝에 달리는 큰 원뿔형 원추화서가 특징이다.

Sorbaria sorbifolia var. *stellipila* 쉬땅나무
낙엽활엽관목, 잎과 가지가 조밀하여 생울타리로
좋다. 가지끝에 흰색 꽃이 많이 달리며 −46℃까지
월동한다.

Sorbus 마가목속

Rosaceae 장미과

북반구에 약 100종이 폭넓게 분포하며 낙엽, 관목 · 교목
으로 자란다. 줄기끝에 달리는 산방화서와 구형의
열매가 특징이다.

Sorbus alnifolia 팥배나무
낙엽활엽교목, 늦은 봄에 피는 흰꽃과 가을철 붉게
익는 열매가 매력적이며 −40℃까지 월동한다.
↕ 12m ↔ 8m

Sorbus commixta 마가목
낙엽활엽교목, 흰꽃과 겨울까지 달리는 붉은 열매가
매력적이며 −29℃까지 월동한다. ↕ 12m ↔ 8m

Sorbus vilmorinii 빌모랭마가목 🌀
낙엽활엽관목, 겨울까지 달리는 연분홍색의 열매가
아름다워 겨울정원에 식재하면 효과적이며 −23℃
까지 월동한다. ↕ ↔ 4m

Sorbaria sorbifolia var. *stellipila* 쉬땅나무

Sorbus vilmorinii 빌모랭마가목 🌀

S

Spiraea blumei 산조팝나무

Spiraea cantoniensis 'Flore Pleno' 겹공조팝나무

Spiraea japonica 'Genpei' 일본조팝나무 '겐페이'

Spiraea 조팝나무속

Rosaceae 장미과

유럽, 아시아, 북아메리카 온대 등지에 약 80종이
분포하며 낙엽·반상록, 관목으로 자란다. 잎은
어긋나기 하며 줄기 끝에 피는 꽃이 특징이다.

Spiraea blumei 산조팝나무
낙엽활엽관목. 길게 뻗은 가지에 둥글게 달리는
흰색 꽃이 매력적이고 돌틈이나 암석원에 어울리며
−40℃까지 월동한다.

Spiraea cantoniensis 'Flore Pleno' 겹공조팝나무
낙엽활엽관목. 흰색의 작은 겹꽃이 송이송이
모여 피는 것이 특징이며 −23℃까지 월동한다.

Spiraea fritschiana 참조팝나무
낙엽활엽관목. 봉오리가 연한 분홍색인 흰꽃이
우산형으로 핀다. 돌과 함께 심으면 잘 어울리며
−34℃까지 월동한다.

Spiraea japonica 'Anthony Waterer'
일본조팝나무 '앤서니 워터러'
낙엽활엽관목. 잎에 흰색 무늬가 불규칙적으로
발달한다. 진한 핑크색으로 피는 꽃이 매력적이며
−34℃까지 월동한다. ↕ ↔ 1.5m

Spiraea japonica 'Genpei'
일본조팝나무 '겐페이'
낙엽활엽관목. 둥근 수형에 흰꽃과 붉은색 꽃이
한 나무에서 섞여서 피는 점이 특징으로 −34℃까지
월동한다. ↕ ↔ 1.5m

Spiraea japonica 'Gold Mound'
일본조팝나무 '골드 마운드'
낙엽활엽관목. 밝은 황금색으로 드러나는 잎과
분홍색 꽃이 매력적으로 −34℃까지 월동한다.
↕ 1m ↔ 1.5m

Spiraea japonica 'Goldflame'
일본조팝나무 '골드플레임'
낙엽활엽관목. 잎이 나올 때 끝부분이 진붉은색을
띠다가 점차 황금색 잎으로 변하는 점이 특징이며
−34℃까지 월동한다. ↕ 80cm ↔ 1m

Spiraea japonica 'Anthony Waterer' 일본조팝나무 '앤서니 워터러'

Spiraea japonica 'Gold Mound' 일본조팝나무 '골드 마운드'

Spiraea fritschiana 참조팝나무

Spiraea japonica 'Goldflame' 일본조팝나무 '골드플레임'

Spiraea japonica 'Little Princess'
일본조팝나무 '리틀 프린세스'
낙엽활엽관목, 키가 작으며 빽빽이 자란다. 분홍색의
작은 꽃들이 줄기 끝에 모여 피며 −34℃까지
월동한다. ↨80cm ↔ 1m

Spiraea japonica 'Walbuma'
일본조팝나무 '왈부마'
낙엽활엽관목, 잎이 주홍, 진노랑, 연초록 순으로
변해 매력적이며 −34℃까지 월동한다.
↨50cm ↔ 1m

Spiraea japonica 'Little Princess' 일본조팝나무 '리틀 프린세스'

Spiraea japonica 'Walbuma' 일본조팝나무 '왈부마'

Spiraea japonica 'White Gold' 일본조팝나무 '화이트 골드'

Spiraea nipponica 'Snowmound' 일본바위조팝나무 '스노우마운드' 🏆

Spiraea japonica 'White Gold'
일본조팝나무 '화이트 골드'
낙엽활엽관목, 황금색의 잎과 줄기 끝에 피는 흰색
꽃이 매력적이며 −34℃까지 월동한다. ↨ ↔ 1m

Spiraea nipponica 'Snowmound'
일본바위조팝나무 '스노우마운드' 🏆
낙엽활엽관목, 길게 뻗는 줄기를 따라 다닥다닥 피는
흰꽃이 매력적이며 −23℃까지 월동한다.
↨ ↔ 2.5m

Spiraea prunifolia f. *simpliciflora* 조팝나무

Spiraea salicifolia 꼬리조팝나무

Spiraea thunbergii 'Aurea' 가는잎조팝나무 '아우레아'

Spiraea thunbergii 'Mount Fuji' 가는잎조팝나무 '마운트 후지'

Spiraea prunifolia f. *simpliciflora* 조팝나무
낙엽활엽관목, 봄에 길게 자라는 줄기를 따라
흐드러지게 피는 흰꽃이 매력적이며 −40℃까지
월동한다. ↨ ↔ 2m

Spiraea salicifolia 꼬리조팝나무
낙엽활엽관목, 습지에서 잘 자라고 줄기 끝에 분홍색
꽃이 꼬리 모양으로 피며 −34℃까지 월동한다.
↨ ↔ 1.5m

Spiraea thunbergii 'Aurea'
가는잎조팝나무 '아우레아'
낙엽활엽관목, 가늘고 좁은 잎이 황금색을 띠는 점이
특징이다. 줄기를 따라 흰꽃이 빽빽하게 피며
−34℃까지 월동한다. ↨ ↔ 1.5m

Spiraea thunbergii 'Mount Fuji'
가는잎조팝나무 '마운트 후지'
낙엽활엽관목, 잎이 가늘고 새로나온 잎에 흰색
무늬가 불규칙적으로 발달하며 −34℃까지 월동한다.
↨ ↔ 1.5m

S

Spiraea × vanhouttei 반호우트조팝나무

Spiraea × vanhouttei 'Pink Ice' 반호우트조팝나무 '핑크 아이스'

Spiraea × vanhouttei 반호우트조팝나무
낙엽활엽관목. 길게 자라서 늘어진 가지에 흰꽃이
흐드러지게 피며 −40℃까지 월동한다.
↕ 3m ↔ 2.5m

Spiraea × vanhouttei 'Pink Ice'
반호우트조팝나무 '핑크 아이스'
낙엽활엽관목. 새로 나오는 잎은 분홍색으로 점점
흰색 산반형 무늬가 발달하다가 나중에는 녹색으로
변하는 특징이 있다. 흰색 꽃이 피며 −40℃까지
월동한다. ↕ 3m ↔ 2.5m

Spiranthes 타래난초속

Orchidaceae 난초과

북아메리카, 유럽, 아시아 등지에 약 50종이 분포하며
낙엽·상록, 다년초로 자란다. 덩이 뿌리, 나선형의
총상화서가 특징이다.

Spiranthes sinensis 타래난초
낙엽다년초. 나선상으로 꼬인 이삭꽃차례에 분홍색의
꽃들이 옆을 향해 달리며 −23℃까지 월동한다.
↕ 40cm

Stachys 석잠풀속

Lamiaceae 꿀풀과

아시아 온대 등지에 약 300종이 분포하며 다년초·
관목으로 자란다. 잎은 갈라지지 않고 가장자리에
톱니가 발달하며 꽃은 줄기 끝에 층층으로 달리는
것이 특징이다.

Spiranthes sinensis 타래난초

Stachys byzantina 램스이어
낙엽다년초. 잎 전체에 발달하는 은백색의 부드러운
털이 매력이다. 긴꽃대에 자주색의 꽃이 수상화로
피며 −34℃까지 월동한다. ↕ 50cm ↔ 1m

Stachys germanica 독일석잠풀
낙엽다년초. 잎이 두툼하고 흰색 털이 전체에
발달한다. 분홍색의 꽃이 층을 이루면서 피며
−18℃까지 월동한다. ↕ 1m

Stachys byzantina 램스이어

Stachys germanica 독일석잠풀

Stachys macrantha 큰꽃석잠풀
낙엽다년초. 잎이 넓고 분홍색 꽃이 뭉쳐서 피며
−34℃까지 월동한다. ↕ 1m ↔ 50cm

Stachys officinalis 스타키스 오피키날리스
낙엽다년초. 직립하는 꽃대 위에 분홍꽃이 모여 피는
점이 매력적이며 −34℃까지 월동한다.
↕ 1m ↔ 50cm

Stachys macrantha 큰꽃석잠풀

Stachys officinalis 스타키스 오피키날리스

S

Stachys officinalis 'Nana' 스타키스 오피키날리스 '나나'

Stachys officinalis 'Nana'
스타키스 오피키날리스 '나나'
낙엽다년초. 잎이 바닥에 가깝게 붙어 자란다.
낮은 꽃대에 분홍색 꽃이 피며 −34℃까지 월동한다.
↕ 30cm

Stachyurus 통조화속

Stachyuraceae 통조화과

동아시아, 히말라야 등지에 약 10종이 분포하며
낙엽, 관목·교목으로 자란다. 작은 항아리 모양의
꽃들이 모여 아래로 길게 늘어지며 피는 꽃송이와
넓은 창 모양의 잎이 특징이다.

Stachyurus praecox 통조화 🌀
낙엽활엽관목. 봄에 잎이 나오기 전 종 모양의 꽃이
포도송이처럼 피어 매력적이며 −15℃까지 월동한다.
↕ 4m ↔ 2.5m

Stachyurus praecox var. *matsuzakii* 'Issai'
마츠자키통조화 '이사이'(꽃, 수형)

Stachyurus praecox var. *matsuzakii* 'Issai'
마츠자키통조화 '이사이'
낙엽활엽관목. 아래로 길게 늘어지는 빽빽한 노란색
꽃차례가 매력적이며 −23℃까지 월동한다.
↕ 3m ↔ 2.5m

Stachyurus 'Rubriflorus'
통조화 '루브리플로루스'
낙엽활엽관목. 작은 단지 모양의 분홍색 꽃들이 모여
아래를 향해 달린다. 특히 가을철 붉게 물드는 단풍이
아름다우며 −23℃까지 월동한다. ↕ 4m ↔ 2.5m

Stachyurus 'Rubriflorus' 통조화 '루브리플로루스'(수형, 꽃)

Staphylea 고추나무속

Staphyleaceae 고추나무과

북반구 온대지역에 약 11종이 분포하며 낙엽, 관목·
소교목으로 자란다. 줄기끝에 달리는 원추화서가
특징이다.

Staphylea bumalda 고추나무
낙엽활엽관목. 가지 끝에 흰꽃이 많이 모여 핀다.
꽃의 향기가 매우 좋으며 −34℃까지 월동한다.
↕ ↔ 1.8m

Staphylea bumalda 고추나무(꽃, 열매)

Stachyurus praecox 통조화 🌀

S

Stauntonia hexaphylla 멀꿀

Stephanandra incisa 국수나무

Stewartia monadelpha 큰일본노각나무(꽃, 수피)

Stauntonia 멀꿀속

Lardizabalaceae 으름덩굴과

동부아시아에 주로 분포하며 상록, 덩굴식물로
자란다. 잎은 손바닥 모양으로 작은 잎은 5~7장이며
식용할 수 있는 열매가 달리는 점이 특징이다.

Stauntonia hexaphylla 멀꿀
상록활엽덩굴. 종 모양의 흰꽃들이 모여 핀다.
따뜻한 남부지방에서 퍼걸러용으로 좋으며 −18℃
까지 월동한다. ↕ 12m ↔ 2.5m

Stellera 피뿌리풀속

Thymeleaceae 팥꽃나무과

온대아시아, 제주도, 이란, 중국 등지에 약 8종이
분포하며 다년초 · 관목으로 자란다. 꽃대 끝에서
빽빽하게 모여 피는 꽃차례와 관 모양으로 끝부분이
4~6개로 갈라지는 작은 꽃들이 특징이다.

Stellera chamaejasme 피뿌리풀
낙엽다년초, 멸종위기종으로 줄기 끝에 모여 피는
진분홍색의 꽃이 아름답다. 꽃의 끝부분은 5갈래로
안쪽 부분은 연한 분홍색을 띠며 −34℃까지
월동한다. ↕ ↔ 40cm

Stephanandra 국수나무속

Rosaceae 장미과

동아시아, 대만 등지에 약 4종이 분포하며 낙엽, 관목
으로 자란다. 잎은 어긋나게 붙으며 가장자리에 결각
모양의 톱니가 발달하며 턱잎은 오랫동안 남는다.
꽃잎은 다섯 장이다.

Stephanandra incisa 국수나무
낙엽활엽관목, 줄기가 길게 늘어지면서 빽빽하게
자란다. 흰색 꽃이 늘어진 가지에 피며 −34℃까지
월동한다. ↕ ↔ 2m

Stewartia 노각나무속

Theaceae 차나무과

한국을 비롯한 동남아시아 등지에 약 20종이 분포
하며 낙엽 · 상록, 관목 · 교목으로 자란다. 잎의 엽액
에서 피는 꽃이 특징이다.

Stewartia monadelpha 큰일본노각나무
낙엽활엽교목, 진한 갈색의 매끈하게 벗겨지는 수피가
매력적으로 흰색의 작은 꽃이 피며 −23℃까지
월동한다.

Stewartia pseudocamellia 노각나무 🌳
낙엽활엽교목, 적갈색으로 벗겨지는 미끈한 나무껍질
과 흰색의 꽃이 매력으로 꽃이 질 때 통째로 떨어지는
특징이 있으며 −23℃까지 월동한다.
↕ 12m ↔ 8m

Stellera chamaejasme 피뿌리풀

Stewartia pseudocamellia 노각나무 🌳 (수피, 꽃)

Stipa gigantea 큰나래새 🌻

Stipa 나래새속

Poaceae 벼과

온대, 난대 지역에 약 300종이 분포하며 일년초 · 다년초로 자란다. 깃털 모양의 원추화서로 길고 좁은 까락이 발달하는 것이 특징이다.

Stipa gigantea 큰나래새 🌻
낙엽다년초, 자주빛 꽃이 핀 후 맺히는 황금색 열매가 매력적이며 −29℃까지 월동한다. ↕2.5m ↔ 1m

Stipa tenuissima(Nassella tenuissima) 털수염풀
낙엽다년초, 잎이 가늘어 질감이 매우 부드럽고 화서가 풍성하게 핀다. 화서는 초록색에서 금발로 변해 매력적이며 −18℃까지 월동한다.
↕80cm ↔ 50cm

Stipa tenuissima(Nassella tenuissima) 털수염풀

Stokesia laevis 풍차국

Stokesia 풍차국속

Asteraceae 국화과

미국 동남부에 1종이 분포하며 반상록, 다년초로 자란다. 잎은 피침형으로 정생의 산방화서가 특징이다.

Stokesia laevis 풍차국
반상록다년초, 길게 자라는 꽃대에서 보라색의 꽃이 넓고 납작하게 핀다. 가장자리의 꽃잎이 깊게 갈라져서 아름답고 −29℃까지 월동한다.
↕60cm ↔ 50cm

Styphnolobium 회화나무속

Fabaceae 콩과

동아시아에 3종이 분포하며 낙엽, 교목으로 자란다. 크게 덩어리지며 피는 꽃과 깃털 모양의 잎을 가진

Styphnolobium japonicum 'Aurea' 회화나무 '아우레아'

점이 특징이다.
Styphnolobium japonicum 회화나무
낙엽활엽교목. 여름에 크림색 꽃이 나무전체를 덮을 만큼 많이 핀다. 공해에 강해서 가로수로 좋으며 −34℃까지 월동한다. ↕30m ↔ 20m

Styphnolobium japonicum 'Aurea'
회화나무 '아우레아'
낙엽활엽교목. 봄에 돋아나는 황금색의 잎과 겨울철에 더욱 도드라지는 황금색 줄기가 매력적이며 −29℃까지 월동한다. ↕20m ↔ 15m

Styphnolobium japonicum 회화나무

S

Styphnolobium japonicum 'Pendulum' 회화나무 '펜둘룸'

Styrax japonicus 때죽나무

Styrax obassia 쪽동백나무

Styphnolobium japonicum 'Pendulum'
회화나무 '펜둘룸'
낙엽활엽교목, 가지가 아래로 길게 늘어지며 자란다.
우산 모양으로 전정하여 관리하면 매력적이며
−29℃까지 월동한다. ↕ ↔ 6m

Styrax 때죽나무속

Styracaceae 때죽나무과

미국, 아시아, 유럽 등지에 약 120종이 분포하며 낙엽,
관목·교목으로 자란다. 꽃은 종 모양으로 아래를
향해 피고 꽃잎은 다섯 갈래인 점이 특징이다.

Styrax japonicus 때죽나무
낙엽활엽교목, 흰색 종 모양의 꽃이 아래를 향해
풍성하게 피며 −29℃까지 월동한다.

Styrax japonicus 'Carillon' 때죽나무 '카리용'

↕ 12m ↔ 8m

Styrax japonicus 'Carillon' 때죽나무 '카리용'
낙엽활엽교목, 넓게 퍼지는 가지가 아래로 늘어지며
−29℃까지 월동한다. ↕ ↔ 4m

Styrax japonicus 'Pink Chimes'
때죽나무 '핑크 차임스'
낙엽활엽교목, 분홍색 종 모양 꽃이 아래를 향해
빽빽이 피는 점이 특징이며 −29℃까지 월동한다.
↕ 12m ↔ 8m

Styrax obassia 쪽동백나무
낙엽활엽교목, 둥글고 넓은 잎의 가장자리에 불규칙한
톱니가 발달한다. 아래로 늘어져 피는 흰꽃이 매력적
이며 −29℃까지 월동한다. ↕ 12m ↔ 8m

Symphoricarpos 심포리카르포스속

Caprifoliaceae 인동과

중국 서부, 북부와 중부 아메리카 등지에 약 17종이
분포하며 낙엽, 관목으로 자란다. 구형 또는 난형
열매와 잎은 단엽으로 마주나는 잎이 특징이다.

Symphoricarpos albus 심포리카르포스 알부스
낙엽활엽관목, 콩알만 한 둥근 열매는 흰색으로
익고 가지 끝에 덩어리지듯 모여 달리며 −40℃까지
월동한다. ↕ ↔ 1.8m

Symphoricarpos orbiculatus
심포리카르포스 오르비쿨라투스
낙엽활엽관목, 흰색 꽃이 여름에 줄기 끝에 피고
겨울까지 지속되는 붉은 열매가 매력적이며
−40℃까지 월동한다. ↕ ↔ 1.5m

Symphoricarpos orbiculatus
'Foliis Variegatis'
심포리카르포스 오르비쿨라투스 '폴리스 바리에가티스'
낙엽활엽관목, 잎 가장자리에 발달하는 노란색 무늬가
특징이며 −40℃까지 월동한다. ↕ 1m ↔ 1.5m

Symphoricarpos albus 심포리카르포스 알부스

Symphoricarpos orbiculatus 심포리카르포스 오르비쿨라투스

S

Styrax japonicus 'Pink Chimes' 때죽나무 '핑크 차임스'

Symphoricarpos orbiculatus 'Foliis Variegatis'
심포리카르포스 오르비쿨라투스 '폴리스 바리에가티스'

Symplocarpus 앉은부채속

Araceae 천남성과

북아메리카 북동부, 동북아시아 등지에 2종이 분포
하며 낙엽, 다년초로 자란다. 심장 모양 또는 달걀
모양의 큰 잎이 발달하며 꽃은 큰 불염포 속에 피는
것이 특징이다.

Symplocarpus nipponicus 애기앉은부채
낙엽다년초, 숲속 그늘진 곳에 자라며 뿌리에서 잎
이 자란다. 여름철 피는 진한 갈색의 꽃이 매력적이며
−34℃까지 월동한다. ↕ ↔ 20cm

Symplocarpus renifolius 앉은부채
낙엽다년초, 이른 봄 꽃이 잎보다 먼저 진한 갈색으로
피며 −40℃까지 월동한다. ↕ 20cm ↔ 40cm

Symplocos chinensis f. *pilosa* 노린재나무

Symplocos 노린재나무속

Symplocaceae 노린재나무과

동아시아, 호주, 북부와 남부 아메리카 등지에 약
250종이 분포하며 낙엽·상록, 관목·교목으로 자란다.
잎은 단엽으로 어긋나며 다섯 개의 꽃잎과 난형
열매가 특징이다.

Symplocos chinensis f. *pilosa* 노린재나무
낙엽활엽관목, 수형이 단정하게 자라며 흰색 꽃이
소복이 핀다. 가을철 파란색으로 익는 열매가
매력적이며 −34℃까지 월동한다. ↕ ↔ 3m

Syneilesis 우산나물속

Asteraceae 국화과

동아시아에 약 5종이 분포하며 다년초로 자란다.
처음 나오는 잎은 방패 모양 또는 우산 모양으로
갈라진다. 줄기잎은 어긋나고 잎자루는 줄기를
감싸는 것이 특징이다.

Syneilesis palmata 우산나물
낙엽다년초, 여러 갈래로 갈라진 넓은 잎이
매력적이다. 흰꽃이 피며 −32℃까지 월동한다.
↕ ↔ 1m

Symplocarpus nipponicus 애기앉은부채

Symplocarpus renifolius 앉은부채

Syneilesis palmata 우산나물

S

Syringa meyeri 'Palibin' 시링가 메이어리 '팔리빈' 🌱

Syringa pubescens subsp. patula 'Miss Kim' 미스김라일락 🌱

Syringa vulgaris 'Aucubaefolia' 라일락 '아우쿠바이폴리아'

Syringa 수수꽃다리속

Oleaceae 물푸레나무과

동아시아, 유럽 남동부 등지에 약 20종이 분포하며
낙엽, 관목·교목으로 자란다. 잎은 마주나고 가장자리
는 밋밋하다. 꽃은 긴 종 모양으로 네 갈래로 갈라지며
향기가 좋다.

Syringa meyeri 'Palibin'
시링가 메이어리 '팔리빈' 🌱
낙엽활엽관목. 잎이 작고 줄기가 짧게 자라서 수형이
단정하다. 향긋한 분홍꽃이 매력적이며 −29℃까지
월동한다. ↕ ↔ 1.5m

Syringa oblata var. *dilatata* 수수꽃다리
낙엽활엽관목. 연한 자주색의 꽃과 향기가 매력적이며
−34℃까지 월동한다. ↕ 3m ↔ 2m

Syringa patula var. *kamibayashii* 정향나무
낙엽활엽관목. 꽃은 자주색의 꽃봉오리에서 흰색으로
벌어지고 꽃송이에서 나는 향기가 아주 좋으며
−29℃까지 월동한다. ↕ 3m ↔ 2m

Syringa pubescens subsp. *patula*
'Miss Kim' 미스김라일락 🌱
낙엽활엽관목. 작게 자라는 수형이 매력적이다.
연분홍색 꽃의 향가 매우 좋아 정원수로 인기가
좋으며 −29℃까지 월동한다. ↕ 2.5m ↔ 2m

Syringa vulgaris 'Aucubaefolia'
라일락 '아우쿠바이폴리아'
낙엽활엽관목. 연분홍색의 큰꽃과 잎에 발달하는
노란색 산반무늬가 특징이며 −29℃까지 월동한다.
↕ 4.5m ↔ 3.5m

Syringa vulgaris 'Primrose'
라일락 '프림로즈' 🌱
낙엽활엽관목. 가지 끝에서 피는 흰꽃과 향기가
매력적이며 −29℃까지 월동한다. ↕ ↔ 4m

Syringa wolfii 꽃개회나무
낙엽활엽관목. 새로나온 가지에서 피는 분홍색 꽃이
아름답고 향기가 좋으며 −34℃까지 월동한다.
↕ ↔ 3m

Syringa vulgaris 'Primrose' 라일락 '프림로즈' 🌱

Syringa oblata var. dilatata 수수꽃다리

Syringa patula var. kamibayashii 정향나무

Syringa wolfii 꽃개회나무

S

T

T

Tamarix 위성류속

Tamaricaceae 위성류과

서유럽, 동아시아, 인도 등지에 약 54종이 분포하며 낙엽, 관목 · 소교목으로 자란다. 비늘 또는 바늘 모양 잎과 총상화서가 특징이다.

Tamarix chinensis 위성류
낙엽활엽교목, 가지는 많이 갈라지며 바늘모양의 잎으로 덮여 있다. 연분홍색의 꽃은 가지끝에 총상화서로 피며 −18℃까지 월동한다.
↕ 6m ↔ 4m

Tamarix parviflora 소화위성류 🌱
낙엽활엽소교목, 수양버들처럼 아래로 늘어지는 가지에 피는 분홍색 꽃이 매력적이며 −15℃까지 월동한다. ↕ 4m ↔ 3m

Tamarix chinensis 위성류

Tamarix parviflora 소화위성류 🌱

Taxodium 낙우송속

Cupressaceae 측백나무과

미국, 멕시코 등지에 3종이 분포하며 교목으로 자란다. 깃털 모양의 잎은 가을철 갈색의 단풍이 아름다우며 습도가 높은 곳에서도 잘 적응한다.

Taxodium distichum 낙우송
낙엽침엽교목, 습지나 얕은 연못에서도 자라고 땅위로 발달하는 기근이 매력적이며 −34℃까지 월동한다.
↕ 40m ↔ 10m

Taxodium distichum 'Crazy Horse' 낙우송 '크레이지 호스'
낙엽침엽교목, 품종명인 미친 말처럼 가지가 뒤틀어지고 적갈색의 단풍이 아름다우며 −34℃까지 월동한다.
↕ 20m ↔ 5m

Taxodium distichum var. *imbricarium* 'Nutans' 비늘낙우송 '누탄스'
낙엽침엽교목, 수형은 원추형으로 곧게 자란다. 잎은 선형으로 질감이 부드럽고 가을에 주황색의 단풍이 아름다우며 −29℃까지 월동한다. ↕ 12m ↔ 4m

Taxodium distichum 낙우송(수형, 기근)

Taxodium distichum 'Crazy Horse' 낙우송 '크레이지 호스'

Taxodium distichum var. *imbricarium* 'Nutans' 비늘낙우송 '누탄스'(잎, 수형)

Taxus baccata 서양주목 🏆

Taxus 주목속

Taxaceae 주목과

북반구에 약 10종이 분포하며 상록, 침엽으로 자란다. 붉게 벗겨지는 나무 껍질과 씨앗이 하나 들어 있는 긴 난형의 붉은 열매가 특징이다.

Taxus baccata 'Standishii' 서양주목 '스탄디스히' 🏆

Taxus baccata 서양주목 🏆
상록침엽교목, 생울타리나 토피어리로 좋으며
−23℃까지 월동한다. ↕20m ↔ 10m

Taxus baccata 'Repens Aurea'
서양주목 '레펜스 아우레아' 🏆
상록침엽관목, 회양목처럼 둥그런 수형과 새로 난
잎이 밝은 노란색으로 매력적이며 −23℃까지
월동한다. ↕1m ↔ 1.5m

Taxus baccata 'Standishii'
서양주목 '스탄디스히' 🏆
상록침엽관목, 직립으로 자라는 수형과 황금색 잎이
특징이며 −23℃까지 월동한다. ↕2m ↔ 1m

Taxus cuspidata 주목
상록침엽교목, "살아 천년 죽어 천년" 살 정도로
오래사는 장수목이다. 음지에서도 잘 자라고 단정한
원추형으로 다듬기 좋으며 −34℃까지 월동한다.
↕15m ↔ 8m

Taxus baccata 'Repens Aurea' 서양주목 '레펜스 아우레아' 🏆

Taxus cuspidata 주목

Thalictrum aquilegifolium var. *sibiricum* 꿩의다리

Tetrapanax papyriferus 통탈목

Tetrapanax 통탈목속

Araliaceae 두릅나무과

중국 남부, 대만에 1종이 분포하며 상록, 관목 · 소교목으로 자란다. 산형화서와 검정색 열매가 특징이다.

Tetrapanax papyriferus 통탈목
상록활엽관목, 큰 잎은 5~7개로 중앙까지 깊게 갈라지며 연한 노란색 꽃이 원추화서로 핀다. 땅속줄기에서 가지가 무리지어 나오며 −12℃까지 월동한다. ↕ ↔ 5m

Teucrium 곽향속

Lamiaceae 꿀풀과

전 세계에 약 300종이 분포하며 낙엽·상록, 관목 · 다년초로 자란다. 향기나는 잎과 총상화서가 특징이다.

Teucrium canadense 'Kwan's Aurea' 캐나다곽향 '관스 아우레아'
낙엽다년초, 봄에 돋아나는 밝은 황금색 잎이 관상 가치가 높다. 지하경으로 빠르게 번식하며 −29℃까지 월동한다. ↕ ↔ 60cm

Thalictrum 꿩의다리속

Ranunculaceae 미나리아재비과

북부 온대 지역에 약 130종이 분포하며 다년초로 자란다. 꽃잎이 없고 꽃받침이 있는 것이 특징이다.

Thalictrum aquilegifolium var. *sibiricum* 꿩의다리
낙엽다년초, 줄기 끝에 모여 피는 하얀색 꽃이 아름답고 마치 꿩의다리와 같은 잎이 특징이며 −29℃까지 월동한다. ↕ 1.5m

Thalictrum coreanum 연잎꿩의다리
낙엽다년초, 석회암지대에 자라며 연잎처럼 잎의 중앙에 잎자루가 달리는 특징이 있다. 연자주색의 작은 꽃이 매력적이며 −29℃까지 월동한다. ↕ 60cm

Thalictrum rochebrunianum var *grandisepalum* 금꿩의다리
낙엽다년초, 원추화서로 피는 연한 자주색 꽃과 황금색의 수술이 매력적이며 −34℃까지 월동한다. ↕ 2.5m

T

Teucrium canadense 'Kwan's Aurea' 캐나다곽향 '관스 아우레아' *Thalictrum coreanum* 연잎꿩의다리 *Thalictrum rochebrunianum* var. *grandisepalum* 금꿩의다리

Thelypteris decursive-pinnata (Phegopteris decursive-pinnata) 설설고사리

Thuja occidentalis 'Boothii' 서양측백나무 '보오티'

Thelypteris(Phegopteris)
처녀고사리속(가래고사리속)

Thelypteridaceae 처녀고사리과

전 세계에 2종이 분포하며 낙엽, 양치류로 자란다. 기어가는 뿌리줄기에서 생기는 긴 창 모양의 잎이 특징이다.

Thelypteris decursive-pinnata
(Phegopteris decursive-pinnata) 설설고사리
낙엽다년초, 그늘 혹은 반그늘에서 잘 자라며 소우편이 중축에 날개처럼 달리고 −34℃까지 월동한다. ↕ ↔ 60cm

Thuja 눈측백속

Cupressaceae 측백나무과

동아시아, 북아메리카 등지에 약 5종이 분포하며 상록, 침엽, 교목 · 관목으로 자란다. 비늘 모양의 잎이 특징이다.

Thuja koraiensis 눈측백
상록침엽관목, 수형이 바닥에 납작하게 자라고 비늘잎의 면은 두툼하면서 평평하다. 암석원에 좋으며 −29℃까지 월동한다. ↕ 1m ↔ 50cm

Thuja occidentalis 'Boothii'
서양측백나무 '보오티'
상록침엽교목, 둥글고 단정하게 자라는 특징이 있으며 −23℃까지 월동한다. ↕ 4m ↔ 80cm

Thuja occidentalis 'Elegantissima'
서양측백나무 '엘레간티시마'
상록침엽교목, 밝은 녹색의 비늘잎과 원추형으로 자라는 수형이 우아하며 −23℃까지 월동한다.
↕ 4.5m ↔ 1.5m

Thuja koraiensis 눈측백

Thuja occidentalis 'Elegantissima' 서양측백나무 '엘레간티시마'

Thuja occidentalis 'Malonyana' 서양측백나무 '말로니아나'

Thuja occidentalis 'Malonyana'
서양측백나무 '말로니아나'
상록침엽교목. 좁게 직립하는 수형이 특징으로
−23℃까지 월동한다. ↕ 4m ↔ 2.5m

Thuja occidentalis 'Minima'
서양측백나무 '미니마'
상록침엽관목. 성장이 느리면서 둥글고 아담하게
자란다. 암석원에 잘 어울리며 −23℃까지 월동한다.
↕ ↔ 1m

Thuja occidentalis 'Rheingold'
서양측백나무 '라인골드' Ⓣ
상록침엽관목. 잎이 처음 나올 때 구릿빛을 띠다가
점점 황금색으로 변하는 특성이 있으며 −23℃까지
월동한다. ↕ 1.5m ↔ 1m

Thuja occidentalis 'Rheingold' 서양측백나무 '라인골드' Ⓣ

Thuja occidentalis 'Smaragd'
서양측백나무 '스마라그드' Ⓣ
상록침엽관목. 하늘을 향해 좁게 자라는 수형과
촘촘하게 자라는 비늘잎이 특징이며 −23℃까지
월동한다. ↕ 3m ↔ 1m

Thuja occidentalis 'Sunkist' 서양측백나무 '선키스트' Ⓣ

Thuja occidentalis 'Sunkist'
서양측백나무 '선키스트' Ⓣ
상록침엽교목. 노란색의 잎과 원추형의 수형이
아름다우며 −23℃까지 월동한다. ↕ 3m ↔ 2.4m

Thuja plicata 투야 플리카타
상록침엽관목. 키가 크게 자라며 붉은빛의 수피가
매력적이고 −23℃까지 월동한다. ↕ 12m ↔ 5m

Thuja occidentalis 'Minima' 서양측백나무 '미니마'

Thuja occidentalis 'Smaragd' 서양측백나무 '스마라그드' Ⓣ

Thuja plicata 투야 플리카타

Thujopsis dolabrata 나한백 🏆 (수형, 잎)

Thujopsis 나한백속

Cupressaceae 측백나무과

일본에 1종이 분포하며 상록, 침엽, 교목으로 자란다. 세로로 찢어지는 수피와 마치 파충류의 비늘같은 잎이 특징이다.

Thujopsis dolabrata 'Aurea' 나한백 '아우레아'

Thujopsis dolabrata 'Aurea' 나한백 '아우레아'

Thujopsis dolabrata 나한백 🏆
상록침엽교목, 윤기가 흐르는 두툼하고 납작한 비늘잎의 관상가치가 높다. 뒷면에는 흰색의 기공이 있으며 −18℃까지 월동한다. ↕12m ↔ 8m

Thujopsis dolabrata 'Aurea' 나한백 '아우레아'
상록침엽교목, 황금색의 잎이 매력적이며 −23℃까지 월동한다. ↕9m ↔ 6m

Thujopsis dolabrata 'Nana' 나한백 '나나'
상록침엽관목, 키가 작고 둥글게 자라는 특징이 있으며 −18℃까지 월동한다. ↕1.2m ↔ 1.8m

Thujopsis dolabrata 'Variegata' 나한백 '바리에가타'
상록침엽교목, 잎에 흰색 무늬가 불규칙하게 발달하며 −18℃까지 월동한다. ↕10m ↔ 5m

Thujopsis dolabrata 'Nana' 나한백 '나나'

Thujopsis dolabrata 'Variegata' 나한백 '바리에가타'

Thymus quinquecostatus 백리향

Thymus quinquecostatus var. *japonicus* 섬백리향

Thymus 백리향속

Lamiaceae 꿀풀과

유라시아에 약 350종이 분포하며 상록, 다년초 · 관목으로 자란다. 마주나는 작은 잎은 난형 또는 선형이고 정생하는 두상화가 특징이다.

Thymus quinquecostatus 백리향
낙엽활엽반관목, 바닥에 낮게 기면서 자란다. 꽃과 잎의 향기가 좋으며 −34℃까지 월동한다. ↕15cm

Thymus quinquecostatus var. *japonicus* 섬백리향
낙엽활엽반관목, 잎이 마름모형인 점이 타원형인 백리향과 구별된다. 암석원에 좋으며 −34℃까지 월동한다. ↕20cm

Thymus serpyllum 서양백리향
낙엽활엽반관목, 손등으로 잎을 살짝 스치면 아주 향긋한 레몬향이 난다. 꽃이 빽빽하게 모여 피며 −34℃까지 월동한다. ↕20cm ↔ 60cm

Thymus serpyllum 서양백리향

T

413

Tiarella cordifolia 단풍매화헐떡이풀 🌱

Tiarella 헐떡이풀속

Saxifragaceae 범의귀과

동아시아, 북아메리카 등지에 약 7종이 분포하며 반상록, 다년초로 자란다. 꽃은 원추화서나 총상화서로 정생하고 개화기간이 긴 점이 특징이다.

Tiarella cordifolia 단풍매화헐떡이풀 🌱
낙엽다년초, 흰색 꽃이 빽빽하게 모여 피는 모습이 매력적으로 반그늘에서도 잘 자라며 −34℃까지 월동한다. ↕ ↔ 50cm

Tiarella cordifolia 'Oakleaf' 단풍매화헐떡이풀 '오크리프'
낙엽다년초, 참나무의 잎처럼 깊게 갈라지는 잎이 매력적이다. 꽃은 분홍색 꽃봉오리에서 아래부터 위로 하얗게 피며 −34℃까지 월동한다. ↕ ↔ 50cm

Tiarella polyphylla 헐떡이풀
낙엽다년초, 잎에는 털이 발달하고 꽃은 아주 작은 흰색으로 핀다. 울릉도에 자생하며 −29℃까지 월동한다. ↕ ↔ 50cm

Tiarella 'Spring Symphony' 매화헐떡이풀 '스프링 심포니'
낙엽다년초, 잎은 단풍잎처럼 깊게 갈라진다. 꽃은 연분홍색에서 흰색으로 핀다. 빽빽하게 모여 피는 길쭉한 꽃차례가 매력적이며 −34℃까지 월동한다. ↕ ↔ 50cm

Tiarella wherryi 훼리매화헐떡이풀 🌱
낙엽다년초, 키가 작고 분홍색 꽃봉오리에서 흰색으로 피는 꽃이 매력적이며 −40℃까지 월동한다. ↕ ↔ 50cm

Tiarella polyphylla 헐떡이풀

Tiarella wherryi 훼리매화헐떡이풀 🌱

Tilia 피나무속

Tiliaceae 피나무과

유럽, 아시아, 북아메리카 등지에 약 45종이 분포하며 낙엽, 교목으로 자란다. 난형에서 원형으로 자라는 잎과 열매에 달리는 스푼모양의 날개가 특징이다.

Tilia platyphyllos 넓은잎피나무
낙엽활엽교목, 좁은 돔형으로 느리게 자라고 적갈색의 어린 줄기는 짙은 회색으로 변한다. 단풍은 황록색에서 노란색으로 −29℃까지 월동한다. ↕ 40m ↔ 25m

Tiarella cordifolia 'Oakleaf' 단풍매화헐떡이풀 '오크리프'

Tiarella 'Spring Symphony' 매화헐떡이풀 '스프링 심포니'

Tilia platyphyllos 넓은잎피나무

Toona sinensis 'Flamingo' 참중나무 '플라밍고'

Toona 참중나무속

Meliaceae 멀구슬나무과

동아시아, 호주, 뉴질랜드 등지에 약 6종이 분포하며 낙엽 · 상록, 교목으로 자란다. 넓은 창 모양의 작은 잎들이 모여 우상으로 달리는 잎이 특징이다.

Toona sinensis 'Flamingo' 참중나무 '플라밍고'
낙엽활엽교목. 봄철 서늘한 해풍이 부는 해안가에서 붉은색에서 분홍색, 노란색, 초록색으로 변하는 잎이 매력적이며 −23℃까지 월동한다. ↕12m ↔ 8m

Torreya nucifera 비자나무

Torreya nucifera 'Variegata' 비자나무 '바리에가타'

Torreya 비자나무속

Taxaceae 주목과

아시아, 북아메리카 등지에 약 7종이 분포하며 상록, 침엽, 관목 · 교목으로 자란다. 납작하고 긴 창 모양의 2열로 된 잎이 특징이다.

Torreya nucifera 비자나무
상록침엽교목. 생장이 느리고 300년 이상 오래 자란다. 바늘잎의 윗면은 윤택이 있고 끝이 뾰족하며 −18℃까지 월동한다. ↕20m ↔ 10m

Torreya nucifera 'Variegata'
비자나무 '바리에가타'
상록침엽교목. 잎에 불규칙적으로 발달하는 노란색 무늬가 있으며 −18℃까지 월동한다.
↕10m ↔ 5m

Trachelospermum asiaticum 마삭줄 ☻

Trachelospermum asiaticum 'Hatsuyuki' 마삭줄 '하츠유키'

Trachelospermum 마삭줄속

Apocynaceae 협죽도과

한국, 일본, 인도 등지에 약 20종이 분포하며 상록, 덩굴식물로 자란다. 정생 또는 액생 취산화서가 특징이다.

Trachelospermum asiaticum 마삭줄 ☻
상록활엽덩굴. 잎이 두껍고 짙은 녹색을 띤다. 바람개비 모양의 흰 꽃이 피며, 꽃에서 그윽한 향기가 나고 −18℃까지 월동한다. ↕8m

Trachelospermum asiaticum 'Hatsuyuki'
마삭줄 '하츠유키'
상록활엽덩굴. 잎이 처음 나올 때 분홍색을 띠다가 점차 눈이 내린 것 처럼 하얀색 산반무늬로 변하는 점이 특징으로 −18℃까지 월동한다. ↕8m

Trachelospermum asiaticum var. *majus*
백화등
상록활엽덩굴. 마삭줄보다 잎이 넓은 점이 특징이다. 흰색의 꽃이 매력적이고 그늘진 곳에서도 잘 자라며 −18℃까지 월동한다. ↕8m

Trachelospermum asiaticum var. *majus* 백화등

T

Trachelospermum jasminoides 'Tricolor' 털마삭줄 '트라이컬러'

Trachelospermum jasminoides 'Tricolor'
털마삭줄 '트라이컬러'
상록활엽덩굴. 잎에 불규칙적으로 발달하는 하얀색
무늬가 특징이다. 꽃의 향기가 아주 좋으며 −18℃
까지 월동한다. ↕ ↔ 8m

Trachycarpus 당종려속

Palmae 야자나무과

아시아 아열대지역에 약 9종이 분포하며 상록
야자류이다. 자웅이주로 대부분 하나의 줄기에서
잎이 나오나 가끔 뭉쳐나기도 하며 꼭대기에서
펼쳐지는 잎이 특징이다.

Tradescantia 'Little White Doll' 꽃자주달개비 '리틀 화이트 돌'

Trachycarpus fortunei 왜종려 🌱
상록야자. 하늘을 향해 곧게 직립하는 수형이
아름답다. 줄기 끝에는 부채모양의 넓은 잎들이 모여
나며 −15℃까지 월동한다. ↕ 12m ↔ 2,5m

Tradescantia 자주닭개비속

Commelinaceae 닭의장풀과

아메리카 대륙에 약 65종이 분포하며 상록·낙엽,
다년초로 자란다. 3개의 꽃잎과 꽃받침을 가진 꽃이
특징이다.

Tradescantia 'Little White Doll'
꽃자주달개비 '리틀 화이트 돌'
낙엽다년초. 하얀색 꽃이 특징이고 꽃잎 중앙에
달리는 노란색 수술이 매력적이며 −29℃까지
월동한다. ↕ ↔ 50cm

Tradescantia 'Red Grape'
꽃자주달개비 '레드 그레이프'
낙엽다년초. 적자색의 꽃이 매력적이며 −40℃까지
월동한다. ↕ ↔ 50cm

Tradescantia 'Sweet Kate'
꽃자주달개비 '스위트 케이트'
낙엽다년초. 잎과 전초가 밝은 노란색이고 보라색
꽃이 아름다우며 −21℃까지 월동한다. ↕ ↔ 50cm

Trachycarpus fortunei 왜종려 🌱

Tradescantia × *andersoniana* 'Red Grape'
꽃자주달개비 '레드 그레이프'

Tradescantia 'Sweet Kate' 꽃자주달개비 '스위트 케이트'

Tricyrtis 뻐꾹나리속

Liliaceae 백합과

히말라야 동부, 필리핀 등지에 약 16종이 분포하며 다년초로 자란다. 6개의 화피 조각을 가지는 꽃이 특징이다.

Tricyrtis formosana 'Samurai'
대만뻐꾹나리 '사무라이'
낙엽다년초, 잎 가장자리의 노란 무늬와 붉은 꽃이 매력적이며 −29℃까지 월동한다. ↕ ↔ 45cm

Tricyrtis formosana 'Samurai' 대만뻐꾹나리 '사무라이'

Tricyrtis hirta 'Alba' 털뻐꾹나리 '알바'

Tricyrtis hirta 'Alba' 털뻐꾹나리 '알바'
낙엽다년초, 하얀색으로 피는 꽃과 전체에 발달하는 털이 특징으로 그늘진 곳에서도 잘 자라며 −29℃까지 월동한다. ↕ 75cm ↔ 45cm

Tricyrtis macropoda 뻐꾹나리

Tricyrtis puberula 잔털뻐꾹나리

Tricyrtis macropoda 뻐꾹나리
낙엽다년초, 분수 모양의 꽃에는 흰색 바탕에 붉은색 반점이 발달한다. 그늘진 곳에서 잘 자라서 숲속정원에 식재하면 좋으며 −29℃까지 월동한다.
↕ 90cm ↔ 60cm

Tricyrtis puberula 잔털뻐꾹나리
낙엽다년초, 연두색 바탕의 꽃잎에 붉은 반점이 많은 꽃이 매력적이며 −29℃까지 월동한다.
↕ 60cm ↔ 40cm

Trifolium 토끼풀속

Fabaceae 콩과

오스트랄라시아를 제외한 전 세계에 약 240종이 분포하며 상록·낙엽, 일년초·이년초·다년초로 자란다. 잎은 세장이며 드물게 네 장인 것이 있으며 잘 퍼지는 것이 특징이다.

Trifolium repens 'Dark Dancer'
토끼풀 '다크 댄서'
낙엽다년초, 어두운 보라색의 잎이 특징으로 잘 퍼지며 −34℃까지 월동한다. ↕ 20cm ↔ 45cm

T

Trifolium repens 'Dark Dancer' 토끼풀 '다크 댄서'

Trifolium repens 'Dragon's Blood' 토끼풀 '드래곤스 블러드'

Trillium grandiflorum 큰꽃연영초 🌱

Trifolium repens 'Dragon's Blood'
토끼풀 '드래곤스 블러드'
낙엽다년초, 빨간색 무늬가 있는 흰색과 초록의
잎이 매력적이며 −34℃까지 월동한다.
↕12cm ↔45cm

Trifolium repens 'Purpurascens Quadrifolium'
토끼풀 '푸르푸라스켄스 쿠아드리폴리움'
낙엽다년초, 어두운 보라색의 잎은 간혹 네 장씩
달리기도 하며 −34℃까지 월동한다.
↕20cm ↔30cm

Trifolium repens 'Purpurascens Quadrifolium'
토끼풀 '푸르푸라스켄스 쿠아드리폴리움'

Trifolium repens 'William' 토끼풀 '윌리엄'
낙엽다년초, 붉은빛이 도는 자주색의 잎은 녹색
테두리가 발달하고 분홍색 꽃이 피며 −34℃까지
월동한다. ↕ ↔30cm

Trillium 연영초속

Liliaceae 백합과

북아메리카, 히말라야 서부, 북동아시아 등지에 약 30
종이 분포하며 낙엽, 다년초로 자란다. 세 개의 망상맥
이 있는 잎과 꽃줄기가 없이 피는 꽃이 특징이다.

Trillium erectum 붉은연영초 🌱

Trillium erectum 붉은연영초 🌱
낙엽다년초, 세 장으로 붙어서 나는 넓은 잎과 붉은
꽃이 매력적이며 −15℃까지 월동한다. ↕ ↔50cm

Trillium grandiflorum 큰꽃연영초 🌱
낙엽다년초, 흰색의 큰꽃이 매력적이며 −34℃까지
월동한다. ↕ ↔50cm

Trillium kamtschaticum 연영초
낙엽다년초, 넓은 세 장의 둥근 잎 중앙에서 올라오는
흰꽃이 특징이다. 그늘지고 습기가 높은 곳에
잘 자라서 숲속정원에 잘 어울리며 −29℃까지
월동한다. ↕ ↔30cm

Trillium kamtschaticum 연영초

Trifolium repens 'William' 토끼풀 '윌리엄'

Trillium erectum 붉은연영초 🌱

Trollius chinensis 중국금매화

Trollius macropetalus 큰금매화

Trollius pumilus 왜성금매화

Trollius 금매화속

Ranunculaceae 미나리아재비과

유럽, 아시아, 북아메리카 등지에 약 24종이 분포하며 다년초로 자란다. 줄기끝에 그릇 모양으로 한 송이씩 피고 수술이 많은 꽃이 특징이다.

Trollius chinensis 중국금매화
낙엽다년초, 오렌지색으로 피는 꽃이 아름다우며 −40℃까지 월동한다. ↕1m ↔50cm

Trollius chinensis 'Golden Queen'
중국금매화 '골든 퀸' 🏆
낙엽다년초, 진한 황금색의 꽃이 하늘을 향해 한 송이씩 모여 피며 −40℃까지 월동한다.

Trollius europaeus 유럽금매화
낙엽다년초, 노란색의 큰 꽃이 매력적이며 −40℃ 까지 월동한다. ↕1m ↔50cm

Trollius macropetalus 큰금매화
낙엽다년초, 주황색의 꽃이 접시 모양으로 피고 중앙에 긴 수술이 많이 모여 나며 −34℃까지 월동한다. ↕1.2m ↔60cm

Trollius pumilus 왜성금매화
낙엽다년초, 키가 작고 밝은 노란색의 꽃이 핀다. 암석원에 식재하기 알맞으며 −34℃까지 월동한다. ↕ ↔50cm

Trollius ranunculoides 화남금매화
낙엽다년초, 키가 작고 노란색의 꽃이 긴 꽃대에서 피며 −34℃까지 월동한다. ↕60cm

Trollius ranunculoides 화남금매화

Trollius chinensis 'Golden Queen' 중국금매화 '골든 퀸' 🏆

Trollius europaeus 유럽금매화

T

419

Tsuga canadensis 캐나다솔송나무

Tsuga canadensis 'Pendula' 캐나다솔송나무 '펜둘라' ⓦ

Tsuga 솔송나무속

Pinaceae 소나무과

한국, 히말라야, 버마, 베트남, 중국, 일본, 북아메리카 등지에 약 11종이 분포하며 상록, 침엽, 교목으로 자란다. 잎 뒷면에 은빛의 흰색 띠가 있고 납작한 선형의 잎이 특징이다.

Tsuga canadensis 캐나다솔송나무
상록침엽교목, 미국 펜실바니아주에서 최소 554살이 넘는 것으로 추정되는 개체가 발견될 정도로 오래사는 침엽수이다. 따갑지 않는 바늘잎과 아래를 향해 달리는 작은 솔방울이 특징이며 −40℃까지 월동한다. ↕ 30m

Tsuga canadensis 'Green Cascade' 캐나다솔송나무 '그린 캐스케이드'
상록침엽교목, 캐스케이드처럼 층층이 가지가 배열되어 단정한 수형을 가지는 점이 특징이며 −40℃까지 월동한다. ↕ ↔ 2m

Tsuga canadensis 'Pendula' 캐나다솔송나무 '펜둘라' ⓦ
상록침엽교목, 가지가 밑으로 처지면서 자라는 점이 특징이며 −40℃까지 월동한다. ↕ 4m ↔ 8m

Tsuga sieboldii 솔송나무
상록침엽교목, 울릉도에서 자생하고 많이 크는 수목이지만 어릴 때부터 전정을 통하여 단정한 수형으로 다듬을 수 있으며 −29℃까지 월동한다. ↕ 30m ↔ 15m

Tsuga canadensis 'Green Cascade' 캐나다솔송나무 '그린 캐스케이드'

Tsuga sieboldii 솔송나무(정원, 자생)

Tulipa 산자고속

Liliaceae 백합과

중앙아시아에 약 100종이 분포하며 구근으로 자란다. 타원 모양 또는 선 모양의 잎이 지표면에서 나오며 한 개의 꽃줄기에 종 모양의 꽃이 한 송이씩 핀다.

Tulipa 'Claudia' 튤립 '클라우디아'
낙엽다년초, 종 모양의 자주색 꽃은 벌어지면서 바깥쪽 가장자리와 안쪽이 흰색으로 드러나며 −40℃ 까지 월동한다. ↕50cm ↔15cm

Tulipa 'Angelique' 튤립 '앤절리크'

Tulipa 'Curly Sue' 튤립 '컬리 수'

Tulipa 'Golden Apeldoorn' 튤립 '골든 아펠도른'

Tulipa 'Golden Apeldoorn'
튤립 '골든 아펠도른'
낙엽다년초, 황금색의 둥근 종 모양 꽃이 아름다우며 −40℃까지 월동한다. ↕50cm

Tulipa 'Hamilton' 튤립 '해밀턴'

Tulipa 'Dreaming Maid' 튤립 '드리밍 메이드'

Tulipa 'Dynasty' 튤립 '다이너스티'

Tulipa 'Fantainebleau' 튤립 '퐁텐블로'

Tulipa humilis Violacea Group 툴리파 후밀리스 비올라케아 그룹

Tulipa 'Jan van Nes' 튤립 '얀판네스'

Tulipa 'Claudia' 튤립 '클라우디아'

421

Tulipa 'Leen van der Mark' 튤립 '린판데르마크'

Tulipa 'Purissima' 튤립 '푸리시마' 🏆

Tulipa 'Shirley' 튤립 '셜리'

Tulipa linifolia 'Bright Gem' 튤리파 리니폴리아 '브라이트 젬' 🏆

Tulipa 'Queens Land' 튤립 '퀸스 랜드'

Tulipa 'Leen van der Mark' 튤립 '린판데르마크'
낙엽다년초, 둥글게 빨간 꽃의 가장자리가 흰색이며 −34℃까지 월동한다. ↕60cm ↔ 10cm

Tulipa linifolia 'Bright Gem' 튤리파 리니폴리아 '브라이트 젬' 🏆
낙엽다년초, 잎이 가늘고 붉은 무늬가 있는 노란색 꽃이 매력적이며 −34℃까지 월동한다. ↕50cm ↔ 10cm

Tulipa 'Purissima' 튤립 '푸리시마' 🏆
낙엽다년초, 꽃잎의 아래 끝부분이 진한 노란색인 크림색의 꽃이 피며 −40℃까지 월동한다. ↕50cm ↔ 10cm

Tulipa saxatilis 튤리파 삭사틸리스 🏆
낙엽다년초, 연한 보라색 꽃의 중앙에 발달하는 둥근 노란색 무늬가 특징이며 −34℃까지 월동한다. ↕15cm

Tulipa sylvestris 튤리파 실베스트리스
낙엽다년초, 노란색의 큰 꽃이 피는 것이 특징이다. 잎은 길고 가늘며 −29℃까지 월동한다. ↕50cm ↔ 10cm

Tulipa turkestanica 튤리파 투르케스타니카 🏆
낙엽다년초, 흰색의 작은 꽃이 매력적이며 −29℃까지 월동한다. ↕50cm ↔ 10cm

Tulipa 'Spring Green' 튤립 '스프링 그린' 🏆

Tulipa 'Negrita' 튤립 '네그리타'

Tulipa saxatilis 튤리파 삭사틸리스 🏆

Tulipa 'Strong Gold' 튤립 '스트롱 골드' 🏆

Tulipa 'Orange Emperor' 튤립 '오렌지 엠퍼러'

Tulipa sylvestris 튤리파 실베스트리스

Tulipa 'Synaeda Blue' 튤립 '시네다 블루'

Tulipa turkestanica 툴리파 투르케스타니카 🔽

Tulipa 'Washington' 튤립 '워싱턴'

Typha latifolia 'Variegata' 큰잎부들 '바리에가타'

Tulipa 'Upstar' 튤립 '업스타'

Tulipa 'Yellow Pomponette' 튤립 '옐로 폼포네트' 🔽

Typha 부들속

Typhaceae 부들과

전 세계 온대, 열대 등지에 약 15종이 분포하며
다년초로 자란다. 수상화서로 갈색의 핫도그 모양의
꽃 이삭이 특징이다.

Typha latifolia 'Variegata'
큰잎부들 '바리에가타'
낙엽다년초, 세로 방향으로 길게 들어가는 흰색
무늬잎의 관상가치가 높으며 −34℃까지 월동한다.
↕ 2.4m

Typha minima 좀부들
낙엽다년초, 핫도그 모양의 수상화서 길이가 짧은
점이 특징이다. 습지에서 자라며 −34℃까지
월동한다. ↕ ↔ 50cm

Typha orientalis 부들
낙엽다년초, 습지에 잘 자라며 암꽃 이삭이 매력적
이며 −34℃까지 월동한다. ↕ 2.5m ↔ 5m

Typha minima 좀부들

Tulipa 'Virichic' 튤립 '비리칙'

Typha orientalis 부들

U

U

Ulmus 느릅나무속

Ulmaceae 느릅나무과

북부 온대 에 약 45종이 분포하며 낙엽, 교목·관목으로 자란다. 가장자리에 톱니가 있는 잎과 날개가 달린 시과가 특징이다.

Ulmus davidiana var. *japonica* 느릅나무
낙엽활엽교목. 잎의 표면이 거칠며 가장자리에 복거치가 발달하는 점이 특징이며 −34℃까지 월동한다. ↕18m ↔ 12m

Ulmus parvifolia 참느릅나무
낙엽활엽교목. 잎이 작고 수피가 조각으로 떨어진다. 주황색 피목이 발달하며 −29℃까지 월동한다.
↕20m ↔ 15m

Ulmus pumila 'Jinye' 비술나무 '진예'
낙엽활엽교목. 밝은 황금색 잎이 매력적이며 조밀하게 자란다. 전정에도 강하여 생울타리 또는 차폐식재용으로도 훌륭하며 −29℃까지 월동한다.
↕5m ↔ 3m

Ulmus parvifolia 참느릅나무

Ulmus davidiana var. *japonica* 느릅나무

Ulmus pumila 'Jinye' 비술나무 '진예'

Ulmus parvifolia 'Hokkaido' 참느릅나무 '훗카이도'

Uvularia grandiflora 우불라리아 그란디플로라 🏆

Ulmus parvifolia 'Hokkaido'
참느릅나무 '훗카이도'
낙엽활엽관목. 키가 매우 작게 자라고 작은 잎이
조밀하게 붙으며 −29℃까지 월동한다. ↕ ↔ 15cm

Ulmus parvifolia 'Variegata'
참느릅나무 '바리에가타'
낙엽활엽교목. 잎 전체적으로 발달하는 흰색 점무늬가
특징이다. 봄철 잎이 나올 때는 전체가 크림색을 띠어
주변을 밝혀주며 −29℃까지 월동한다.
↕ 15m ↔ 10m

Ulmus procera 'Argenteovariegata'
뜰느릅나무 '아르겐테오바리에가타'
낙엽활엽교목. 잎에 흰색 무늬가 불규칙하게
발달하며 −23℃까지 월동한다. ↕ 30m ↔ 20m

Uvularia 우불라리아속

Liliaceae 백합과

동북아메리카에 약 다섯 종이 분포하며 다년초로
자란다. 6개의 꽃잎을 가진 노란색 꽃이 아래를 향해
피는 것이 특징이다.

Uvularia grandiflora
우불라리아 그란디플로라 🏆
낙엽다년초. 아래를 향해 피는 노란색 꽃이 아름답다.
그늘에도 잘 자라서 숲속정원에 잘 어울리며
−34℃까지 월동한다. ↕ 45cm ↔ 40cm

Ulmus parvifolia 'Variegata' 참느릅나무 '바리에가타'

Ulmus procera 'Argenteovariegata' 뜰느릅나무 '아르겐테오바리에가타'

U

V

Vaccinium 산앵도나무속

Ericaceae 진달래과

전 세계에 약 450종이 분포하며 상록·반상록·낙엽,
관목·교목으로 자란다. 가죽질의 두터운 잎과 먹을
수 있는 구형 열매가 특징이다.

Vaccinium bracteatum 모새나무
상록활엽관목. 항아리를 거꾸로 세워놓은 듯한 흰색
꽃과 검정색으로 익는 열매가 특징이며 −18℃까지
월동한다. ↕3m

Vaccinium corymbosum 'Duke'
블루베리 '듀크'
낙엽활엽관목. 하얀색으로 모여 피는 항아리 모양의
흰색 꽃과 가을철 붉게 물드는 단풍이 아름답다.
특히 여름철에는 열매가 파란색으로 익는데 맛이 좋아
식용으로 많이 이용하며 −29℃까지 월동한다.
↕2.5m ↔ 1.5m

Vaccinium bracteatum 모새나무(꽃, 열매)

Vaccinium corymbosum 'Duke' 블루베리 '듀크'

Vaccinium hirtum var. koreanum 산앵도나무

Vaccinium oldhamii 정금나무

Vaccinium oxycoccus 넌출월귤

Vaccinium uliginosum 들쭉나무

Vaccinium hirtum var. koreanum
산앵도나무
낙엽활엽관목. 높은 산지의 바위틈에서 자란다.
키가 작고 하얀색 꽃과 붉은색 열매가 아름다워
암석원 소재로 좋으며 −40℃까지 월동한다.
↕ ↔ 1m

Vaccinium oldhamii 정금나무
낙엽활엽관목. 붉은빛을 띠는 연녹색 항아리 모양의
꽃들이 줄지어 달린다. 가을철 붉게 물드는 단풍이
매력적이며 −18℃까지 월동한다. ↕3m

Vaccinium oxycoccus 넌출월귤
낙엽활엽덩굴. 바닥에 낮게 기면서 자란다. 뒤로
활짝 젖혀지는 흰색 꽃과 붉은 열매가 특징으로
−40℃까지 월동한다. ↕10cm ↔ 1m

Vaccinium uliginosum 들쭉나무
낙엽활엽관목. 잎은 가장자리가 붉은색을 띠는
녹색이다. 단지 모양을 뒤집어놓은 듯한 붉은색 꽃과
파랗게 익는 열매가 특징으로 −46℃까지 월동한다.
↕1m

Vaccinium vitis-idaea 월귤 🌸
낙엽활엽관목. 하얗게 모여 피는 꽃과 붉은색 열매가
매력적이다. 키가 작아서 암석원에 좋으며 −46℃
까지 월동한다. ↕30cm ↔ 50cm

Vaccinium vitis-idaea 월귤 🌸

Valeriana fauriei 쥐오줌풀

Verbascum nigrum 베르바스쿰 니그룸

Valeriana 쥐오줌풀속

Valerianaceae 마타리과

호주를 제외한 전 세계에 약 200종이 분포하며
반상록·상록, 일년초·다년초·관목으로 자란다.
잎은 마주나며 가늘고 긴 통 모양의 꽃이 특징이다.

Valeriana fauriei 쥐오줌풀
낙엽다년초, 줄기 끝에 우산형으로 피는 연분홍색
꽃이 매력적이며 −29℃까지 월동한다. ↕ 1m

Verbascum 우단담배풀속

Scrophulariaceae 현삼과

유럽, 북아프리카, 서아시아, 중앙아시아 등지에 약
360종이 분포하며 일년초·이년초·다년초로 자란다.
잎에 털이 많고 꽃잎이 세 장인 접시모양의 꽃이 특징이다.

Verbascum densiflorum
베르바스쿰 덴시플로룸
낙엽다년초, 잎은 로제트형으로 회황색의 털로 빽빽이
덮혀 있다. 하늘을 향해 직립하는 꽃대에는 노란색
꽃들이 빽빽하게 달리며 −34℃까지 월동한다.
↕ 1.2m ↔ 60cm

Verbascum nigrum
베르바스쿰 니그룸
낙엽다년초, 가늘게 하늘을 향해 올라가는 꽃대에는
보라색 수술을 가진 노란색 꽃이 달리며 −40℃까지
월동한다. ↕ ↔ 1m

Veronica 개불알풀속

Scrophulariaceae 현삼과

북반구 온대, 유럽, 터키 등지에 약 250종이 분포하며
낙엽, 일년초·다년초·반관목으로 자란다. 잎은 마주
나기 하며 꽃은 잎겨드랑이에서 나온다. 꽃과 꽃받침
은 4~5갈래이다.

Veronica longifolia 긴산꼬리풀
낙엽다년초, 무리지어 자라고 위를 향해 꼬리 모양
으로 피는 보라색 꽃이 매력적이며 −34℃까지
월동한다. ↕ 1m ↔ 70cm

Verbascum densiflorum 베르바스쿰 덴시플로룸

Verbascum nigrum 베르바스쿰 니그룸

Veronica longifolia 긴산꼬리풀

V

431

Veronica prostrata 누운방패꽃 ♀

Veronicastrum sibiricum 냉초

Veronica prostrata 누운방패꽃 ♀

낙엽다년초, 매트형으로 빽빽하게 자란다. 잎은 좁고 직립하는 수상화서에 작은 컵 모양의 푸른색의 꽃이 피어 매력적이며 −29℃까지 월동한다.
↕ 20cm ↔ 50cm

Veronica spicata 'Heidekind'
이삭꼬리풀 '하이드킨드'

낙엽다년초, 잎은 회녹색으로 마주난다. 하늘을 향해 곧게 자라는 꽃대에서 피는 분홍색 꽃이 매력적이며 −40℃까지 월동한다. ↕ ↔ 30cm

Veronica spicata 'Ulster Blue Dwarf'
이삭꼬리풀 '얼스터 블루 드와프'

낙엽다년초, 길고 곧게 자라는 화서의 파란색 꽃이 풍성하고 매력적이며 −40℃까지 월동한다.
↕ 40cm ↔ 20cm

Veronicastrum 냉초속

Scrophulariaceae 현삼과

시베리아, 북아메리카 등지에 2종이 분포하며 다년초로 자란다. 가장자리에 톱니가 있는 잎이 돌려나며 꽃은 총상화서이다.

Veronicastrum sibiricum 냉초

낙엽다년초, 잎이 돌려나고 줄기 끝에 꼬리 모양으로 피는 보라색 꽃이 매력적이며 −29℃까지 월동한다.
↕ ↔ 1m

Viburnum 산분꽃나무속

Caprifoliaceae 인동과

북반구 온대, 말레이시아, 남아메리카 등지에 약 150종이 분포하며 상록 · 낙엽, 관목 · 소교목으로 자란다. 잎은 마주나며 가장자리는 밋밋하거나 톱니가 있으며 드물게 손바닥 모양으로 갈라진다.

Veronica spicata 'Heidekind' 이삭꼬리풀 '하이드킨드'

Veronica spicata 'Ulster Blue Dwarf' 이삭꼬리풀 '얼스터 블루 드와프'

Viburnum betulifolium 자작잎가막살나무

Viburnum × *burkwoodii* 버크우드분꽃나무(수형, 꽃)

Viburnum betulifolium 자작잎가막살나무
낙엽활엽관목. 잎은 자작나무의 잎을 닮았고 붉은
열매가 매력적이며 −23℃까지 월동한다. ↕ ↔ 2.5m

Viburnum × *bodnantense* 'Charles Lamont'
올분꽃나무 '찰스 러몬트' ❀
낙엽활엽관목. 향기가 좋은 붉은빛을 띠는 흰색 꽃이
특징이다. 늦겨울에서 이른 봄 개화하여 겨울정원에
잘 어울리는 소재이며 −18℃까지 월동한다.
↕ 2.5m ↔ 1.5m

Viburnum × *bodnantense* 'Dawn'
올분꽃나무 '돈' ❀
낙엽활엽관목. 이른 봄 향기가 좋은 분홍색 꽃이 모여
피어 겨울정원 소재로 좋으며 −18℃까지 월동한다.
↕ 2.5m ↔ 1.5m

Viburnum × *bodnantense* 'Deben'
올분꽃나무 '데벤' ❀
낙엽활엽관목. 이른 봄 향기가 좋은 연분홍색 꽃이
모여 피며 −18℃까지 월동한다. ↕ 2.5m ↔ 1.5m

Viburnum × *burkwoodii* 버크우드분꽃나무
상록활엽관목. 끝이 다섯 개로 갈라진 하얀색 꽃들이
우산 모양으로 빽빽하게 모여 피며 −18℃까지
월동한다. ↕ ↔ 2.5m

Viburnum carlesii 분꽃나무
낙엽활엽관목. 잎이 둥글며 흰색으로 피는 꽃송이에서
향기로운 냄새가 나며 −34℃까지 월동한다.
↕ ↔ 2.5m

Viburnum cinnamomifolium 시나몬아왜나무 ❀
상록활엽관목. 광택이 있는 타원 모양의 잎에 세 개의
평행맥이 뚜렷하게 발달한다. 우산 모양으로 모여
피는 흰색의 작은 꽃들이 아름다우며 −15℃까지
월동한다. ↕ ↔ 4m

Viburnum × *bodnantense* 'Charles Lamont'
올분꽃나무 '찰스 러몬트' ❀

Viburnum × *bodnantense* 'Dawn' 올분꽃나무 '돈' ❀

Viburnum × *bodnantense* 'Deben' 올분꽃나무 '데벤' ❀

Viburnum carlesii 분꽃나무

Viburnum cinnamomifolium 시나몬아왜나무 ❀

V

433

Viburnum dilatatum 가막살나무

Viburnum farreri 페러분꽃나무 🏆

Viburnum × juddii 저드분꽃나무

Viburnum dilatatum 가막살나무
낙엽활엽관목. 잎이 넓은 둥근 모양이고 하얀색 꽃이
우산 모양으로 모여 핀다. 붉은색으로 익는 열매는
긴 달걀 모양에 가까운 원형으로 −29℃까지
월동한다. ↕ ↔ 3m

Viburnum erosum 덜꿩나무
낙엽활엽관목. 잎자루에 붉은 한쌍의 턱잎이 달린
점이 특징이다. 우산 모양으로 모여 피는 하얀색
꽃과 원형의 붉은열매가 아름다우며 −23℃까지
월동한다. ↕ ↔ 3m

Viburnum farreri 페러분꽃나무 🏆
낙엽활엽관목. 이른 봄 잎보다 먼저 피는 분홍빛을
띠는 흰색 꽃의 향기가 좋으며 −29℃까지 월동한다.
↕ ↔ 2.5m

Viburnum furcatum 분단나무 🏆
낙엽활엽관목. 원형에 가까운 넓은 잎이 특징이다.
평평한 우산 모양으로 피는 흰색 꽃과 붉은색으로
물드는 단풍이 아름다우며 −18℃까지 월동한다.
↕ ↔ 4m

Viburnum furcatum 분단나무 🏆

Viburnum furcatum 'Pink Parasol' 분단나무 '핑크 파라솔'
낙엽활엽관목. 우산 모양으로 피는 연한 분홍색 꽃과
자주색 잎이 특징이며 −18℃까지 월동한다.
↕ ↔ 4m

Viburnum × hillieri 'Winton' 힐리어아왜나무 '윈턴' 🏆
반상록활엽관목. 직립하는 줄기와 흰색의 꽃이
무리지어 피는 것이 매력적이며 −15℃까지 월동한다.
↕ ↔ 2.5m

Viburnum macrocephalum 중국왕설구화

Viburnum × juddii 저드분꽃나무
낙엽활엽관목. 향기가 진하고 좋은 분홍빛 하얀 꽃이
덩어리로 모여 피며 −34℃까지 월동한다.
↕ ↔ 1.5m

Viburnum lantana 참우단아왜나무
낙엽활엽관목. 우산형으로 무리지어 피는 흰꽃과 붉은
열매가 매력적이며 −34℃까지 월동한다. ↕ ↔ 4m

Viburnum macrocephalum 중국왕설구화
낙엽활엽관목. 구형으로 크게 모여 피는 하얀색
꽃송이가 매력이며 −29℃까지 월동한다. ↕ ↔ 4.5m

Viburnum furcatum 'Pink Parasol' 분단나무 '핑크 파라솔'

| *Viburnum erosum* 덜꿩나무

Viburnum × hillieri 'Winton' 힐리어아왜나무 '윈턴' 🏆

Viburnum lantana 참우단아왜나무(꽃, 열매)

Viburnum opulus 'Aureum' 백당나무 '아우레움'

Viburnum opulus f. *hydrangeoides* 불두화

Viburnum plicatum f. *tomentosum* 'Dart's Red Robin'
털설구화 '다츠 레드 로빈'

Viburnum opulus var. *sargentii* 백당나무

Viburnum plicatum f. *tomentosum* 'Lanarth' 털설구화 '라나스'

Viburnum opulus 'Aureum'
백당나무 '아우레움'
낙엽활엽관목, 황금색으로 펼쳐지는 세 갈래 잎과
우산 모양으로 모여 피는 흰색 꽃의 관상가치가
높으며 −34℃까지 월동한다. ↕ ↔ 4m

Viburnum opulus 'Compactum'
백당나무 '콤팍툼' ❓
낙엽활엽관목, 작고 단정하게 자라는 수형이 특징으로
−23℃까지 월동한다. ↕ ↔ 1.5m

Viburnum opulus f. *hydrangeoides* 불두화
낙엽활엽관목, 전체가 무성화인 점이 특징이고
구형으로 모여 피는 하얀색 꽃이 아름다우며 −34℃
까지 월동한다. ↕ ↔ 1.5m

Viburnum opulus var. *sargentii* 백당나무
낙엽활엽관목, 잎은 세 갈래로 갈라지며 꽃은
우산 모양으로 모여 피는데 바깥쪽에는 하얀색
무성화가 화사하게 핀다. 붉은 열매가 매력적이며
−34℃까지 월동한다. ↕ ↔ 3m

Viburnum opulus 'Xanthocarpum'
백당나무 '크산토카르품' ❓
낙엽활엽관목, 노란색으로 익는 열매가 특징으로
겨울철까지 달려있어 겨울정원 소재로도 좋으며
−29℃까지 월동한다. ↕ ↔ 4m

Viburnum plicatum f. *tomentosum* 'Dart's Red Robin' 털설구화 '다츠 레드 로빈'
낙엽활엽관목, 크림색을 띠는 분홍색 꽃이 무리지어
피면서 층을 이루는 것이 매력적이며 −29℃까지
월동한다. ↕ 1.8m ↔ 2m

Viburnum plicatum f. *tomentosum* 'Lanarth'
털설구화 '라나스'
낙엽활엽관목, 흰색의 큰꽃들이 무리지어 층을 이루는
점이 특징이며 −29℃까지 월동한다. ↕ ↔ 4m

Viburnum plicatum f. *tomentosum* 'Mariesii'
털설구화 '마리에시' ❓
낙엽활엽관목, 하얀색의 큰 꽃송이가 아름다워
화사한 분위기 연출이 필요한 양지 또는 반그늘
지역에 좋으며 −29℃까지 월동한다. ↕ ↔ 4m

Viburnum opulus 'Compactum' 백당나무 '콤팍툼' ❓

Viburnum opulus 'Xanthocarpum' 백당나무 '크산토카르품' ❓

Viburnum plicatum f. *tomentosum* 'Mariesii' 털설구화 '마리에시' ❓

V

Viburnum × rhytidophylloides 좀우단아왜나무

Viburnum rhytidophyllum 우단아왜나무

Viburnum plicatum f. *tomentosum* Pink Beauty' 털설구화 '핑크 뷰티' 🏆

Viburnum plicatum f. *tomentosum* 'Pink Beauty' 털설구화 '핑크 뷰티' 🏆
낙엽활엽관목, 가짜꽃의 색깔이 처음 나올 때 연두색 바탕에 진한 분홍색을 띠다가 점점 연한 분홍색으로 변하며 −29℃까지 월동한다. ↕ ↔ 4m

Viburnum plicatum 'Popcorn' 설구화 '팝콘' 🏆
낙엽활엽관목, 팝콘이 연상 될 정도의 흰꽃들이 덩어리로 많이 피어 매력적이며 −29℃까지 월동한다. ↕ 2.4m ↔ 2m

Viburnum plicatum 'Roseum' 설구화 '로세움'
낙엽활엽관목, 무리지어 피는 흰꽃의 가장자리에 연한 장밋빛을 띠는 특성이 있으며 −29℃까지 월동한다. ↕ 2m ↔ 2.4m

Viburnum 'Pragense' 반들분꽃나무 '프라겐스' 🏆
상록활엽관목, 가죽질의 두툼한 잎의 표면은 광택이 있고 하얀색의 작은 꽃들이 모여 우산 모양의 꽃차례를 만들며 −23℃까지 월동한다. ↕ ↔ 3.5m

Viburnum prunifolium 벚잎분꽃나무
낙엽활엽관목, 벚나무 잎을 닮은 길쭉한 달걀 모양의 잎과 크림색으로 모여 피는 꽃이 매력적이며 −40℃까지 월동한다. ↕ 4.5m ↔ 3.5m

Viburnum × rhytidophylloides 좀우단아왜나무
반상록활엽관목, 주름진 가죽질의 잎 표면에 윤기가 흐르고 우산형으로 피는 흰꽃이 매력적이며 −18℃까지 월동한다. ↕ ↔ 3m

Viburnum plicatum 'Popcorn' 설구화 '팝콘' 🏆

Viburnum 'Pragense' 반들분꽃나무 '프라겐스' 🏆

Viburnum rhytidophyllum 'Variegatum' 우단아왜나무 '바리에가툼'

V

Viburnum plicatum 'Roseum' 설구화 '로세움'

Viburnum prunifolium 벚잎분꽃나무

Viburnum setigerum 차가막살나무

Viburnum setigerum 차가막살나무

Viburnum rhytidophyllum 우단아왜나무
상록활엽관목, 타원형의 잎과 덩어리로 피는 하얀색
꽃이 매력적이며 −18℃까지 월동한다. ↕ ↔ 4m

Viburnum rhytidophyllum 'Variegatum'
우단아왜나무 '바리에가툼'
상록활엽관목, 진한 녹색의 주름진 가죽질 잎에
크림색의 무늬가 불규칙하게 발달하며 −18℃까지
월동한다. ↕ ↔ 4.5m

Viburnum setigerum 차가막살나무
낙엽활엽관목, 구릿빛을 띠는 잎이 아래로 축
늘어지는 모습이 특징으로 −29℃까지 월동한다.
↕ 4m ↔ 2.5m

Viburnum tinus 'Eve Price'
월계분꽃나무 '이브 프라이스' 🏆
상록활엽관목, 흰색의 작은 꽃들이 우산 모양으로
모여 피고 광택이 있는 진한 녹색의 잎이 매력적이며
−12℃까지 월동한다. ↕ ↔ 2.5m

Viburnum tinus 'Eve Price' 월계분꽃나무 '이브 프라이스' 🏆

Vinca major 큰잎빈카

Vinca minor 빈카

Vinca 빈카속

Apocynaceae 협죽도과

유럽, 북아프리카, 중앙아시아 등지에 약 7종이 분포
하며 상록, 다년초·반관목으로 자란다. 잎은 단엽으로
마주나며 엽액에서 피는 꽃잎이 다섯 장인 것이
특징이다.

Vinca minor 'Illumination' 빈카 '일루미네이션'

Vinca major 큰잎빈카
상록활엽반관목, 바닥에 퍼지면서 일어선듯 자란다.
보라색 별 모양의 꽃이 아름답다. 잎과 꽃이 빈카보다
크게 자라며 −12℃까지 월동한다.
↕ 70cm ↔ 5m

Vinca minor 빈카
상록다년초, 바닥에 퍼지면서 자란다. 진녹색의 작은
잎과 보라색 꽃이 매력적이다. 그늘진 곳에서 잘 자라
며 −18℃까지 월동한다. ↕ 50cm ↔ 3m

Vinca minor 'Argenteovariegata'
빈카 '아르겐테오바리에가타' 🏆
상록다년초, 잎의 가장자리에 발달하는 연노란색
무늬가 특징이다. 그늘진 곳에서 잘 자라며
−18℃까지 월동한다. ↕ 50cm ↔ 3m

Vinca minor 'Illumination' 빈카 '일루미네이션'
상록다년초, 가장자리가 초록인 노랑잎과 보라색
꽃이 매력적이며 −18℃까지 월동한다.
↕ 50cm ↔ 3m

Vinca minor 'Argenteovariegata' 빈카 '아르겐테오바리에가타' 🏆

V

Viola papilionacea 종지나물

Vitex rotundifolia 순비기나무

Viola 제비꽃속

Violaceae 제비꽃과

전 세계에 약 500종이 분포하며 낙엽·반상록·상록,
일년초·이년초·다년초로 자란다. 잎의 엽액에서
피는 다섯 장의 꽃잎을 가진 꽃이 특징이다.

Viola papilionacea 종지나물
낙엽다년초, 흰색과 보라색으로 섞여 피는 꽃이
매력적이며 −40℃까지 월동한다. ↕20cm

Viola rossii 고깔제비꽃
낙엽다년초, 잎이 나올 때 고깔 모양을 닮은 점이
특징으로 −34℃까지 월동한다. ↕15cm

Viola rossii 고깔제비꽃

Vitex 순비기나무속

Verbenaceae 마편초과

열대, 온대, 호주 등지에 약 250종이 분포하며 관목·
교목으로 자란다. 잎은 홑잎 또는 손바닥 모양의 겹잎
으로 마주나게 붙으며 가장자리는 밋밋하거나 톱니가
발달하고 꽃통은 다섯 갈래인 것이 특징이다.

Vitex rotundifolia 순비기나무
낙엽활엽관목, 바닷가 모래땅에서 바닥을 기면서
자라고 둥근 잎과 열매에서 진한 향기가 난다. 줄기
끝에 피는 보라색 꽃이 매력적이며 −18℃까지
월동한다. ↕1m ↔ 2.5m

Wasabia japonica 고추냉이

Waldsteinia 나도양지꽃속

Rosaceae 장미과

북부 온대에 약 6종이 분포하며 다년초로 자란다.
잎은 3출엽으로 가장자리에 톱니가 있거나 결각 또는
물결 모양이 있다. 꽃은 잎이 없는 꽃줄기에
1~3송이씩 피고 꽃잎이 다섯 장인 것이 특징이다.

Waldsteinia ternata 나도양지꽃
낙엽다년초, 바닥에 낮게 퍼지면서 자란다. 잎은
세 갈래로 갈라지며 노란색 꽃이 핀다. 고산성
식물로 서늘한 환경에서 잘 자라서 암석원 소재로
좋으며 −40℃까지 월동한다. ↕ 10cm ↔ 1m

Wasabia japonica 고추냉이
낙엽다년초, 둥근 신장 모양의 진녹색 잎과 하얗게
모여 피는 꽃이 매력적이다. 습도가 높고 다소 그늘진
곳에서도 잘 자라서 숲속 정원에 좋으며 −29℃까지
월동한다. ↕ ↔ 50cm

Wasabia 고추냉이속

Brassicaceae 배추과

한국, 일본 등지에 2종이 분포하며 다년초로 자란다.
뿌리줄기는 굵고 뿌리잎은 잎자루가 길며 둥근 신장
모양으로 가장자리에 물결 모양의 톱니가 발달한다.
전초에서 매운맛이 나는 것이 특징이다.

Weigela 병꽃나무속

Caprifoliaceae 인동과

동아시아에 약 12종이 분포하며 낙엽, 관목으로
자란다. 길게 병 모양으로 피는 꽃과 가장자리에
톱니가 있는 잎이 마주나는 것이 특징이다.

Weigela 'Bristol Ruby'
꽃병꽃나무 '브리스틀 루비'
낙엽활엽관목, 꽃이 진한 붉은색으로 아름답게 피며
−29℃까지 월동한다. ↕ ↔ 2.5m

Weigela florida 붉은병꽃나무
낙엽활엽관목, 붉은색의 꽃과 진녹색의 조화가
아름답다. 양지바른 곳에서 잘 자라지만 다소 그늘진
곳에서도 잘 자라서 숲속 정원에 활용하면 좋은
효과를 연출할 수 있으며 −29℃까지 월동한다.
↕ ↔ 2m

Weigela 'Bristol Ruby' 꽃병꽃나무 '브리스틀 루비'

Weigela florida 붉은병꽃나무

Waldsteinia ternata 나도양지꽃

Weigela florida 'Alexandra' 붉은병꽃나무 '알렉산드라' ❤

Weigela florida 'Alexandra'
붉은병꽃나무 '알렉산드라' ❤

낙엽활엽관목. 짙은 자주색 잎 사이에서 피는 밝은
홍색의 꽃이 아름다우며 −29℃까지 월동한다.
↕ 1.5m ↔ 1.8m

Weigela florida 'Aureo Marginata' 붉은병꽃나무 '아우레오 마르기나타'

Weigela 'Florida Variegata' 꽃병꽃나무 '플로리다 바리에가타' ❤

Weigela florida 'Aureo Marginata'
붉은병꽃나무 '아우레오 마르기나타'

낙엽활엽관목. 잎 가장자리에 발달하는 황금색 무늬의
관상가치가 높으며 −29℃까지 월동한다. ↕ ↔ 2m

Weigela 'Florida Variegata'
꽃병꽃나무 '플로리다 바리에가타' ❤

낙엽활엽관목. 잎 가장자리에 발달하는 흰색 무늬가
매력적으로 연분홍의 꽃이 풍성하게 피고 −29℃까지
월동한다. ↕ ↔ 2.5m

Weigela 'Olympiade' 꽃병꽃나무 '올림피아드'

Weigela 'Olympiade' 꽃병꽃나무 '올림피아드'

낙엽활엽관목. 황금색으로 유지되는 잎과 밝은
홍색으로 피는 꽃이 아름답다. 양지바른 곳에서
효과가 좋으며 −29℃까지 월동한다.
↕ 2.4m ↔ 2.7m

Weigela subsessilis 병꽃나무

낙엽활엽관목. 연노란색으로 피기 시작하여 점차
붉은색으로 변하는 꽃이 특징이다. 반그늘에서도
잘 자라서 숲속 정원에 잘 어울리는 소재이며
−34℃까지 월동한다. ↕ ↔ 2m

Weigela subsessilis 병꽃나무

W

Wisteria floribunda 등

Wisteria floribunda 'Rosea' 등 '로세아' 🏆

Wisteria 등속

Fabaceae 콩과

한국, 중국, 일본, 미국 동부 등지에 약 10종이 분포하며 덩굴식물로 자란다. 잎은 기수우상복엽이며 작은 잎은 가장자리가 밋밋하고 화서는 아래를 향해 길게 늘어지는 것이 특징이다.

Wisteria floribunda 등

낙엽활엽덩굴, 퍼걸러에 많이 심으며 아래로 처지면서 피는 보라색의 꽃에서 향기로운 냄새가 퍼지며 −29℃까지 월동한다. ↕ 8m ↔ 6m

Wisteria floribunda 'Alba' 흰등 🏆

낙엽활엽덩굴, 아래로 늘어지면서 피는 흰색 꽃이 매력적이며 −29℃까지 월동한다. ↕ 8m ↔ 6m

Wisteria floribunda 'Rosea' 등 '로세아' 🏆

낙엽활엽덩굴, 길게 늘어지며 총상화서로 피는 연분홍색의 꽃이 특징이며 −29℃까지 월동한다. ↕ 8m ↔ 4m

Wisteria frutescens 미국등나무

낙엽활엽덩굴, 연보라색의 작은 꽃들이 빽빽하게 짧은 꽃차례를 이루며 −29℃까지 월동한다. ↕ 8m ↔ 6m

Wisteria macrostachya 장수등나무

Wisteria macrostachya 장수등나무

낙엽활엽덩굴, 연보라색에 진한 청색이 섞인 짧은 꽃차례가 특징으로 향기가 좋으며 −40℃까지 월동한다. ↕ 8m ↔ 6m

Wisteria floribunda 'Alba' 흰등 🏆

Wisteria frutescens 미국등나무

X
Y
Z

X Y

Xanthoceras 크산토케라스속

Sapindaceae 무환자나무과

중국에 1종이 분포하며 낙엽, 관목으로 자란다.
잎 가장자리에 날카로운 톱니가 있으며 원추화서로
꽃이 피는 것이 특징이다.

Xanthoceras sorbifolium
크산토케라스 소르비폴리움 🏆

낙엽활엽관목, 다섯 개로 갈라지는 꽃의 중심부는 붉은
색으로 향기가 좋으며 잎은 마가목의 잎을 닮았다.
단독으로 식재하거나 군식하여 생울타리로 이용해도
좋으며 −34℃까지 월동한다. ↕4m ↔ 2.5m

Xanthoceras sorbifolium
크산토케라스 소르비폴리움 🏆 (수형, 꽃)

Yucca 유카속

Agavaceae 용설란과

북아메리카, 중앙아메리카, 인도 서부 등지에 약 40종
이 분포하며 상록, 다년초 · 관목 · 교목으로 자란다.
긴 창 모양 잎과 하늘을 향해 직립하는 굵은 꽃대에
형성되는 원추화서가 특징이다.

Yucca filamentosa 실유카

상록활엽관목, 길쭉한 창 모양의 잎들이 빽빽하게
모여 반원형의 수형을 이룬다. 유카보다 연한 잎의
가장자리에는 실처럼 보이는 부분이 생긴다.
직립하는 꽃대에는 커다란 흰색의 꽃이 풍성하게
달리며 −21℃까지 월동한다. ↕1m ↔ 1.5m

Yucca filamentosa 'Bright Edge'
실유카 '브라이트 엣지' 🏆

상록활엽관목, 길쭉한 창 모양의 잎 가장자리에
발달하는 노란색 무늬가 특징이며 −21℃까지
월동한다. ↕50cm ↔ 1.5m

Yucca filamentosa 'Bright Edge' 실유카 '브라이트 엣지' 🏆

Yucca filamentosa 'Garland's Gold' 실유카 '갈런즈 골드'

Yucca filamentosa 'Garland's Gold'
실유카 '갈런즈 골드'

상록활엽관목, 끝이 뾰족하고 길쭉한 잎의 중앙부에
발달하는 황금색 무늬가 매력적이며 −21℃까지
월동한다. ↕1.2m ↔ 90cm

Yucca filamentosa 실유카

Yucca filamentosa 'Variegata' 실유카 '바리에가타'

Yucca flaccida 'Golden Sword' 바늘유카 '골든 소드' ◔

Yucca filamentosa 'Variegata'
실유카 '바리에가타'

상록활엽관목, 길쭉한 잎의 가장자리에 발달하는
흰색 무늬가 특징이며 −21℃까지 월동한다.

↕ 1.5m ↔ 1m

Yucca flaccida 'Golden Sword'
바늘유카 '골든 소드' ◔

상록활엽관목, 중심부가 황금색을 띠는 점이 특징으로
−21℃까지 월동한다. ↕ 1.5m ↔ 1m

Yucca gloriosa 유카 ◔

상록활엽관목, 잎이 두껍고 끝이 뾰족하다. 하늘을
향해 곧게 자라는 꽃대에는 크림색 꽃들이 아래를
향하여 매달리며 −15℃까지 월동한다. ↕ ↔ 2.5m

Yucca gloriosa 유카 ◔

Z

Zanthoxylum 초피나무속

Rutaceae 운향과

아시아, 호주, 북아메리카, 남아메리카, 아프리카, 난대 등
지에 약 250종이 분포하며 관목·교목으로 자란다.
잎은 어긋나기 하며 홀수 깃털 모양의 겹잎, 열매는 작고
둥글며 갈라져서 한 개의 씨가 나오는 것이 특징이다.

Zanthoxylum ailanthoides 머귀나무
낙엽활엽교목, 어릴 때 줄기에 큰 가시가 발달하며
가지가 셋으로 갈라지는 점이 특징이다. 우산 모양
으로 모여 피는 흰색 꽃이 매력적이며 −12℃까지
월동한다. ↕ ↔ 15m

Zanthoxylum simulans 왕초피나무
낙엽활엽관목, 줄기에 커다랗고 두꺼운 가시가 발달
하고 초피나무보다 잎이 훨씬 큰 점이 특징이다.
붉은색 열매가 매력적으로 −18℃까지 월동한다.
↕ 6m ↔ 5m

Zanthoxylum ailanthoides 머귀나무(수형, 꽃)

Zanthoxylum simulans 왕초피나무(열매, 수피)

Zanthoxylum piperitum 초피나무
낙엽활엽관목, 우리나라 특산식물로 날카로운 가시가
마주나는 점이 산초나무와 구별된다. 잎과 열매에서
진한 향기가 나며 −23℃까지 월동한다.
↕ 5m ↔ 3m

Zanthoxylum piperitum 초피나무

Zelkova 느티나무속

Ulmaceae 느릅나무과

코카서스, 동아시아, 대만, 일본 등지에 약 5종이 분포
하며 관목·교목으로 자란다. 잎은 어긋나기하며 짧은
잎자루와 턱잎이 발달한다. 잎에는 깃 모양의 맥이
뚜렷하며 가장자리는 톱니가 발달하는 것이 특징이다.

Zelkova serrata 느티나무 🏆
낙엽활엽교목, 크게 자라는 장수목으로 녹음수 및
경관수로의 가치가 높아서 정원, 공원 및 가로변에
많이 심으며 −34℃까지 월동한다. ↕ 12m ↔ 8m

Zelkova serrata 'Aurea' 느티나무 '아우레아'
낙엽활엽교목, 황금색으로 드러나는 잎과 어릴 때
황갈색을 띠는 매끈한 줄기가 특징으로 −29℃까지
월동한다. ↕ 12m ↔ 8m

Zelkova serrata 'Aurea' 느티나무 '아우레아'

Zelkova serrata 느티나무 🌳

Zelkova serrata 'Pendula' 느티나무 '펜둘라'

Zelkova serrata 'Fastigiata'
느티나무 '파스티기아타'

낙엽활엽교목, 하늘을 향해 직립하여 자라는 수형이
아름다워 정형적인 공간에 열식하면 좋은 연출이 가능
하며 −29℃까지 월동한다. ↕20m ↔ 6m

Zelkova serrata 'Pendula' 느티나무 '펜둘라'

낙엽활엽교목, 아래를 향해 처지는 줄기가 특징으로
수변과 같은 수평적인 경관에 잘 어울리며 −29℃
까지 월동한다. ↕ ↔ 15m

Zelkova serrata 'Variegata'
느티나무 '바리에가타'

낙엽활엽교목, 새잎이 나올 때 잎가장자리 부분이
분홍색을 띠다가 점점 흰색으로 변하는 매력을 가지고
있으며 −29℃까지 월동한다. ↕12m ↔ 8m

Zizania 줄속

Poaceae 벼과

동아시아, 북아메리카 등지에 약 3종이 분포하며
일년초·이년초로 자란다. 납작한 선형의 잎과
원추화서가 특징이다.

Zizania latifolia 줄

낙엽다년초, 양지바른 수변 또는 얕은 물속의 진흙
땅에 심으면 잘 자란다. 키가 크고 옆으로 많이
퍼지기 때문에 넓은 공간에 식재하는 것이 좋으며
−29℃까지 월동한다. ↕2.4m

Zelkova serrata 'Variegata' 느티나무 '바리에가타'

Zelkova serrata 'Fastigiata' 느티나무 '파스티기아타'

Zizania latifolia 줄

INDEX_속명 찾아보기

453

457

참고문헌 및 웹사이트

참고문헌

- A. W. Smith(1997) A Gardener's Handbook of Plant Names. Dover.
- AHS(1997) A-Z Encyclopedia of Garden Plants. DK.
- D. M. van Gelderen, P. C. de Jong, H. J. Oterdoom(1994) Maples of the World. Timber Press.
- Diana Grenfell & Michael Shadrack(2004) The Color Encyclopedia of Hostas. Timber Press.
- Fred C. Galle(1997) Hollies. Timber Press.
- Jim Gardiner(2000) Magnolias. Timber Press.
- John Kelly(1995) The Hillier Gardener's Guide to Trees & Shrubs. David & Charles.
- Michael A. Dirr(1997) Dirr's Hardy Trees and Shrubs. Timber Press.
- Mynah(1997) Botanica. Random House Australia.
- RHS(1996) A-Z Encyclopedia of Garden Plants. DK.
- RHS(1999) The New Royal Horticultural Society Dictionary of Gardening. Macmillan.
- RHS(2008) A-Z Encyclopedia of Garden Plants. DK.
- RHS(2012) Encyclopedia of Conifers. Aris G. Auders & Derek P. Spicer.
- Rick Darke(1999) The Color Encyclopedia of Ornamental Grasses. Timber Press.
- Rick Darke(2007) The Encyclopedia of Grasses. Timber Press.
- The Reader's Digest(1997) Reader's Digest New Encyclopedia of Garden Plant's & Flowers. Reader's Digest.
- W. George Schmid(1991) The Genus Hosta. Batsford.
- 국립수목원(2016) 국가표준재배식물목록(개정). 숨은길.
- 김종근(2004~2018) 풍년화(Hamamelis)속 등 57편. 조경수 84~159호.
- 김종근, 정대한, 정우철, 노회은, 신귀현, 권순식, 손상용(2014) 테마가 있는 정원식물. 한숲.
- 송기훈, 김종근, 원창오, 권용진, 이정관, 전정일, 이유미, 장계선, 이혜정(2011) 한국의 재배식물. 국립수목원.
- 이영노(1996) 한국식물도감. 교학사.
- 이창복(2003) 원색 대한식물도감. 향문사.
- 최기학, 김종근, 이정관, 정우철(2006) 태안반도의 식물. 디자인포스트.
- 최기학, 김종근, 이화진, 전기형(2004) 신두리 해안사구 풀·꽃·나무·새. 디자인포스트.
- 한국양치식물연구회(2005) 한국양치식물도감. 지오북.
- 권용진, 남상용, 송윤진(2015) 몽골의 자생식물. 디자인포스트.
- 이창숙, 이강협(2015) 한국의 양치식물. 지오북.
- 장진성, 김휘, 장계선(2011) 한국동식물도감. 디자인포스트.

웹사이트

- American Camellia Society https://www.americancamellias.com
- American Hemerocallis Society http://www.daylilies.org
- International Camellia Society https://www.internationalcamellia.org
- Magnolia Society International https://www.magnoliasociety.org
- Royal Horticultural Society https://www.rhs.org.uk
- The American Rhododendron Society https://www.rhododendron.org
- The Plant List http://www.theplantlist.org
- USDA Plant Hardiness Zone Map http://planthardiness.ars.usda.gov/PHZMWeb
- Wikipedia https://en.wikipedia.org
- 국가표준식물목록 http://www.nature.go.kr/kpni
- 국립국어원 http://www.korean.go.kr
- 플러스가든 http://www.plusgarden.com
- 한반도의 생물다양성 https://species.nibr.go.kr/index.do

에필로그

저자 프로필

송기훈 Song Kihun

- 미산식물 대표
- 국립수목원 국가수목유전자원목록심의회 재배식물목록분과 위원
- 前) 한국식물원수목원협회 부회장
- 前) 한국양치식물연구회 부회장
- 前) 천리포수목원 식물부장
- 前) RHS Garden Wisley, Student Gardener
- 前) Longwood Gardens, Inc, International Horticultural Trainee
- 前) 한국원예협회 헤드가드너

권용진 Kwon Yong-Jin

- 국립세종수목원 전시원 실장
- 前) 서울시 푸른수목원 원장
- 前) 한국식물원수목원협회 이사
- 前) 서울식물원 조성공사 건설사업단 이사
- 前) 삼육대학교 산학협력단 자연과학연구소 연구원
- 前) 아침고요수목원 식물연구부 부장
- 前) 한국식물원수목원협회 편집분과위원
- 삼육대학교 환경원예학 박사

김종근 Kim Chong-Geun

- 플러스가든 대표
- 한국정원협회 기획이사
- 한국식물원수목원협회 이사
- 국립수목원 국가수목유전자원목록 심의위원
- 前) 한화 제이드가든 수목관리팀장
- 前) 천리포수목원 자원식물연구소 실장, 교육팀장
- 前) 영국왕립원예협회 위슬리가든 가드너
- 前) 산림청 국립중앙수목원, 서울식물원 자문위원
- 前) 한국식물원수목원협회 사업감사, 편집분과위원장
- RHS Wisley Diploma, 영남대학교 조경학석사

원창오 Won Chang-O

- 국립백두대간수목원 전시원실 팀장
- 前) 국립생태원 식물관리연구실 차장
- 前) 평강식물원 식물관리부 차장
- 前) 한국양치식물연구회 총무
- 前) 한국식물원수목원협회 편집분과위원
- 고려대학교 환경생태공학석사

이정관 Lee Jeong-Kwan

- 도담식물 대표
- 한국정원협회 식물소재분과 전문위원
- 前) 미산식물 실장
- 前) 한국식물원수목원협회 수목원연구소 연구원
- 前) 천리포수목원 식물팀
- 배재대학교 원예조경학부

감수_김용식 Kim Yong-Shik

- FLS, 농학박사
- 前) 천리포수목원 원장
- 영남대학교 산림자원 및 조경학과 명예교수
- (사) 한국환경생태학회 고문
- 한국수목원관리원 비상임이사
- Linnean Society of London 펠로우
- Journal of Marine and Island Cultures 편집위원
- Journal of International Botanic Gardens 편집위원
- 前) 한국식물원수목원협회 회장

그림_김어진 Kim Eo-Jin

- 경희대학교 미술대학 한국화과